工程教育系列教材
教育部CDIO工程教育试点教材

单片微型计算机原理及接口技术

第二版

■ 主编 孟 芳 郑郁正
■ 参编 杨明欣 赵 建
彭海涛 郑小彪

高等教育出版社·北京

内容简介

本书首先介绍微机基础知识，接着以难度适中、体系完整、具有普遍性及应用价值的 51 CPU 为主讲芯片，介绍指令系统及汇编语言程序设计、基本 I/O 并口、中断系统、定时器/计数器、串行通信接口及系统扩展技术。

本书以能力培养为导向，以实际微机应用问题为导引叙述微机应用原理、基本理论和方法，强调对一款 CPU 的深入学习与理解应用。所有的实例均用 C51 和 51 汇编并列编程，通过汇编熟悉 CPU 内部结构原理，通过 C51 促进工程应用，也方便读者对照学习。

本书可作为电子信息类、自动化类和计算机类等相关专业的本科生教材或教学参考书，也可供有关专业的工程技术人员参考。

图书在版编目(CIP)数据

单片微型计算机原理及接口技术 / 孟芳，郑郁正主编. -- 2 版. -- 北京 ：高等教育出版社， 2019. 4 (2024.7 重印)
ISBN 978-7-04-051259-5

Ⅰ. ①单… Ⅱ. ①孟… ②郑… Ⅲ. ①单片微型计算机-理论-高等学校-教材②单片微型计算机-接口技术-高等学校-教材 Ⅳ. ①TP368. 1

中国版本图书馆 CIP 数据核字(2019)第 011959 号

Danpian Weixing Jisuanji Yuanli ji Jiekou Jishu

策划编辑 平庆庆　　责任编辑 平庆庆　　封面设计 李卫青　　版式设计 马 云
插图绘制 于 博　　责任校对 高 歌　　责任印制 刁 毅

出版发行 高等教育出版社
社　　址 北京市西城区德外大街 4 号
邮政编码 100120
印　　刷 涿州市京南印刷厂
开　　本 787 mm×1092 mm 1/16
印　　张 20. 75
字　　数 430 千字
购书热线 010 - 58581118
咨询电话 400 - 810 - 0598
网　　址 http://www.hep.edu.cn
　　　　 http://www.hep.com.cn
网上订购 http://www.hepmall.com.cn
　　　　 http://www.hepmall.com
　　　　 http://www.hepmall.cn
版　　次 2012 年 7 月第 1 版
　　　　 2019 年 4 月第 2 版
印　　次 2024 年 7 月第 7 次印刷
定　　价 42. 30 元

物 料 号 51259 - 00

单片微型计算机原理及接口技术

第二版

孟 芳 郑郁正

1 计算机访问http://abook.hep.com.cn/1251603，或手机扫描二维码、下载并安装Abook应用。

2 注册并登录，进入“我的课程”。

3 输入封底数字课程账号（20位密码，刮开涂层可见），或通过Abook应用扫描封底数字课程账号二维码，完成课程绑定。

4 单击“进入课程”按钮，开始本数字课程的学习。

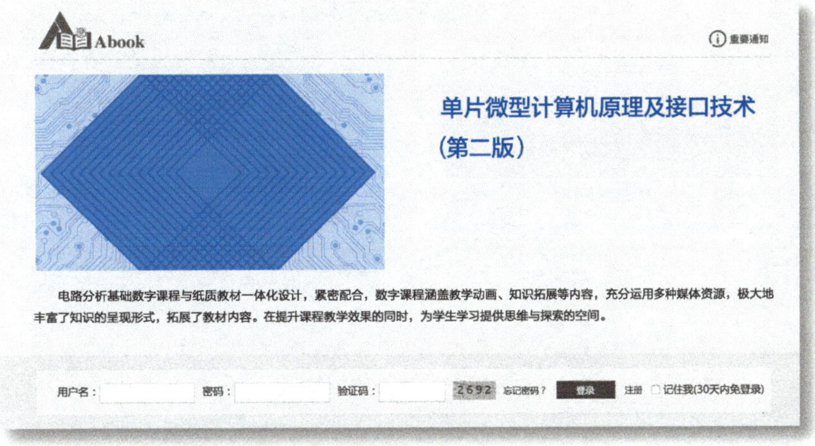

课程绑定后一年为数字课程使用有效期。受硬件限制，部分内容无法在手机端显示，请按提示通过计算机访问学习。

如有使用问题，请发邮件至abook@hep.com.cn。

http://abook.hep.com.cn/1251603

工程教育系列教材
——教育部 CDIO 工程教育试点教材

编委会

序言

当前，世界范围内新一轮科技革命和产业变革加速进行，社会发展对人才培养提出了新要求，工程教育与产业发展的联系也愈加紧密并相互支撑。为推动工程教育改革创新，教育部积极推进新工科建设，2017 年 2 月以来，先后形成“复旦共识”“天大行动”和“北京指南”，并发布《关于开展新工科研究与实践的通知》《关于推进新工科研究与实践项目的通知》，全力探索形成领跑全球工程教育的中国模式、中国经验，助力高等教育强国建设。为应对国家教育战略，各高等学校积极探索工程教育的新模式，力争从教育理念、目标、内容到方法对工程教育进行整体改革。

CDIO（Conceive，Design，Implement，Operate）工程教育模式是由美国麻省理工学院会同瑞典皇家工学院等四所著名大学倡导，与工业界共同合作创建的工程教育模式，并获得 2011 年度美国国家工程院（NAE）颁布的“戈登奖”。这种模式强调工科教育必须回归工程，坚持工程人才“知识、能力、素质”的协调发展，着重基础知识、个人能力、人际团队能力和工程系统能力等四个层面的能力培养，突破了传统的以学科知识传授为主的人才培养模式，培养具有创新创业能力和解决复杂工程能力的工程科技人才，更加适应产业界对工程人才的需求。CDIO 模式与工程专业认证的华盛顿协议（EC2000）具有高度的一致性。

2011 年，“工程教育系列教材——教育部 CDIO 工程教育试点教材”编委会编写出版了首批适应 CDIO 模式的教材，包括《电路分析基础》《模拟电子技术基础》《数字逻辑设计基础》《信号与系统》《单片微型计算机原理及接口技术》等五本教材，经过几年的使用和读者意见反馈，结合CDIO工程教育模式的发展和新工科建设的探索与实践情况，我们对修订和完善本套教材积累了一定的经验和增添了新鲜内容。

修订后的教材依然坚持贯彻实施工程教育一体化改革思路，将理论与实践有机结合、课内与课外有机结合、知识传授与能力培养有机结合、学习习惯与创新思维培养有机结合，实现知识、能力、素质的一体化培养，提高学生综合应用系统知识的能力。注重强调知识的应用和工程问题分析，力求做到将理论学习和工程应用集成于同一学习空间，通过基于案例的、基于问题的和基于工程项目的驱动，使学生提高学科知识学习的目的性和应用能力。

新事物的探索与推广总需要在不断的实践中得以成熟，我们希望新修订的教材推出能为CDIO工程教育模式改革和新工科建设提供微薄的助力，欢迎广大读者在使用过程中向我们提出宝贵的意见和建议。另外，CDIO系列教材的编写，始终得到教育部高教司的支持和高等教育出版社的大力帮助，在此我们表示衷心的感谢。

“工程教育系列教材——教育部CDIO
工程教育试点教材”编审委员会
2018年4月

第二版前言

本教材第一版出版6年以来，得到多所高校的使用，收到了大量的反馈信息及有价值的意见，在此表示感谢。教材编者也在使用本教材过程中发现一些不足之处。本次改版除了修改存在的表述不准确的内容外，还结合多年教学实践效果，修改添加了部分可以更好帮助读者理解掌握相关知识的内容。完整应用实例是本教材的特色，本次修订结合作者参与多年指导学生学科竞赛等工程实践活动典型实例，整理更新了教材的编程实例，以适应技术的发展及教学要求。在内容安排上的微型计算机基础知识、51 CPU、8086 CPU 及 PC 基础知识的结构在教学实践中效果良好，第二版予以保留。

社会对电子信息类毕业学生工程实践能力需求越来越高；在新工科工程教育改革的大背景下，很多高校对“微型计算机原理”“微型计算机接口与应用”和“单片机原理与应用”等课程内容进行整合：以一门微处理器类基础课程实现让学生理解微型计算机系统的体系结构原理，汇编语言编程应用，微型计算机系统扩展与接口技术原理应用的效果，同时最好能做到学以致用，提高学生学习兴趣。选择合适的 CPU 作为主讲芯片来达到以上效果是课程开设成功的关键，当前高校教学实践中选择微处理器类基础课程主讲芯片主要有 8086 系列、ARM 系列和 8051 系列三种，其各有利弊。8086 存在芯片老化，和学生工程实践脱节的问题；ARM 系列是和工程实践结合紧密的主流芯片，但 CPU 结构偏难，一般教学只能做到采用 C 语言进行编程应用，存在学生难以深刻理解其基本原理，难以以汇编语言进行教学实践，而汇编语言编程是学生深刻理解一款 CPU 的关键，不学习汇编语言将影响学生的以后发展；针对普通高校而言，8051 CPU 具有难度适中，可以达到深刻理解 CPU 工作原理的目的，同时其体系完整（包括完整的三总线等接口），可以和课程设计、竞赛紧密结合，学以致用。51 内核由于其经典成功的设计，每年都有最新的兼容芯片不断推出，技术上不落伍，当前很多芯片设计公司都一直采用 51 内核进行各种专用 CPU 芯片设计（如 TI 的 ZigBee 蓝牙控制芯片等）。CPU 芯片设计是我国大力发展的核心技术，当前很多低端专用 CPU 控制芯片都采用 51 内核进行设计，是本教材坚持采用 51 CPU 的考虑重点。

本书将微型计算机原理、汇编语言程序设计、接口技术、单片机原理与应用等内容整合在一起，可作为大、中专院校“微型计算机原理及接口技术”“单片机原理与接口”等相关课程的教材或参考资料。教材中实例均用 C51 和汇编语言并列编程，对学时较多的微型计算机原理基础类课程可采用汇编语言进行教学，熟悉 CPU 内部结构原理细节；对学时较少的单片机类课程，可以采用 C51 进行教学；二者一一对应并列，也方便读者对照学习。

本次修订由孟芳负责本书的组织和定稿，并修订了第一、二章；第三、四章由郑小彪修订，第五、六章由赵建修订，第八、九章由杨明欣修订，第七章、十章由彭海涛修订。

由于编者水平有限，书中难免存在错误和不足之处，恳请读者批评指正，并提出修改意见。编者邮箱：mengf@cuit.edu.cn.

编　者

2018 年 10 月于成都

第一版前言

微型计算机是当代发展最快的技术领域，“微型计算机原理”课程的教学经历了以 Z80 及 8086/8088 作为课程主讲芯片的不同阶段。由于技术的发展，8086/8088 现在已没有太大实用价值，同时作为应用性很强的课程，以 8086 作为主讲机型的课程存在实验教学和实际应用脱节以及教学效果不理想的问题。实际工程应用中，更注重对主流应用 CPU（如单片机、ARM、DSP）的掌握程度，这要求高校高质量开设单片机课程，由此也造成当前普遍存在的单片机系列课程课时偏重，学习效果不佳等弊端。鉴于此，编者认为有必要对“微型计算机原理”“微型计算机接口与应用”“单片机原理与应用”课程内容进行整合，并合并相关课程，达到在有限学时条件下，理解微型计算机原理及结构，熟悉一款有应用价值、带有普遍性 CPU 原理及应用的教学目的。

本书内容安排上以 51 单片机为主讲机型，保证学生对单片机技术的熟练应用，并安排一定内容介绍基于 8086/8088 微型计算机构架等相关的 PC 概念（不讲 8086 汇编）知识。这种安排的合理性在于，51 系列单片机有完整的三总线结构，同时，51 系列单片机和 8086/8088 系列单片机均为 Intel 公司的芯片，体系结构及总线方式相近，常用接口芯片的应用相同，均可以构成完整的计算机系统。同时，51 系列单片机不断有新型兼容芯片面世，实用性强，易于做到软硬结合、学用结合。

本书作为 CDIO 工程教育改革系列教材之一，参考了教育部“卓越工程师教育培养计划”的实施原则，突出基本理论与实际应用的结合。教材主要特点有：（1）适应了微型计算机原理、微型计算机接口、单片机课程合并的教学改革要求；（2）引入 Proteus 仿真软件及 Keil 编译软件，拓展了学习的空间，提高了学习效果；(3)强调具体工程案例分析，应用实例力求完整，做到和实际工程应用无缝连接；(4)所有的实例均用C51和51汇编并列编程，通过汇编熟悉CPU内部结构原理，通过C51促进工程应用，也方便了读者的对照学习。

本书由郑郁正主编，第一、二章由孟芳编写，第三章由赵建编写，第四、五章由马尚昌编写，第六、七章由文斌编写，第八章由郑郁正编写，第九章由彭海涛编写，第十章由佘勇编写。杨明欣老师在编写过程中提出了大量的修改意见。本书的统稿、审校由郑郁正和孟芳负责完成。

本书将微型计算机原理、汇编语言程序设计、接口技术、单片机原理与应用等内容整合在一起，可作为本科及专科院校“微机原理及接口技术”“汇编语言程序设计”“单片机原理及其应用”“单片机原理与接口技术”等相关课程的教材和参考资料。

本书编写中得到了学校教务处的大力支持和帮助，也征求了部分CDIO试点学校相关专业老师的意见，在此表示衷心感谢。本书虽经多次讨论、试用并反复修改，但因时间仓促及作者水平有限，不当之处在所难免，敬请广大读者批评指正。请将您在阅读本书过程中的意见和建议反馈至mengf@cuit.edu.cn。

编　者

2011年10月于成都

目录

第一章　微型计算机的基础知识 …… 1
本章目标 …… 1
引言 …… 1
1.1　微型计算机概述 …… 2
1.1.1　微型计算机的发展史 …… 2
1.1.2　微型计算机的分类 …… 6
1.1.3　微型计算机的应用 …… 6
目标测评 1 …… 8
1.2　微型计算机系统模型 …… 8
1.2.1　微型计算机系统的三个层次 …… 8
1.2.2　微型计算机模型结构 …… 9
1.2.3　微型计算机的工作过程 …… 15
1.2.4　微型计算机的性能指标 …… 18
目标测评 2 …… 19
1.3　计算机中的数和编码 …… 20
1.3.1　计算机中数的表示及运算 …… 20
1.3.2　计算机中常用的编码 …… 23
目标测评 3 …… 25
本章小结 …… 25
习题 …… 26

第二章　MCS-51 单片机的组成结构 …… 27
本章目标 …… 27
引言 …… 27
2.1　MCS-51 单片机概述 …… 28
2.1.1　单片机的发展史 …… 28
2.1.2　单片机系统与嵌入式系统 …… 29
2.1.3　主流单片机 …… 29
目标测评 1 …… 30
2.2　MCS-51 系列单片机 …… 30
2.2.1　MCS-51 单片机的基本结构 …… 30
2.2.2　单片机芯片引脚的定义及功能 …… 32
目标测评 2 …… 34
2.3　MCS-51 单片机的存储器组织 …… 34
2.3.1　程序存储器 …… 35
2.3.2　数据存储器 …… 36
2.3.3　地址分配及寻址区 …… 43
目标测评 3 …… 46
2.4　单片机的时序和复位电路 …… 47
2.4.1　时序(时钟) …… 47
2.4.2　复位 …… 51
2.4.3　节电方式 …… 53
目标测评 4 …… 54
2.5　单片机的最小系统 …… 54
目标测评 5 …… 57
本章小结 …… 57
习题 …… 57

第三章　开发与仿真工具 …… 59
本章目标 …… 59
引言 …… 59
3.1　Keil C51 操作入门 …… 60
3.1.1　Keil C51 简介 …… 60
3.1.2　Keil C51 的安装 …… 60
3.1.3　建立第一个 Keil C51 程序 …… 60
3.1.4　Keil C51 软件调试方法 …… 64
3.1.5　实例 …… 67
3.2　Proteus 软件入门 …… 68
3.2.1　软件概述 …… 68
3.2.2　软件界面介绍 …… 68
3.2.3　操作简介 …… 71
3.2.4　实例 …… 71
目标测评 …… 75
本章小结 …… 75
习题 …… 76

第四章　MCS-51 系列单片机的指令系统与汇编语言程序设计 …… 77

本章目标 …… 77
引言 …… 77
4.1 概述 …… 78
4.1.1 汇编语言的指令格式 …… 78
4.1.2 指令中的常用符号 …… 78
目标测评 1 …… 79
4.2 寻址方式 …… 79
目标测评 2 …… 82
4.3 指令系统 …… 82
4.3.1 数据传送指令 …… 83
4.3.2 算术运算指令 …… 86
4.3.3 逻辑运算指令 …… 89
4.3.4 控制转移类指令 …… 90
4.3.5 布尔变量操作类指令 …… 95
目标测评 3 …… 97
4.4 MCS-51 汇编语言伪指令 …… 97
目标测评 4 …… 99
4.5 汇编语言程序设计 …… 99
4.5.1 顺序程序设计 …… 100
4.5.2 分支程序设计 …… 101
4.5.3 循环程序设计 …… 104
4.5.4 查表程序设计 …… 107
4.5.5 子程序设计 …… 108
目标测评 5 …… 110
本章小结 …… 111
习题 …… 112

第五章 MCS-51 单片机的基本 I/O 功能及应用 …… 113
本章目标 …… 113
引言 …… 113
5.1 I/O 接口的输入输出特性 …… 114
5.1.1 P1 口 …… 114
5.1.2 P3 口 …… 116
5.1.3 P0 口 …… 117
5.1.4 P2 口 …… 119
目标测评 1 …… 121
5.2 I/O 接口的应用 …… 121
5.2.1 BCD 拨码盘接口 …… 121
5.2.2 流水灯控制 …… 124
5.2.3 数码管显示器与单片机的接口 …… 125
5.2.4 键盘与单片机的接口 …… 132
5.2.5 I^2C 总线的应用 …… 136
目标测评 2 …… 144
本章小结 …… 145
习题 …… 145

第六章 中断系统及应用 …… 147
本章目标 …… 147
引言 …… 147
6.1 概述 …… 148
6.1.1 中断的基本概念 …… 148
6.1.2 中断嵌套与优先级 …… 149
6.1.3 中断的作用 …… 149
目标测评 1 …… 150
6.2 中断系统的结构原理与控制寄存器 …… 150
6.2.1 中断系统的结构原理 …… 150
6.2.2 中断系统的控制寄存器 …… 151
目标测评 2 …… 155
6.3 中断处理 …… 155
6.3.1 响应中断的条件 …… 155
6.3.2 中断响应所需的时间 …… 155
6.3.3 中断请求标志位的清除方式 …… 156
6.3.4 中断处理的过程 …… 156
6.3.5 中断矢量 …… 157
目标测评 3 …… 159
6.4 中断服务程序与子程序 …… 159
6.4.1 中断服务程序 …… 159
6.4.2 子程序 …… 160
6.4.3 中断服务程序与子程序的区别 …… 160
6.5 外部中断的编程及应用（INT0、INT1） …… 161
6.5.1 外部中断 0 的编程及应用 …… 161
6.5.2 外部中断 1 的编程及应用 …… 163
6.6 外部中断源的扩展 …… 164

6.6.1 利用查询加中断的方式进行扩展 …… 164
6.6.2 利用定时器/计数器进行扩展 …… 166
本章小结 …… 167
习题 …… 167

第七章 定时器/计数器的原理和应用 …… 168
本章目标 …… 168
引言 …… 168
7.1 定时器/计数器概述 …… 169
7.1.1 定时器/计数器的结构 …… 169
7.1.2 定时器/计数器的工作方式 …… 170
目标测评 1 …… 170
7.2 定时器/计数器的特殊功能控制寄存器 …… 170
7.2.1 定时器/计数器(T0、T1)的方式控制寄存器 …… 170
7.2.2 定时器/计数器(T0、T1)的控制寄存器 …… 171
7.2.3 定时器/计数器 T2 的特殊功能寄存器 T2CON …… 172
7.2.4 定时器/计数器 T2 的控制寄存器 T2MOD …… 173
目标测评 2 …… 173
7.3 定时器/计数器的各种工作模式及应用 …… 173
7.3.1 定时器/计数器 T0、T1 …… 173
7.3.2 门控位 GATE 的应用 …… 190
7.3.3 综合应用举例 …… 194
本章小结 …… 197
习题 …… 197

第八章 串行接口与应用 …… 199
本章目标 …… 199
引言 …… 199
8.1 串行通信的基本知识 …… 202
目标测评 1 …… 204
8.2 MCS-51 单片机串行接口的结构与工作方式 …… 204
8.2.1 串行接口的结构 …… 204
8.2.2 串行接口寄存器 SCON 和电源寄存器 PCON …… 204
8.2.3 波特率设计 …… 206
目标测评 2 …… 209
8.3 串行接口的通信应用 …… 209
8.3.1 同步移位方式(方式 0) …… 209
8.3.2 10 位异步方式(方式 1) …… 213
8.3.3 11 位异步方式(方式 2 和方式 3) …… 221
目标测评 3 …… 227
8.4 PC 机的 RS-232 通信接口 …… 227
8.4.1 RS-232 接口的电气特性 …… 227
8.4.2 RS-232 接口的连接方式 …… 228
8.4.3 RS-232 通信接口测试 …… 229
本章小结 …… 230
习题 …… 232

第九章 单片机系统总线与资源扩展 …… 233
本章目标 …… 233
引言 …… 233
9.1 单片机系统扩展原理 …… 234
目标测评 1 …… 234
9.2 单片机的最小应用系统 …… 234
9.3 单片机系统扩展的方法 …… 235
目标测评 2 …… 237
9.4 数据存储器的扩展 …… 237
9.4.1 数据存储器同单片机的连接 …… 238
9.4.2 实际的数据存储器扩展电路 …… 238
目标测评 3 …… 243
9.5 程序存储器的扩展 …… 244
目标测评 4 …… 246
9.6 I/O 接口的使用与扩展 …… 247
9.6.1 数据的传送方式 …… 247
9.6.2 用 74LS××系列 TTL 芯片扩展

简单的 I/O 接口 …… 248
9.6.3 用可编程接口芯片扩展 I/O 接口 …… 252
9.6.4 非总线方式扩展 I/O 接口 …… 258
目标测评 5 …… 260
9.7 数模和模数转换接口 …… 260
9.7.1 数模转换接口 …… 260
9.7.2 模数转换接口 …… 266
目标测评 6 …… 271
本章小结 …… 271
习题 …… 272

第十章 8086 CPU 原理与 PC 体系结构 …… 273
本章目标 …… 273
引言 …… 273
10.1 8086 的 CPU …… 274
10.1.1 CPU 的结构 …… 274
10.1.2 寄存器的结构 …… 275
10.1.3 分段式存储器管理 …… 278
10.1.4 8086 的工作模式 …… 280
目标测评 1 …… 280
10.2 现代 PC 机的存储器体系结构 …… 281
10.2.1 8086 的存储器系统 …… 281
10.2.2 现代 PC 机的存储器系统 …… 282
10.2.3 IA-32 结构微处理器的工作模式 …… 283
10.2.4 保护模式下的虚拟存储器管理 …… 284
10.2.5 外存储器 …… 287
目标测评 2 …… 290
10.3 8086 的系统扩展 …… 291
10.3.1 8086 的中断系统及其扩展 …… 291
10.3.2 8086 的 DMA 扩展 …… 296
10.3.3 基于 8253/8254 的 PC 定时器扩展 …… 298
目标测评 3 …… 300
10.4 现代总线与接口 …… 300
10.4.1 总线的基本概念 …… 300
10.4.2 PCI 总线 …… 305
10.4.3 USB 总线 …… 307
10.4.4 Thunderbolt 雷电总线 …… 310
目标测评 4 …… 311
本章小结 …… 311
习题 …… 312

参考文献 …… 313

第一章　微型计算机的基础知识

本章目标

通过对本章的学习，读者可以具备下述能力：

1. 了解微型计算机技术的发展历史、微型计算机的分类以及应用。
2. 掌握微型计算机系统模型及计算机工作过程。
3. 掌握计算机中数的表示及运算、计算机中的常用编码。

引言

电子计算机是20世纪最新的科技成就之一，而大规模集成电路的发展，为计算机的微型化提供了物质基础。微型计算机由于结构简单、通用性强、价格便宜，已成为现代计算机领域中一个极为重要的分支。本章介绍微型计算机技术的发展历史及分类、微型计算机的模型结构、工作原理及过程等基本概念，重点介绍微型计算机的系统模型，包含运算器、控制器、寄存器等部分功能介绍以及取指、译码、执行工作过程的介绍。

电子教案
1-1:微型计算机概述

1.1 微型计算机概述

1.1.1 微型计算机的发展史

1945年秋,世界上第一台全数字电子计算机(ENIAC)问世于美国宾夕法尼亚大学,于1946年2月正式向公众展示。ENIAC(electronic numerical integrator and calculator)全称为“电子数值积分和计算机”。ENIAC的主要构思者是宾夕法尼亚大学的约翰·W·毛赫利,ENIAC的实现则是由研究生普雷斯珀·艾克特主持,他们两人申请并获得了专利。但在1973年的一场划时代的法律裁决——霍尼韦尔诉斯佩里·兰德一案中,艾克特和毛赫利的专利被判决无效,衣阿华大学的约翰·文森特·阿塔纳索夫和研究生克利夫·贝里才是真正发明者,理由是阿塔纳索夫早在1941年就将他对计算机的初步构想告诉给毛赫利,他们设计和实现的“阿塔纳索夫-贝利计算机”(Atanasoff-Berry Computer,简称ABC)是真正的“鼻祖”。另外,在英国公开的“二战”期间秘密档案中,英国于1944年6月也研制成专门用于破译德军密码的电子计算机Colossus(巨人)。

ABC是模拟电子计算机到数字电子计算机的过渡品,算不上“全数字”电子计算机。Colossus则是一台专用电子计算机,只用于破译秘密情报,而且数十年后才向公众公布。ENIAC由18 000多个电子管组成,占地约170 m^2,总重量为30 t,耗电140 kW,运算速度达到每秒能进行5 000次加法和300次乘法,具备通用性,能够实际解决许多复杂的计算问题,所以ENIAC是计算机发展历史上的一个重要里程碑。从ABC开始,人类的计算从模拟向数字迈进,而ENIAC标志着计算机正式进入数字时代。

匈牙利数学家冯·诺依曼在ENIAC小组工作时采用了英国数学家阿伦·图灵的一些理论思想,首先提出存储程序的概念并推广了二元逻辑,并给出了通用电子计算机的基本架构,这些思想被称为“冯·诺依曼结构”。此后的数十年,计算机虽然经历了巨大的发展,但仍然没有脱离冯·诺依曼结构。

20世纪70年代,微处理器和微型计算机的生产和发展,一方面是由于军事工业、空间技术、电子技术和工业自动化技术的迅速发展,日益要求生产出体积小、可靠性高和功耗低的计算机,这种社会的直接需求是促进微处理器和微型计算机产生和发展的强大动力;另一方面,由于大规模集成电路技术和计算机技术的飞速发展,1970年已经可以生产1 KB的存储器和通用异步收发器(UART)等大规模集成电路产品并且计算机的设计日益完善,总线结构、模块结构、堆栈结构、微处理器结构、有效的中断系统及灵活的寻址方式等功能越来越强,这为研制微处理器和微型计算机打下了坚实的物质基础和技术基础。

大规模集成电路的发展为计算机的微型化提供了物质基础，微型计算机由于结构简单、通用性强、价格便宜，已成为现代计算机领域中一个极为重要的分支，并正以难以想象的速度向前发展。CPU 是 central processing unit（中央微处理器）的缩写，是微型计算机的核心部件，其性能在很大程度上决定了微型计算机的性能，所以微型计算机的发展以微处理器的发展为标志。所谓微型计算机是指把大规模、超大规模集成电路为主要部件的微处理器作为核心，配以存储器、输入/输出接口电路及系统总线所制造出的计算机系统。

1971 年 1 月，美国 Intel 公司研究并制造了世界上第一块 4 位微处理器芯片 Intel 4004，标志着第一代微处理器问世，微处理器和微型计算机的时代从此开始。该芯片能同时处理 4 位二进制数，集成了 2 300 个晶体管，每秒可进行 6 万次运算，成本约为 200 美元。同年 11 月，Intel 推出了以 Intel 4004 为核心组成的 MCS-4 计算机（包括 4001 ROM 芯片、4002 RAM 芯片、4003 移位寄存器芯片和 4004 微处理器），标志着世界上第一台微型计算机的诞生。此后，微型计算机大约每隔 2~4 年就更新换代一次。短短 30 多年的时间，微型计算机的发展经历了 6 代。微型计算机的换代通常是按其 CPU 字长（计算机能同时处理的二进制数的位数）和典型的微处理器芯片作为各阶段的标志。

第一代（1971—1973）是 4 位或低档 8 位微处理器和微型计算机，其代表产品是 4004 微处理器和 MCS-4 微型计算机、8 位微处理器 8008 及由它组成的 MCS-8 微型计算机。第一代微处理器芯片采用了 PMOS 工艺，字长为 4 位或 8 位，时钟频率为 1 MHz，基本指令时间约为10~20 μs，指令系统比较简单、运算功能较差、运算速度较慢，软件主要采用机器语言或简单的汇编语言。

第二代（1973—1978）是中档的 8 位微处理器和微型计算机，这个阶段也是微型计算机的发展和改进阶段。其间又分为两个阶段。1973—1976 年为典型的第二代，是以美国 Intel 公司的 8080 微处理器和 Motorola 公司的 MC6800 微处理器为代表，主频为 2 MHz 的 8080 微处理器的运算速度比 8008 微处理器快 10 倍，可存取 64 KB 存储器，使用了基于 6 μm 技术的 6 000 个晶体管，处理速度为 0.64 MIPS。8080 微处理器开始作为代替电子逻辑电路的器件被用于各种应用电路和设备中。1976—1978 年为高档的 8 位微型计算机和 8 位单片微型计算机阶段，被称为二代半。这一阶段高档 8 位微处理器以美国 Zilog 公司的 Z-80 和 Intel 公司的 8085 为代表，集成度和速度都比典型的第二代提高了一倍以上（Intel 8085 的集成度为 9 000 管/片）。此外，Mos 公司推出了 Mos 6502，它是 IBM PC 机问世之前世界上最流行的微型计算机 Apple2（苹果机）的 CPU。

第二代微处理器芯片采用 NMOS 工艺，集成度达到 5 000~9 000 管/片，时钟频率 2~4 MHz，平均指令执行时间为 1~2 μs，具有多种寻址方式，指令系统完善，基本指令有 100 多条。此外，第二代微处理器芯片具有典型的计算机系统结构以及中断、DMA 等控制功能，也考虑了兼容性、接口标准化和通用性，配套的外围电路功能和种类也比较齐全。在软件方面，除了采用汇编语言外，还配有 BASIC、FORTRAN、PL/M 等高级语言及其相应的解释程序和编译程序，并在后期配上了操作系统。

第三代是16位微处理器和微型计算机。在70年代后期，VLSI技术日渐成熟，Intel公司于1978年推出了主频为4.77 MHz的16位的微处理器Intel 8086，标志着第三代微处理器问世。8086微处理器采用16位寄存器、16位数据总线和29 000个3 μm技术的晶体管，数据总线宽度为16位，地址总线为20位，可寻址内存空间达1 MB，运算速度比8位机快2~5倍。同时，Intel还生产出与8086微处理器相配合的数字协处理器i8087，这两种芯片使用相互兼容的指令集，但i8087指令集中增加了一些专门用于对数、指数和三角函数等数学计算的指令，人们将这些指令集统一称为x86指令集。一年之后，Intel公司很快又推出了内部结构与8086微处理器相同，外部总线只有8位的准16位微处理器8088，并随后成为16位个人计算机的主流CPU。8088微处理器采用40针的DIP封装，工作频率为6.66 MHz、7.16 MHz或8 MHz，采用现有的8位设备控制芯片，包含29 000个3 μm技术的晶体管，可访问1 MB内存地址，速度为0.33 MIPS。同年9月，Motorola推出M68000 16位微处理器，它因采用了68 000个晶体管而得名。在1981年，美国IBM公司将8088微处理器用于其研制的PC机中，从而开创了全新的微型计算机时代，其推出的个人计算机IBM PC和PC/XT形成了使用16位个人计算机的高潮。也正是从8088开始，个人电脑（PC）的概念开始在全世界范围内发展起来。除了8086/8088外，Zilog公司的Z8000（集成度为17 500管/片）和Motorola公司的MC68000都是当时的高性能16位机。

第三代微处理器芯片采用HMOS高密度集成工艺技术，集成度2万~7万管/片，时钟频率4~8 MHz，基本指令执行时间约为0.5 μs，其各个性能指标，都比第二代微型计算机提高了一个数量级。这类16位微型机通常都具有丰富的指令系统，采用多级中断系统、多重寻址方式、多种数据处理形式、段式寄存器结构及乘除运算硬件，电路功能大为增强，并都配备了强有力的系统软件。

1982年，Intel公司研制出80286微处理器。它是16位处理器中的高档产品，在4个方面有显著的改进：支持更大的内存、能够模拟内存空间、能同时运行多个任务以及提高了处理速度。80286微处理器的最大主频为20 MHz，内、外部数据传输均为16位，使用24位内存储器的寻址，内存寻址能力为16 MB。80286微处理器可工作于两种方式，一种是实模式，另一种是保护方式。80286微处理器的封装是一种被称为PGA的正方形包装。PGA是源于PLCC的便宜封装，它有一块内部和外部固体插脚，在这个封装中，80286微处理器集成了大约130 000个晶体管。80286微处理器已经具备多任务系统的转换功能、存储器管理功能和多种保护机制，并支持虚拟存储体系结构，在当时能满足多用户和多任务系统的需要。本阶段的顶峰产品是APPLE公司的Macintosh（1984年）和IBM公司的PC/AT286（1986年）微型计算机。

第四代是32位高档微处理器，由以Intel公司为代表的一些世界著名半导体生产商先后推出，其典型的产品有Intel公司推出的Intel 80386、Zilog公司推出的Z-80000、Motorola公司推出的MC68020以及NEC公司的V70等。第四代微处理器采用高速度、高集成的 CHMOS 工艺，集成度为 1 万～50 万管/片，时钟频率 16～33 MHz，平均指令执行时间约 0.01 μs。80386 微处理器采用 6 级流水线，使取指令、译码、内存管理、执行指令和总线访问并行操作，具有 32 位数据总线和 32 位地址总线，直接寻址 4 GB。此外，第四代微处理器具有存储保护和虚拟存储功能，虚拟空间可达 64 TB。运算速度每秒 300 万～400 万条指令，即 3～4 MIPS（每秒百万条指令）。由于 32 位微处理器的强大运算能力，使 PC 的应用扩展到很多的领域，如商业办公和计算、工程设计和计算、数据中心、个人娱乐等。80386 微处理器使 32 位 CPU 成为了 PC 工业的标准。

1989 年，Intel 公司在 80386 微处理器的基础上，又推出更高性能的 32 位微处理器 Intel 80486，集成度达 120 万晶体管/片，是 80386 微处理器的 4 倍，增加了片内协处理器和 8 KB 的片内一级 Cache，支持配置外部的二级 Cache，内部数据总线宽度有 32 位、64 位和 128 位，分别用于不同单元间的数据交换。80486 微处理器首先采用了精简指令集计算机技术（即 RISC 技术），可以一个时钟周期执行一条指令。它采用了突发总线技术，大大提高了与内存的数据交换速度，80486 微处理器的速度比 80386 微处理器快 3～4 倍。随着芯片技术的不断发展，CPU 的频率越来越快，而 PC 机外部设备受工艺限制，能够承受的工作频率有限，这就阻碍了 CPU 主频的进一步提高。在这种情况下，出现了 CPU 倍频技术，该技术使 CPU 内部工作频率为微处理器外频的 2～3 倍，486 DX2、486 DX4 的名字便是由此而来。同时推出的微处理器还有 Motorola 的 MC68040、NEC 公司的 V80 等。

第五代（1993 年以后）是 64 位微处理器和微型计算机。第五代微处理器的推出，使微处理器技术发展到了一个崭新的阶段，典型的产品有 IBM、Motorola 和 Apple 在 1985 年联合推出的 Power PC 微处理器、Intel 公司的 Pentium 系列以及 AMD 公司推出的 K5。1993 年 3 月 22 日，Intel 公司发布了它的新一代处理器——64 位的 Pentium（中文名"奔腾"）。Pentium 实际上应该称为 80586，但 Intel 公司出于宣传竞争方面的考虑，改变了"x86"传统的命名方法。该芯片采用了新的体系结构，其性能大大高于 Intel 系列的其他微处理器，给微处理器体系结构和 PC 机的性能引入了全新的概念。

在这个时期，为了提高电脑在多媒体和 3D 图形方面的应用能力，许多新指令集应运而生，MMX（multimedia extensions，多媒体扩展指令集）就是其中最著名的三种之一。Intel 公司在 1996 年底发布了多能奔腾（Pentium MMX），它的正式名称为"带有 MMX 技术的 Pentium"。1998 年，Intel 公司推出了 Pentium Ⅱ 微处理器，中文名为"奔腾二代"。早期 Pentium Ⅱ 采用 0.35 μm 工艺制造，内部集成 750 万个晶体管，核心工作电压为 2.8 V，后期采用 0.25 μm 工艺制造，其核心工作电压也由 2.8 V 降至 2.0 V。1999 年，Intel 公司发布了采用 Katmai 核心的新一代微处理器 Pentium Ⅲ。该微处理器除采用 0.25 μm 工艺制造，内部集成 950 万个晶体管，系统总线频率为 100 MHz，主频从 450～1 133 MHz。2001 年初，Intel 公司发布了 Pentium Ⅳ 微处理器，采用 0.18 μm 工艺，集成度为 4 200 万管/片，具有 2 个一级 64 KB 的指令 Cache 和数据 Cache、512 KB 的二级 Cache、主频为 1.3～

3.6 GHz、内部采用 20 级超标量流水线结构，新指令的增加也更利于多媒体和网络操作。此外，其他公司也推出了相同档次的 CPU，如 K6、Athlon XP、VIA C3 等。

早在 2005 年，Intel 公司就制定了一套“钟摆计划”，即 Tick-Tock 战略。每一个 Tick-Tock 代表着两年一次的制程工艺进步和核心架构革新。2006 年，英特尔正式推出新一代基于 Core 微架构的产品体系酷睿 2(Core 2 Duo)。因此有人把 2005 年后至今称为第六代，即酷睿(Core)系列微处理器时代。但在 2008 年 Intel 公司发布了 Core i7 后，于 2010 年又发布了基于全新 Sandy Bridge 微架构的第二代 Core i3/i5/i7，2012 年 Intel 正式发布了 ivy bridge(IVB)处理器。人们又认为自 2008 年开始，Intel 所引领的 CPU 行业进入了智能处理器时代。

1.1.2 微型计算机的分类

微型计算机从结构形态可以分为系统机、单板微型计算机、单片微型计算机。

1. 系统机

系统机也称为多板机，是将 CPU、存储器、I/O 接口电路和总线接口等组装在一块主机板上，各种适配板卡插在主机板的扩展槽上，并与电源、硬盘驱动器及光驱等装在同一机箱内，再配上系统软件、键盘、显示器等外围设备，就构成了一台完整的微型计算机系统。PC(personal computer)机就属于多板机。

2. 单板微型计算机

单板微型计算机简称为单板机，把 CPU 芯片、存储器芯片、I/O 接口芯片和简单的 I/O 设备(小键盘、数码显示器等)装配在一块印刷电路板上构成了单板微型计算机系统。单板机的 I/O 设备简单、软件资源少、使用不方便，早期主要用于微型计算机原理的教学及简单的测控系统，现在已没有使用。

3. 单片微型计算机

单片微型计算机简称为单片机，是指一种用于控制的微处理器芯片，其组成实际上是把微型计算机的 CPU、部分存储器和输入/输出接口等部件集成在一块芯片上，即一个单片机几乎就是一个专用的计算机，只要配上少量的外部电路和设备就可以构成具体的应用系统。单片机具有体积小、重量轻等优点。单片机是应工业测控的需要而诞生的，它的结构与指令功能都是按照工业控制要求设计的，常用于家用电器、智能化仪表及工业测控系统中。

1.1.3 微型计算机的应用

计算机的应用已渗透到社会的各行各业，并改变了传统的工作、学习和生活方式，推动着社会的发展。高性能计算机是工程计算、基因工程、船舶工程、海洋工程、气象气候、地震预报、城市建设、核爆模拟、石油物探、航空航天、材料工程、环境科学和基础科学等领域不可缺少的高端计算工具。计算机的应用范围非常广泛，概括起来主要有以下几个方面：

1. 科学计算

科学计算又称数值计算，是计算机最早的应用领域。科学计算是指利用计算机来完成科学研究和工程技术中提出的数学问题的计算。在现代科学技术工作中，科学计算问题是大量和复杂的。例如，气象预报需要求解描述大气运动规律的微分方程，水利土木工程中有大量力学问题需要计算。利用计算机的高速计算、大容量存储和连续运算的能力，可以实现人工无法解决的各种科学计算问题。

2. 数据处理及信息管理

数据处理和信息管理是现代化管理的基础，包括对数据的采集、存储、分类、统计和传播等一系列活动。数据处理广泛地应用于办公自动化、企事业计算机辅助管理与决策、情报检索、图书管理、电影电视动画设计、会计电算化等各行各业。信息已经形成了独立的产业，多媒体技术使信息的表现形式丰富多彩。

3. 过程控制

过程控制又称实时控制，过程控制利用计算机及时采集检测数据，按最优值迅速地对控制对象进行自动调节或自动控制。例如高炉炼铁，计算机用于控制投料、出铁出渣以及对原料和生铁成分的管理和控制，通过对数据的采集和处理，实现对各种操作的指导。过程控制中使用计算机不仅提高了控制的自动化水平，而且提高了控制的及时性和准确性，从而提高了生产效率和产品质量。

控制类微型计算机更强调其抗干扰能力、可靠性、稳定性和实时性，因此，在过程控制中应用的计算机具有专用性，如工业 PC 机、STD 总线工控机及单芯片微控制系统。

4. 计算机辅助技术

计算机辅助技术包括计算机辅助设计与制造、计算机集成制造系统和计算机辅助教育等。计算机辅助设计与制造简称 CAD/CAM，是利用计算机系统辅助设计人员进行工程或产品设计以实现最佳设计效果的一种技术。CAD/CAM 已广泛地应用于飞机、汽车、机械、电子、建筑和轻工业等领域。计算机集成制造系统简称 CIMS，是集设计、制造、管理等三大功能于一体的现代化工厂生产系统，这种生产模式具有生产效率高，生产周期短等优点，能够实现生产无人化。计算机辅助教育简称 CDE，包括计算机辅助教学（computer aided instruction，简称 CAI）和计算机管理教学（CMI），可实现远程教学、交互教育、个别指导和因材施教，是现代化教育强有力的手段。

5. 人工智能（智能模拟）

人工智能（artificial intelligence）是用计算机模拟人类的感知、判断、理解、学习等行为能力。近年来，人工智能的研究取得了不少成果，并开始走向实用阶段，包括指纹识别、人脸识别等模式识别。

目标测评 1

T1-1 微型计算机的发展以什么为标志?

T1-2 请简述单片机、单板机和个人计算机的异同。

T1-3 列举现实生活中微型计算机应用的范例。

电子教案 1-2:微型计算机系统模型

1.2 微型计算机系统模型

1945 年 6 月,匈牙利数学家冯·诺依曼(普林斯顿大学数学教授)在 ENIAC 小组工作时采用了英国数学家阿伦·图灵的一些理论思想,发表了 EDVAC(electronic discrete variable computer,离散变量自动电子计算机)方案,确立了现代计算机的基本架构,提出计算机应具有五个基本组成部分:运算器、控制器、存储器、输入设备和输出设备,并描述了这五大部分的功能和相互关系,以及提出"采用二进制"和"存储程序"这两个重要的基本思想。数十年来,计算机虽然经历了巨大的发展,但仍然没有脱离冯·诺依曼结构。本节从微型计算机的系统层次出发,讲述微型计算机模型的硬件结构和工作过程。

1.2.1 微型计算机系统的三个层次

微型计算机系统俗称为"微电脑"或"微机",在微型计算机系统的构成上,从局部到全局存在三个层次,依次为:微处理器、微型计算机、微型计算机系统。微型计算机系统层次如图 1-1 所示。微处理器即 CPU(或 MPU),是微型计算机主机中的核心部分;微型计算机多指主机或硬件实体;微型计算机系统则包括微机硬件和软件。

在这三个层次中,单纯的微处理器不是计算机,单纯的微型计算机也不是完整的计算机系统,微处理器和微型计算机都不能独立工作,只有微型计算机系统才是完整的计算系统,才具有实用意义,可以正常工作。

微处理器(microprocessor),简称 μP 或 MP,是由一片或几片大规模集成电路或超大规模集成电路组成的具有运算器和控制器的中央处理器部件,即 CPU(central processing unit)。微处理器本身并不等于微型计算机,它仅仅是微型计算机的中央处理器,包括算术逻辑部件 ALU(arithmetic logic unit)、控制部件(control unit)和寄存器组(registers)三个基本部分,它负责系统的数值运算和逻辑判断等核心工作,并将运算结果分送内存或其他部件,以控制计算机的整体运作。

微型计算机(microcomputer),简称 μC 或 MC,是指以微处理器为核心,配上由大规模集成电路制作的存储器(ROM、RAM)、输入/输出接口电路及系统总线所组成。

微型计算机系统(microcomputer system),简称 μCS 或 MCS,是指以微型计算

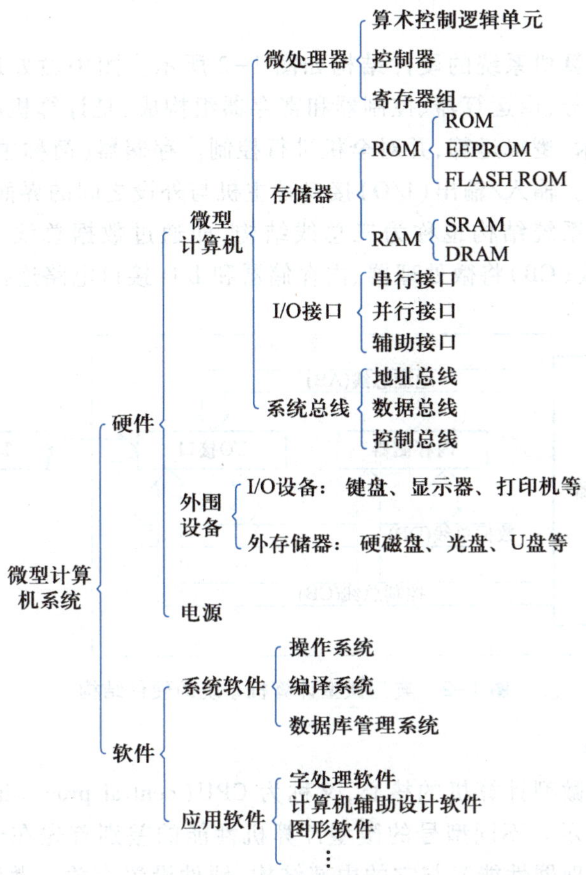

图 1-1 微型计算机系统层次

机为中心，再配以相应的外围设备、电源、辅助电路和控制微型计算机工作的软件所构成的完整的计算机系统。软件分为系统软件和应用软件两大类。系统软件是用来支持应用软件的开发与运行，包括操作系统、标准实用程序和各种语言处理程序等。应用软件是用来为用户解决具体应用问题的程序及有关的文档和资料。

1.2.2 微型计算机模型结构

目前绝大多数计算机的硬件体系结构采用冯·诺依曼经典结构，这种结构的特点是：

• 计算机硬件系统由运算器、控制器、存储器、输入设备、输出设备五个部分组成。

• 计算机要执行的指令和要处理的数据都采用二进制表示并存放在存储器中。

• 要执行的指令和要处理的数据按照顺序编写成程序存储到计算机内部，自动执行。

典型微型计算机系统的硬件结构如图 1-2 所示。图中微处理器是计算机中最重要的一个部分，由运算器、控制器和寄存器组构成，是计算机的运算和控制核心，用来实现算术、逻辑运算，并对全机进行控制。存储器（简称主存或内存）用来存储程序和数据。输入/输出（I/O）接口是主机与外设之间的界面，协调二者的工作。这种典型的系统结构也称为三总线结构，即通过数据总线（DB）、地址总线（AB）和控制总线（CB）将微处理器、内存储器和 I/O 接口电路连接在一起。

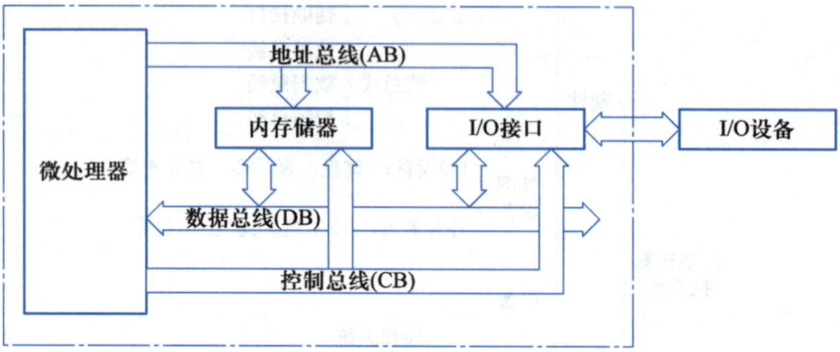

图 1-2 典型微型计算机系统的硬件结构

1. 微处理器

微处理器是微型计算机的核心，又称为 CPU（central processing unit），其基本结构如图 1-3 所示。不同型号的微型计算机性能的差别首先在于其微处理器性能的不同。微处理器性能又与它的内部结构、硬件设置有关。微处理器的各个部件相互协调，对命令和数据进行分析、判断、运算并控制计算机各部分协调工作。下面对微处理器的各个部件分别进行叙述。

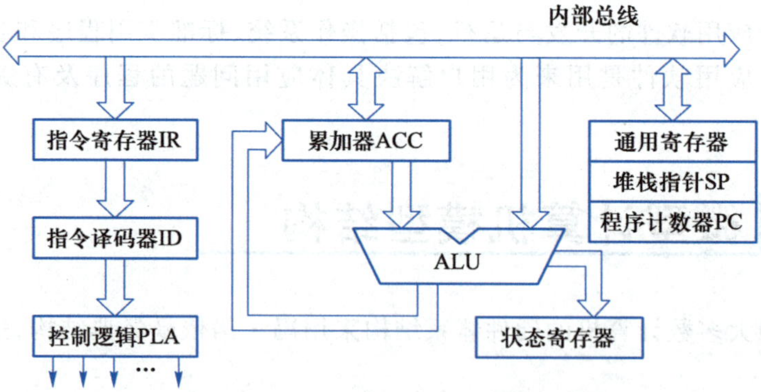

图 1-3 微处理器的基本结构

（1）算术逻辑部件 ALU

在微型计算机中，运算器是计算机中加工和处理数据的功能部件，主要包括两个功能：一是对数据的加工处理，主要包括算术运算和逻辑运算，如加、减、乘、与、或、非运算等，这是运算器的重要功能，这些功能是通过运算器内部的算术逻辑单元（ALU）来完成的；二是暂时存放参与运算的数据和某些中间结果，通常是通过与 ALU 相连的寄存器组来实现的。

ALU（arithmetic logic unit）是运算器的核心部件。它在控制器发出的控制信号作用下，能对两个二进制数进行算术运算和逻辑运算。如图 1-4 所示，在 ALU 进行运算时，其数据一个来自数据寄存器Ⅰ，另一个来自数据寄存器Ⅱ，ALU 对这两个输入的数据进行算术或逻辑运算，运算结果存入数据寄存器Ⅰ中。

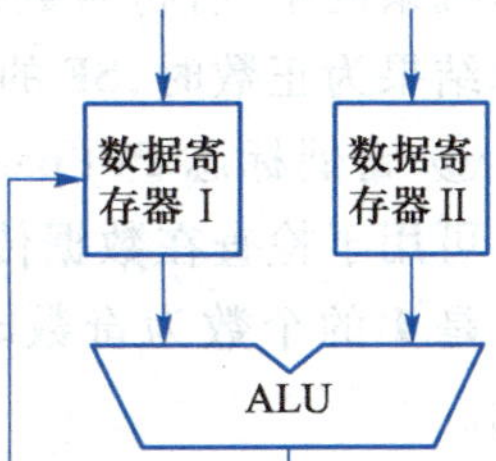

图 1-4 ALU 的基本结构

（2）累加器 A 或 ACC（accumulator）

累加器是寄存器组中最繁忙的寄存器，在进行算术运算和逻辑运算时，它具有双重功能，即运算前用来保存送入 ALU 中进行运算的两个操作数之一，运算后用来保存算术或逻辑运算的结果。参加运算的另一个操作数可以是来自寄存器组中的某一个寄存器，或者是从存储器取来的数据，这个数据要暂存在数据寄存器 DR（data register）中，然后再送入 ALU 去运算。

（3）标志寄存器 FR（flag register）

标志寄存器是用来存放 ALU 运算结果的状态信息，是所有微处理器中的一个重要部件。FR 通常根据有关指令的运行结果由 CPU 自动设置，由于这些状态信息往往作为后续条件转移指令的转移控制条件，所以又称为条件码。例如，加法运算后的最高位的进位信息、运算结果的溢出信息以及运算结果是正数还是负数等都能自动存放在 FR 中。

不同型号微处理器的标志位数目及具体规定不完全相同。在选用不同的微处理器时要参考该微处理器对标志寄存器的内容的规定。常见的微处理器的标志有以下几种：

① 进位标志 C 或 CY（carry flag）：反映运算结果是否产生进位或借位。如运算结果的最高位产生了一个进位或借位，其值为 **1**，否则其值为 **0**。

② 辅助进位标志 AF（auxiliary carry flag）：辅助进位标志又叫半进位标志。在两种情况下辅助进位标志 AF 的值被置为 **1**，一是字操作时，发生低字节向高字节进位或借位时；二是字节操作时，发生低 4 位向高 4 位进位或借位时。辅助进位标志一般在 BCD 码运算中作为是否进行十进制调整的判断依据，即在 AC 被置位成 **1** 时，在 BCD 数运算后，要对结果作加 6 或者减 6 的调整。这个标志是供计算机本身使用的，亦即计算机将根据 AC 的状态来决定是否要作加 6 或减 6 调整，用户则不直接使用这个标志。

③ 溢出标志 OF（overflow flag）：在算术运算中，溢出标志 OF 用于反映带符号数的加减运算结果是否溢出。如果运算结果超过当前运算位数所能表示的范围，则称为溢出，OF 的值被置为 **1**，否则，OF 的值被清 **0**。例如，当 8 位有符号数运算的结果超出了范围 -128 ~ +127，或者当 16 位有符号数运算的结果超出了范

围-32 768～+32 767时称为溢出。溢出标志只在带符号数运算时才有意义，若只是正数运算，则不能通过检测溢出标志来确定结果是否溢出。

④ 零标志ZF(zero flag)：当运算结果为**0**时，ZF标志就置**1**，否则，ZF被清**0**。

⑤ 符号标志SF(sign flag)：符号标志总是和运算结果中最高位相同。在微型计算机系统中，有符号数采用补码表示法，所以，SF也就反映运算结果的正负号。运算结果为正数时，SF的值为**0**，否则，其值为**1**。

⑥ 奇偶标志PF(parity flag)：奇偶标志用来标记运算结果中**1**的个数的奇偶性。可用于检查在数据传输中是否发生错误，但究竟是**1**的个数为偶数时PF为**1**，还是**1**的个数为奇数时PF为**1**，不同型号微处理器有不同的规定，不能一概而论。

并不一定每种微处理器都有以上各种标志，但肯定会有其中的若干种，有的微处理器可能还有其他的标志。

(4) 寄存器组

寄存器是CPU内部重要的数据存储资源，是汇编程序员能直接使用的硬件资源之一。由于寄存器的存取速度比内存快，所以在用汇编语言编写程序时，要尽可能充分利用寄存器的存储功能。寄存器一般用来保存程序的中间结果，为随后的指令快速提供操作数，从而避免把中间结果存入内存，再读取内存的操作。在高级语言(如：C/C++语言)中，也有定义变量为寄存器类型的，这就是提高寄存器利用率的一种可行的方法。由于寄存器的个数和容量都有限，不可能把所有中间结果都存储在寄存器中，所以要对寄存器进行适当的调度，根据指令的要求，如何安排适当的寄存器，避免操作数过多的传送操作是一项细致而又周密的工作。有关“寄存器的分配策略”可以参考编译原理的相关内容。

一般来讲，寄存器组包括两类，即通用寄存器组和专用寄存器组。通用寄存器组又称数据寄存器组，相当于CPU内部的小容量存储器。通用寄存器又可分为定点数和浮点数两类，用来暂时存放参加运算的数据、中间结果或者地址。由于寄存器组就在CPU内部，数据在寄存器和运算器之间的传送比在存储器和运算器之间的传送要快得多。因此，充分利用通用寄存器可以提高运算速度，而且对简化程序或程序设计也有好处。通用寄存器是中央处理器的重要组成部分，大多数指令都要访问到通用寄存器。通用寄存器的宽度决定计算机内部的数据通路宽度，其端口数目往往可影响内部操作的并行性。

专用寄存器组中的每一种寄存器都有专门的用途，如上面提到的标志寄存器，就是属于专用寄存器。专用寄存器组中通常会包括堆栈指示器(stack pointer)和变址寄存器(index register)等。

(5) 程序计数器PC(program counter)

程序计数器是用来存放下一条要执行的指令地址。为了保证程序能够连续执行下去，CPU必须具备一定的手段来确定下一条指令所在内存单元的地址，程序计数器正是起这个作用，所以通常又称为指令指针计数器。程序计数器是维持微处理器有秩序地执行程序的关键性寄存器，是任何一个微处理器中都不可缺少的。

(6) 控制器

控制器是计算机内指挥与控制整台计算机各个功能部件协同动作、自动执行计算机程序的功能部件,控制计算机各功能部件正常运行所需要的全部信号由控制器提供。它由程序计数器(PC)、指令寄存器(IR)、指令译码器(ID)和时序信号产生部件组成。

指令寄存器 IR(instruction register)用于存放从存储器取来的指令操作码,指令操作码即是用来指明指令完成何种操作。

指令译码器 ID(instruction decoder)对指令操作码进行译码,产生各种组合逻辑电平信号,这些电平信号与外部时钟脉冲在控制信号产生电路中组合形成各种按一定节拍变化的电平和脉冲,即各种控制信号。控制信号可以送到运算器,也可以送到存储器或 I/O 接口电路。

2. 存储器

存储器的组成框图如图 1-5 所示,其主要功能是存放程序和数据。不管是程序还是数据,在存储器中都是用二进制的形式表示,统称为信息。目前,计算机采用半导体器件来存储信息。数字计算机的最小信息单位称为位(bit),即一个二进制代码。能存储一位二进制代码的器件称为存储元。

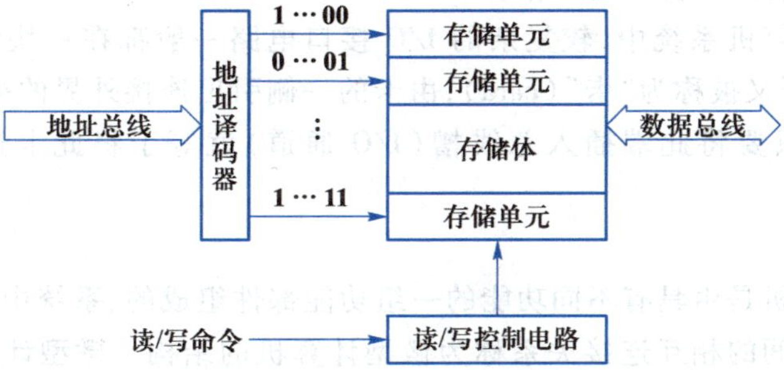

图 1-5 存储器组成框图

通常,CPU 向存储器送入或从存储器取出信息时,不能存取单个的“位”,而是以 B(字节)和 W(字)等较大的信息单位来工作。一个字节由 8 位二进制位组成,而一个字则至少由一个以上的字节组成。通常把组成一个字的二进制位数叫做字长。

在存储器中把保存一个字节的 8 位触发器称为一个存储单元。存储器是由许多存储单元组成的。每个存储单元对应一个编号,用二进制编码表示,称为存储单元地址。向存储器中存数或者从存储器中取数,都要将给定的地址进行译码,找到相应的存储单元。存储单元的地址只有一个,固定不变,而存储在存储单元中的信息是可以更换的。

存储器所有存储元的总数称为存储器的存储容量,通常用单位 KB、MB(1B=1 个字节=8 位二进制代码)来表示。存储容量越大,表示计算机记忆储存的信息就越多。

半导体存储器的存储容量有限，计算机中又配备了存储容量更大的磁盘存储器和光盘存储器，称为外存储器。相对而言，半导体存储器称为内存储器，简称内存。

3. I/O 设备和 I/O 接口

I/O 设备是指微型计算机上配备的输入/输出设备，也称外部设备和外围设备（简称外设），其功能是为微型计算机提供具体的输入/输出手段。输入设备是变换输入形式的部件，它将人们的信息形式变换成计算机能接收并识别的信息形式。目前常用的输入设备是键盘、鼠标器、数字扫描仪以及模/数转换器等。输出设备是变换计算机输出信息形式的部件，它将计算机运算结果的二进制信息转换成人类或其他设备能接收和识别的形式，如字符、文字、图形、图像、声音等。目前广为使用的输出设备有激光打印机、绘图仪、CRT 显示器等。

计算机的输入/输出设备种类繁多、速度各异且驱动方式差别很大，因而它们无法与 CPU 直接匹配，所以不可能把它们简单连接到系统总线，而需要有一个接口电路来充当它们和 CPU 间的桥梁，即通过适配器部件与主机联系。适配器的作用相当于一个转换器，通过该电路来完成信号的变换、数据的缓冲、与 CPU 联络等工作。适配器可以保证外围设备按计算机系统所要求的形式发送或接收信息，使主机和外围设备并行协调地工作。

在微型计算机系统中，较复杂的 I/O 接口电路一般都在一块独立的电路板上，这种电路板又被称为“卡”（card），由卡的一侧引出连接外界的插座，另一侧则做成插入端，只要将此端插入总线槽（I/O 通道）就等于将此卡连到了系统总线上。

4. 总线

微型计算机是由具有不同功能的一组功能部件组成的，系统中各功能部件的类型和它们之间的相互连接关系称为微型计算机的结构。微型计算机大多采用总线结构。

所谓总线是一组公共信号线、公共通路，微型计算机中各个组成部件之间的信息传输都是通过总线来实现的。不论是微处理器结构、微型计算机结构，还是微型计算机系统结构，它们都是通过总线结构将各个组成部件连接成一个整体。根据在系统中的不同位置，总线分成三类：

（1）片总线：又称元件级总线，是芯片内部引出的总线，即 CPU 内部各功能部件和寄存器之间的连线。它是微处理器构成一个很小的系统时的信息传输通路。

（2）内总线（I-BUS）：又称系统总线，是连接 CPU、存储器和 I/O 接口的总线，它用于微型计算机系统中各插件之间的信息传输。

（3）外总线（E-BUS）：又称通信总线，它是微型计算机系统之间，或是微型计算机系统与其他系统之间的信息传输通路。

微型计算机采用了总线结构后，系统中各功能部件之间的相互关系变为各个部件面向总线的单一关系。一个部件只要符合总线标准，就可以连接到采用这种总线标准的系统中,使系统的功能可以很方便地扩展,微型计算机中目前主要采用的外部总线标准有 PC 总线、ISA 总线、VESA 总线和 PCI 总线等。

系统总线是构成计算机系统的骨架,借助系统总线,计算机在各系统部件之间实现传送地址、数据和控制信息的操作。按所传送信息的不同类型,总线可以分为地址总线 AB(address bus)、数据总线 DB(data bus)和控制总线 CB(control bus)三种类型,通常称微型计算机采用三总线结构。

地址总线是微型计算机用来传送地址信息的信号线。因为地址总是从 CPU 发出的,所以地址总线是单向、三态总线。单向指信息只能沿一个方向传送,三态指除了输出高、低电平状态外,还可以处于高阻抗状态(浮空状态)。地址总线的位数决定了 CPU 可以直接寻址的内存空间的大小。例如,地址总线是 16 位,则内存容量为 2^{16} 个字节,即 64 KB。在计算机中,1 K = 2^{10} B = 1 024 B。地址总线是 20 位,2^{20} = 1 MB(1 K = 1 024 B,1 M = 1 024 KB,1 G = 1 024 MB)。

数据总线是 CPU 用来传送数据信息的信号线(双向、三态)。CPU 进行“读”操作时,内存或外设的数据通过数据总线送往 CPU;CPU 进行“写”操作时,CPU 数据通过数据总线送往内存或外设。数据总线的位数是微型计算机的一个很重要的指标,它和微处理器的位数相对应。数据的含义是广义的,在数据总线内的数据流可能是指令代码、状态量或控制量,也可能是真正的数据。

控制总线是用来传送控制信号的一组总线。这组信号线比较复杂,可以是单向的,双向的、三态或非三态,取决于具体的信号线。不同的微处理器采用不同的控制信号,通常分为两类:一类是通过对指令的译码,由 CPU 内部产生,这些信号由 CPU 送到存储器、输入/输出接口电路和其他部件;另一类由微型计算机系统的其他部件产生并送到 CPU 的信号,如中断请求信号、总线请求信号等。在一个系统中,除了 CPU 有控制总线的能力外,DMA 控制器等设备也有控制总线的能力,它们被称为总线主控设备或总线请求设备,而连在总线上的存储器和 I/O 设备,则是被访问和被控制的对象,它们被称为总线控制设备。

1.2.3 微型计算机的工作过程

1. 微型计算机的工作实质

计算机在基本的硬件结构方面沿袭着冯·诺依曼的传统框架,同样计算机在工作方式上也采用冯·诺依曼的概念,即程序存储及程序控制的概念。计算机之所以能在没有人直接干预的情况下,自动地完成各种信息处理任务,是因为人们事先为它编制了各种工作程序,程序存储及程序控制的工作方式就是事先把程序加载到计算机的存储器中,当给机器加电并启动后,计算机便会自动按照程序的要求进行工作。

(1) 程序存储

程序是由一条条指令组合而成的,而指令在计算机中被翻译(汇编)成计算机能识别的机器语言。程序存储把执行一项信息处理任务的程序代码，以字节为单位，按顺序存放在存储器的一段连续的存储区域内。

（2）程序控制

程序控制指当计算机工作时，CPU 中的控制器按照程序指定的顺序（由码段寄存器 CS 及指令指针寄存器 IP 指引），到存放程序代码的内存区域中去取指令代码，在 CPU 中完成对代码的分析，然后由 CPU 的控制器根据对指令代码的分析结果，适时地向各个部件发出完成该指令功能的所有控制信号。

简单地讲，计算机的工作过程就是执行程序的过程，描述为取指令（代码）→分析指令（译码）→执行指令的不断循环的过程。

2. 微型计算机的工作过程

我们通过分析计算机如何具体计算 5+6=？来进一步了解微型计算机的工作过程。虽然这是一个相当简单的加法运算，但计算机却无法理解，人们必须以计算机能够理解的语言告诉它如何一步一步地去做，直到每个细节都详尽无误，计算机才能正确地理解与执行。这种计算机能理解的语言就是计算机程序。为此，我们在启动计算机让它进行计算之前，必须做如下工作：

（1）用助记符号指令编写程序（汇编语言）。

（2）用汇编软件将汇编程序翻译（汇编）成计算机能识别的机器语言指令。

（3）将数据和程序通过输入设备送入存储器中存放。

5+6=？的 8086 汇编程序如表 1-1 所示。整个程序一共 3 条指令、5 个字节，存放在 00H 开始的 5 个单元中。指令是计算机规定执行操作的类型和操作数的基本命令。指令是由一个字节或者多个字节组成，其中包括操作码字段、一个或多个有关操作数地址的字段以及一些表征机器状态的状态字和特征码。有的指令中也直接包含操作数本身。

表 1-1 5+6=？的 8086 汇编程序

地址	汇编语言	机器语言	说明
	ORG 0000H		定位伪指令
00H	MOV A,05H	1011 0000	操作码
01H		0000 0101	操作数
02H	ADD A,06H	0000 0100	操作码
03H		0000 0110	操作数
04H	HLT	1111 0100	操作码

程序执行过程就是按照一定顺序执行各条指令的过程。一条指令的执行过程一般包括取指令阶段和执行阶段，即首先将指令从存储器中取出送到微处理器的指令寄存器。然后在指令译码器中对指令进行译码，并根据译码结果来执行这条指令。下面以第一条指令为例具体介绍程序的执行过程。

3. 取指令

（1）控制器将程序计数器 PC 的内容（00H）送至地址寄存器 AR，记为PC→AR。

(2) 程序计数器 PC 的内容自动加 1 变为 01H,为取下一条指令作准备,记为 PC+1→PC。

(3) 地址寄存器 AR 将 00H 通过地址总线送至存储器地址译码器译码,选中 00H 号单元,记为 AR→M。

(4) CPU 发出"读"控制命令。

(5) 存储器收到"读"命令后,将选中的 00H 号存储单元的内容,亦即指令机器码 B0H 经数据总线 DB 送至数据寄存器 DR,记为(00H)→DR。

(6) 数据寄存器 DR 将其内容送至指令寄存器 IR,再由指令译码器 ID 译码,然后经控制信号产生器发出一系列控制信号,也叫做操作信号,记为 DR→IR, IR→ID,ID→PLA。

经过上述几个步骤后,CPU"识别"出这个操作码就是 MOV A,05H 指令,于是控制器发出执行这条指令的各种控制命令,这就完成了一条指令的取指令过程,取指令阶段的执行过程如图 1-6 所示。

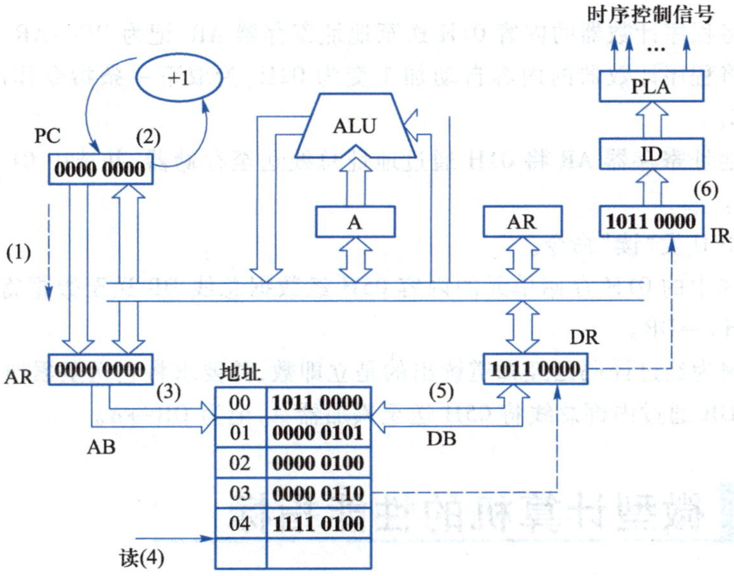

图 1-6 取指令阶段的执行过程

4. 执行指令

对于简单的一字节指令,经过取指令阶段后就可以具体执行指令,但是类似示例的这条指令是不止一个字节的机器码,因此在取出指令的第一个字节之后,控制器将根据译码的结果,再去取出其余的指令字节,然后再决定如何执行这条指令。

在取指令阶段,经过对操作码 B0H 译码后,CPU 就"知道"这是一条把 01H 单元的内容送入累加器 A 的指令,所以执行第一条指令,就是把指令第二字节中的立即数取出来送至累加器 A,其执行过程如图 1-7 所示。

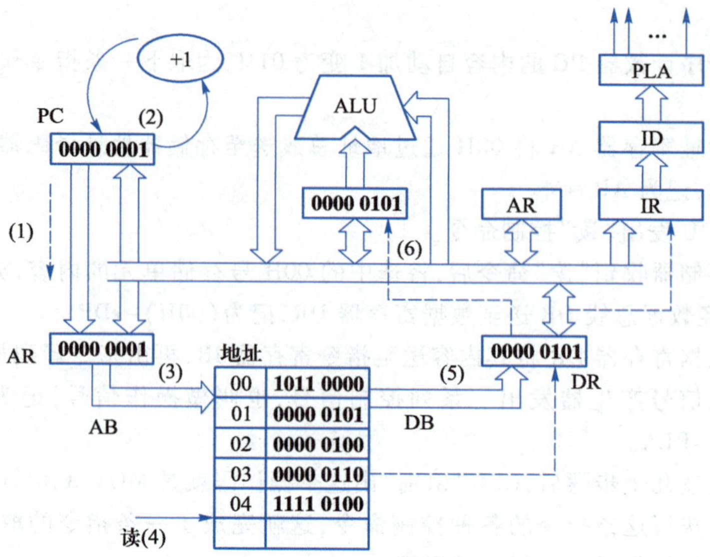

图 1-7　执行指令阶段的执行过程

(1) 将程序计数器的内容 01H 送至地址寄存器 AR,记为 PC→AR。

(2) 将程序计数器的内容自动加 1 变为 02H,为取下一条指令作准备,记为 PC+1→PC。

(3) 地址寄存器 AR 将 01H 通过地址总线送至存储器,并选中 01H 单元,记为 AR→M。

(4) CPU 发"读"命令。

(5) 选中的 01H 存储单元的内容 05H 经数据总线 DB 送至数据寄存器 DR,记为:(01H)→DR。

(6) 因为经过译码已经知道读出的是立即数,并要求将它送至累加器 A,故数据寄存器 DR 通过内部总线将 05H 送至累加器 A,记为 DR→A。

1.2.4 微型计算机的性能指标

一台微型计算机的性能是由系统结构、指令系统、硬件组成、软件配置等多方面的因素综合决定的。衡量一台微型计算机性能的技术指标主要有如下几个方面。

1. 字长

字长是计算机内部一次可以处理的二进制数的位数,计算机的字长直接影响着计算机的计算精确度。字长越长,用来表示数字的有效位数就越多,计算机的精确度也就越高。一般计算机的字长取决于它的通用寄存器、内存储器、ALU 的位数和数据总线的宽度。微型计算机的字长有 4 位、8 位、16 位,高档微型计算机字长为 32 位或 64 位。在其他性能指标相同时,字长越大,计算机处理数据的速度就越快。

2. 运算速度

运算速度是衡量计算机性能的一项重要指标。计算机的运算速度除了取决于主频之外,还与内存、硬盘等工作速度及字长有关。计算机的运算速度一般用每秒钟所能执行的指令条数来表示。由于不同类型的指令所需时间长度不同,因而运算速度的描述方法也不同。每秒钟所能执行的指令条数可用 CPU 的主频和每条指令执行所需的时钟周期来衡量。MIPS(millions of instruction per second),即:百万条指令/秒。

根据不同类型指令出现的频度,乘以不同的系数求得统计平均值,即得到平均运算速度,这种方法用 MIPS 作为单位。

主频是指微型计算机中 CPU 的时钟频率(CPU clock speed),也就是 CPU 运算时的工作频率。一般来说,主频越高,一个时钟周期里完成的指令数也越多,当然 CPU 的速度就越快。主频在很大程度上决定了主机的工作速度。微型计算机一般采用主频来描述运算速度,例如 Pentium/133 的主频为 133 MHz,Pentium Ⅲ/800 的主频为 800 MHz,Pentium Ⅳ1.5 G 的主频为 1.5 GHz。

3. 存储容量

存储容量是衡量微型计算机存储能力的一个指标,它包括内存容量和外存容量。微型计算机中通常以字节为单位表示存储容量。

内存储器简称为主存,是 CPU 可以直接访问的存储器,需要执行的程序与需要处理的数据就是存放在主存中的。内存储器容量的大小反映了计算机即时存储信息的能力。内存容量以字节为单位,分最大容量和装机容量。最大容量由 CPU 的地址总线的位数决定,而装机容量按所使用软件环境来定。比如,Windows XP 需要 128 MB 以上的内存容量。

外存容量是指磁盘机和光盘机等容量,应根据实际应用的需要来配置。硬盘容量包括内置硬盘和移动硬盘。外存储器容量越大,可存储的信息就越多,可安装的应用软件就越丰富。

4. 外设扩展能力

外部设备的配置及扩展能力主要指计算机系统连接各种外部设备的可能性、灵活性和适应性。一台微型计算机可配置外部设备的数量以及配置外部设备的类型,对整个系统的性能有重大影响。如显示器的分辨率、多媒体接口功能和打印机型号等,都是外部设备选择中要考虑的问题。

5. 软件配置情况

软件配置情况直接影响微型计算机系统的使用和性能的发挥,软件的配置应该包括功能强、操作简单、又能满足应用要求的操作系统和丰富的应用软件。通常应配置的软件有操作系统、计算机语言以及工具软件等,另外还可配置数据库管理系统和各种应用软件。

目标测评 2

T1-4 微处理器、微型计算机及微型计算机系统三者有何区别?

T1-5 存储器的地址线跟存储单元之间有何联系?

T1-6 简述微型计算机的三总线结构。

T1-7 微型计算机的工作原理是什么?

T1-8 简述微型计算机的性能指标。

1.3 计算机中的数和编码

在计算机中,最基本的功能就是进行大量的“数的运算与加工处理”,但计算机只能识别二进制数,所以二进制数及其编码是所有计算机的基本语言。二进制数用 0 和 1 两种状态表示,容易识别,实现方便,计算机正是利用只有两种状态的双稳态电路来表示和处理信息的。但是二进制数位数多,书写和识读不便,在计算机软件编制过程中又常常需要用到十六进制数表示。了解十进制数、二进制数和十六进制数之间的关系与相互转换及运算方法是学习计算机技术必备的基础知识。

1.3.1 计算机中数的表示及运算

电子教案 1-3:计算机中的数和编码

十进制是人们在日常生活中使用的数制,而计算机内部采用的是二进制表示法。在数字计算机的设计与使用时,为了简化二进制数据的书写,通常采用八进制和十六进制表示法。为了区别不同进制的数据,可在数的右下角用字母标注。一般用 B(binary)或 2 表示二进制数,O(octal)或 8 表示八进制数,H(hexadecimal)或 16 表示十六进制数(书写时,最高位是字母时应在高位前加数字 0),D(decimal)或 10 表示十进制数。在本书中我们用字母 B、O、H、D 表示法,如果省略进制字母,则默认为十进制数。

【例 1-1】

二进制数和十六进制数的相互转换举例。

解: 二进制数转换成十六进制数:1101 0110. 1010B = 0D6. AH

十六进制数转换成二进制数:8A9B. EFH = 1000 1010 1001 1011. 1110 1111B

1. 机器数和真值

数值数据在计算机内的二进制表现形式称为机器数。机器数可分为无符号数和带符号数两种。无符号数是指机器数的所有二进制位都用来表示数值;带符号数是指机器数中除了表示数值的二进制位外,还有表示符号的符号位。机器数所代表的实际数值称为机器数的真值(同一机器数有不同的真值)。

【例 1-2】

假设某计算机的字长为 8 位，请描述整数在机器中的表示形式。

解： 无符号整数在机器中的表示形式如图 1-8 所示，带符号整数在机器中的表示形式如图 1-9 所示。

b7	b6	b5	b4	b3	b2	b1	b0
数值							

图 1-8　无符号整数在机器中的表示形式

b7	b6	b5	b4	b3	b2	b1	b0
符号	数值						

图 1-9　带符号整数在机器中的表示形式

【例 1-3】

分别写出机器数 **10011011**B 作为无符号整数和带符号整数对应的真值。

解： **10011011**B 作为无符号整数时，对应的真值为：**10011011**B＝155D

10011011B 作为带符号整数时，其最高位的数码 **1** 代表符号“-”，所以机器数 **10011011**B 对应的真值为：-**0011011**B＝-27D

【例 1-4】

将 $X=+$**0.101100101**B 在字长为 8 位的机器中用定点数表示。

解： 如果要将 $X=+$**0.101100101**B 在字长为 8 位的机器中表示为一个单字长的数，则只能表示为 **01011001**B，最低两位 **01** 无法在机器中表示。

综上所述，可知机器数的特点为：

（1）数的符号采用二进制数码化，**0** 代表“+”，**1** 代表“-”，机器数的最高位为符号位。

（2）小数点本身是隐含的，不占用储存空间。

（3）每个机器数数据所占的二进制位数受机器硬件规模的限制，与机器字长有关。超过机器字长的数位要舍去。

2. 有符号数的 3 种表示方法

在计算机中，为了便于带符号数的运算和处理，对带符号数的机器数有各种定义和表示方法，常用的有原码、反码、补码。

（1）原码是机器数的一种简单、直观的表示方法，其表示形式与真值的形式最为接近。规定机器数的最高位为符号位，**0** 表示正数，**1** 表示负数。数值部分紧跟符号位后，用二进制数表示数的绝对值。

（2）正数的反码等于原码，负数的反码是将原码的数值位按位取反。

即　　若 $X=+X_1X_2\cdots X_n\mathrm{B}$，　　则 $[X]_{反}=\mathbf{0}X_1X_2\cdots X_n\mathrm{B}$

　　　若 $X=-X_1X_2\cdots X_n\mathrm{B}$，　　则 $[X]_{反}=\mathbf{1}\,\overline{X_1}\,\overline{X_2}\cdots\overline{X_n}\mathrm{B}$

（3）正数的补码与原码相同，负二进制数的补码等于它的绝对值按位取反后加 **1**。

即

$$[X]_{补}=\begin{cases} X & 若\ 2^{n-1}>X\geqslant 0 \\ \overline{|X|}+1 & 若\ 0>X\geqslant -2^{n-1} \end{cases}$$

在补码表示法中，**0** 只有一种表示形式，$[\mathbf{0}]_{补}$ = **00…0B**。

对于 8 位二进制数来说，用补码所表示的数的范围为 −128 ~ +127。

【例 1-5】

已知 X，求 X 的原码 $[X]_{原}$、反码 $[X]_{反}$ 和补码 $[X]_{补}$。

(1) $X_1=67$　(2) $X_2=-67$　(3) $X_3=+0$　(4) $X_4=-0$

解：(1) 67D = **+1000011B**

$[X_1]_{原}$ = **01000011B**

$[X_1]_{反}$ = **01000011B**　//正数时，原码和反//码相同

$[X_1]_{补}$ = **01000011B**　//正数时，原码和补//码相同

(2) −67D = **−1000011B**

$[X_1]_{原}$ = **11000011B**

$[X_1]_{反}$ = **10111100B**　//负数时，符号位不//变，数值位逐位取反

$[X_1]_{补}$ = **10111101B**　//负数时，补码//等于反码加 **1**

(3) +0D = **+0000000B**

$[X_1]_{原}$ = **00000000B**

$[X_1]_{反}$ = **00000000B**

$[X_1]_{补}$ = **00000000B**

(4) −0D = **−0000000B**

$[X_1]_{原}$ = **10000000B**

$[X_1]_{反}$ = **11111111B**

$[X_1]_{补}$ = **00000000B**

3. 补码运算

在微型计算机中，有符号数一般都以补码的形式在机器中存放和进行运算。补码克服了原码的一些缺陷，一方面使符号位能与有效数值部分一起参加运算，从而简化运算规则；另一方面使减法运算转换为加法运算，进一步简化计算机中运算器的线路设计。

【例 1-6】

运用计算机内部运算规则完成以下运算：

1. 65+(−10)　2. 64+(−65)　3. 64+65

解：1. 65+(−10)

(1) 将两个数先变成补码：$[65]_{补}$ = **01000001B**

$[-10]_{补}$ = **11110110B**

(2) 作补码加法：**01000001B**+**11110110B** = **00110111B**

(3) 正数加负数不可能溢出。现在结果为正数，可直接求真值

$(\mathbf{00110111})_2=55$

2. 64+(−65)

(1) 将两个数先变成补码：$[64]_{补}$ = **01000000B**

$[-65]_{补}$ = **10111111B**

(2) 作补码加法：**01000000B**+**10111111B** = **11111111B**

(3) 正数加负数不可能溢出，但现在结果为负数，要通过求反加 **1**，再加上负号来求真值

$(\mathbf{11111111B})_{补}=-(\mathbf{00000001})_2=-1$

3. 64+65

(1) 将两个数先变成补码：$[64]_补$=01000000B

$[65]_补$=01000001B

(2) 作补码加法：01000000B+01000001B=10000001B

(3) 此时，两个正数相加的结果符号位是1，而两个正数相加的正确结果是不可能出现负值的，这是因为加法的和出现了溢出。在这种情况下只要说明结果出现溢出就是答案。

由例题1-6可知，补码运算时，不论 X 和 Y 是正数还是负数，可以证明这两个数的和的补码等于两个数补码的和。因此，两个数的补码的加法运算可以按以下步骤进行：

(1) 将两个数先变成补码；

(2) 对两个补码进行加法运算，若最高位上有进位则舍弃不要；

(3) 判断结果是否溢出；

(4) 若结果溢出，则这次运算结果不正确；若没有溢出，对结果再次求补码，得到结果的真值。

所谓溢出是指运算结果超过了给定长度二进制数可以表示的范围。在加法的情况下，只有两个正数相加或者两个负数相加才有可能出现溢出。判断是否溢出的方法是：若两个正数补码和的符号位为1，或者两个负数补码和的符号位为0，都表明结果出现了溢出。

1.3.2 计算机中常用的编码

计算机中各种信息都是以二进制编码的形式存在的，也就是说，文字、图像、声音等各种信息在计算机中都是以0和1组成的二进制代码表示。计算机之所以能区别这些信息，是因为它们采用的编码规则不同。例如，同样是文字，英文字母与汉字的编码规则就不同，英文字母用的是单字节的 ASCⅡ码，汉字采用的是双字节的汉字内码。本节主要讨论 BCD 码和字符(英文，包括字母、数字、标点、运算符等)编码。

1. BCD 码及十进制调整

在计算机的运算中，常常希望能用二进制的方式直接进行十进制的运算，这时就要用 BCD 码来表示十进制数。BCD 码就是用二进制代码表示的十进制数，有时也称为 BCD 数。它是采用四位二进制代码 0000~1001 来代表 0~9 十个数字。BCD 码有很多种，根据权值不同有 8421BCD 码、5421BCD 码、2421BCD 码等。由于 8421BCD 码按自然二进制的顺序编码，因此在计算机的十进制运算中多采用 8421BCD 码。

当计算机直接按十进制数的规律进行运算时，应将操作数用 BCD 码来储存和运算。例如，4+3 就应表示为 0100+0011=0111。但若是改为 4+8 直接按二进制加法的运算结果为 0100+1000=1100，但从 BCD 数的运算来说结果应为

00010010,亦即十进制数 12。因此,在这种情况下就要对二进制运算结果(**1100**)进行调整,使之符合十进制数的运算和进位规律。这种调整称为十进制调整。十进制调整的内容有两点:

(1) 若两个 BCD 数相加结果大于 **1001**,亦即大于十进制数 9,则应作加 **0110**(即加 6)调整;

(2) 若两个 BCD 数相加结果在本位上并不大于 **1001**,但却产生了进位,相当于十进制运算大于等于 10,则也要作加 **0110**(加 6)调整。

如上面提到的 4+8,直接运算结果为 **0100+1000=1100**,结果大于 **1001**,则要作加 6 调整:**1100+0110=00010010**,即十进制数 12,结果正确。因此,BCD 数运算一定要作十进制调整。

【例 1-7】

用 BCD 数完成 54+48 的运算。

解:54 的 BCD 码二进制表示为 **0101 0100**,48 的 BCD 码二进制表示为 **0100 1000**,将两个数的二进制表达式相加,然后再按规则调整成 BCD 码。

```
     0101 0100→54
+    0100 1000→48
     1001 1100→9C,低 4 位超过 9
+         0110     低 4 位加 6 调整
     1010 0010→A0,高 4 位超过 9
+    0110          高 4 位加 6 调整
0001 0000 0010→102
```

此时,作了两次加 6 调整:低 4 位之和为 **1100**,应作加 6 调整,调整后高 4 位又为 **1010**,还应再作一次加 6 调整,故最后结果为 **000100000010**,即 102。

若是两个 BCD 数相减,则也要进行十进制调整,其规律是:当相减时若低 4 位向高 4 位有借位,在低 4 位就要作减 **0110**(减 6)调整。

2. ASCⅡ码及国内通用字符编码

字母和各种字符必须按特定的规则用二进制编码才能在计算机中表示。编码的方式可以有多种,其中最常用的一种编码是 ASCⅡ码(American Standard Code for Information Interchange,美国信息交换标准代码),每个 ASCⅡ码以 1 个字节(Byte)储存,从 0 到数字 127 代表不同的常用符号,例如大写“A”的 ASCⅡ码是 65,小写“a”则是 97。基本的 ASCⅡ字符集共有 128 个字符,其中有 96 个可打印字符,包括常用的字母、数字、标点符号等,另外还有 32 个控制字符。

字母和数字的 ASCⅡ码的记忆是非常简单的。我们只要记住了一个字母或数字的 ASCⅡ码(例如记住‘A’为 65,‘0’的 ASCⅡ码为 48),知道相应的大小写字母之间差 32,就可以推算出其余字母、数字的 ASCⅡ码。

标准 ASCⅡ码是 7 位编码,由于计算机基本处理单位为字节(1Byte=8bit),所以一般仍以一个字节来存放一个 ASCⅡ字符。每一个字节中多余出来的一位(最高位)在计算机内部通常保持为 **0**(在数据传输时可用作奇偶校验位)。由于标准

ASCⅡ字符集字符数目有限，在实际应用中往往无法满足要求。为此，国际标准化组织又制定了ISO2022标准，它规定了在保持与ISO646兼容的前提下将ASCⅡ字符集扩充为8位代码的统一方法。ISO陆续制定了一批适用于不同地区的扩充ASCⅡ字符集，每种扩充ASCⅡ字符集分别可以扩充128个字符，这些扩充字符的编码均为高位为1的8位代码（即十进制数128～255），称为扩展ASCⅡ码（extended ASCⅡ）。这套内码加上了许多外文和表格等特殊符号，成为目前常用的编码。

目标测评3

T1-9 例1-1中二进制转换为十六进制时，小数点前**1101**等于D，**0110**等于6，而小数点后**1010**又等于A，它们之间的转换有什么规则吗？

T1-10 0D6.AH和8A9B.EFH都是16进制数，为什么要第一个数前面加0？

T1-11 +105的8位机器数是多少？真值是多少？-105的8位机器数是多少？真值是多少？

T1-12 如果已知一个数的反码，如何求它所表示的真值？已知反码$[X]_{反}$=**01010011**，$[Y]_{反}$=**10110011**，求$[X]_{反}$和$[Y]_{反}$所表示的真值。

T1-13 当用8位二进制来表示整数原码、反码及补码时，请分别指出其表示范围。

T1-14 计算机中如何实现减法运算？

T1-15 计算机中什么时候需要进行十进制调整？

T1-16 当采用奇校验时，ASCII码**1000100**和**1000110**的校验位D7应为何值？这两个代码所代表的字符是什么？

本章小结

本章对微型计算机的基本概念、硬件结构、工作原理、系统组成、应用特点、计算机中数据的表示方法等各类知识作了相应的概述。

通过本章的学习，了解微型计算机的发展历史和应用场合，关注当前微型计算机的发展动向，要求掌握微型计算机系统组成以及工作原理，理解微型计算机硬件和软件各主要模块的功能和在系统中所处的地位；掌握计算机内部的信息处理方法和特点，熟悉各类数制之间的相互转换，理解无符号数和带符号数的表示方法，掌握BCD码和字符的ASCⅡ码以及汉字编码及其应用。

习题

1-1 个人计算机和单片机都是微型计算机，两者有什么区别？

1-2 单片机有什么特点？

1-3 举例说明单片机的主要应用领域。

1-4 单片机系统的硬件主要由哪些功能部件组成？

1-5 什么叫总线？总线可分为哪几种？采用总线结构有什么好处？

1-6 简述 CPU 读/写存储器的步骤过程。

1-7 二进制数、十进制数、十六进制数各用什么字母尾缀作为标识符？无标识符时表示什么进制数？

1-8 8 位微型计算机所表示的无符号数、带符号数、BCD 码的范围分别是多少？

1-9 **1001001**B 分别被看做补码、无符号数、ASCⅡ码、BCD 码时，它所表示的十进制数或字符是什么？

1-10 举例说明单片机的用途。

1-11 举例说明 CPU 执行指令的过程。

习题详解：[题1-11]解答

1-12 填空题

1. 将无符号二进制数 **11011.01**B 转换为十进制数，其值为________。

2. 213.5=________ B=________ H。

3. 十进制数 126 对应的十六进制数可表示为______。

4. 十进制数 111 用 8 位二进制数表示时，应为________ B。

5. 已知某数的 BCD 码为 **0111 0101 0100 0010**，则其表示的十进制数值为______。

6. 十进制数 5923 的 BCD 码为________。

7. 如某数 X 用二进制补码表示为 $[X]_{补}$ = **10000101**B，则 X 的十进制数为______。

8. 求十进制数-112 的补码（以 2 位 16 进制数表示），该补码为________。

9. 已知某数的补码为 84H，该数的十进制数为________。

第二章 MCS-51单片机的组成结构

本章目标

通过对本章的学习，读者可以具备下述能力：

1. 了解单片机的发展历史、单片机同嵌入式系统的关系以及目前主流的单片机产品。
2. 掌握 MCS-51 单片机的结构模型以及 AT89S52 芯片的引脚功能。
3. 以 AT89S52 单片机为例，掌握 MCS-51 单片机的存储器组织。
4. 单片机的时序和复位。
5. 一个最小的单片机系统。

引言

单片机起源于微型计算机时代，控制专业人士将微型计算机嵌入到一个对象体系中，实现对对象体系的智能化控制。为了区别于原有的微型计算机系统，把嵌入到对象体系中、实现对对象体系智能化控制的计算机，称作嵌入式计算机系统。由于微型计算机的体积、价位、可靠性都无法满足大部分对象系统的嵌入式应用要求，在专业分工发展的要求下，嵌入式系统独立发展，将计算机做在一个芯片上，这种芯片化的发展道路开创了单片机时代。

在探索单片机的发展道路时，有过两种模式，即“Σ模式”与“创新模式”。“Σ模式”本质上是通用计算机直接芯片化的模式，而“创新模式”则完全是按嵌入式应用要求所设计的全新的体系结构、指令系统、总线方式和管理模式。Intel 公司的 MCS-51 单片微型计算机是“创新模式”下的成果，事实证明，“创新模式”是嵌入式系统独立发展的正确道路，MCS-51 的体系结构也因此成为单片嵌入式系统的典型结构体系。

电子教案 2-1：单片机概述及组成结构

2.1 MCS-51 单片机概述

2.1.1 单片机的发展史

单片机具有控制功能强、抗干扰性强、成本低、功耗小等特点，因此在工业控制、智能仪表、计算机通信及家电产品等领域，几乎都有单片机的踪迹。从控制系统本身来说，单片机从根本上改变了传统的控制系统的设计思想和设计方法。单片机通过软件方法可以取代由模拟电路或数字电路实现的大部分电路，这种软件代替硬件的控制技术就是微控制技术。嵌入式系统和单片机在国内已经经过了 20 多年的发展，单片机也从一个概念变成了实实在在广泛应用的技术，单片机的发展主要经历了四个阶段。

单片机诞生于 20 世纪 70 年代，从专利权的角度来说，TI 公司于 1974 年注册了世界上第一个单片机专利，但第一个单片机却是由仙童（Fairchild）公司在 1974 年 12 月推出的 8 位单片机 F8。该单片机采用双片形式，即由 F8（包含 8 位 CPU、64 字节 RAM、2 个并行 I/O 接口）和 3851（包含 1 K 字节 ROM、定时器/计数器、2 个并行 I/O 接口）构成。

单片机发展的第二个阶段以 Intel 公司的 MCS-48 为代表，这个系列单片机内集成有 8 位 CPU、并行 I/O 接口、8 位定时器/计数器，寻址范围不大于 4 K 且无串行接口。其后作为面向控制应用的工业标准，先取代了洗衣机和交通灯的控制器，之后在汽车、工业设备、游戏机及计算机外围设备中得到应用。这个阶段是单片机的初级阶段。

单片机发展的第三个阶段是 8 位单片机的巩固发展及 16 位单片机的推出阶段。这个阶段的 8 位单片机产品主要有 Intel 公司的 MCS-51 系列、Motorola 公司的 6801 及 Zilog 公司的 Z80 等。1982 年以后，16 位单片机产品推出，其代表为 Intel 公司在 1983 年推出的 MCS-96 系列。这个阶段被认为是单片机向微控制器发展的阶段。在这一阶段推出的单片机普遍带有串行接口、多级中断处理系统和 16 位定时器/计数器，片内 RAM、ROM 容量加大且寻址范围可达 64 KB，有的片内还带有 A/D 转换器接口。这类单片机的应用领域广泛，直到现在，这个系列的各类产品仍然是国内外产品的主流。其中 MCS-51 系列产品，以其优良的性能价格比，成为控制专业人士的首选。

20 世纪 90 年代以后，单片机获得了飞速的发展，这是单片机发展的第四个阶段。在这个阶段，微控制器芯片全面发展。随着芯片制作工艺和技术水平的不断提高，单片机的市场需求量不断加大，单片机技术的开放性使得众多电器商和半导体商加入市场竞争，为单片机的飞速发展提供了强大动力。生产商致力于提高单片机的综合品质,同时大力发展专用型单片机。

随着单片机在各个领域全面深入地发展和应用,单片机应用开发成为当今电子工程技术人员急需掌握的技术。未来单片机技术的发展以 8 位单片机为主流,兼有少量的 32 位机。主流单片机具有 RISC 体系结构、OTPROM 或 FLASHROM,ISP 技术以及基于 ISP 的开发环境、软件嵌入、全面功耗管理等性能特点。

2.1.2 单片机系统与嵌入式系统

嵌入式的概念最早由 Intel 公司提出,嵌入式系统定义为嵌入于宿主系统以辅助宿主设备高质量完成功能的小巧而廉价的计算机系统。嵌入式系统在技术上强调对对象的智能化控制能力,因此,“嵌入性”“专用性”与“计算机系统”是嵌入式系统的三个基本要素,其中嵌入性强调将一个计算机嵌入到一个对象体系中去,这是理解嵌入式系统的基本出发点。由此,嵌入性能、控制能力与控制的可靠性是嵌入式系统的技术发展方向,这个方向促使嵌入式系统单芯片化道路的形成,而单片机本身就是典型的、独立发展起来的嵌入式系统。

在嵌入式系统的发展道路上,嵌入式系统先后有过设备级(即工控机)、板级(即单板机)和芯片级三种存在形态。芯片级的产品也经过了单片机、MCU(微控制器)、SOC(system on chip,系统级芯片)的发展,目前正在普及 SIP(system in package,系统级封装),但是,单片机仍然占据嵌入式系统的半壁江山,在简单控制、运算量要求不高的场合,单片机还具有无可争议的竞争力。

2.1.3 主流单片机

单片机厂商琳琅满目,产品性能各异,目前市场上的单片机产品达 70 多个系列,500 多个品种,其中还不包括定制的专用单片机。单片机按生产厂商来分类有 Motorola 单片机、Microchip 单片机、Atmel 单片机、NEC 单片机、荷兰 Philips 单片机、东芝单片机、富士通单片机等;按结构划分有集中指令集(CISC)和精简指令集(RISC)。属于 CISC 结构的单片机有 MCS-51 系列、Motorola 的 M68HC 系列、Atmel 的 AT89 系列、荷兰 Philips 的 PCF80C51 系列等;属于 RISC 结构的有 Microchip 公司的 16C 系列和 PIC 系列、Zilog 的 Z86 系列、Atmel 的 AVR 系列、东芝和富士通的 32 位单片机等。虽然 8 位单片机功能单一,但使用量很大,在各种刊物上比较多见的 8 位单片机系列有 MCS-51 系列、STC 系列、AVR 系列和 PIC 系列,下面将分别进行介绍。

MCS-51 系列是应用最广泛的 8 位单片机,最早由 Intel 公司推出,其典型产品是 8051。世界上许多著名芯片公司(Atmel、Philips、三星等)都购买了 51 芯片的核心专利技术,以此为基核并在此基础上进行了改进,推出了许多兼容性的

CHMOS单片机，形成了一个庞大的51体系，如Philips、Siemens、Atmel等著名的半导体公司都推出了兼容MCS-51的单片机产品。近年来MCS-51单片机获得了飞速的发展，最典型的是Philips和Atmel公司的产品。Philips公司在发展MCS-51的低功耗、高速度和增强型功能上作了不少贡献，在改善其性能的基础上，发展了高速I/O接口，A/D转换器，PWM（脉宽调制）、WDT等增强功能，并在低电压、微功耗、扩展串行总线（I^2C）和控制网络总线（CAN）等功能方面加以完善。Atmel公司推出的AT89Cxx系列兼容MCS-51的单片机，完美地将Flash（非易失闪存技术）与80C51内核结合起来，Flash的可擦写程序存储器给编程和调试带来了极大的便利，能有效地降低开发费用，并使单片机多次重复使用，其典型产品AT89C51、AT89C52、AT89S52等一度成为最流行的8位单片机。

STC系列单片机是深圳宏晶公司的产品，是以51内核为主的系列单片机，芯片在设计时汲取了其他51系列单片机很容易被解密的教训，改进了加密机制，是目前很流行的单片机。

PIC系列单片机是美国微芯公司（Microship）的8位单片机产品，其价格低廉，性能出色，具有低工作电压、低功耗、驱动能力强等特点。PIC系列单片机采用RISC指令集、Harvard双总线结构及指令流水线技术，运行效率高。

AVR单片机是Atmel公司生产的8位单片机，是一种基于新的RISC结构且内载Flash ROM的单片机，它综合了半导体集成技术和软件性能的新结构，取消了机器周期，以时钟周期为指令周期，实行流水作业，指令的运行速度可以达到纳秒级，其显著的特点是高性能、高速度、低功耗。在8位微处理器市场上，AVR单片机具有最高MIPS/mW能力，是8位单片机中的高端产品，由于它的出色性能，目前应用范围越来越广。

综上所述，MCS-51系列是8位单片机中代表产品之一，其结构简单，易于开发，适合教学和一般应用，是初学者的首选。

目标测评1

T2-1 请简述单片机系统与嵌入式的关系。

T2-2 请自行查阅目前主流单片机类型和应用范畴。

T2-3 举例说明现实生活中单片机应用的范例。

2.2 MCS-51系列单片机

2.2.1 MCS-51单片机的基本结构

MCS是美国Intel公司的单片机系列符号。Intel推出单片机系列有MCS-48、

MCS-51、MCS-96。MCS-51 系列单片机是 Intel 公司在 1980 年推出的产品，包括 8031、8051、8751 三个基本型，以及对应的低功耗型号 80C31、80C51、87C51。MCS-51 单片机在硬件结构上主要由 7 个基本部件组成，即中央处理单元（CPU）、数据存储器（RAM）、程序存储器（ROM/EPROM）、I/O 接口（P0 口、P1 口、P2 口、P3 口）、串行接口、定时器/计数器及中断系统，各硬件部件通过内部总线互连，其基本结构框图如图 2-1 所示。

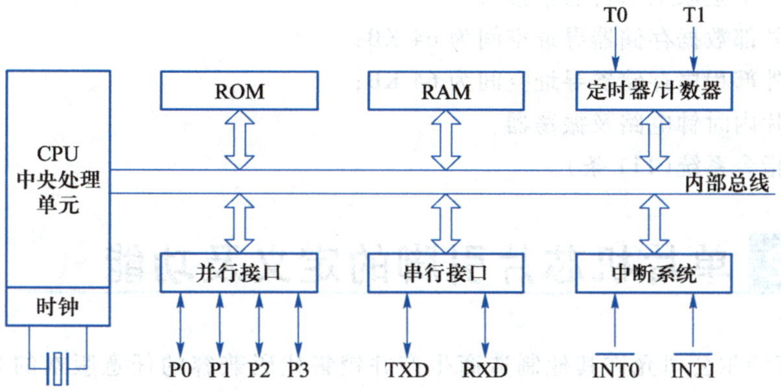

图 2-1 MCS-51 单片机的基本结构框图

单片机的内部总线把计算机的各主要部件连接为一体，其内部总线包括地址总线、数据总线和控制总线，如图 2-2 所示。其中，地址总线的作用是在进行数据交换时提供地址，CPU 通过它们将地址输出到存储器或 I/O 接口；数据总线的作用是在 CPU 与存储器或 I/O 接口之间，或存储器与外设之间交换数据；控制总线包括 CPU 发出的控制信号线和外部送入 CPU 的应答信号线等。

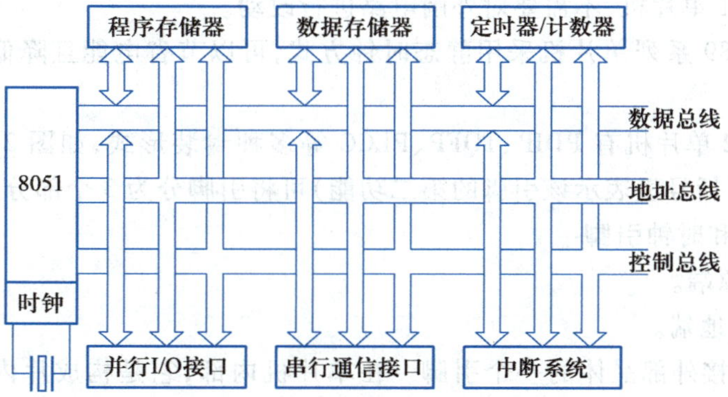

图 2-2 单片机内部总线示意图

Intel 公司的 51 单片机产品 8031、8051、8751 的主要功能特点如下：

① 8 位 CPU；

② 片内 4 KB 程序存储器 ROM（注：8031 无）；

③ 片内 128 B 的数据存储器 RAM；
④ 特殊功能寄存器区(SFR)；
⑤ 布尔处理机(位处理机)；
⑥ 4 个 8 位并行接口；
⑦ 2 个 16 位的可编程定时器/计数器；
⑧ 5 个中断源,2 个优先级；
⑨ 一个全双工串行通信接口；
⑩ 外部数据存储器寻址空间为 64 KB；
⑪ 外部程序存储器寻址空间为 64 KB；
⑫ 片内时钟电路及振荡器；
⑬ 指令系统(111 条)。

2.2.2 单片机芯片引脚的定义及功能

在英特尔公司允许其他制造商生产并销售代码兼容的任意版本的 8051 后,不同的制造商生产了不同速度、不同片上 ROM 数量的各种 8051,这些 8051 在指令上可与原始的 8051 兼容。Atmel 公司生产的 8051 在小工程中使用广泛且价格便宜,本书以 AT89S52 为例介绍单片机的应用。

AT89 系列单片机是以 8031 为内核,和 8051 系列单片机兼容的产品,具有以下特点：

(1) 内部含有 Flash 存储器,在开发过程中十分容易修改程序,缩短系统的开发周期;可重复多次编程以便根据需要对内部程序进行更新或升级。

(2) 与工业 80C51 产品指令和引脚完全兼容,用 89 系列单片机可以替代同档次的 80C51 单片机,不需要对外围电路进行改动。

(3) AT89 系列单片机采用静态时钟方式,可以节省电能且降低便携式设备的功耗。

AT89S52 单片机有 PDIP、TQFP、PLCC 等多种封装形式,如图 2-3 所示。根据引脚功能(括号里表示该引脚的第二功能)可将引脚分为 3 个部分：

1. 电源和时钟引脚

V_{CC}:电源端。

GND:接地端。

XTAL1:接外部晶体的一个引脚。在单片机内部,它是构成片内振荡器的反相放大器的输入端。

XTAL2:接外部晶体的另一个引脚。在单片机内部,它是构成片内振荡器的反相放大器的输出端。

MCS-51 单片机在内部有一个振荡器,可以用作 CPU 的时钟源,但是也允许采用外部振荡器作为时钟源。

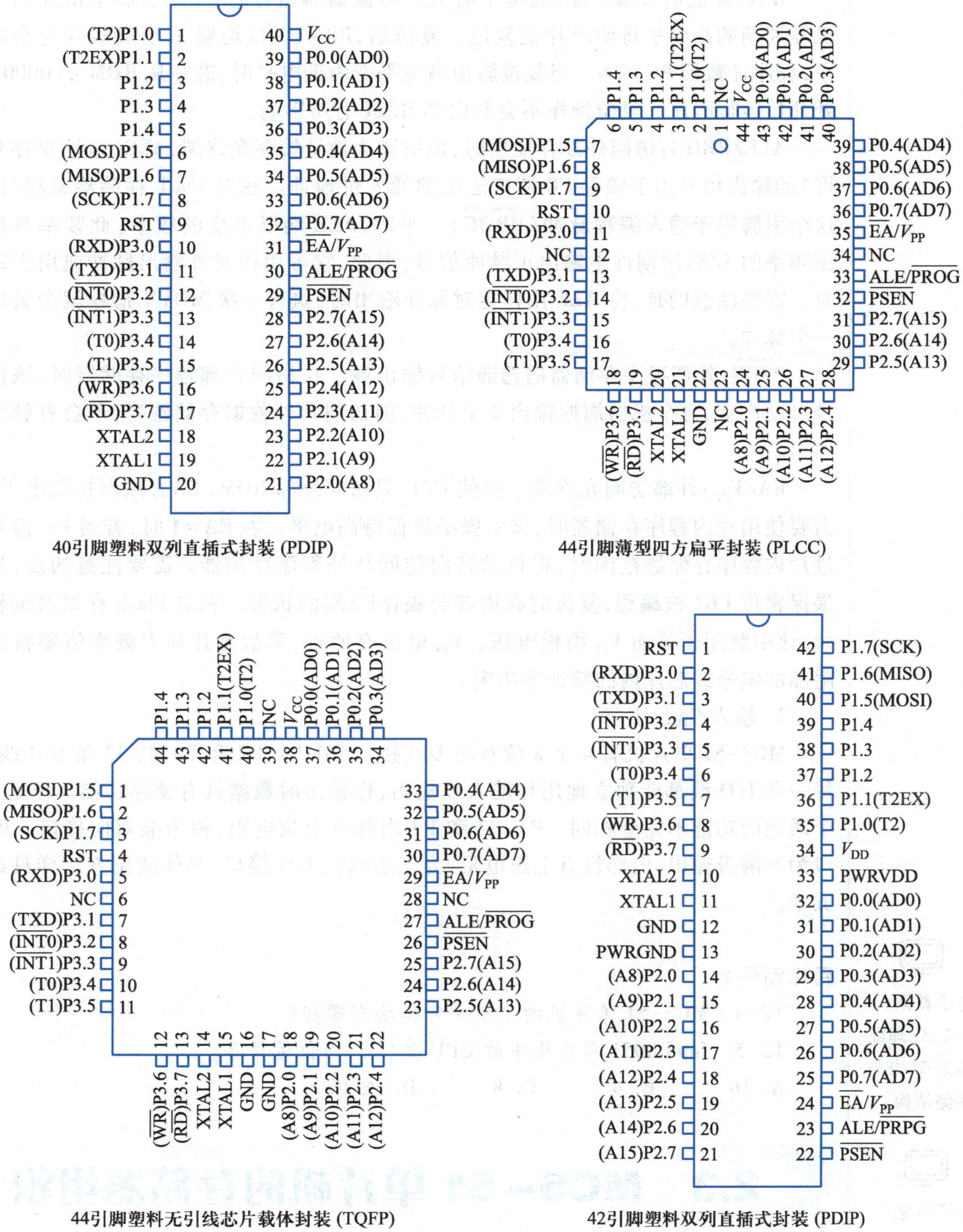

图 2-3 AT89S52 单片机的引脚及封装

2. 控制线或其他电源的复用引脚

RST:复位信号输入端,高电平有效。当振荡器运行时,在该引脚上出现两个机器周期的高电平将使单片机复位。复位后,P0~P3口均置**1**,引脚表现为高电平,程序计数器PC清**0**。当复位脚由高电平变为低电平时,芯片从ROM的0000H处开始运行程序。复位操作不会对内部RAM有所影响。

ALE/$\overline{\text{PROG}}$:访问外部存储器时,该引脚为地址锁存允许端,ALE(地址锁存允许)的输出信号用于锁存P0端口送出的低8位地址。在对Flash存储器编程时,这个引脚用于输入编程脉冲($\overline{\text{PROG}}$)。平时,ALE端以不变的频率(此频率是振荡频率的1/6)周期性地输出正脉冲信号,因此,它可用作对外输出脉冲或用于定时。需要注意的是,将ALE用作定时脉冲输出时,执行一次MOVX指令就会丢失一个脉冲。

$\overline{\text{PSEN}}$:外部程序存储器的选通信号输出端。在访问外部程序存储器时,该信号自动产生,每个机器周期输出2个脉冲,但访问片外数据存储器时,不会有脉冲输出。

$\overline{\text{EA}}/V_{PP}$:外部访问允许端。要使CPU只访问外部ROM,$\overline{\text{EA}}$必须保持低电平,而要使用片内程序存储器时,该引脚必须保持高电平。在$\overline{\text{EA}}$=**1**时,若当PC值超过片内程序存储器范围时,将自动转向访问片外程序存储器。需要注意的是,如果保密位LB1被编程,复位时在内部会锁存$\overline{\text{EA}}$端的状态。在对Flash存储器编程时,该引脚用于施加V_{PP}编程电压。V_{PP}电压有两种,类似芯片最大频率值要根据附加的编号或芯片内的特征字决定。

3. 输入/输出引脚

MCS-51单片机有4个8位双向I/O接口P0、P1、P2和P3,共32条I/O线。每一条I/O线都能独立地用作输入或输出,作输出时数据具有锁存功能。但这4个通道的功能不完全相同。P1、P2和P3内部有上拉电阻,称为准双向接口。P0口为开漏极输出,内部没有上拉电阻,为三态双向I/O接口,具体使用方法详见第五章。

电子教案 2-2:处理器体系架构与存储结构

目标测评2

T2-4 MCS-51单片机的主要硬件模块有哪些?

T2-5 Intel 8051单片机中的CPU是( )位运算器。

A. 16 B. 4 C. 8 D. 准16

电子教案 2-3:MCS-51单片机的存储器组织

2.3 MCS-51单片机的存储器组织

MCS-51单片机在物理结构上有4个存储空间:片内程序存储器、片外程序存储器、片内数据存储器、片外数据存储器。但在逻辑上,即从用户使用的角度上,MCS-51 单片机有 3 个存储空间,每个存储空间包括从 0 到最大存储范围的连续的字节地址空间并通过特定的指令来访问。这 3 个逻辑存储空间为:片内外统一编址的 64 KB 的程序存储器地址空间、片内数据存储器的地址空间以及片外64 KB 数据存储器的地址空间。MCS-51 单片机的存储器结构如图 2-4 所示。

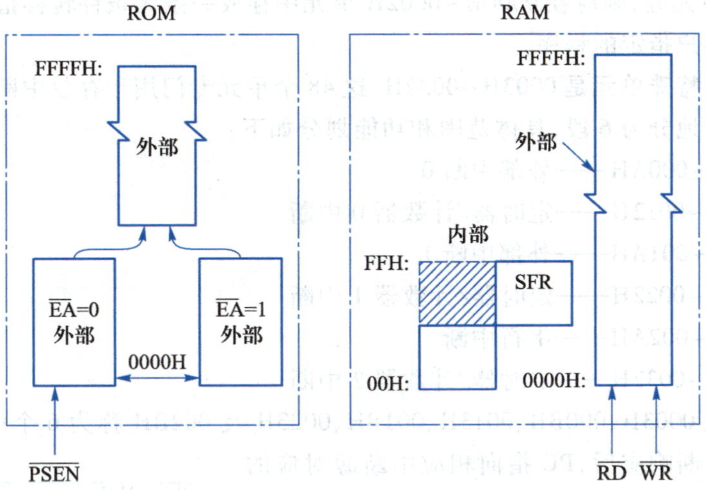

图 2-4 MCS-51 单片机的存储器结构

2.3.1 程序存储器

要构建一个单片机的应用系统,除了搭建硬件电路外,还需要编写供其使用的软件,软件是设计者思想的表现,微处理器只不过是在完全按照人们预先编写的程序而执行。而设计者编写的程序就存放在微处理器的程序存储器中,俗称只读程序存储器(ROM)。程序和数据一样,都是由机器码组成的代码串,只是程序代码存放于程序存储器中。

MCS-51 具有 64 KB 程序存储器寻址空间,它用于存放用户程序、不变的数据和表格等信息。当$\overline{EA}$脚为高电平时,CPU 先从内部的程序存储器中读取程序,当 PC 值超过内部 ROM 的容量时,将自动转向执行外部程序存储器内的程序。当$\overline{EA}$脚为低电平时,则只访问外部程序存储器。对于内部无 ROM 的 8031 单片机,$\overline{EA}$脚必须接地,强制 CPU 从外部程序存储器读取程序,即程序存储器必须外接。

对于 AT89S52 单片机来讲,可寻址的程序存储器总空间为 64 KB,统一编址,地址范围为 0000H～0FFFFH。AT89S52 片内有 8 KB 的程序存储单元,其地址为 0000H～1FFFH,当$\overline{EA}$ = **1** 时,程序从片内 FLASH ROM 开始执行,当 PC 值超过 1FFFH 时将自动转向外部 ROM 空间,即 2000H～0FFFFH 地址区为外部 ROM 专用。当 $\overline{EA}=0$ 时，程序从外部存储器开始执行，片外地址范围为 0000H～0FFFFH。

单片机启动复位后，程序计数器的内容为 0000H，所以系统将从 0000H 单元开始执行程序，但在程序存储器中有些特殊的保留单元，这在使用中应加以注意。

0000H 单元是执行程序的入口地址。系统复位后，程序计数器（程序指针）PC 的内容为 0000H，单片机必须从 0000H 单元开始执行程序，如果程序没有存放在 0000H 单元处，则应在 0000H～0002H 单元中存放一条无条件转移指令，让 CPU 跳转执行用户指定的程序。

另一组特殊单元是 0003H～0032H，这 48 个单元专门用于存放中断处理程序，它们被均匀地分为 6 段，具体范围和功能划分如下：

0003H～000AH——外部中断 0

000BH～0012H——定时器/计数器 0 中断

0013H～001AH——外部中断 1

001BH～0022H——定时器/计数器 1 中断

0023H～002AH——串行中断

002BH～0032H——定时器/计数器 2 中断

我们把 0003H、000BH、0013H、001BH、0023H 及 002BH 称为 6 个中断源的入口地址。中断响应后，PC 指向相应中断源对应的入口地址，CPU 自动转到各自的中断区去执行程序。从上述分区可以看出，对于每个中断源，单片机只提供了 8 个字节单元来存放一个中断服务程序，通常情况下，在中断响应的入口地址处安放一条无条件转移指令，指向程序存储器的其他真正存放中断服务程序的地址空间，这样中断响应后，CPU 读到这条转移指令，便转向其他地方去继续执行中断服务子程序。

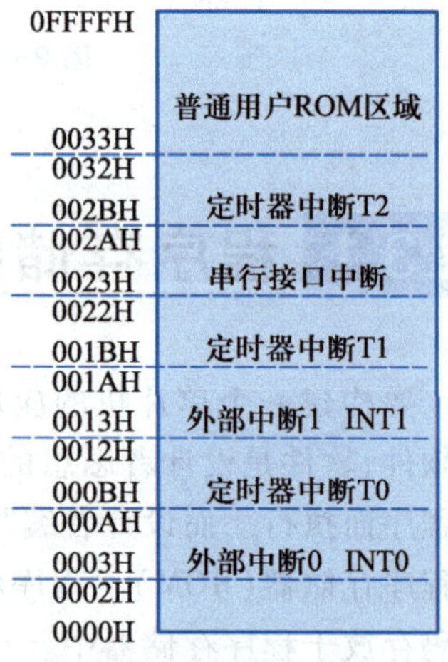

图 2-5 AT89S52 单片机的程序存储器的地址分配

AT89S52 单片机的程序存储器的地址分配如图 2-5 所示。如果没有使用中断，这些单元也可以用做一般的程序存储单元，但是不推荐这样使用。通常的做法是在 0000H 单元开始，存放一条绝对跳转指令，跳到 0033H 之后的普通用户 ROM 区域，用户程序从转移后的地址开始执行。

2.3.2 数据存储器

数据存储器也称为随机存取数据存储器 RAM。数据存储器在物理上和逻辑上分为两个地址空间：内部数据存储器空间和外部数据存储器空间。MCS-51 内部 RAM 有 128 个字节或 256 个字节的用户数据存储区（不同单片机型号有差别)，片外最多可扩展64 KB的 RAM。访问片内 RAM 用“MOV”指令，访问片外 RAM 用“MOVX”指令。它们是用于存放执行的中间结果和过程数据的。MCS-51 的数据存储器均可读写，片内部分单元还可以位寻址。

AT89S52 单片机内部的数据存储器在物理上分为两个区域：00H～0FFH 即 256 个字节的内部 RAM 区和 80H～0FFH 的特殊功能寄存器(SFR)区，如图 2-6 所示。其中，内部 RAM 的高 128 字节(80H～0FFH)区和特殊功能寄存器(SFR)区的地址是重合的，但两者的物理空间是分开的并通过不同的寻址方式来区分，前者被称为 IDATA 区，采用间接寻址方式访问，而 SFR 区只能采用直接寻址方式访问。从用户角度而言，00H～0FFH 的内部 RAM 区才是真正的数据存储器。SFR 是特殊功能寄存器的总称，是单片机中的一组特殊的临时存储区域，用于动态存放单片机运行过程的一些状态信息并以此做出相应的控制。下面分别加以讨论。

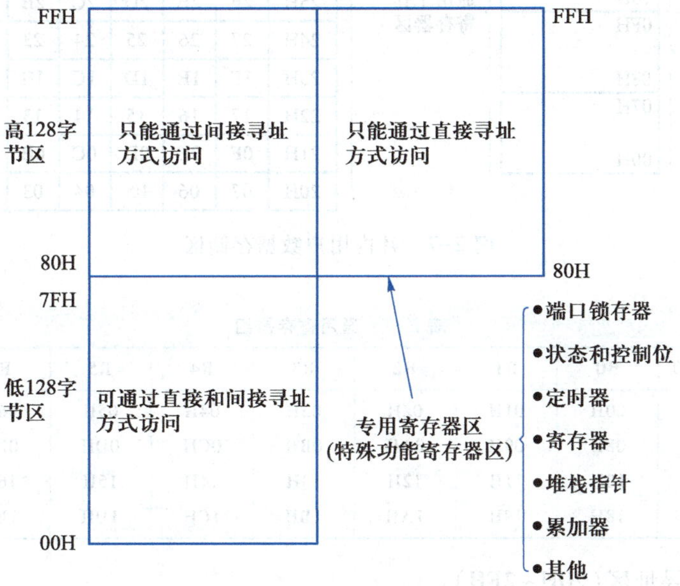

图 2-6 AT89S52 单片机的内部数据存储器的结构

1. 片内用户数据存储区

在 00H～FFH 共 256 个字节的片内用户 RAM 区中，00H～1FH 的 32 个单元为通用工作寄存器区，20H～2FH 单元为位寻址区，30H～FFH 单元是供用户使用的通用 RAM 区，如图 2-7 所示。

(1) 通用工作寄存器区(00H～1FH)

最低 32 个单元(00H～1FH)被均匀地分为 4 块，即 4 个通用工作寄存器组。每个寄存器组包含 8 个 8 位寄存器，均以 R0～R7 来命名，这些寄存器称为通用寄存器。这 4 组中的寄存器都称为 R0～R7，那么在程序中如何区分和使用呢？程序状态字寄存器(PSW)的 D3 和 D4 位(RS0 和 RS1)用以确定具体选用哪一组工作寄存器。对应的编码关系如表 2-1 所示。如程序中并不需要用 4 组，那么其余的可用做一般的数据缓冲器，CPU 在复位后，选中第 0 组工作寄存器。

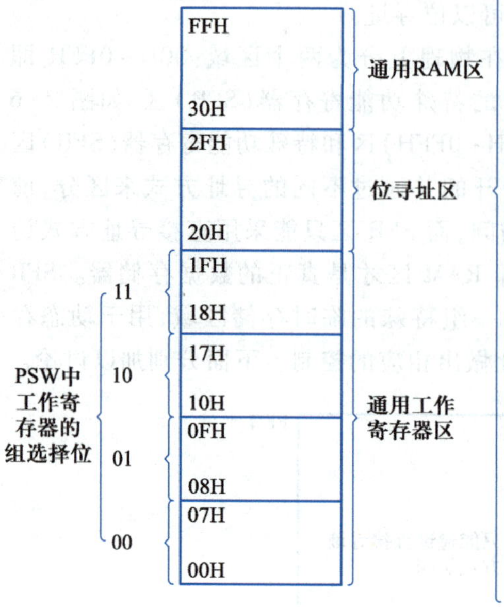

字节地址	位地址 MSB							LSB
2FH	7F	7E	7D	7C	7B	7A	79	78
2EH	77	76	75	74	73	72	71	70
2DH	6F	6E	6D	6C	6B	6A	69	68
2CH	67	66	65	64	63	62	61	60
2BH	5F	5E	5D	5C	5B	5A	59	58
2AH	57	56	55	54	53	52	51	50
29H	4F	4E	4D	4C	4B	4A	49	48
28H	47	46	45	44	43	42	41	40
27H	3F	3E	3D	3C	3B	3A	39	38
26H	37	36	35	34	33	32	31	30
25H	2F	2E	2D	2C	2B	2A	29	28
24H	27	26	25	24	23	22	21	20
23H	1F	1E	1D	1C	1B	1A	19	18
22H	17	16	15	14	13	12	11	10
21H	0F	0E	0D	0C	0B	0A	09	08
20H	07	06	05	04	03	02	01	00

图 2-7 片内用户数据存储区

表 2-1 通用寄存器组

组	RS1 RS0	R0	R1	R2	R3	R4	R5	R6	R7
0	00	00H	01H	02H	03H	04H	05H	06H	07H
1	01	08H	09H	0AH	0BH	0CH	0DH	0EH	0FH
2	10	10H	11H	12H	13H	14H	15H	16H	17H
3	11	18H	19H	1AH	1BH	1CH	1DH	1EH	1FH

（2）位寻址区（20H～2FH）

片内 RAM 的 20H～2FH 单元为位寻址区，既可作为一般单元用字节寻址，也可对它们的位进行寻址。位寻址区共有 16 个字节，128 个位，位地址为 00H～7FH。位地址分配如图 2-7 所示。位寻址区构成了布尔处理机的存储器空间，CPU 能直接寻址这些位，执行例如置 **1**、清 **0**、求反、转移、传送和逻辑等操作。

假设 X（$X<128$ 或 $X<80H$）为位地址，$m.n$（$20H \leqslant m \leqslant 2FH, 0 \leqslant n \leqslant 7$）表示 X 位地址对应的 RAM 字节地址 m 的第 n 位，则 $m = 20H + X/8$，$n = X\%8$ 成立，反之，$X = (m-20H) * 8 + n$ 成立。

（3）用户使用通用 RAM 区（30H～FFH）

在用户 RAM 的 256 个单元中，通用寄存器占去 32 个单元，位寻址区占去 16 个单元，剩下的 208 个单元就是供用户使用的通用 RAM 区了，地址单元为 30H～0FFH。对这部分区域的使用不作任何规定和限制，但应说明的是，堆栈一般开辟在这个区域。

2. 特殊功能寄存器 SFR

特殊功能寄存器也称为专用寄存器，是具有特殊功能的所有寄存器的集合，简称 SFR(special function register)。特殊功能寄存器的内容反映了 MCS-51 单片机的运行状态。很多功能也通过特殊功能寄存器来定义和控制程序的执行，特殊功能寄存器越多，编程和控制功能越强、越灵活，但消耗的硬资源也越多。

AT89S52 单片机的特殊功能寄存器一共有 32 个，它们被离散地分布在片内地址 80H~FFH 单元中，如表 2-2 所示。这些寄存器的功能已作了专门的规定，用户不能修改其结构。稍后的章节将对主要的寄存器作简单的介绍。

表 2-2 特殊功能寄存器 SFR

寄存器符号	名称	复位值	地址	可位寻址
ACC	累加器	00000000	0E0H	是
B	B 寄存器	00000000	0F0H	是
PSW	程序状态字	00000000	0D0H	是
SP	堆栈指针	00000111	81H	否
DPL	数据指针 DPTR 低 8 位	00000000	82H	否
DPH	数据指针 DPTR 高 8 位	00000000	83H	否
P0	端口 0	11111111	80H	是
P1	端口 1	11111111	90H	是
P2	端口 2	11111111	0A0H	是
P3	端口 3	11111111	0B0H	是
IP	中断优先级控制寄存器	××000000	0B8H	是
IE	中断允许控制寄存器	0×000000	0A8H	是
TMOD	定时器/计数器 0 和 1 的模式寄存器	00000000	89H	否
TCON	定时器/计数器 0 和 1 的控制寄存器	00000000	88H	是
T2CON	定时器/计数器 2 控制寄存器	00000000	0C8H	是
T2MOD	定时器/计数器 2 模式寄存器	××××××00	0C9H	否
TH0	定时器/计数器 0 高字节	00000000	8CH	否
TL0	定时器/计数器 0 低字节	00000000	8AH	否
TH1	定时器/计数器 1 高字节	00000000	8DH	否
TL1	定时器/计数器 1 低字节	00000000	8BH	否
TH2	定时器/计数器 2 高字节	00000000	0CDH	否
TL2	定时器/计数器 2 低字节	00000000	0CCH	否
RCAP2H	定时器/计数器 2 捕捉/重装寄存器高 8 位	00000000	0CBH	否
RCAP2L	定时器/计数器 2 捕捉/重装寄存器低 8 位	00000000	0CAH	否
SCON	串行通信接口控制寄存器	00000000	98H	是
SBUF	串行通信接口数据缓冲器	××××××××	99H	否
PCON	电源控制寄存器	0×××0000	87H	否
AUXR	辅助寄存器	×××00××0	8EH	否
AUXR1	辅助寄存器 1	×××××××0	0A2H	否
WDTRST	WDT 复位寄存器	××××××××	0A6H	否

特殊功能寄存器和单片机的各个组成部件是密切联系的。他们的对应关系如下：

(1) CPU：ACC、B、PSW。

(2) 存储器：SP、DPTR。

(3) I/O接口：P0、P1、P2、P3。

(4) 中断系断：IP、IE。

(5) 定时器：TMOD、TCON、T2CON、T2MOD、TH0~TL0、TH1~TL1、TH2~TL2、RCAP2H~RCAP2L。

(6) 串行接口：SCON、SBUF。

(7) 电源：PCON。

(8) 看门狗定时器：WDTRST。

(9) 其他：AUXR、AUXR1。

在表2-2中，字节地址能被8整除的单元，其支持位寻址，且最低位的位地址等于该字节地址，设P、Q、Y对应P单元的Q位，且该位的位地址为Y，则满足Y=P+Q，P=Y&0F8H，Q=Y&07H。

虽然特殊功能寄存器的地址范围为80H~FFH，但并不占用全部80H~FFH的地址单元，未被占用的单元的内容是不确定的。如对这些单元进行“读”操作，得到的是一些随机数，而写入则无效。因此用户编程时不应该将数据写入这些未确定的地址单元中，它们是厂商留待将来开发新产品时使用的。下面介绍特殊功能寄存器组所包含的各特殊功能寄存器。

(1) 累加器A

累加器A是一个最常用的专用寄存器，大部分单操作指令的一个操作数都取自累加器，很多双操作数指令中的一个操作数也取自累加器。加、减、乘、除法运算的指令，运算结果都存放于累加器A或AB累加器对中。大部分的数据操作都会通过累加器A进行，它类似于一个交通要道，在程序比较复杂的运算中，累加器成了制约软件效率的“瓶颈”。由于累加器的功能较多，地位也十分重要，以至于后来发展的单片机，有的集成了多累加器结构，或者使用寄存器阵列来代替累加器，即赋予更多寄存器以累加器的功能，目的是解决累加器的“交通堵塞”问题，提高单片机的软件效率。

(2) 寄存器B

寄存器B是运算器中的一个工作寄存器，一般用于除法和乘法操作。在乘除法指令中，乘法指令中的两个操作数分别取自累加器A和寄存器B，其结果存放于AB寄存器对中。在除法指令中，被除数取自累加器A，除数取自寄存器B，结果商存放于累加器A，余数存放于寄存器B中。在其他的运算中，寄存器B可作为中间结果寄存器使用。

(3) 程序状态字寄存器PSW(program status word)

程序状态字是一个8位寄存器，用于存放程序运行的状态信息，这个寄存器的一些位可由软件设置，有些位则是由硬件运行时自动设置的。PSW的格式及各标志的含义如图 2-8 所示，其中 PSW.1 是保留位，未使用。

	(MSB)							(LSB)
PSW	CY	AC	F0	RS1	RS0	OV	—	P

图 2-8　PSW 的格式及各标志的含义

① CY(PSW.7)：进位标志位。此位有两个功能：一是执行某些算术运算时，存放进/借位标志，有进位或借位时 CY=**1**，否则 CY=**0**，该位可被硬件或软件置位或清 **0**；二是在位操作中作位累加器使用。

② AC(PSW.6)：辅助进位标志。进行加/减运算时，当有 D3 位向 D4 位进位或借位时，AC=**1**，否则 AC=**0**。AC 辅助进位也常用于 BCD 码运算。

③ F0(PSW.5)：用户标志。用户可以根据需要对 F0 赋予一定的涵义，并依据 F0=**0** 或 F0=**1** 来决定程序的执行方式。

④ RS1、RS0(PSW.4、PSW.3)：工作寄存器组选择控制，其值决定选择哪一组工作寄存器。

⑤ OV(PSW.2)：溢出标志。带符号加减运算中，超出了累加器 A 所能表示的符号数有效范围(-128～+127)时，即产生溢出，OV=**1**，此时表明运算结果错误。如果 OV=**0**，则表明运算结果正确。执行加法指令 ADD 时，当位 6 向位 7 进位，而位 7 不向 C 进位时，OV=**1**。当位 6 不向位 7 进位，而位 7 向 C 进位时，同样 OV=**1**。乘法指令中，乘积超过 255 时，OV=**1**。表面乘积在 AB 寄存器对中，若 OV=**0**，则说明乘积没有超过 255，乘积只在累加器 A 中。除法指令中，OV=**1** 表示除数为 0，运算不被执行，否则 OV=**0**。

⑥ P(PSW.0)：奇偶校验标志，声明累加器 A 的奇偶性，每条指令执行完后，都按照 A 中 1 的个数由硬件来置位或清 **0**。当 1 的个数为奇数时 P=**1**，否则 P=**0**。

(4) 堆栈指针寄存器 SP

堆栈指针寄存器 SP 字长为 8 位，它指示堆栈顶部在内部 RAM 中的位置。堆栈指针原则上可以指向片内 RAM 的任何单元。系统复位后，SP 的初始值为 07H，入栈时，SP 值先加 1 再存入，使得堆栈实际上是从 08H 开始的。我们从 RAM 的结构分布中可知，08H～1FH 隶属 1～3 工作寄存器区，若编程时需要用到这些数据单元，必须对堆栈指针 SP 进行初始化，因此堆栈一般设在 30H～FFH 之间较为适宜。

堆栈的设立是为了中断操作和子程序的调用而用于保存返回地址的，即常说的断点保护和现场保护，其结构如图 2-9 所示。微处理器转入子程序或中断服务程序执行前，必须先将现场的数据保存，即将需要保存的数据压入堆栈中保存；执行完后返回主程序时，复原当时的数据，即将保存在堆栈中的数据取出。

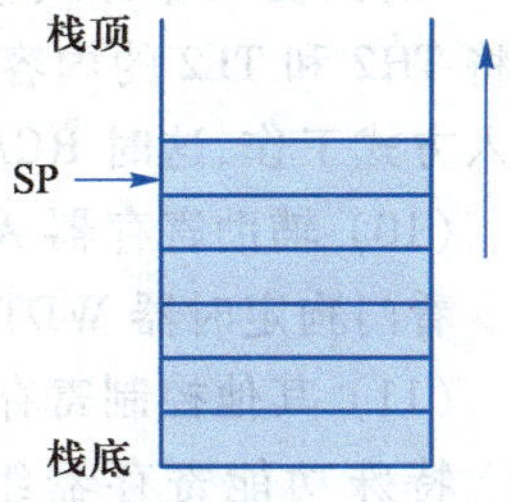

图 2-9　堆栈结构图

MCS-51 的堆栈是在 RAM 中开辟的，即堆栈要占据一定的内部 RAM 存储单元。同时 MCS-51 的堆栈可以由用户设置，SP 的初始值不同，堆栈的位置则不同。堆栈的操作只有两种，即进栈和出栈：数据写入堆栈称为入栈（PUSH，有些文献也称作插入运算或压入），从堆栈中取出数据称为出栈（POP，也称为删除运算或弹出）。堆栈的最主要特征是“后进先出”或“先进后出”，因此不管是向堆栈写入数据还是从堆栈中读出数据，都是对栈顶单元进行操作，即最先入栈的数据放在堆栈的底部，而最后入栈的数据放在堆栈的顶部。

堆栈的操作有两种方法：第一种是自动方式，即在中断服务程序响应或子程序调用时，返回地址自动进栈。当需要返回执行主程序时，返回的地址自动交给 PC，以保证程序从断点处继续执行，这种方式是不需要编程人员干预的。第二种方式是人工指令方式，使用专有的堆栈操作指令进行进出栈操作，进栈为 PUSH 指令，在中断服务程序或子程序调用时作为现场保护，出栈操作用 POP 指令，用于子程序完成时为主程序恢复现场。

（5）数据指针 DPTR

DPTR 为 16 位的数据指针寄存器，DPH 和 DPL 组成 DPTR，编程时，可以按 16 位数据指针 DPTR 使用或者按 DPH 和 DPL 两个 8 位寄存器来使用。

（6）P0～P3 寄存器

专用寄存器组中的 P0、P1、P2 和 P3 分别与 I/O 接口 P0～P3 对应，用于 I/O 接口的读/写操作。MCS-51 单片机并没有专门的 I/O 接口操作指令，而是把 I/O 接口也当作一般的寄存器来使用，数据传送都统一使用 MOV 指令来进行，给 P*i* 寄存器赋值就是控制 P*i* 端口的输出，而读取 P*i* 寄存器就是获取 P*i* 端口的输入。

（7）串行通信接口数据缓冲器 SBUF

89 系列单片机的串行通信都是经数据缓冲器 SBUF 发送和接收的。实际上，在 SBUF 中有两个独立的寄存器：一个是发送缓冲器，另一个是接收缓冲器，但是它们使用同一个地址。当数据被写入 SBUF 时，就被送到发送缓冲器中准备发送，而从 SBUF 读出数据时，数据一定是从接收缓冲器中送来的。

（8）定时器寄存器

寄存器对（TH0，TL0）、（TH1，TL1）、（TH2，TL2）分别为定时器/计数器 T0、T1、T2 的 16 位计数器寄存器，也可以单独作为一个 8 位的计数器寄存器使用。

（9）捕捉寄存器 RCAP2

16 位的捕捉寄存器由两个 8 位寄存器 RCAP2H 和 RCAP2L 组成，用于定时器 T2 的捕捉工作方式。当 AT89S52 单片机的外部输入端 T2EX 发生负跳变时，就将 TH2 和 TL2 的内容锁存入 RCAP2H 和 RCAP2L 中。另外，T2 可以以自动重装入方式工作，这时 RCAP2 用来存放 16 位的常数值。

（10）辅助寄存器 AUXR

看门狗定时器 WDT 的使能和复位，也可使能 ALE。

（11）其他控制寄存器

特殊功能寄存器组中还包含有控制寄存器 IP、IE、TMOD、TCON、T2CON、T2MOD、SCON、PCON 等，它们分别用于中断系统、定时器/计数器、串行通信的控制。具体的应用将在后面各个章节具体介绍。

注意:程序计数器 PC 在物理上是独立的,它不属于特殊内部数据存储器块中。PC 是一个 16 位的计数器,用于存放一条要执行的指令地址,寻址范围为 64 KB,PC 有自动加 1 功能,即完成了一条指令后,指向下一条指令地址。PC 本身并没有地址,因而不可寻址,用户无法对它进行读写,但是可以通过转移、调用、返回等指令改变其内容,以控制程序按我们的要求去执行。

2.3.3 地址分配及寻址区

AT89S52 单片机在逻辑上有 3 种基本的存储器地址空间,分别对应不同的指令:

- 片内外统一编址的 64 KB 程序存储器地址空间——MOVC 为访问程序存储器指令;
- 64 KB 片外数据存储器的地址空间——MOVX 为访问外部数据存储器指令;
- 256 字节的片内内部数据存储器空间以及 128 字节的特殊功能寄存器区——MOV 为访问内部数据存储器指令。

1. 程序存储器内部及外部地址分配

AT89S52 单片机的程序存储器寻址空间为 64 KB,它可以外部寻址 64 KB,也可以内部寻址 8 KB 加上外部寻址 56 KB,程序存储器的地址分配如图 2-10 所示。它的程序存储器地址以两种形式分配:

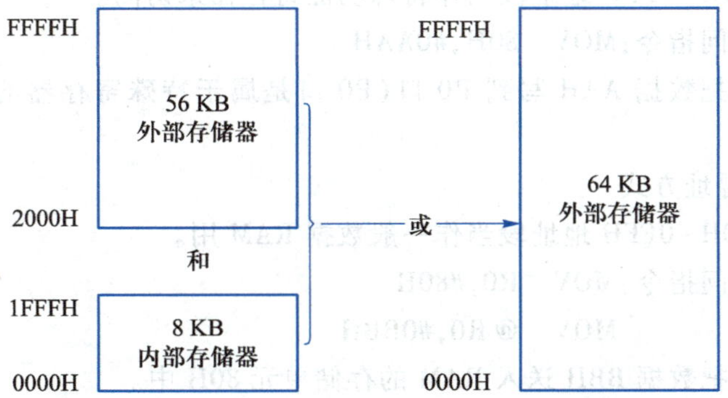

图 2-10 AT89S52 单片机程序存储器的地址分配

(1) $\overline{EA}$引脚接 GND 时,外部程序存储器占用全部 64 KB 地址。

(2) $\overline{EA}$引脚接 V_{CC}时,内部程序存储器占用低 8 KB 地址,外部程序存储器占用高 56 KB 地址。

2. 数据存储器的地址分配

AT89S52 单片机可直接寻址 64 KB 外部数据存储器,指令 MOVX 为访问外部数据存储器指令。AT89S52 单片机内部数据存储器是最灵活的地址空间,可用 MOV 来访问。从寻址方式上,内部数据存储器具有 3 个独立的物理空间:低 128 字节地址 RAM 区(00H~7FH),对该区访问既可以直接寻址,又可以间接寻址;高 128 字节地址 RAM 区(80H~0FFH),对该区访问只能用间接寻址;高 128 字节地址 SFR 区(80H~0FFH),对该区访问只能用直接寻址。AT89S52 单片机数据存储器的地址分配如图 2-11 所示。

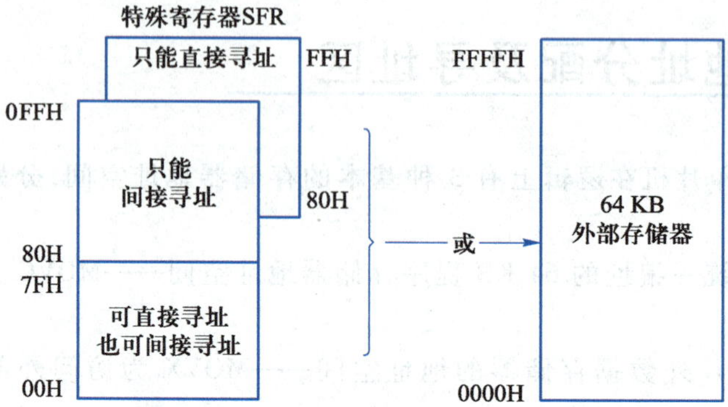

图 2-11 AT89S52 单片机数据存储器的地址分配

(1) 地址 80H~0FFH 的分配

从图 2-11 中可以知道,在 AT89S52 单片机的数据存储器地址 80H~0FFH 中,既可用作 RAM 存放数据,也可作特殊功能寄存器。为了区别这个地址段的功能,在 AT89 系列单片机中,以不同寻址方式来区分,其方法如下。

① 直接寻址方式

这时把 80H~0FFH 地址段当作特殊功能寄存器来访问。

典型的访问指令:MOV 80H,#0AAH

其意义是把数据 AAH 写到 P0 口(P0 口是属于特殊寄存器的一种,地址为 80H)。

② 间接寻址方式

这时把 80H~0FFH 地址段当作一般数据 RAM 用。

典型的访问指令:MOV R0,#80H

MOV @R0,#0BBH

其意义是把数据 BBH 送入 RAM 的存储单元 80H 中。

注意:AT89S51 单片机在 80H~0FFH 地址段没有用作数据 RAM 的存储单元,只能用作特殊功能寄存器。

(2) 00H~7FH 的地址分配

访问低 128 字节 RAM 时,既可以直接寻址,也可以间接寻址。该 RAM 区分为 3 个部分。

① 工作寄存器组 BANK0~BANK3

低地址 RAM 区域的 00H~1FH 单元(32 字节)为工作寄存器区,共分为 4 组,每组 8 个 8 位寄存器，编号为 R0～R7，在某一时刻只能选用其中的一组工作（通过程序状态字 PSW 的工作寄存器选择位来选择，系统复位后，指向工作寄存器组 BANK0）。

② 位寻址区

内部 RAM 区中 20H～2FH 单元除了可以按字节方式访问外，每个字节的每一位还可供位寻址。这个区域中的 128 位均可直接寻址。

这些位地址有两种表示方式：第一种是位地址方式，即 00H～7FH；另一种是用字节地址（20H～2FH）加位数方式表示，两者之间用“.”号隔开。例如，位地址 00H～07H 可表示为 20H.0～20H.7，位地址 08H～0FH 与 21H.0～21H.7 表示相同的地址区域。

③ 字节寻址区

30H～7FH 共 80 个字节单元，为字节寻址的内部 RAM 区，可供用户作为数据存储区。但是，如果堆栈指针初始化时设置在这个区域，就要留出足够的字节单元作为堆栈区，以防止在数据存储时破坏了堆栈的内容。

3. 特殊功能寄存器 SFR 的地址分配

AT89S52 单片机内部的 I/O 接口锁存器、定时器、串行接口数据缓冲器以及各种控制寄存器和状态寄存器都以特殊功能寄存器的形式出现，它们离散地分布在 80H～0FFH 的地址空间范围内，它们的位置如表 2-3 所示。

表 2-3　特殊功能寄存器 SFR 的位置

X \ Y	0	1	2	3	4	5	6	7	
F8H									FFH
F0H	B								F7H
E8H									EFH
E0H	ACC								E7H
D8H									DFH
D0H	PSW								D7H
C8H	T2CON	T2MOD	RCAP2L	RCAP2H	TL2	TH2			CFH
C0H									C7H
B8H	IP								BFH
B0H	P3								B7H
A8H	IE								AFH
A0H	P2		AUXR1						A7H
98H	SCON	SBUF							9FH
90H	P1								97H
88H	TCON	TMOD	TL0	TL1	TH0	TH1	AUXR		8FH
80H	P0	SP	DPL	DPH				PCON	87H

特殊功能寄存器通过直接寻址方式来访问,个别可按寄存器寻址方式访问。凡是地址以“0”和“8”结尾(能被8整除)的单元(共16个字节)都是可位寻地址的(共128位),地址的范围是80H~0FFH,如表2-4所示。

表2-4 可位寻址SFR

字节地址	位地址								寄存器名
F0H	F7	F6	F5	F4	F3	F2	F1	F0	B
E0H	E7	E6	E5	E4	E3	E2	E1	E0	A或ACC
D0H	D7	D6	D5	D4	D3	D2	—	D0	PSW
C8H	—	—	—	—	—	—	C9	C8	T2CON
B8H	—	—	—	BC	BB	BA	B9	B8	IP
B0H	B7	B6	B5	B4	B3	B2	B1	B0	P3
A8H	AF	—	—	AC	AB	AA	A9	A8	IE
A0H	A7	A6	A5	A4	A3	A2	A1	A0	P2
98H	9F	9E	9D	9C	9B	9A	99	98	SCON
90H	97	96	95	94	93	92	91	90	P1
88H	87	86	85	84	83	82	81	80	TCON
80H	87	86	85	84	83	82	81	80	P0

目标测评3

T2-6 8051可以外扩的RAM容量为________,8051访问外RAM时,读选通信号由________引脚送出,写选通信号由________引脚送出。

T2-7 MCS-51中有4组工作寄存器,它们的地址范围是________。

T2-8 8051的位寻址区在哪里?位寻址空间是多少?

T2-9 为了使10H~17H作为工作寄存器使用,应该采用什么办法实现?写出相关指令。CPU复位后,R0~R7的单元地址是多少?

T2-10 PC存放________,具有________特性。在8051中决定程序执行顺序的是 PC 还是 DPTR？它是________位？（是，不是）SFR？

T2-11 PSW 用于存放________，在 8051 中 PSW 是________位，当 8051 执行 94H+4BH 后，PSW 的 CY、AC、OV、P 的值是多少？

T2-12 单片机的堆栈指针 SP 始终（ ）

A. 指示堆栈底　　B. 指示堆栈顶

C. 指示堆栈地址　　D. 指示堆栈长度

T2-13 进位标志 CY 在（ ）中

A. 累加器　　B. 算术运算部件 ALU

C. 程序状态字寄存 PSW　　D. DPTR

T2-14 AT89S52 单片机中的 SP 和 PC 分别是（ ）的寄存器。

A. 8 位和 8 位　　B. 16 位和 16 位

C. 8 位和 16 位　　D. 16 位和 8 位

电子教案 2-4：单片机的时序、复位和节电方式

2.4 单片机的时序和复位电路

2.4.1 时序（时钟）

微型计算机的 CPU 实质上是一个复杂的同步时序电路，所有工作都是在时钟信号控制下进行的。每执行一条指令，CPU 的控制器都要发出一系列特定的控制信号，这些控制信号在时间上的相互关系问题就是 CPU 的时序问题。

如何给 CPU 提供时序呢？这就需要相关的硬件电路，即振荡器和时钟电路。MCS-51 单片机内部有一个高增益反相放大器，该反相放大器用于构成振荡器，但要形成时钟，外部还需要加一些附加电路。MCS-51 单片机的时钟产生有两种方法：内部时钟方式和外部时钟方式。内部时钟方式利用单片机内部的振荡器，在引脚 XTAL1 与 XTAL2 之间接一晶体振荡器，XTAL1 为内部放大电路输入端，XTAL2 为输出端。采用外部时钟方式时，利用外部振荡脉冲接入 XTAL1 或 XTAL2，而 HMOS 型和 CHMOS 型单片机外时钟信号接入方式是不同的，HMOS 型单片机（例如 8051）外时钟信号由 XTAL2 引脚注入后直接送至内部时钟电路，引脚 XTAL1 接地。对于 CHMOS 型的单片机（例如 80C51），接线方式为外时钟信号接到 XTAL1 而 XTAL2 悬空，如图 2-12 所示。

内部时钟方式利用单片机内部的振荡器，在引脚 XTAL1 和 XTAL2 两端接晶振，就构成了稳定的自激振荡器，其发出的脉冲直接送入内部时钟电路。外接晶振时，晶振两端的电容一般选择为 30 pF 左右，这两个电容对频率有微调的作用。晶振的频率范围可在 1~24 MHz 之间选择。为了减少寄生电容，更好地保证振荡器稳定和可靠地工作，振荡器和电容应尽可能安装得与单片机芯片靠近。

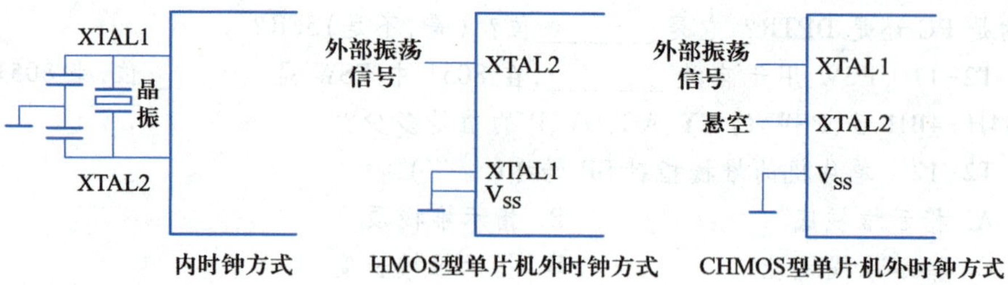

图 2-12 MCS-51 单片机的振荡电路

对于 AT89S52 单片机,其振荡电路有内时钟方式和外时钟方式,采用外部时钟源时,接线方式为外时钟信号接到 XTAL1 而 XTAL2 悬空。

计算机工作是在统一的时钟脉冲控制下按节拍进行的。为了便于对 CPU 时序进行分析,我们用定时单位来描述时序,MCS-51 的时序单位分别有时钟周期、节拍、状态、机器周期和指令周期。

1. MCS-51 单片机的时序单位

(1) 时钟周期

时钟周期也称为振荡周期,定义为单片机外接晶振的倒数,例如 12 MHz 的晶振,它的时钟周期就是 1/12 μs,是计算机中最基本的、最小的时间单位。在一个时钟周期内,CPU 仅完成一个最基本的动作。由于时钟脉冲是计算机的基本工作脉冲,它控制着计算机的工作节奏。显然,对同一种机型的计算机,时钟频率越高,计算机的工作速度就越快。

(2) 节拍与状态

在 MCS-51 单片机中把一个时钟周期定义为一个节拍(用 P 表示),两个节拍定义为一个状态周期(用 S 表示)。状态周期前半周期相应的节拍定义为 1(即 P1),后半周期对应的节拍定义为 2(即 P2)。

(3) 机器周期

MCS-51 的一个机器周期包括 12 个振荡周期(时钟周期),分为 6 个 S 状态:从 S1~S6,而每个状态又分为两拍,称为 P1 和 P2。因此,一个机器中的 12 个振荡周期表示为:S1P1、S1P2、S2P1、…、S6P2。

一个机器周期包含 12 个振荡脉冲,即机器周期是振荡脉冲的 12 分频。显然,如果使用6 MHz的时钟频率,一个机器周期就是 2 μs,而如果使用 12 MHz 的时钟频率,一个机器周期就是 1 μs。

(4) 指令周期

执行一条指令所需要的时间称为指令周期。MCS-51 的指令有单字节指令、双字节指令和三字节指令,每条指令都由一个或几个机器周期组成。在 MCS-51 系统中,有单周期指令、双周期指令和四周期指令。四周期指令只有乘、除两条指令,其余都是单周期或双周期指令。

2. MC5-51 单片机指令的取指/执行时序

MCS-51 指令系统中,按指令的长度可分为单字节指令、双字节指令和三字节指令。执行这些指令需要的时间是不同的,也就是它们所需的机器周期是不同的,主要有下面几种形式:

(1) 单字节指令单机器周期

(2) 单字节指令双机器周期

(3) 双字节指令单机器周期

(4) 双字节指令双机器周期

(5) 三字节指令双机器周期

(6) 单字节指令四机器周期(如单字节的乘除法指令)

每一条指令的执行都包括取指令和执行指令两个阶段。在取指令阶段,CPU 从内部或者外部 ROM 中取出指令操作码及操作数,然后再执行这条指令的逻辑功能。图 2-13 为单周期和双周期取指及执行时序,ALE 信号是锁存地址的选通信号。从时序图中可看出,该信号是时钟频率 6 分频后得到的。在一个机器周期中,ALE 信号两次有效,出现的时刻为 S1P2 和 S4P2,信号的有效宽度为一个 S 状态。每出现一次 ALE 信号,CPU 就进行一次读指令操作。第一次在 S1P2 和 S2P1 期间,第二次在 S4P2 和 S5P1 期间。对于不同的指令,由于字节数和机器周期数不同,因而具体的取指操作也有所不同。

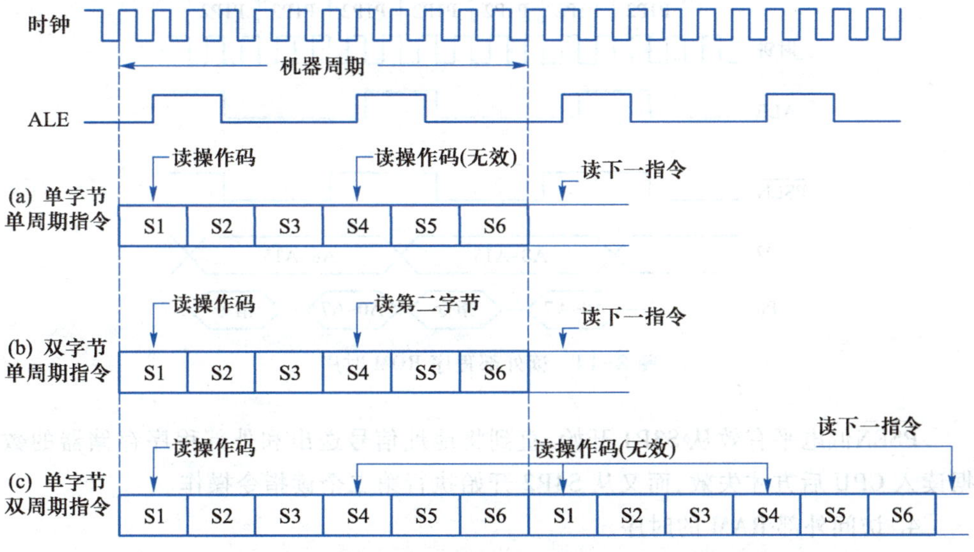

图 2-13 MCS-51 的单周期和双周期取指及执行时序

图 2-13(a)为单字节单周期指令取指及执行时序。该时序只进行一次读指令操作,当第二个 ALE 信号出现时,PC 并不加 1,属于无效的读操作。

图 2-13(b)为双字节单周期指令取指及执行时序。两次 ALE 信号出现时的读操作都是有效的,第一次有效读取操作码,第二次有效读取操作数。

图 2-13(c)为单字节双周期指令取指及执行时序。两个机器周期中,ALE 信

号共出现 4 次，但只有第一次 ALE 信号出现时读操作有效，后三次 ALE 信号出现时的读操作均为无效操作。MOVX 是典型的单字节双周期指令，执行该指令时，需要先在 ROM 中读取指令，然后再访问外部数据存储器。读取指令发生在第一个机器周期中 ALE 信号第一次出现时，当 ALE 第二次出现时的读指令操作是无效的，而第二个指令周期需完成外部数据存储器的访问。此时，ALE 信号对其操作无影响，即不会再有读指令操作动作。

图 2-13 只描述了指令的读取状态，没有描述指令的执行时序，这是因为每条指令中均包含了具体的操作数，操作数种类繁多，不便一一列出，有兴趣的读者可参阅有关书籍。

3. 访问外部 ROM 的时序

从外部程序存储器中读取指令的控制信号是 ALE 信号和$\overline{\text{PSEN}}$(外部 ROM 读选通脉冲)信号，此外，P0 口和 P2 口也要用到。如图 2-14 所示，P0 口分时复用作低 8 位地址线和数据总线，P2 口用作高 8 位地址线。在 S2 结束前，出现在 P0 口上的是低 8 位地址信号，之后出现的是指令数据信号，这就要求地址信号与指令数据信号之间有一段缓冲的过渡时间，因此在 S2 期间锁存低 8 位地址信号，由 ALE 信号控制锁存器。P2 口因为只输出高 8 位地址信号，无需分时复用，且在整个机器周期内地址信号有效，故无需锁存。

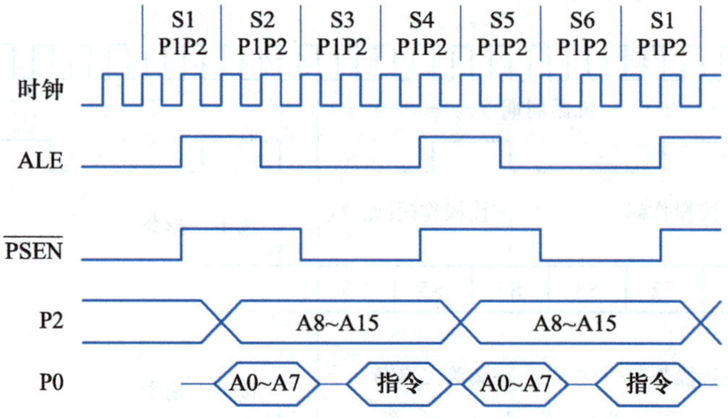

图 2-14　读外部程序 ROM 时序

$\overline{\text{PSEN}}$低电平有效从 S3P1 开始，直到将地址信号送出和外部程序存储器的数据读入 CPU 后方才失效，而又从 S4P2 开始执行第二个读指令操作。

4. 访问外部 RAM 的时序

图 2-15 为 MCS-51 单片机的外部数据存储器的读时序图。从 ROM 中读取需执行的指令后，CPU 对外部数据存储器的访问属于指令的执行周期，对外部数据存储器的访问包括读取数据和写入数据，读和写虽然是两个不同的机器周期，但他们的时序却是相似的，因此只讨论 RAM 的读时序。

所用的控制信号包含 ALE 和$\overline{\text{RD}}$/$\overline{\text{WR}}$。P0 口分时复用可作低 8 位地址线和数据总线，P2 口提供高 8 位地址线，在取指阶段传送 ROM 地址和指令，在执行阶

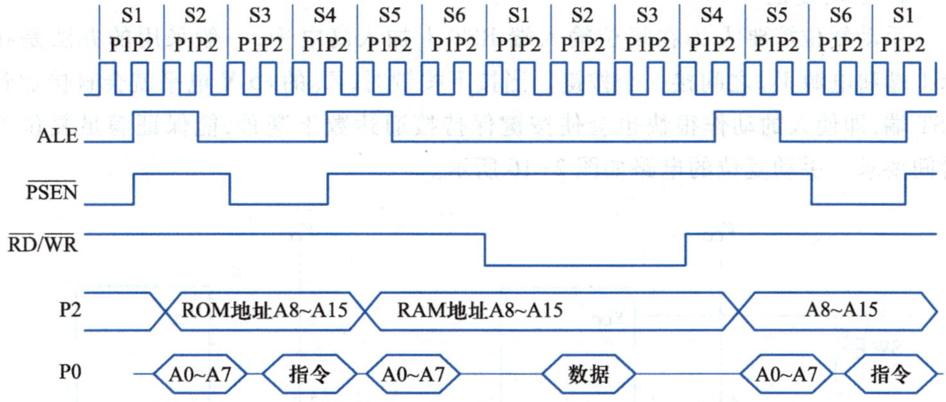

图 2-15 MCS-51 单片机的外部数据存储器的读时序

段传送 RAM 地址和读写的数据,具体分析如下:

(1) ALE 信号第一次出现到 ALE 信号第二次出现之间,与访问外部 ROM 的过程相同,即 P0 口送出 ROM 单元低 8 位地址,P2 口送出高 8 位地址,并在$\overline{\text{PSEN}}$低电平有效时,完成取指操作。

(2) S4 结束后,需访问的 RAM 单元的地址被放到总线上,P0 口传输 RAM 单元的低 8 位地址 A0~A7,P2 口传输高 8 位地址 A8~A15。

(3) 第二个机器周期的第一次 ALE 信号不再出现,$\overline{\text{PSEN}}$保持高电平的无效状态,第二个机器周期的 S1P1 时$\overline{\text{RD}}$选通脉冲低电平有效,即选通 RAM 芯片,然后从 P0 口读取 RAM 单元的数据。

(4) 第二个机器周期的第二次 ALE 信号仍然出现,进行一次外部 ROM 的读操作,但属于无效的读操作。

对外部 RAM 进行写操作时,则应用$\overline{\text{WR}}$选通信号低电平有效来选通 RAM 芯片,将数据通过 P0 口写入外部 RAM 中,其时序与读操作相似。

根据图 2-15 所示的时序,对外部 RAM 进行读写时,ALE 信号出现两次后将停发一次,呈现出非周期性,因而不能用来作为其他外设的定时信号。

2.4.2 复位

复位操作是所有的微处理器在启动时都需要的动作,目的是为了使 CPU 及系统各部件处于确定的初始状态,并从初态开始工作。89 系列单片机的复位信号是从 RST 引脚输入到芯片内的施密特触发器,在系统处于正常工作状态且振荡器稳定后,复位引脚 RST(全称 RESET)出现 2 个机器周期以上的高电平信号时,单片机执行复位操作。实际应用中,复位引脚 RST 高电平应保持 10 ms 以上。如果 RST 持续为高电平,单片机就处于循环复位状态。根据应用的要求,复位操作通常有两种基本形式:手动复位和上电复位。

1. 手动复位

手动复位需要人为在复位输入端 RST 上加入高电平，一般采用的办法是在 RST 端和电源 V_{CC}之间接一个按键。当按下按键时，V_{CC}的+5 V 电平就会直接加到 RST 端，即使人的动作很快也会使按键保持接通达数十毫秒，能保证满足复位的时间要求。手动复位的电路如图 2-16 所示。

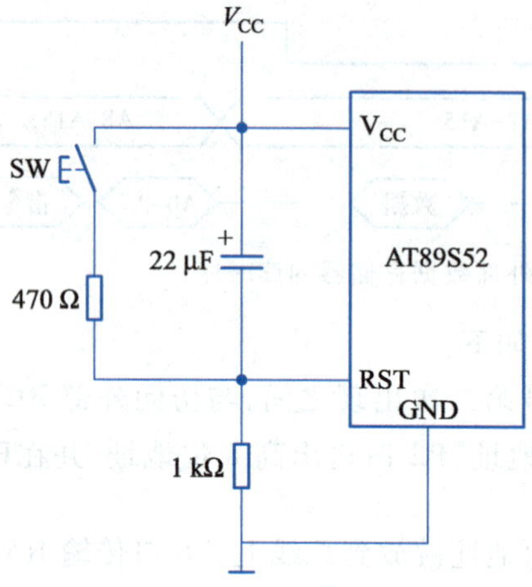

图 2-16　手动复位电路

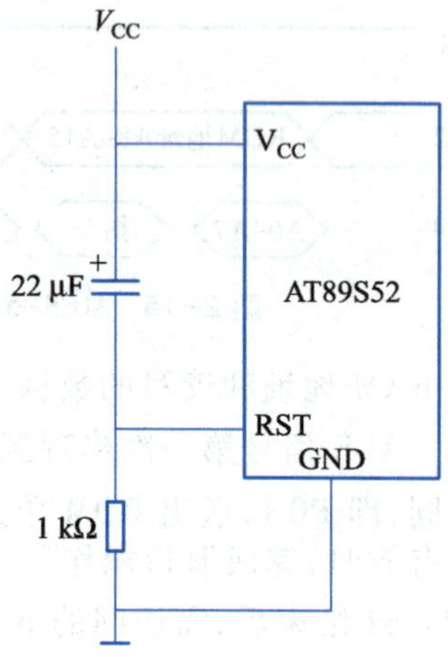

图 2-17　上电复位电路

2. 上电复位

AT89S52 单片机的上电复位电路如图 2-17 所示，只要在 RST 复位输入引脚上接一个电容至 V_{CC}端，然后接一个电阻到地即可。对于 CMOS 型单片机，由于在 RST 端内部有一个下拉电阻，故可将外部电阻去掉，而将外接电容减至 1 μF。

上电复位的原理是，在加电时，V_{CC}通过电容提供给 RST 端一个短暂的高电平信号，此后该高电平信号随 V_{CC}对电容的充电过程而逐渐回落，即 RST 端的高电平持续时间取决于电容的充电时间。为了保证系统能够可靠地复位，RST 端的高电平信号必须维持足够长的时间。上电时，V_{CC}的上升时间约为 10 ms，而振荡器的起振时间取决于振荡频率，如晶振频率为 10 MHz，则起振时间为 1 ms；晶振频率为 1 MHz，则起振时间为 10 ms。

如果系统在上电时得不到有效的复位，则在程序计数器 PC 中将得不到一个合适的初值，因此，CPU 可能会从一个未被定义的位置开始执行程序。

3. 复位后寄存器的状态

单片机的复位操作使单片机进入初始化状态，其中包括使程序计数器 PC = 0000H，这表明程序从 0000H 地址单元开始执行。单片机冷启动后，片内 RAM 为随机值，运行中的复位操作不改变片内 RAM 区中的内容，特殊功能寄存器复位后的状态见表 2-2。读者应记住一些特殊功能寄存器复位后的主要状态，这对于了解单片机的初态，减少应用程序中的初始化部分是十分必要的。

2.4.3 节电方式

89 系列单片机提供了两种省电工作方式，即空闲方式和掉电方式，目的是降低系统的功耗。在空闲工作方式中(IDL=1)，振荡器继续工作，时钟脉冲继续输出到中断系统、串行接口以及定时器模块，但却不提供给 CPU。在掉电方式中(PD=1)，振荡器停止工作。两种工作方式都是由 SFR 中的电源控制寄存器 PCON 的控制位来定义，PCON 寄存器的控制格式及各标志如图 2-18 所示。

	(MSB)							(LSB)
PCON	SMOD				GF1	GF0	PD	IDL

图 2-18 PCON 寄存器的控制格式及各标志

SMOD：串行接口波特率倍率控制位（详见串行接口波特率一节）。

GF0、GF1：通用标志位。

PD：掉电方式控制位。PD=1 时进入掉电工作方式。

IDL：空闲方式控制位。IDL=1 时进入空闲工作方式。

如果同时将 PD 和 IDL 置 1，则进入掉电工作方式。PCON 寄存器的复位值为 0xxx000，PCON.4~PCON.6 为保留位。用户不要对它们做写操作。

1. 空闲工作方式

当 CPU 执行完置 IDL=1(PCON.1)的指令后，系统进入了空闲工作方式。这时，内部时钟不向 CPU 提供，而只供给中断、串行接口、定时器部分。除 CPU 处于休眠状态外，其余硬件全部处于活动状态，芯片中程序未涉及的数据存储器和特殊功能寄存器中的数据在空闲模式期间都将保持原值。

进入空闲方式后，有两种方法可以使系统退出空闲方式。第一种方法是任何的中断请求被响应都可以由硬件将 PCON.0(IDL)清 0 而中止空闲工作方式。当执行完中断服务程序返回时，从置空闲工作方式指令的下一条指令开始继续执行程序。另外，PCON 寄存器中的 GF0 和 GF1 标志可用来指示中断是否在正常情况下或在空闲方式下发生。例如，在执行置空闲方式的指令前，先置标志位 GF0(或 GF1)，当空闲工作方式被中断中止时，在中断服务程序中可检测标志位，以判断出系统是在什么情况下发生中断，如 GF0(GF1)为 1，则是在空闲方式下进入中断。第二种退出空闲方式的方法是硬件复位。由于在空闲工作方式下振荡器仍然工作，因此硬件复位仅需 2 个机器周期便可完成，而 RST 端的复位信号直接将 PCON.0(IDL)清 0，从而退出空闲状态，CPU 将从头开始执行程序。

2. 掉电工作方式

当 CPU 执行一条置 PCON.1 位(PD)为 1 的指令后，系统进入掉电工作方式。在这种工作方式下，内部振荡器停止工作。由于没有振荡时钟，因此所有的功能部件都停止工作，但内部 RAM 区和特殊功能寄存器的内容被保留，而端口的输出状态值都保存在对应的 SFR 中，ALE 和 $\overline{\text{PSEN}}$ 都为低电平。

退出掉电方式的方法是由外部中断低电平触发或由下降沿触发中断或者硬件复位模式唤醒单片机。需要注意的是，使用中断唤醒单片机时，程序从原来停止处继续运行。当使用硬件复位唤醒单片机时，程序将从头开始执行。

在掉电工作方式下，V_{CC}可以降到2 V，但在进入掉电方式之前，V_{CC}不能降低，而在准备退出掉电方式之前，V_{CC}必须恢复正常的工作电压值，并维持一段时间（约10 ms），使振荡器重新启动并稳定后方可退出掉电方式。

目标测评4

T2-15 MCS-51单片机的CPU每取一个指令字节，立即使（ ）

A. 堆栈指针SP自动加1 B. 数据指针DPTR自动加1

C. 程序计数器PC自动加1 D. 累加器A自动加1

T2-16 8051的引脚RST是________（IN脚还是OUT脚），当其端出现________电平时，8051进入复位状态，复位后PC=________。8051一直维持这个值，直到RST脚收到________电平，8051才脱离复位状态，进入程序运行状态。

T2-17 单片机上电或复位后，工作寄存器R2是在（ ）

A. 0区01H单元 B. 0区02H单元

C. 0区0BH单元 D. SFR

T2-18 8031复位后，PC与SP的值分别为（ ）

A. 0000H，00H B. 0000H，07H

C. 0003H，07H D. 0800H，00H

2.5 单片机的最小系统

所谓系统就是可以独立实现某些特定功能的一个产品。单片机的最小系统，或者称为最小应用系统，是指利用单片机自身的资源，用最少的辅助元件组成一个可以工作的系统。一个单片机，配备必需的外围电路，如复位、晶振等，然后有一个简单的启动程序，即构成单片机的最小系统。

图2-19为应用AT89S52单片机构成的一个最小系统的硬件组成，包括电源（地）、晶振（一般使用11.059 2 MHz或者12 MHz）和复位电路。

图2-20为单片机最小系统的一个应用实例，值得注意的是，$\overline{EA}$（31脚）需接高电平以告知单片机不使用片外存储器，这样单片机系统才会执行烧写进去的程序。编程驱动P1.0引脚上的发光二极管LED不停闪烁，系统程序分别用汇编语言和C语言编写。实现发光二极管LED闪烁的编程思路如图2-21所示。

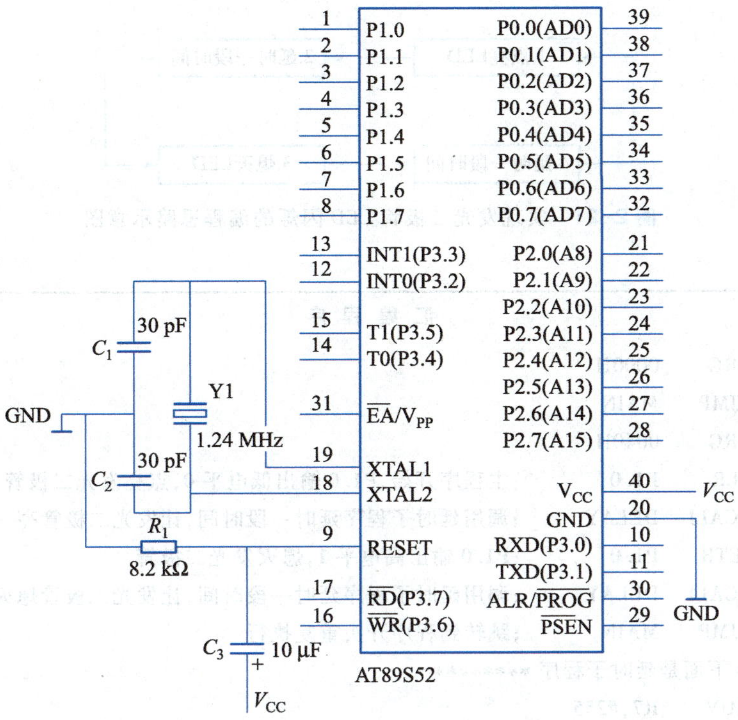

图 2-19 单片机的最小系统

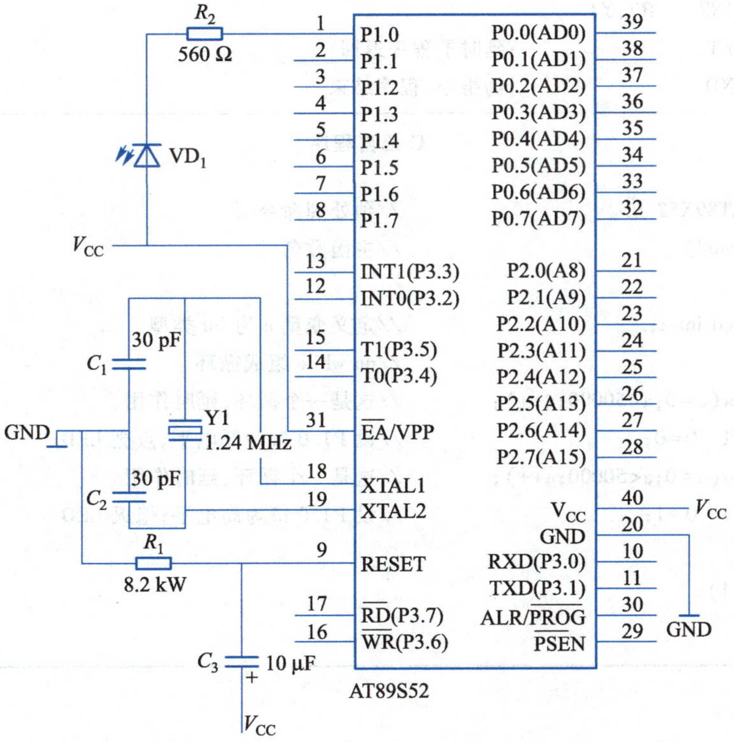

图 2-20 单片机最小系统的应用实例

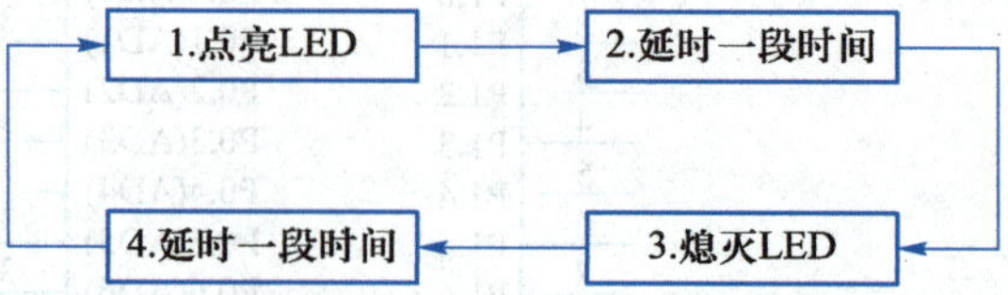

图 2-21 实现发光二极管 LED 闪烁的编程思路示意图

汇 编 程 序

```
        ORG     0000H
        AJMP    MAIN
        ORG     0040H
MAIN:   CLR     P1.0        ;主程序开始,P1.0 输出低电平 0,点亮发光二极管
        ACALL   DELAY       ;调用延时子程序延时一段时间,让发光二极管亮一段时间
        SETB    P1.0        ;P1.0 输出高电平 1,熄灭发光二极管
        ACALL   DELAY       ;调用延时子程序延时一段时间,让发光二极管熄灭一段时间
        AJMP    MAIN        ;跳转到程序开头重复执行
; ******** 下面是延时子程序 ********
DELAY:  MOV     R7,#255
Y1:     MOV     R6,#255
        DJNZ    R6,$
        DJNZ    R7,Y1
        RET                 ;延时子程序返回
        END                 ;伪指令,程序结束
```

C 语言程序

```
#include<AT89X52.h>                 //预处理命令
void main(void)                     //主函数名
{
    unsigned int a;                 //定义变量 a 为 int 类型
    do{                             //do while 组成循环
        for(a=0;a<50000;a++);       //这是一个循环,延时作用
        P1_0=0;                     //设 P1.0 口为低电平,点亮 LED
        for(a=0;a<50000;a++);       //这是一个循环,延时作用
        P1_0=1;                     //设 P1.0 口为高电平,熄灭 LED
    }
    while(1);
}
```

目标测评 5

T2-19 理解单片机最小系统的含义。

T2-20 用 Proteus 软件完成图 2-18 的仿真。

本章小结

本章介绍了单片机的发展史以及市面上的主流单片机芯片，并以 Atmel 公司的 AT89S52 单片机芯片为例介绍了 MCS-51 系列单片机的引脚功能、存储器组织结构、单片机的时序和复位电路及单片机的最小系统。通过本章的学习，要求读者能熟悉单片微型计算机的硬件组成和掌握存储器的组织结构。

本章的重点是存储器的组织结构。第一是要理解 MCS-51 单片机存储器结构，在物理结构上有 4 个存储空间，即片内程序存储器、片外程序存储器、片内数据存储器、片外数据存储器，在逻辑上有 3 个存储空间，即片内外统一编址的 64 KB 的程序存储器地址空间、片内数据存储器的地址空间以及片外 64 KB 数据存储器的地址空间。第二是掌握 AT89S52 单片机内部 RAM 的组织、地址分配及寻址。第三是掌握片内外 ROM 访问与$\overline{EA}$电平信号的关系。

习题

2-1 AT89S52 单片机内部包含哪些主要逻辑功能部件？

2-2 AT89S52 单片机引脚中有多少 I/O 线？它们与单片机对外的地址总线、数据总线和控制总线有什么关系？地址总线和数据总线各是多少位？

2-3 AT89S52 单片机有多少个特殊功能寄存器？它们可以分为几组？各有什么功能？

2-4 AT89S52 单片机的内部数据存储器可以分为哪几个不同的区域？各有什么特点？

2-5 AT89S52 单片机对外有几条专用控制线？其功能是怎样的？

2-6 什么是单片机的掉电、节电运行方式？为什么要讨论它？

2-7 有哪几种方法使单片机复位？复位后各寄存器、RAM 中的状态如何？

2-8 如果需要扩展 AT89S52 单片机的外部程序存储器和片外数据存储器，当使用相同的地址时，是否会出现争总线现象？为什么？

习题详解：[题 2-8]解答

2-9 什么是堆栈？AT89S52 单片机的堆栈设在何处？哪个寄存器是堆栈指针？堆栈存取数据的原则是什么？AT89S52 单片机堆栈的最大容量不能超过多少字节？

2-10 DPTR 是什么寄存器？它的作用是什么？它由哪几个特殊功能寄存器组成？

2-11 决定程序执行顺序的寄存器是哪个？它是几位的？它是不是特殊功能寄存器？

2-12 AT89S52 单片机内部 RAM 有几组工作寄存器？每组有几个工作寄存器？寄存器组的选择由什么决定？

第三章 开发与仿真工具

本章目标

通过对本章的学习，读者可以具备下述能力：

1. 掌握 Keil 软件的基本使用方法，学会基本的软件调试方法。
2. 掌握 Proteus 软件的使用方法，学会搭建简单的硬件电路。

引言

本章主要介绍单片机的开发与仿真工具，旨在让读者了解单片机开发的过程及仿真、程序的调试方法。本章通过实际的例子说明从程序设计开始到仿真结束的整个过程。本章分为两个部分，第一部分介绍 Keil 开发工具，第二部分介绍 Proteus 仿真工具。

电子教案
3-1：Keil 开发工具

3.1 Keil C51 操作入门

3.1.1 Keil C51 简介

Keil C51 是德国知名软件公司 Keil(现已并入 ARM 公司)开发的基于 8051 内核的微控制器软件开发平台,是目前开发 8051 内核单片机的主流工具。

3.1.2 Keil C51 的安装

安装 Keil C51 非常简单,主要有以下步骤。

1. 运行 Keil C51 V9.59 版 SETUP 目录下的"c51v9.59.exe"文件。
2. 当出现如图 3-1 所示的对话框时,请单击"Next"进行安装。

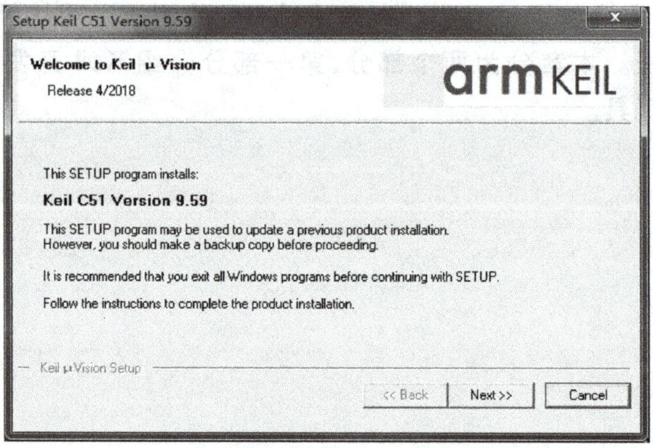

图 3-1 Keil C51 安装选择

3. 在接下来的几个对话框中点击"Next"或"Yes",提示填入用户名和公司名时,照实际情况填写。
4. 安装完毕后点击"Finish"结束。

3.1.3 建立第一个 Keil C51 程序

Keil C51 是一个功能很强大的软件,但是使用起来并不复杂。现在就通过建立一个简单的 LED(发光二极管)闪烁发光的实例来初步掌握 Keil C51 的基本用法。硬件电路如图 3-2 所示,单片机 I/O 输出低电平可点亮 LED。

1. 启动 Keil C51 软件。可以通过双击电脑桌面上的“Keil μVision5”快捷方式图标来启动。

2. 新建工程。执行 Keil C51 软件的菜单“Project | New | μVision Project…”，弹出一个名为“Create New Project”的对话框。先选择一个合适的文件夹准备来存放工程文件，比如“E:\Project\LedFlash”，其中“LedFlash”是新建的文件夹。我们建议每新建一个工程都要在适当的磁盘位置新建一个文件夹用来保存工程文件，以方便管理，并养成良好的习惯。最后，为工程取名为“LedFlash”并保存。如图 3-3 所示。

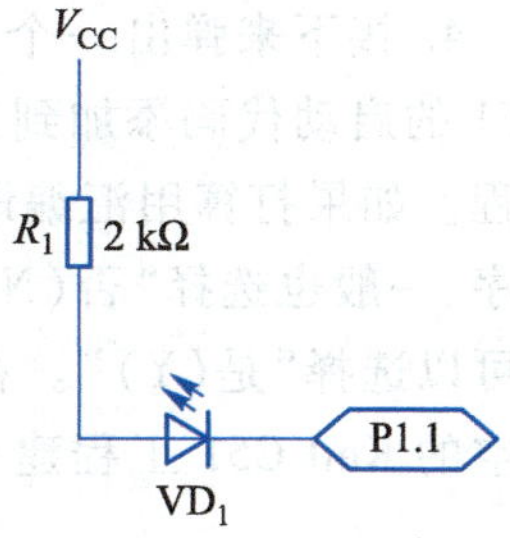

图 3-2 LED 闪烁发光电路

视频 3-1：建立工程演示（Keil）

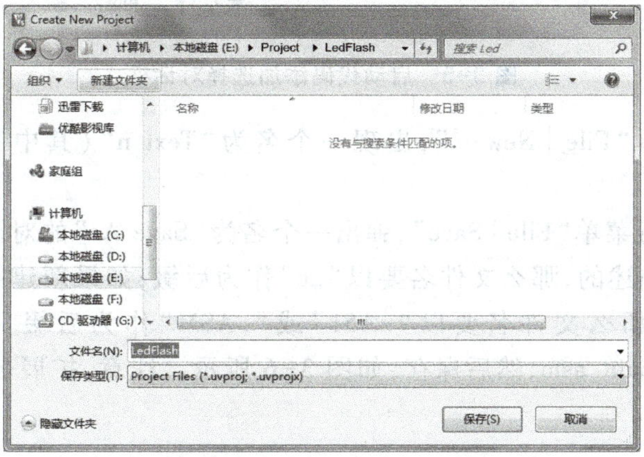

图 3-3 新建 Keil C51 工程

3. 选择 CPU。接下来 Keil C51 提示选择 CPU 器件。8051 内核单片机最早是由鼎鼎大名的 Intel 公司发明的，后来其他厂商如 Philips、Atmel 等先后推出其兼容产品，并在 8051 的基础上扩展了许多增强功能。在这里可以选择 Atmel 中的器件“AT89C52”，该器件与 Intel 的 8051 完全兼容，如图 3-4 所示。

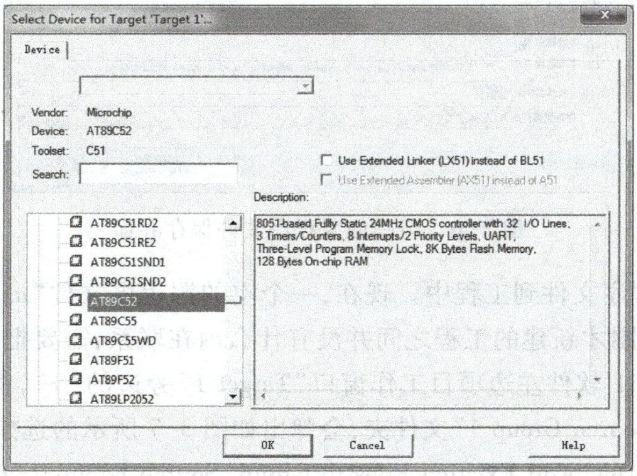

图 3-4 CPU 选择窗口

4. 接下来弹出一个如图 3-5 所示的对话框。该对话框提示是否要把标准 8051 的启动代码添加到工程中去。Keil C51 既支持 C 语言编程也支持汇编语言编程。如果打算用汇编语言写程序，则应当选择“否(N)”。如果打算用 C 语言写程序，一般也选择“否(N)”，但是，如果用到了某些增强功能需要初始化配置时，则可以选择“是(Y)”。在这里，我们选择“否(N)”，即不添加启动代码。至此，一个空的 Keil C51 工程建立完毕。

图 3-5 启动代码添加选择对话框

5. 执行菜单“File | New…”，出现一个名为“Text n”(其中 n 表示序号)的文档。

6. 接着执行菜单“File | Save”，弹出一个名为“Save As”的对话框。如果源程序是用 C 语言描述的，那么文件名要以“. c”作为后缀；如果新建的源程序是用汇编语言描述的，那么文件名要以“. A51”或“. ASM”作为后缀。将文件名改为“main. c”或者 main. asm，然后保存，如图 3-6 所示。注意，扩展名(后缀名)是不可省略的。

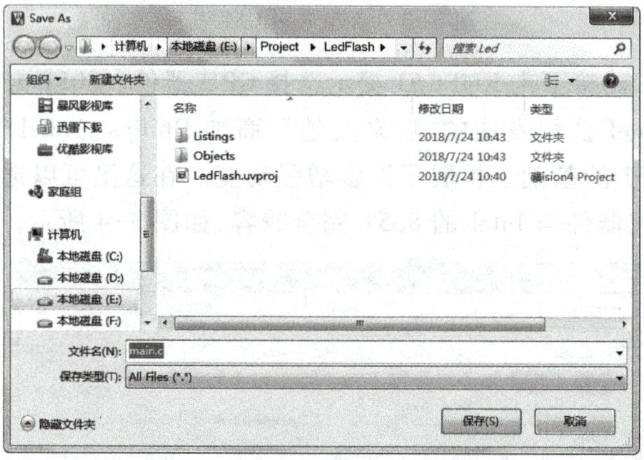

图 3-6 新建的源程序文件保存界面

7. 添加源程序文件到工程中。现在，一个空的源程序文件“main. c”已经建立，但是这个文件与刚才新建的工程之间并没有什么内在联系，需要把它添加到工程中去。单击 Keil C51 软件左边项目工作窗口“Target 1”旁边的“+”，将其展开，然后用鼠标右键单击“Source Group 1”文件夹，会弹出如图 3-7 所示的选择菜单。

8. 单击其中的“Add Existing Files to Group‘Source Group 1’…”项，将弹出如

图 3-8 所示的对话框。

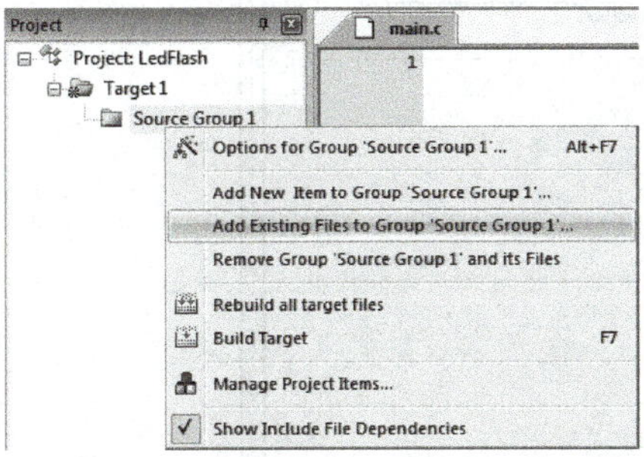

图 3-7　添加源程序文件到工程中界面

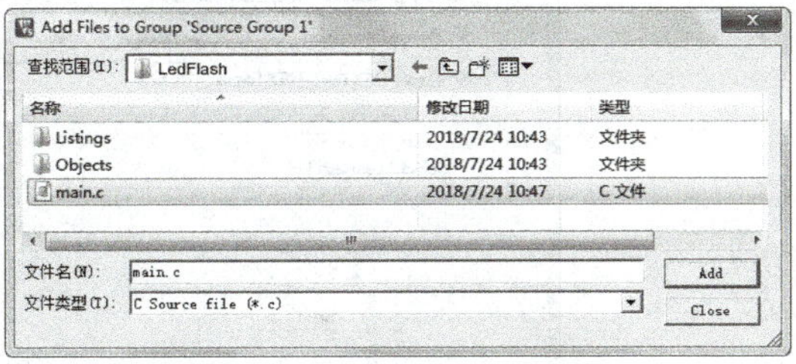

图 3-8　源程序文件添加选择框

9. 先选择文件类型为“C Source file (*.c)”。这时，对话框内将出现刚才保存过的“main.c”。单击文件“main.c”，再按一次“Add”按钮（请不要多次单击“Add”按钮），最后单击“Close”按钮。这时，源程序文件“main.c”已经出现在项目工作窗口的“Source Group 1”文件夹内，可以单击左边的“+”展开后查看。

10. 现在开始输入源程序。先最大化“main.c”源程序窗口，然后按以下程序清单输入程序代码。

汇编程序	C 语言程序
ORG 0000H	#include<REGX52.H>
AJMP START	void Delay (void)
ORG 0100H	{ unsigned int i,j;
START: SETB P1.1	for(i=0;i<1000;i++)
CALL DELAY	for(j=0;j<100;j++);
CLR P1.1	}
CALL DELAY	void main(void)
AJMP START	{ while(1)
	{
DELAY: MOV R6,#250	P1=0xFD;
L1: MOV R7, #200	Delay();
DJNZ R7, $	P1=0xFF;
DJNZ R6, L1	Delay();
RET	}
END	}

在输入上面程序时，千万别出现中文字符，否则不能正确编译生成运行代码。

11. 单击 Keil C51 工具栏的“”图标或者选择菜单“Flash”选项中的“Configure Flash Tools…”选项，弹出“Options for Target ‘Target 1’”的对话框。单击“Output”标签页，选中“Create HEX File”项，然后“OK”，如图 3-9 所示。

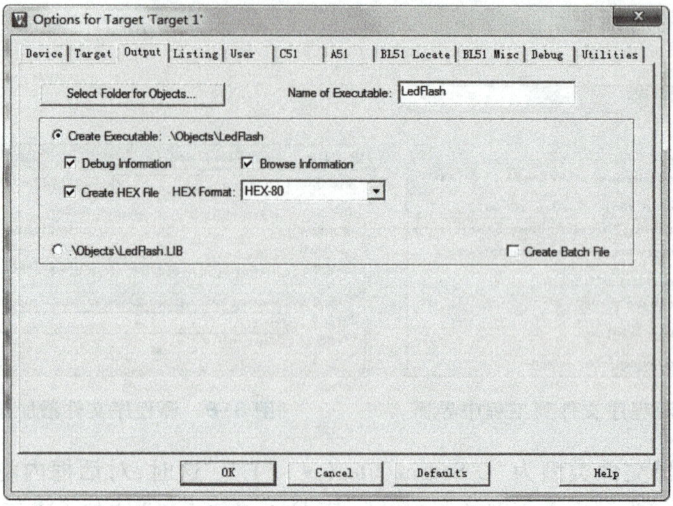

图 3-9 编译环境设置界面

12. 单击工具栏的按钮“”或者选择菜单“Project”中的“Rebuild all target files”选项编译当前源程序。编译结果会显示在输出窗口内。如果是“0 Error(s), 0 Warning(s).”就表示程序没有问题了(至少是在语法上不存在问题了)。如果存在错误或警告,请仔细检查您的程序是否与程序清单一致。修改后,再编译,直到通过为止。

13. 编译后的结果会生成 Intel HEX 格式的程序文件“LedFlash. hex”。该文件可以被一类叫做“ISP”(in system programming)的下载方法烧录到芯片内,下载后就可以运行了。

3.1.4 Keil C51 软件调试方法

1. 进入仿真状态

程序编译通过后,就可以进行仿真。在仿真之前,有一项参数需要配置。点击“”图标进入编译环境设置,找到“Xtal (MHz)”项,填入 11.0592,然后点击“确定”。接下来进入仿真状态,只需点击工具栏红色的“”图标即可。

2. 各个仿真窗口介绍

(1) 源程序窗口

Keil C51 调试界面的中间是源程序窗口,如图 3-10 所示。黄色箭头“”所指为当前即将执行但还没有执行的代码,以深灰色标记的程序行是可以执行的代码(当然,在调试过程中未必一定要去执行),以浅灰色标记的程序行不可作为代码来执行,它们是注释、空行、标号或 ROM 数据表,以绿色标记的程序行表示曾经执行过的代码。

(2) 寄存器窗口

Keil C51 调试界面的寄存器窗口如图 3-11 所示。8051 的工作寄存器（R0~R7）和系统寄存器（a、b、sp、dptr、PC、psw）都列出来了。Value 栏显示的是寄存器的当前数值。如果在调试过程中某个寄存器的值有变化，则会用蓝色的背景标记。单击 psw 寄存器左边的“+”，展开后还可以看到其每一位的情况。

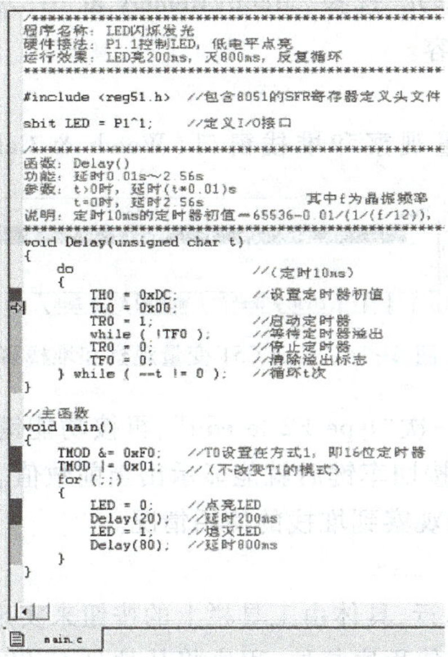

图 3-10 Keil C51 的源程序窗口

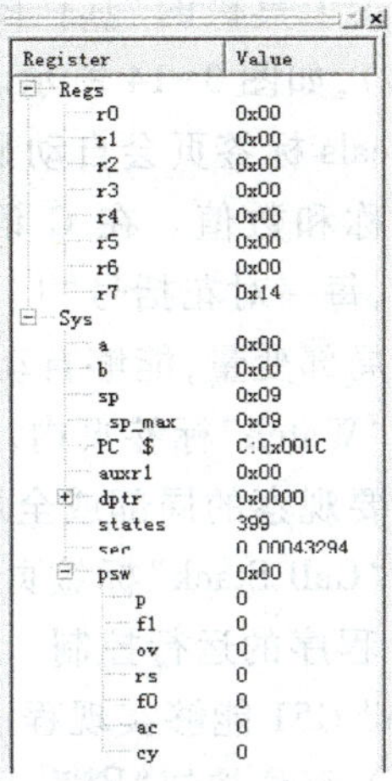

图 3-11 Keil C51 的寄存器窗口

（3）汇编窗口

单击工具栏的“”图标，源程序窗口会自动切换成汇编窗口，如图 3-12 所示。在汇编窗口里，我们可以看到每条指令的存储地址和编码等信息，再次单击“”可以回到源程序窗口。

（4）存储器窗口

单击工具栏的“”图标，将显示出存储器窗口，如图 3-13 所示。8051 单片机的存储器分为多个不同的逻辑空间。如果要观察代码存储器的内容，就在地址栏“Address:”内输入“C:地址”，例如输入 C:0080H。同理，观察内部数据存储器

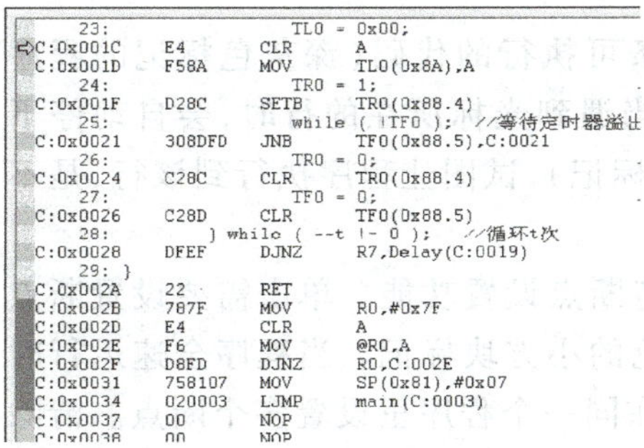

图 3-12 Keil C51 汇编窗口

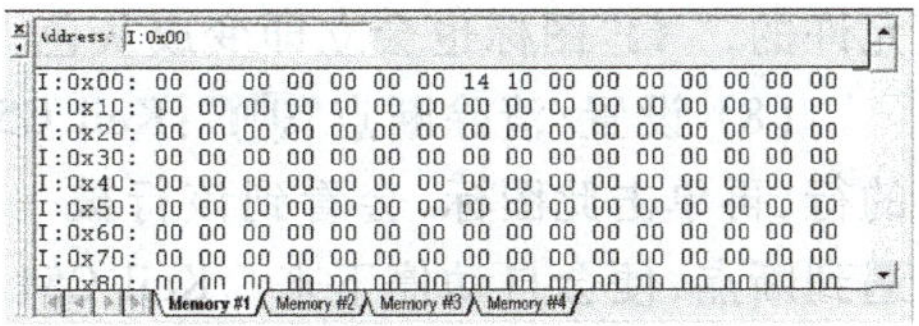

图 3-13 Keil C51 存储器窗口

输入“I:地址”,观察外部数据存储器输入“X:地址”。拖动存储器窗口右边的滚动条可观察其他存储单元。

存储器窗口有“Memory#1～Memory #4”共 4 个观察子窗口,可以分别用来观察代码存储器、内部数据存储器和外部数据存储器。存储器的内容是可以修改的。用鼠标右键点击打算要修改的存储单元,选择“ModifyMemory at …”项,弹出修改对话框,可以随意修改存储单元的内容。

(5) 变量观察和堆栈窗口

单击工具栏的“ ”图标将显示变量观察和堆栈窗口(Watch & Call Stack Window),如图 3-14 所示。

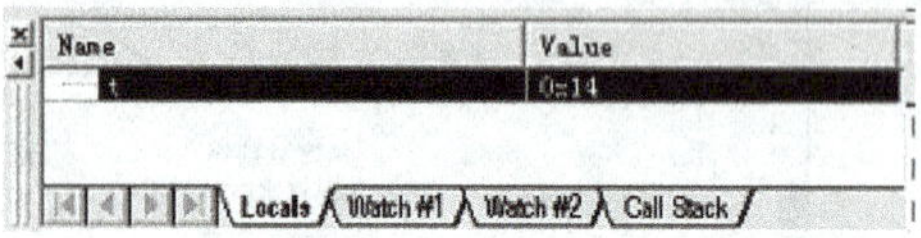

图 3-14 Keil C51 变量观察和堆栈窗口

Locals 标签页会自动显示局部变量的名称和数值。在 C 语言程序的函数中,每一对花括号“{}”内定义变量都是局部变量,能够自动显示。

在“Watch”标签页内,先用鼠标点击一次“type F2 to edit”,再按功能键“F2”,输入所要观察的局部或全局变量的名称,按回车键后就能显示出当前数值。

在“Call Stack”标签页内,可以实时地观察到堆栈的使用情况。

3. 程序的运行控制

Keil C51 能够实现程序单步和全速运行,具体由工具栏上的按钮来实现。

(1) 复位按钮“ ”:单击此图标能够使程序复位,程序将从地址 C:0000H 处执行。

(2) 全速运行“ ”:单击此图标能够使程序全速运行。

(3) 停止运行“ ”:该图标原来是灰色(不可操作),在进入全速运行状态后会变成红色。如果要停下来,则可以按此图标。

(4) 单步进入“ ”:按此图标可以实现程序的单步执行。在遇到函数调用时,会跟踪进入函数体。

(5) 单步跳过“ ”:单步执行,遇到函数时视作 1 条指令来执行,不会跟踪进入。

(6) 单步跳出“ ”:在调试 C 语言程序时,如果希望从某个函数中提前返回,则可以按此图标。

(7) 执行到光标“ ”:用鼠标单击某条可执行的代码(深灰色标记的程序行),然后按此图标,则程序开始全速执行,当遇到光标所在的行时,会自动停下来。如果单击不可执行的程序行(有浅灰色标记),试图让程序执行到该行,是不允许的,“ ”图标也会立即变成灰色。

(8) 设置/清除断点“ ”:Keil C51 支持断点设置功能。单击需要设置断点的行,再单击此图标,会看到该行被一个红色的小方块标记。当程序全速运行时遇到断点,便会自动停下来。Keil C51 允许在同一个程序里设置多个断点。清除断点的方法是将光标停在该行上,再按一次“ ”图标。另外一种设置/清除断点的快捷方法是用鼠标在目标程序行的空白处双击。

(9) 清除所有断点“ ”:如果设置了多个断点,想一并清除,则可以按此图标。

4. 外围设备的访问

Keil C51 的一大特色是在仿真调试时支持对外围设备的访问。

单击菜单“Peripherals”,会弹出外围设备菜单。在 Peripherals 菜单里列出了标准 8051 的外围设备(相对于 CPU 内核而言),包括中断、I/O 接口、串行接口和定时器等。

现在执行菜单“Peripherals | I/O-Ports | Port 1”,弹出 P1 口的界面。在位 0~7 中,用√表示高电平,无√表示低电平。执行菜单“Peripherals | Timer | Timer 0”,弹出定时器 T0 的界面,如图 3-15 所示。

图 3-15 外围设备中的 P1 和 T0 对话框

3.1.5 实例

本节以单片机 P1 口控制 8 位流水灯为例(硬件电路仿真图如图 3-16 所示)。

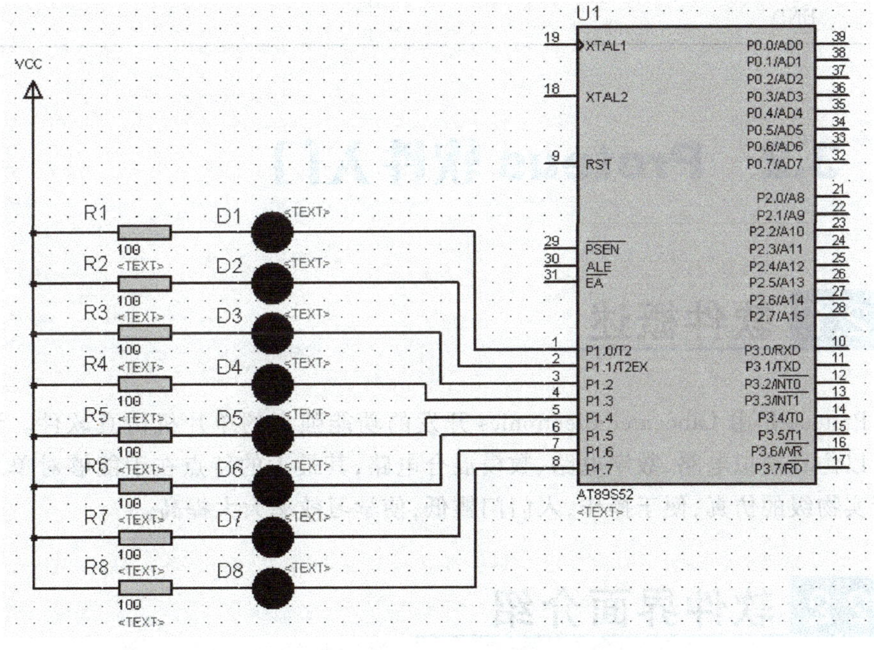

图 3-16 单片机控制流水灯硬件电路仿真图

按照上面的步骤在“E:\Ledloop\”中建立一个工程 LedLoop,在工程中添加文件 ledloop. c 或者 ledloop. asm。

程序清单如下，编译所写的程序，生成机器码文件，并利用 Keil 仿真程序运行结果。

汇编程序

```
        ORG     0000H
        AJMP    START
        ORG     0100H

DELAY:  MOV     R6, #250
L1:     MOV     R7, #200
        DJNZ    R7, $
        DJNZ    R6, L1
        RET

START:
        MOV     A, #0FEH
LOOP:   MOV     P1, A
        CALL    DELAY
        RL      A
        AJMP    LOOP
        END
```

C 语言程序

```
#include <REG52.H>
void Delay (void)
{   unsigned int i,j;
    for(i=0;i<1000;i++)
        for(j=0;j<100;j++);
}
void main(void)
{   unsigned char ch;
    unsigned char n;
    while(1){
        ch=0xfe;P1=ch;Delay();
        for(n=0;n<7;n++){
            ch=(ch<<1) | 0x01;
            P1=ch;Delay();
        }
    }
}
```

电子教案 3-2：Proteus 仿真工具

3.2 Proteus 软件入门

3.2.1 软件概述

Proteus 是由 Labcenter Electronics 开发的功能强大的单片机仿真软件。该软件可以仿真模拟电路、数字电路、数模混合电路，其最大的特点在于能够对单片机进行实物级的仿真，便于操作，入门门槛低，使学习效率大大提高。

3.2.2 软件界面介绍

Proteus 界面如图 3-17 所示。

下面简单介绍各部分的功能。

1. 原理图编辑窗口（the editing window）

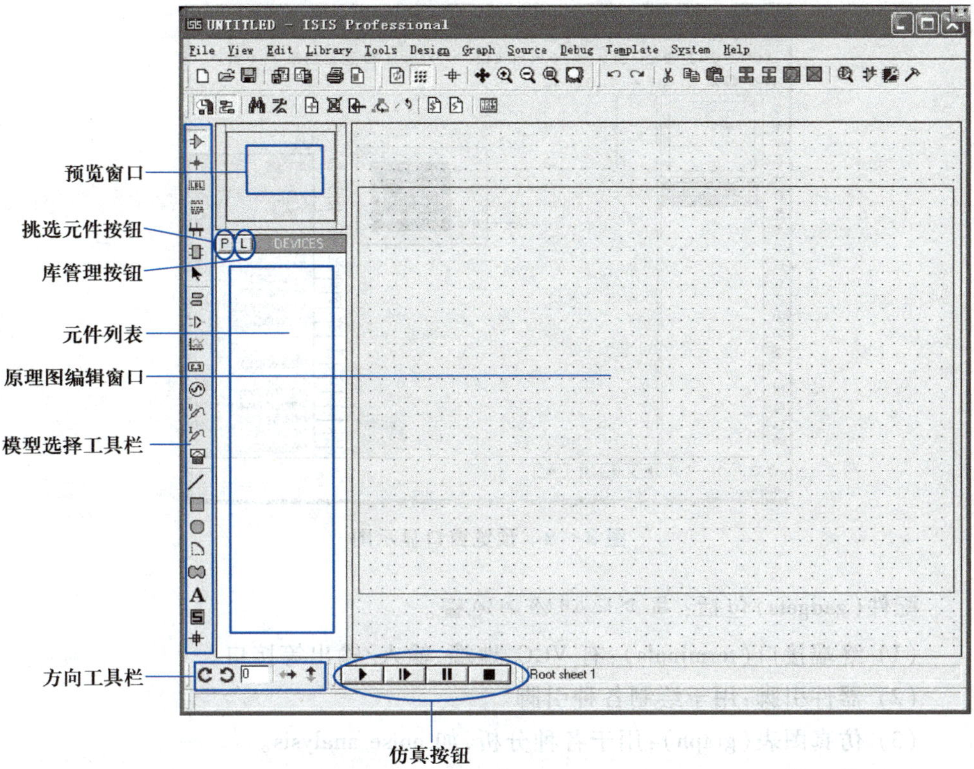

图 3-17 Proteus 界面

该窗口用来绘制原理图。蓝色方框内为可编辑区,元件要放到这个区域里面。注意,这个窗口是没有滚动条的,可用预览窗口来改变原理图的可视范围。

2. 预览窗口(the overview window)

该窗口可显示两个内容,一是在元件列表中选择一个元件时,会显示该元件的预览图;另一个是当鼠标焦点落在原理图编辑窗口时(即放置元件到原理图编辑窗口后或在原理图编辑窗口中点击鼠标后),它会显示整张原理图的缩略图,并会显示一个绿色的方框,绿色的方框里面的内容就是当前原理图窗口中显示的内容。因此,可用鼠标在它上面点击来改变绿色方框的位置,从而改变原理图的可视范围,如图 3-18 所示。

3. 模型选择工具栏(mode selector toolbar)

主要模型(main modes)包括: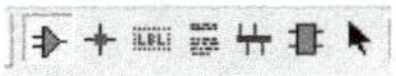。

(1) 选择元件(components)(默认选择的)。

(2) 放置连接点。

(3) 放置标签(用总线时会用到)。

(4) 放置文本。

(5) 用于绘制总线。

(6) 用于放置子电路。

(7) 用于即时编辑元件参数(先单击该图标再单击要修改的元件)。

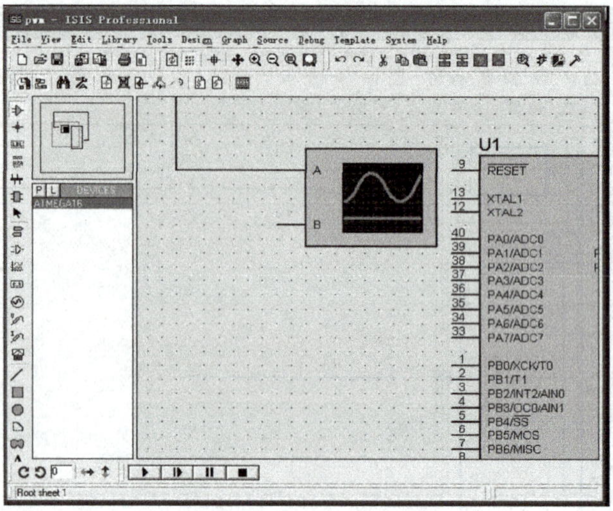

图 3-18 预览窗口显示图

配件(gadgets)包括：。

(1) 终端接口(terminals)：有 VCC、地端、输入/输出等接口。

(2) 器件引脚：用于绘制各种引脚。

(3) 仿真图表(graph)：用于各种分析，如 noise analysis。

(4) 录音机。

(5) 信号发生器(generators)。

(6) 电压探针：使用仿真图表时要用到。

(7) 电流探针：使用仿真图表时要用到。

(8) 虚拟仪表：有示波器等。

2D 图形(2D graphics)包括：。

(1) 画各种直线。

(2) 画各种方框。

(3) 画各种圆。

(4) 画各种圆弧。

(5) 画各种多边形。

(6) 画各种文本。

(7) 画符号。

(8) 画原点等。

4. 元件列表(the object selector)

元件列表用于挑选元件(components)、终端接口(terminals)、信号发生器(generators)、仿真图表(graph)等。例如，当选择“元件(components)”时，单击“P”按钮会打开挑选元件对话框，选择了一个元件后(即单击“OK”按钮后)，该元件会在元件列表中显示，以后要用到该元件时，只需在元件列表中选择即可。

5. 方向工具栏(orientation toolbar)

旋转():旋转角度只能是 90 的整数倍。

翻转():完成水平翻转和垂直翻转。

使用方法:先右键单击元件,再单击(左击)相应的旋转图标。

6. 仿真按钮

仿真按钮(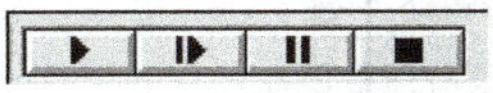)的主要功能有:

(1) 运行。

(2) 单步运行。

(3) 暂停。

(4) 停止。

3.2.3 操作简介

1. 绘制原理图:绘制原理图要在原理图编辑窗口中的蓝色方框内完成。原理图编辑窗口的操作是不同于常用的 Windows 应用程序的,操作时应该用左键放置元件、右键选择元件、双击右键删除元件、右键拖选多个元件、先右键后左键编辑元件属性、先右键后左键拖动元件、连线用左键、删除用右键、改连接线先右击连线再左键拖动。此外,中键放缩原理图。

2. 定制自己的元件:定制自己的元件有 3 个实现途径,一是用 Proteus VSM SDK 开发仿真模型制作元件;另一个是在已有的元件基础上进行改造,比如把元件改为 bus 接口;还有一个是利用已制作好的元件,可以到网上下载一些新元件并把它们添加到自己的元件库里面。

3. Sub-Circuits 应用:用一个子电路可以把部分电路封装起来,这样可以节省原理图窗口的空间。

3.2.4 实例

视频 3-2:Proteus 使用演示

单片机控制流水灯实验的电路图如图 3-19 所示,工作时各个发光二极管轮流点亮。

绘制原理图步骤如下:

1. 选择器件

如图 3-20 所示,首先在模型选择工具栏中将器件选择图标按下,然后选择 P 按钮,会出现如图 3-21 所示的窗口,这就是器件选择窗口。在器件选择窗口中选出电路图中需要的器件,双击该器件,则被选中的器件就会自动进入元件列表(devices)框中。器件详情请参见表 3-1。

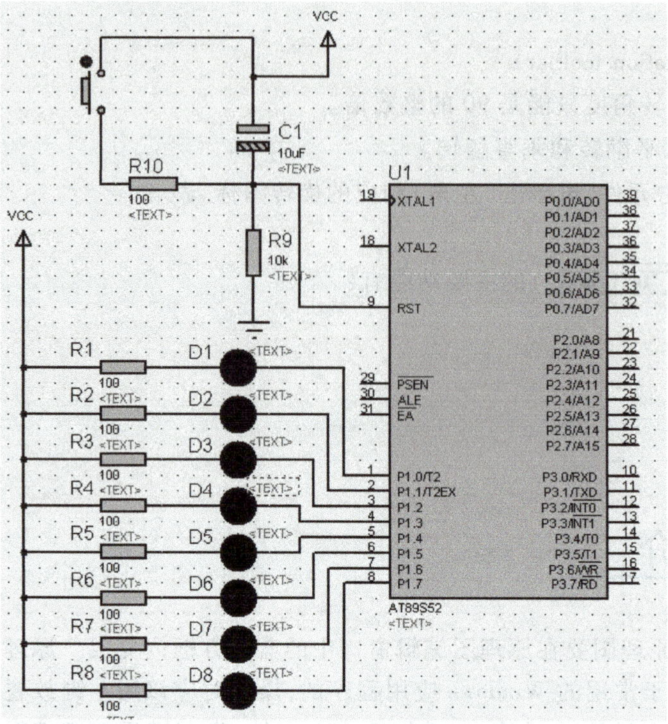

图 3-19 单片机控制流水灯实验的电路图

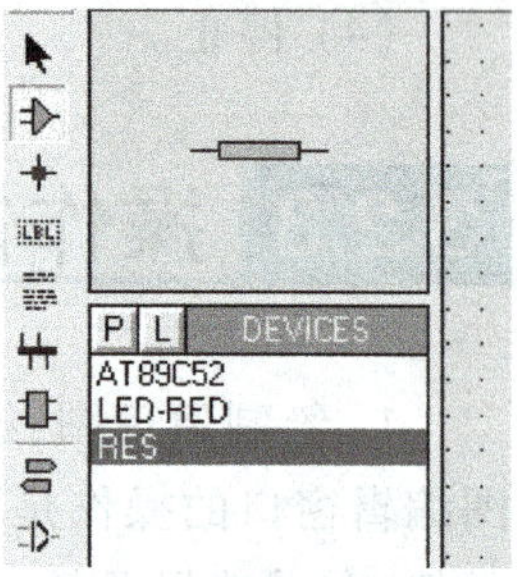

图 3-20 器件选择窗口

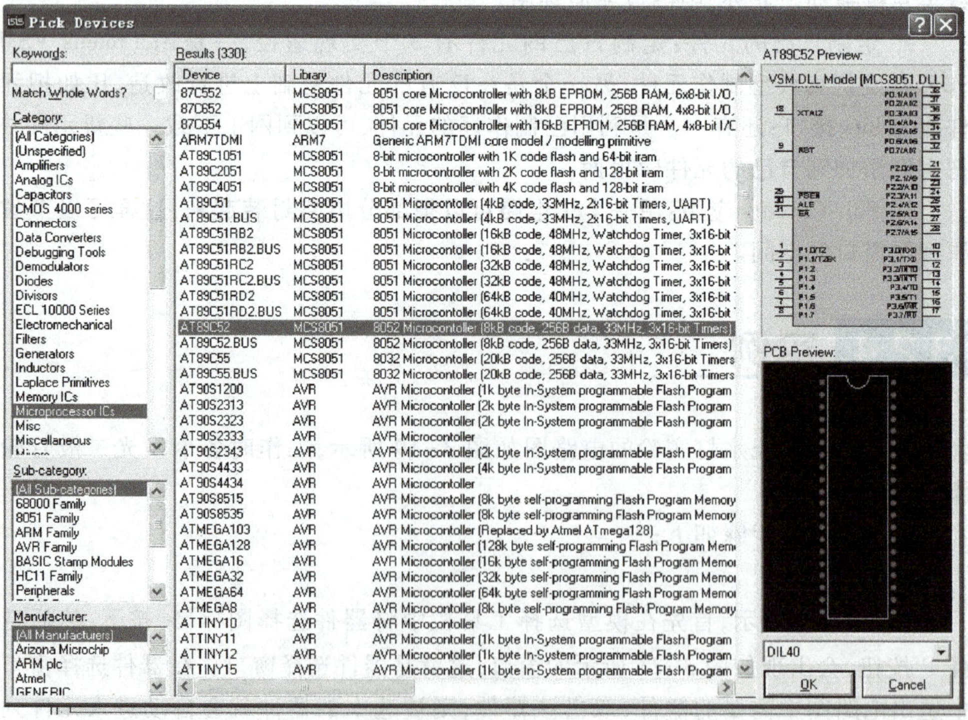

图 3-21 器件选择窗口

表 3-1 Proteus 中常用器件库列表

Microprocessor ICs	微处理器(单片机)
optoelectronics	数码管显示器件
resistors	电阻
switches&relays	开关器件
capacitors	电容器件
diodes	PN 结(二极管)
miscellaneous	外围器件(晶振)
operational amplifiers	运放
simulator primitives	简单模拟器件(电池,逻辑门等)

在实际使用中可以根据需要选择不同的器件放置在图纸中。下面介绍常用器件的名字及命名的规则。

(1) 电阻类:RES 为单个电阻,默认阻值为 10 kΩ;RESPACK-8 为 8 位的排阻。

(2) 电容类:CAP 为单个电容,默认容值为 1 nF。

(3) 发光二极管类:LED 为单个发光二极管,后面跟的字符表示该发光二极管的发光颜色,如:LED-BLUE 为蓝色发光二极管;7SEG-MPX#-CC(CA)-BLUE 为七段数码管,“#”处的值如果为 2 则表示双联数码管,值为 4 则表示四联数码管,CC 表示该数码管为共阴数码管,CA 表示该数码管为共阳数码管,最后一个参数中如果是 BLUE 字样,表示该数码管亮时为蓝色,如果没有该参数,表示该数码管亮时为红色。

(4) 开关器件类:BUTTON 为单个按键;DIPSW_#为拨码开关,其中“#”为拨码开关的位数;G2RL 为继电器,后缀表示继电器的类别和功能,可以根据实际需要选择。

2. 放置器件

选中器件列表中需要的器件,然后在原理图绘制窗口中单击鼠标左键,就可以把需要绘制的器件放在原理图窗口中。此时,器件会粘在鼠标箭头上,移动鼠标到合适位置,再单击鼠标左键即可将该器件放置在原理图绘制窗口中。如果不需要放置选中的器件,则单击鼠标右键即可。选择方向工具栏会改变被选中器件(器件被选中时会变成红色)在窗口中的方向,如图 3-22 所示。

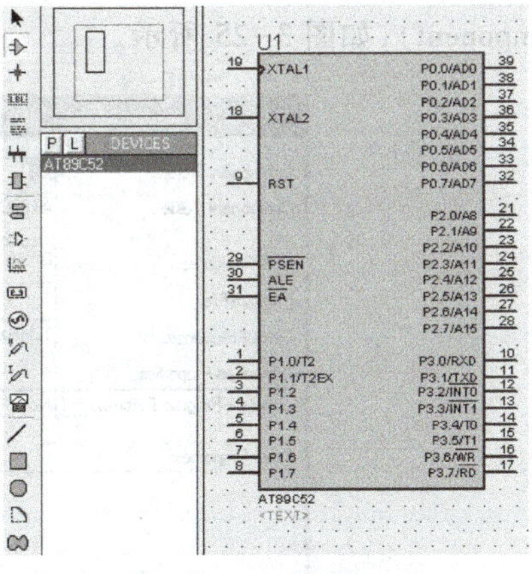

图 3-22 放置器件

放置元件时要注意所放置的元件应放到蓝色方框内,如果不小心放到外面,由于在外面鼠标用不了,要用菜单“Edit”的“Tidy”选项清除,清除的方法很简单,只需单击“Tidy”即可。另外,操作中整体移动部分电路的操作方法是先用右键拖选,再单击  中的  ,这时这部分电路会随鼠标移动,在目标位置单击左

键，这部分电路将被放到该处。

3. 放置电源（或者地）

添加“电源”：左键选择模型，选择工具栏中的图标，出现如图 3-23 所示的界面，在该界面中选择“POWER”即可得到一个电源的节点，可以移动鼠标将其放在工作区内。放置完成后，双击这个器件，在“string”中选择“VCC”即可完成一个电源的放置，如图 3-24 所示。

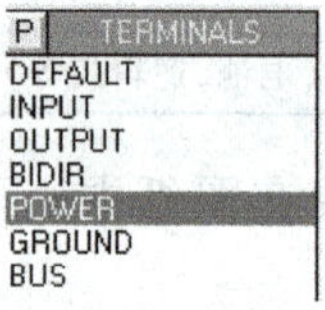

图 3-23 放置电源

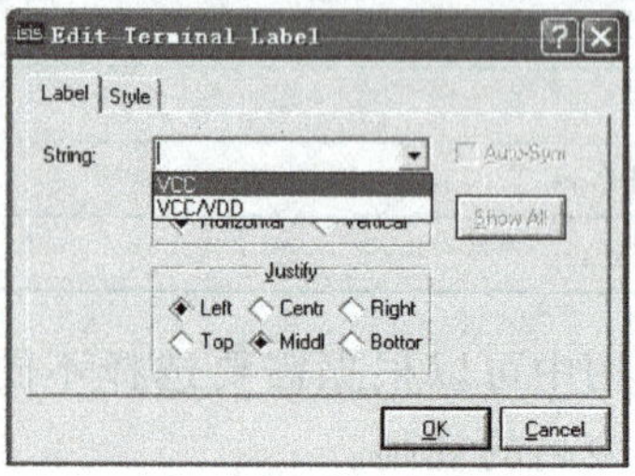

图 3-24 设置电源节点

4. 连线

AVR、LCD 的 VSS、VDD、VEE 不需连接，默认 VSS = 0 V、VDD = 5 V、VEE = −5 V、GND = 0 V。

移动鼠标到需要连线的器件管脚处，会自动出现连线节点，此时点击鼠标左键即可使导线一端连在该点处，移动鼠标到另一个被连点处，再单击鼠标左键即可完成一根导线的连接。

5. 导入程序文件

在连接好所有导线后可以对可编程的器件导入一个已经编写好的程序，让程序在该器件中运行。对于单片机来说导入的程序文件是一个机器码文件，这个机器码文件是以 . HEX 为后缀名的。首先，双击该器件，出现器件编辑对话框（Edit Component），如图 3-25 所示。

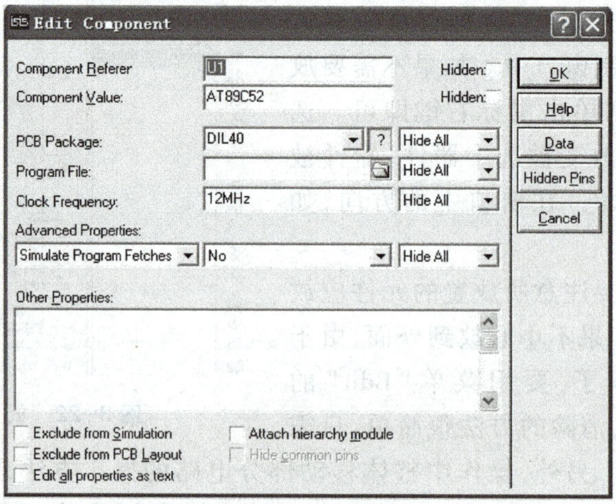

图 3-25 器件编辑对话框

在程序文件选择项(Program File)中选择机器码程序文件,如图 3-26 所示。

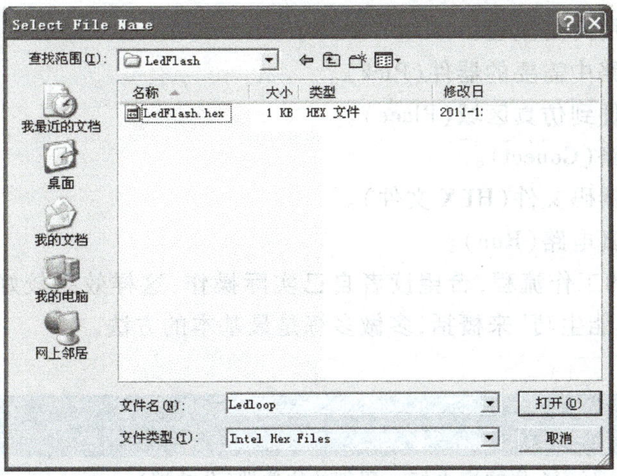

图 3-26　程序文件导入选择机器码文件窗口

选好了机器码文件以后,点击"打开",然后在器件编辑窗口中点击"确定(OK)"即可完成程序文件的添加工作。这个机器码文件一般由编译器自动生成。

6. 仿真结果

在程序文件添加完成后,就可以对硬件电路进行仿真了。仿真时点击仿真工具栏中的"开始"键即可开始仿真。在仿真中红色代表高电平,蓝色代表低电平,灰色代表不确定电平(floating)。

目标测评

T3-1　使用 Proteus 软件建立一个流水灯硬件电路平台。

T3-2　使用 Keil 软件编写基于 T3-1 的硬件平台相对应的程序,并使用调试工具调试软件的正确性。

T3-3　结合 Proteus 软件和 Keil 软件,测试流水灯系统的正确性。

T3-4　使用 Proteus 软件建立一个四联数码管显示的硬件电路平台,并使用 Keil 软件编写相应的驱动程序,在 Proteus 软件中测试其正确性。

本章小结

本章节主要介绍的是单片机入门阶段需要掌握的两个基本软件的使用,这是学习单片机的基础。

Keil 使用简要流程:

1. 建立项目(Project)。
2. 建立程序文件(File)。

3. 将写好的程序文件添加到项目中(Add)。
4. 编译这个项目(Rebuild)。

Proteus 使用简要流程:

1. 选取电路中需要的器件(Pick)。
2. 放置器件到仿真区域(Place)。
3. 连接电路(Conect)。
4. 导入机器码文件(HEX 文件)。
5. 运行仿真电路(Run)。

本章介绍的工作流程,希望读者自己实际操作,这样效果较好。开发工具的使用可以用“熟能生巧”来概括,多做多练是最基本的方法。

习题

3-1 使用本章的两个软件完成一个 16 位的流水灯控制程序,并仿真出结果。要求流水灯接在单片机的 P1 口和 P2 口。

3-2 在上题的基础上增加一个按键,用按键控制流水灯的流水方向。

3-3 完成一个 4 位数码管显示程序,要求在数码管上显示“1234”这 4 个数字,而且要求数码管用共阴数码管,P0 口控制数码管的段码,P2 口的低 4 位控制数码管的位选端(公共端)。

3-4 把上面的数码管扩展为 8 位显示,显示一下自己学号的后 8 位。

3-5 在 3-4 题的基础上,将自己学号的 10 位全部显示在 8 位数码管上。提示:让数码管上的数字流动起来,让数字从左向右流动。

第四章　MCS-51系列单片机的指令系统与汇编语言程序设计

本章目标

通过对本章的学习，读者可以具备下述能力：

1. 了解微型计算机的指令、指令集、机器指令、汇编语言指令和高级语言指令等基本概念。
2. 理解 MCS-51 单片机汇编语言指令格式和常用符号。
3. 掌握 MCS-51 单片机的常用寻址方式。
4. 掌握 MCS-51 单片机的汇编语言指令及其编程应用。
5. 掌握汇编语言程序的设计流程和方法。

引言

单片机在很多智能系统中得到广泛应用，这些系统之所以具有“智能”，是因为除了硬件系统外，还有与之对应的软件支撑。一台个人电脑硬件配置再高，如果没有操作系统则什么事情也做不了，计算机只有在操作系统等软件配合下才能发挥应有的作用。

我们以单片机为中心设计了交通灯控制硬件系统，那么接通电源后交通灯倒计时时钟是否会工作呢？交通灯系统的红、绿、黄灯是否会按照预定设想自动循环变化呢？答案是否定的，因为还必须编写交通灯控制程序，单片机只有通过程序的运行才能实现交通灯系统的控制功能。

本章主要介绍 MCS-51 系列单片机的指令系统和汇编语言程序设计方法，其中指令系统部分重点突出容易混淆和不易理解的部分，将相关指令进行归类对比，同时辅助以简单的应用程序以便于理解和记忆。汇编语言程序设计部分以设计方法为重点，以具有代表性的应用实例为例，着重介绍各种汇编程序设计方法，如简单程序、分支程序、循环程序、子程序与中断程序等。通过本章的学习，使读者具备汇编语言程序设计基本能力，配合后续章节单片机内部硬件资源的了解和学习，具备简单测控系统的设计能力。

电子教案 4-1:单片机的指令系统

4.1 概述

指令就是使计算机完成某个操作的命令,一种计算机所有指令的集合称为这种计算机的指令系统。计算机的类型不同,其指令系统也不相同。指令系统的指令越丰富,则计算机的功能越强,解决问题也就越方便。

计算机指令是以一组二进制码表示的,称为机器指令。机器指令是计算机唯一能识别和执行的指令。为了便于理解和记忆,通常使用助记符指令(汇编语言指令)和高级语言指令来描述计算机的指令系统。

MCS-51 单片机指令系统共有 111 条指令,可以实现 42 种基本操作。按指令的执行时间可分为单周期指令、双周期指令和四周期指令,按指令功能可分为数据传送指令、算术运算指令、逻辑运算指令、控制转移指令和位操作指令。

4.1.1 汇编语言的指令格式

计算机指令通常包含操作码和操作数两部分。MCS-51 单片机汇编语言指令的一般格式如下:

[标号:]　助记符　[操作数]　[;注释]

对指令而言,助记符必不可少,而[ ]中的内容可按需要设置。

标号:由 1~8 个字母、数字或下划线组成的语句地址符号,必须以字母开头,以":"结束。标号值代表本条指令在存储器中存放的首地址。

助记符:指令必不可少的部分,反映了本条指令的功能,由英文字母组成。

操作数:表示参加操作的数据或数据的地址,即操作的对象。根据指令的功能,操作数可以有 1 个、2 个或 3 个。当有多个操作数时,操作数间用","分隔。

注释:以";"开头,用于说明本条指令或程序段的功能等。

书写指令时,操作码与操作数之间必须用一个或几个空格隔开,操作数的个数随指令的不同而异,书写时各操作数之间用逗号","隔开。

例如,将工作寄存器 R0 的内容传送到累加器 A 中的指令格式为 MOV A,R0。

4.1.2 指令中的常用符号

1. Rn:当前工作寄存器 R0~R7 中的一个(n=0,1,…,7)。
2. Ri:当前工作寄存器 R0~R1 中的一个(i=0,1)。
3. @:间接寻址寄存器或基址寄存器的前缀符号,如@ Ri,@ DPTR。

4. Direct:8 位地址,可以是片内 RAM 单元地址(0~127/255)或特殊功能寄存器(SFR)地址。对 SFR 而言,既可使用它的物理地址,也可直接使用它的名字。

5. #data: 8 位常数。

6. #data16:16 位常数。

7. addr16:16 位目的地址。

8. addr11: 11 位目的地址。

9. rel:8 位带符号补码地址偏移量,取值范围为-128~+127。

10. Bit:内部 RAM 和 SFR 中的具有位寻址功能的位地址。SFR 中的位地址可以直接出现在指令中,为了阅读方便,往往也可用 SFR 的名字和所在的数位表示。如:表示 PSW 中奇偶校验位,可写成 0D0H,也可写成 PSW.0 的形式出现在指令中。

11. $:当前指令首字节所在地址。

12. ←:箭头右边的内容送到箭头左边所在寄存器、地址或单元里。

13. (x): x 中的内容。

目标测评 1

T4-1 什么是计算机的指令和指令系统?

T4-2 MCS-51 单片机汇编语言指令的格式中哪些项是必需的,哪些是可按需设置的?

T4-3 符号 R*n* 和 R*i* 有什么区别?符号“@”和“#”在指令中各代表什么意义?

4.2 寻址方式

指令的一个重要组成部分是操作数,指令在执行过程中需要找到其参与运算的数。很多时候,这个数并不能直接给出,这就引出了一个问题:如何寻找操作数?我们把寻找操作数所在单元的地址称为寻址,寻找操作数地址的方式称为寻址方式。

指令中通常有源操作数寻址和目标操作数寻址。判断某条指令的寻址方式,一般是指源操作数的寻址方式,在不明确的情况下分别将源和目标的寻址方式都列出。

寻址方式与计算机的存储空间有关,寻址方式的种类越多,计算机的功能越强,编程灵活性也就越大,处理数据的效率也就越高。

MCS-51 单片机共有 7 种寻址方式:立即寻址、直接寻址、寄存器寻址、寄存器间接寻址、变址寻址、相对寻址和位寻址。

1. 立即寻址

立即寻址是指令中直接给出所需的操作数,该操作数称为立即数,以“#”为标

志，通常用#data或#data16表示。立即寻址指令中的操作数以指令字节的形式存放在程序存储器中。例如

```
MOV   A,#20H         ;A←#20H
MOV   R0,#15H        ;R0←#15H
MOV   DPTR,#1234H    ;DPTR←#1234H
```

2. 直接寻址

指令中直接给出操作数地址的寻址方式。这种寻址方式的操作数只能存放在内部数据存储器或特殊功能寄存器中，操作数地址可以是字节地址或位地址。

（1）寻址范围为片内RAM低128个单元时，指令中直接给出单元地址。例如

```
MOV A,30H     ;A←(30H)
```

（2）寻址范围为内部SFR区域时，指令中直接给出该寄存器的物理地址或寄存器名。注意，直接寻址是唯一能访问特殊功能寄存器的寻址方式（A、B、C、DPTR除外）。例如

```
MOV SP,#60H        ;SP←#60H,目标操作数为直接寻址方式
```

或

```
MOV 81H,#60H       ;SP←#60H,目标操作数为直接寻址方式
```

注意：数据前面加了“#”就表示后面的数是立即数，数据前面没有加“#”就表示后面的数是地址。

（3）寻址范围为SFR或片内可位寻址RAM区的位地址空间时，指令中直接给出位地址，SFR中的位地址也可以用SFR的名字和所在的数位表示。例如

```
MOV 20H,C          ;20H←(CY),目标操作数为直接寻址方式
SETB   0D7H        ;PSW.7置1,目标操作数为直接寻址方式
```

或

```
SETB PSW.7         ;PSW.7置1,目标操作数为直接寻址方式
```

3. 寄存器寻址

指令中给出操作数所在的寄存器，即寄存器的内容是所需操作数。该寻址方式可用于寄存器寻址的寄存器有当前工作寄存器R0~R7、部分SFR（如累加器A、通用寄存器B、地址寄存器DPTR和进位位CY）。例如

```
MOV A,R0           ;A←(R0)
MOV DPTR,#3000     ;DPTR←#3000H,目标操作数为寄存器寻址方式
```

4. 寄存器间接寻址

寄存器间接寻址是指以寄存器的内容作为操作数的地址，该地址单元的内容即为所需的操作数。指令中间接寻址寄存器前用“@”表示前缀。可用于寄存器间接寻址的寄存器有R0、R1、DPTR和SP，其中SP仅用于堆栈操作。该寻址方式的寻址范围为片内RAM区域（00H~7FH/FFH）、片外RAM区域（包括以总线方式扩展的I/O区域）。例如

```
MOV A,@R0          ;A←片内RAM(R0)单元的内容
```

MOVX A,@ DPTR ;A←片外 RAM (DPTR)单元的内容

5. 变址寻址

变址寻址是以 DPTR 或 PC 的内容为基本地址,以累加期 A 的内容为地址偏移量,二者相加的结果作为操作数的地址,该地址单元的内容即为所需的操作数。其中 DPTR 或 PC 被称为基址寄存器,累加器 A 被称为变址寄存器。注意,该方式只能用于读取程序存储器中的数据到累加器 A。例如

MOVC A,@ A+DPTR ;A←程序存储器 (A+DPTR)单元的内容

6. 相对寻址

相对寻址是用于实现程序的相对转移。该寻址方式以程序计数器 PC 的当前值(转移指令后一条指令的起始地址)为基本地址,加上指令第二字节给出的偏移量(补码表示,-128~+127),从而形成转移的目标地址。例如

SJMP 61H ;PC←(PC)+61H

SJMP $;这里的 $ =0FEH, 为什么?

7. 位寻址

位寻址是指对位地址中的内容做操作的寻址方式。该寻址方式的寻址范围为片内 RAM 中 20H~2FH 中的 128 个位地址,以及 SFR 中可位寻址的 11 个寄存器中的位地址。位寻址属于直接寻址,不过其地址为位地址。例如

MOV C,20H ;C←(20H)

注意:此指令中的 20H 是位地址,而指令 MOV A,20H 中的 20H 是字节地址。

以上 7 种寻址方式与寻址空间的对应关系如表 4-1 所示。

表 4-1 寻址方式和寻址空间

寻址方式		寻址空间
寄存器寻址		片内 RAM:00H 至 1FH,R0~R7
		片内 SFR:A、DPTR 和 C,乘法和除法指令中的 B
直接寻址		片内 RAM 的低 128 字节,地址 00H~7FH
		特殊功能寄存器(SFR),地址 80H~0FFH
	位直接寻址	片内 RAM 中 20H~2FH 的 128 个位
		特殊功能寄存器中可位寻址的位地址空间
立即寻址		程序存储器
寄存器间接寻址		片内 RAM(@ R0、@ R1)
		片外 RAM(@ R0、@ R1、@ DPTR)
		片内 RAM,PUSH 和 POP 指令用 SP 间接寻址
变址寻址		程序存储器(@ A+PC、@ A+DPTR)
相对寻址		程序存储器
位寻址		片内 RAM 中 20H~2FH 的 128 个位
		特殊功能寄存器中可位寻址的位地址空间

目标测评 2

T4-4 什么是寻址方式?

T4-5 MCS-51 单片机汇编语言指令中,直接寻址和立即寻址有何区别?

T4-6 MCS-51 单片机汇编语言指令中,寄存器寻址和寄存器间接寻址有何区别?

4.3 指令系统

MCS-51 单片机能够识别并执行的指令共有 111 条。这 111 条指令构成了 MCS-51 单片机的指令系统。

1. 按指令所占的字节数可分为以下 3 类:

(1) 单字节指令(49 条)。

(2) 双字节指令(46 条)。

(3) 三字节指令(16 条)。

2. 按指令的执行时间可分为以下 3 类:

(1) 单周期指令(65 条)。

(2) 双周期指令(44 条)。

(3) 四周期指令(2 条)。

3. 按指令的功能可分为以下 5 类:

(1) 数据传送指令(29 条)。

(2) 算术运算指令(24 条)。

(3) 逻辑运算指令(24 条)。

(4) 控制转移指令(17 条)。

(5) 位操作指令(17 条)。

下面按功能分类分别进行讲解。首先,对 MCS-51 系列单片机指令系统中操作数的分类和有关基本规定归纳如下:

MCS-51 系列单片机指令系统的操作数有 6 类:A(累加器)、R*n*(当前工作寄存器)、@ R*i*(间接寻址单元)、direct(直接地址)、#data/data16(立即数)、DPTR(16 位数据寄存器指针)。

注意:特殊功能寄存器是用其名称代替其地址,故属于直接地址。

MCS-51 指令系统对操作数有如下规定:

(1) 源操作数必须与目的操作数匹配。

(2) 立即数不能作目的操作数。

(3) 工作寄存器 R*n* 无论是直接或间接地址,两两之间不能同时为源和目的操作数。

(4) 条件转移类指令的转移范围在 -128 ~ +127 之内(以当前 PC 值为基准,详细请参阅条件转移指令部分)。

4.3.1 数据传送指令

数据传送指令的一般功能是把源操作数(第二个操作数)的内容传送到目的操作数(第一个操作数)。指令执行后,源操作数的内容不变,目的操作数的内容被改变为源操作数的内容。另外,除了以程序状态字 PSW 为目的操作数的指令外,指令执行后,不影响 PSW 中除了奇偶标志位 P 以外的其他任何标志位。以累加器 A 为目的操作数的指令均会影响 P 标志位的状态,因此,本书如果提到不影响标志位,都是指除 P 以外的其他标志位,请读者注意。

数据传送类指令共有 29 条,根据传送的性质可分为传送、交换和堆栈操作 3 种,下面分别介绍。

1. 传送类指令

(1) 以累加器 A 为目的操作数

```
MOV  A,Rn         ;A←(Rn)
MOV  A,direct     ;A←(direct)
MOV  A,@Ri        ;A←((Ri))
MOV  A,#data      ;A←#data
```

例如

```
MOV  A,R1      ;将工作寄存器 R1 中的数据送入 A,R1 的内容保持
               ;不变。
MOV  A,30H     ;将片内 RAM 30H 单元中的数据送入 A,30H 单元的
               ;内容保持不变。
MOV  A,@R1     ;将 R1 中的内容作为地址,并将这个地址单元的内
               ;容送入 A 中。设执行命令前 R1 的内容为 20H,则
               ;是将片内 RAM 20H 单元中的内容送入 A 中。
MOV  A,#34H    ;将立即数 34H 送入 A 中,执行完本条指令后,A 中
               ;的内容是 34H。
```

(2) 以寄存器 R*n* 为目的操作数

```
MOV  Rn,A         ;Rn←(A)
MOV  Rn,direct    ;Rn←(direct)
MOV  Rn,#data     ;Rn←#data
```

这组指令中不能出现 MOV R*n*,R*n* 或 MOV R*n*,@R*i*,这不符合 MCS-51 单片机指令系统对操作数的基本规定。例如

```
MOV  R1,A      ;将 A 的内容送入工作寄存器 R1 中,A 的内容保持不变。
MOV  R3,30H    ;将片内 RAM  30H 单元中的数送入 R3,30H 单元的
               ;内容保持不变。
```

(3) 以直接地址为目的操作数

```
MOV  direct,A          ;direct←(A)
```

```
MOV  direct,Rn           ;direct←(Rn)
MOV  direct1,direct2     ;direct1←(direct2)
MOV  direct,@Ri          ;direct←((Ri))
MOV  direct,#data        ;direct←#data
```

例如

```
MOV  20H,A        ;将累加器的内容送入片内 RAM  20H 单元
MOV  20H,R1       ;将 R1 的内容送入片内 RAM  20H 单元
MOV  20H,30H      ;将片内 RAM 30H 单元的内容送入片内 RAM
                  ;20H 单元
MOV  20H,#34H     ;将立即数 34H 送入片内 RAM  20H 单元
```

(4) 以间接地址为目的操作数的指令

```
MOV  @Ri,A          ;(Ri)←(A)
MOV  @Ri,direct     ;(Ri)←(direct)
MOV  @Ri,#data      ;(Ri)←#data
```

以上指令的功能是将原操作数的内容送到以 R1 或 R0 的内容为地址的片内 RAM 单元。假设(R0)= 30H,则

```
MOV  @R0,A        ;将累加器的内容送入片内 RAM  30H 单元
MOV  @R0,20H      ;将片内 RAM  20H 单元的内容送入片内 RAM
                  ;30H 单元
MOV  @R0,#34H     ;将立即数 34H 送入片内 RAM  30H 单元
```

这组指令不能出现 MOV @Ri,Rn 或 MOV @Ri,@Ri,这不符合 MCS-51 单片机指令系统对操作数的基本规定。

(5) 16 位数的传递指令

```
MOV  DPTR,#data16       ;DPTR←#data16
```

这是唯一的一条 16 位立即数传送指令,其功能是将一个 16 位的立即数送入 DPTR。其中高 8 位送入 DPH,低 8 位送入 DPL。例如:MOV DPTR,#1234H,执行完指令之后 DPH 中的值为 12H,DPL 中的值为 34H。

(6) 累加器 A 与片外 RAM 之间的数据传送类指令

```
MOVX  A,@Ri        ;A←(片外 RAM (Ri))
MOVX  @Ri,A        ;片外 RAM (Ri)←(A)
```

注意,在用@Ri 寻址片外 RAM 时,地址的高 8 位由 P2 提供,低 8 位由 Ri 提供。

```
MOVX  A,@DPTR      ;A←(片外 RAM(DPTR))
MOVX  @DPTR,A      ;片外 RAM (DPTR)←(A)
```

以上指令的功能是实现片外 RAM 和累加器间的数据传送。假设(R0)= 20H,(DPTR)= 1000H,则

```
MOVX  A,@R0        ;A←片外 RAM 的 P2 页面 20H 单元的内容
MOVX  @R0,A        ;片外 RAM 的 P2 页面 20H 单元←(A)
```

```
MOVX   A,@ DPTR        ;A←片外 RAM  1000H 单元的内容
MOVX   @ DPTR,A        ;片外 RAM  1000H 单元←(A)
```

与片外数据存储器间的数据传送必须通过累加器 A,因而必须用寄存器间接寻址。要写入数据到片外 RAM,必须先将数据送到 A 中,将要写入的片外 RAM 单元地址送入 R*i* 或 DPTR,然后用寄存器间接寻址方式写出数据;反之,要从片外 RAM 读入数据,首先将数据所在片外 RAM 单元地址写入 R*i* 或 DPTR,然后用寄存器间接寻址读入数据到累加器 A。

R*i* 的寻址地址空间为 256 个单元,而 DPTR 的寻址地址空间为 64 K 单元。

片内 RAM 间可以直接进行数据的传递,而外部 RAM 则不行。

例如,将片内 RAM 20H 单元的内容传送到 30H 单元,只需用指令 MOV 30H,20H 即可,而要将片外 RAM 20H 单元的内容传送到 30H 单元则需用下面程序段。

```
MOV     DPTR,#20H
MOVX    A,@ DPTR
MOV     DPTR,#30H
MOVX    @ DPTR,A
```

(7) 程序存储器向累加器 A 传送指令

```
MOVC   A,@ A+DPTR        ;A←(程序存储器(A+DPTR))
MOVC   A,@ A+PC          ;A←(程序存储器(A+PC))
```

以上指令的功能是将程序存储器中某个单元的内容送入累加器 A,也被称为查表指令。查表指令属于变址寻址,基本地址为 DPTR 的内容或当前 PC 值,偏移地址在累加器 A 中。该指令常用于从程序存储器中的数据表格中查取数据,查取的结果被放在 A 中。

例如,有一个数在 R0 中,要求用查表的方法确定它的平方值(此数的取值范围是 0~5,而 0~5 的平方值按顺序存放在程序存储器中,表的起始地址为 TAB),可用下面程序段实现

```
MOV     DPTR,#TAB          ;DPTR←数据表的起始地址
MOV     A,R0               ;A←偏移地址,即需求平方的数据
MOVC    A,@ A+DPTR         ;A←程序存储器(A)+(DPTR)单元的内
                           ;容,即(R0)的平方值
TAB:DB 0,1,4,9,16,25       ;数据表
```

设 R0 中的值为 2,送入 A 中,而 DPTR 中的值为表 TAB 的首地址,则最终确定的程序存储器的单元地址就是 TAB+2,也就是到这个单元中去取数,取到的是 4,显然它正是 2 的平方。其他数据也可以类推。

2. 堆栈操作

堆栈类指令共 2 条,它们一个为显式操作数 direct(直接地址),另一个是隐式操作数 SP(寄存器间接寻址)。

```
PUSH      direct          ;SP←(SP)+1,(SP)←(direct)
```

POP direct ;direct←((SP)),SP←(SP)-1

第一条为压栈指令,就是将 direct 中的内容送入堆栈中,第二条为出栈指令,就是将堆栈中的内容送回到 direct 中。

PUSH 指令首先将 SP 的内容加 1,然后把 SP 中的内容当作片内 RAM 地址,将 direct 中的内容送入该单元中;POP 指令首先将 SP 中的内容作为片内 RAM 地址,并将该单元的内容送入 direct 中,然后将 SP 的内容减 1。

堆栈操作的基本原则是“后进先出”。

堆栈操作的基本过程是压栈操作先修改指针(SP 的内容加 1)后压栈,出栈操作是先出栈后修改指针(SP 的内容减 1)。

3. 交换类指令

交换类指令共有 5 条,它们都是以累加器 A 为目的操作数,源操作数地址空间均在片内 RAM 中。交换指令可细分为 3 组。

(1) 整字节交换

```
XCH  A,Rn       ;累加器 A 的内容和工作寄存器 Rn 的内容交换
XCH  A,@Ri      ;累加器 A 的内容和片内 RAM(Ri)单元的内容交换
XCH  A,direct   ;累加器 A 的内容和片内 RAM direct 单元的内容交换
```

例如,设(R1)= 12H,(12H)= 34H,(A)= 56H,则执行指令 XCH A, @R1 后,(R1)= 12H,(12)= 56H,(A)= 34H。

(2) 低半字节的内容交换

```
XCHD  A,@Ri    ;累加器 A 低半字节的内容和内部 RAM(Ri)低半
               ;字节的内容交换
```

例如,设(R1)= 12H,(12H)= 34H,(A)= 56H,则执行指令 XCHD A, @R1 后,(R1)= 12H,(12)= 36H,(A)= 54H。

(3) 累加器 A 高/低 4 位数据交换

```
SWAP  A   ;累加器 A 的高、低半字节内容交换
```

例如,设(A)= 56H,则执行指令 SWAP A 后,(A)= 65H。

4.3.2 算术运算指令

算术运算指令的功能是进行算术加、减、乘、除和加法的十进制调整等。加、减、乘、除的运算过程是将源操作数和目的操作数进行相应的算术运算,把运算结果送到目的操作数中。除了加 1,减 1 指令外,本类指令要影响标志位 P、AC、C 和 OV。累加器的自加和自减指令只影响 P 标志,其他自加和自减指令不影响标志位。需要注意的是,除了自加和自减指令,算术运算指令的目的操作数一定是累加器 A;加法指令和乘法指令的两个操作数中,哪一个放在累加器 A 中没有限制,但减法指令和除法指令则必须将被减数和被除数放在累加器 A 中。

算术运算指令可细分为 6 类,每类 4 条指令。

1. 不带进位位的加法指令

```
ADD   A,#data        ;A←(A)+#data
ADD   A,direct       ;A←(A)+(direct)
ADD   A,Rn           ;A←(A)+(Rn)
ADD   A,@Ri          ;A←(A)+((Ri))
```

以上指令的功能是将 A 的内容和第二个操作数相加,和放回到 A 中。例如,设(A)= 10H,(60H)= 15H,(R3)= 20H,(R0)= 60H,则

```
ADD   A,#10H       ;A←(A)+10H,执行后(A)= 20H
ADD   A,60H        ;A←(A)+(60H),执行后(A)= 25H
ADD   A,R3         ;A←(A)+(R3),执行后(A)= 30H
ADD   A,@R0        ;A←(A)+((R0)),执行后(A)= 25H
```

2. 带进位位的加法指令

```
ADDC   A,#data      ;A←(A)+#data+(CY)
ADDC   A,direct     ;A←(A)+(direct)+(CY)
ADDC   A,Rn         ;A←(A)+(Rn)+(CY)
ADDC   A,@Ri        ;A←(A)+((Ri))+(CY)
```

以上指令的功能是将 A 的内容和第二个操作数相加,再加上进位标志 CY 的内容,最终结果放回到 A 中。例如,设 (A)= 10H,(60H)= 15H,(R3)= 20H,(R0)= 60H,(CY)= **1**,则

```
ADDC   A,#10H         ;A←(A)+10H+(CY),执行后 (A)= 21H
ADDC   A,60H          ;A←(A)+(60H)+(CY),执行后 (A)= 26H
ADDC   A,R3           ;A←(A)+(R3)+(CY),执行后 (A)= 31H
ADDC   A,@R0          ;A←(A)+((R0))+(CY),执行后 (A)= 26H
```

3. 带借位位的减法指令

```
SUBB   A,Rn           ;A←(A)-(Rn) - (CY)
SUBB   A,direct       ;A←(A)-(direct)-(CY)
SUBB   A,@Ri          ;A←(A)-((Ri))-(CY)
SUBB   A,#data        ;A←(A)- #data-(CY)
```

以上指令的功能是将 A 的内容作为被减数,减去第二个操作数,再减去借位标志 CY 的内容,差放回 A 中。

MCS-51 单片机没有不带借位位的减法指令,如果需要做不带借位位的减法运算(如在第一次执行两数相减时),必须先将 CY 清 **0**。例如,设 (A)= 50H,(60H)= 15H,(R3)= 20H,(R0)= 60H,(CY)= **1**,则

```
SUBB   A,#10H         ;A←(A)-10H-(CY),执行后 (A)= 3FH
SUBB   A,60H          ;A←(A)-(60H)-(CY),执行后(A)= 3AH
SUBB   A,R3           ;A←(A)-(R3)-(CY),执行后 (A)= 2FH
SUBB   A,@R0          ;A←(A)-((R0))-(CY),执行后 (A)= 3AH
```

4. 乘、除指令和其他运算指令

(1) 乘法指令

MUL　AB

该指令的功能是将 A 和 B 中的两个 8 位无符号数相乘,乘积的高 8 位放在 B 中,低 8 位放在 A 中。在乘积大于 FFH(即乘积的高 8 位 B 不为 **0**)时,OV 置 **1**(溢出),否则 OV 为 **0**,而 CY 总是 **0**。

(2) 除法指令

DIV　AB

该指令的功能是将 A 中的 8 位无符号数作为被除数,除以 B 中的 8 位无符号数(A/B),商放在 A 中,余数放在 B 中。如果在做除法前 B 中的值是 00H(即除数为 0),则 OV=**1**,其余情况下 OV 为 **0**,而 CY 总是为 **0**。

(3) 十进制调整指令

DA　A

该指令的功能是将加法运算的和调整为 BCD 码,主要用于 BCD 码加法运算,利用进位标志位,结合十进制调整指令可实现多位 BCD 码加法运算。

该指令只能用于对 ADD 和 ADDC 指令的运算结果进行调整。MCS-51 单片机无减法运算和乘除运算的 BCD 调整指令。

(4) 数据指针的内容加 1

INC　DPTR　　　;DPTR←(DPTR)+1

该指令的功能是将 16 位数据指针 DPTR 的内容加 1,其执行过程是先将 DPL 的内容加 1,若有进位,则将 DPH 内容加 1,否则 DPH 的内容不变。

MCS-51 单片机无 16 数据指针减 1 指令,要实现 DPTR 内容减 1,可参考多字节减法程序。

(5) 加 1 指令

INC　A　　　;A←(A)+1

INC　R*n*　　　;R*n*←(R*n*)+1

INC　direct　　　;direct←(direct)+1

INC　@R*i*　　　;(R*i*)←((R*i*))+1

以上指令中只有一个操作数,其功能是将该操作数的内容加 1,结果再返回该操作数。

(6) 减 1 指令

DEC　A　　　;A←(A)-1

DEC　R*n*　　　;R*n*←(R*n*)-1

DEC　direct　　　;direct←(direct)-1

DEC　@R*i*　　　;(R*i*)←((R*i*))-1

以上指令中只有一个操作数,其功能是将该操作数的内容减 1,结果再返回该操作数。

4.3.3 逻辑运算指令

逻辑运算指令的功能是进行字节数据的逻辑**与**、**或**、**异或**、左右移位、求反和清除等操作(位逻辑运算指令在布尔变量操作类介绍)。

逻辑运算指令可细分为4组,每组6条指令。

如果逻辑运算指令中只有一个操作数,该操作数一定是累加器A;如有两个操作数,则是将源操作数和目的操作数按位进行逻辑运算,运算结果返回目的操作数。

逻辑**与**、**或**、**异或**、求反等指令均执行按位逻辑运算,即按位逻辑**与**、按位逻辑**或**、按位逻辑**异或**、按位逻辑求反等。

1. 单操作数逻辑运算指令(对累加器A操作)

相关指令如表4-2所示。

表4-2 单操作数逻辑运算指令

右边是执行前相关寄存器的值,其下是执行指令后的值		(A)= **0101 1111**B, (C)= y
CLR A	将累加器A内容清**0**	(A)= **0000 0000**B, (C)= y
CPL A	将累加器A内容按位取反	(A)= **1010 0000**B, (C)= y
RL A	将累加器A内容循环左移1位	(A)= **1011 1110**B, (C)= y
RR A	将累加器A内容循环右移1位	(A)= **1010 1111**B, (C)= y
RLC A	将累加器A内容、进位位C循环左移1位	(A)= **1011 111y**B, (C)= **0**
RRC A	将累加器A内容、进位位C循环右移1位	(A)= **y010 1111**B, (C)= **1**

MCS-51单片机中的所有移位指令都是循环移位,并只能在累加器A中进行。

2. 逻辑**与**运算指令

指令格式:ANL op1, op2。

其中,op1和op2都是源操作数,同时op1也是目的操作数。

该指令功能是将两个操作数的内容按位进行逻辑**与**运算,结果回写入目的操作数。

$$(op1) \Leftarrow (op1)\ \text{and}\ (op2)$$

相关的逻辑**与**运算指令如表4-3所示。

表4-3 逻辑与运算指令

指令	执行指令前的状态	执行结果
ANL A,R*n*	(A)= 37H, (R*n*)= 0FH	(A)= 07H
ANL A,direct	(A)= 8FH, (direct)= 33H	(A)= 03H
ANL A,@R*i*	(A)= 0FDH, (@R*i*)= 81H	(A)= 81H
ANL A,#data	(A)= 59H, data=01H	(A)= 01H
ANL direct,A	(direct)= 44H, (A)= 5AH	(direct)= 40H
ANL direct,#data	direct=30H, (30H)= 67H, data=89H	(direct)= 01H

3. 逻辑**或**运算指令

指令格式:ORL op1, op2。

其中,op1 和 op2 都是源操作数,同时 op1 也是目的操作数。该指令功能是将两个操作数的内容按位进行逻辑**或**运算,结果回写入目的操作数。

$$(op1) \Leftarrow (op1)\ or(op2)$$

相关的逻辑**或**运算指令如表 4-4 所示。

表 4-4 逻辑或运算指令

指令	执行指令前的状态	执行结果
ORL A,R*n*	(A)= 37H, (R*n*)= 0FH	(A)= 3FH
ORL A,direct	(A)= 8FH, (direct)= 33H	(A)= 0BFH
ORL A,@ R*i*	(A)= 0FDH, (@ R*i*)= 81H	(A)= 0FDH
ORL A,#data	(A)= 59H, data=01H	(A)= 59H
ORL direct,A	(direct)= 44H, (A)= 5AH	(direct)= 5EH
ORL direct,#data	direct=30H, (30H)= 67H, data=89H	(direct)= 0EFH

4. 逻辑**异或**运算指令:

指令格式:XRL op1, op2。

其中,op1 和 op2 都是源操作数,同时 op1 也是目的操作数。该指令功能是将两个操作数的内容按位进行逻辑**异或**运算,结果回写入目的操作数。

$$(op1) \Leftarrow (op1)xor(op2)$$

相关的逻辑**异或**运算指令如表 4-5 所示。

表 4-5 逻辑异或运算指令

指令	执行指令前的状态	执行结果
XRL A,R*n*	(A)= 37H, (R*n*)= 0FH	(A)= 38H
XRL A,direct	(A)= 8FH, (direct)= 33H	(A)= 0BCH
XRL A,@ R*i*	(A)= 0FDH, (@ R*i*)= 81H	(A)= 7CH
XRL A,#data	(A)= 59H, data=01H	(A)= 58H
XRL direct,A	(direct)= 44H, (A)= 5AH	(direct)= 1EH
XRL direct,#data	direct=30H, (30H)= 67H, data=89H	(direct)= 0EEH

4.3.4 控制转移类指令

控制转移类指令可分 3 大类:无条件转移指令、条件转移指令和子程序调用与返回指令。

1. 无条件转移指令

无条件转移指令有 4 条，前 3 条分别是

```
AJMP   addr11          ;短转移指令
LJMP   addr16          ;长转移指令
SJMP   rel             ;相对转移指令
```

以上指令的功能是无条件转移，即程序运行到该类指令时，无论结果如何，都要转移到指令给定的目标地址处（指令中的标号处）。

上述 3 条无条件转移指令的区别在于指令的字节数和转移范围不同。AJMP 和 SJMP 指令是双字节指令，而 LJMP 是 3 字节指令；AJMP 的转移范围是 2 K 字节（程序计数器 PC 的高 5 位地址值不变，AJMP 指令提供低 11 位地址值），LJMP 指令的转移范围是 64 K 字节，而 SJMP 指令的转移范围只有 256 字节。由于 3 条指令的运行时间完全一样，而且 LJMP 指令只需多占用一个字节的程序存储器空间，所以对于初学者来说，需要无条件跳转时建议使用 LJMP 指令。第四条无条件转移指令为

```
JMP    @ A+DPTR          ;间接转移指令
```

该指令又被称为散转指令，转移目标地址由两部分构成，DPTR 的内容是转移目标的基本地址，累加器 A 的内容是转移目标相对于基本地址的偏移量，即它可以根据 A 的不同内容，跳到不同的地方。需要注意的是，这条指令转移的地址范围在 64 KB 内，但对于特定的 DPTR 值只能在 256 字节以内，并且执行后不改变 A 和 DPTR 的内容。

例如，在单片机应用系统中经常要用到键盘，假设有 3 个按键的键盘。我们的要求是当按下功能键 A、B 和 C 时分别完成不同的功能，即按下不同的键，需要执行不同的程序段，以完成不同的功能。

设(R0)= 0、1 或 2，分别是“0”“1”或“2”号键的键值，表示按下“0”“1”或“2”号键；键值为 0 转到 L1 执行，键值为 1 转到 L2 执行，键值为 2 转到 L3 执行。可通过如下程序来实现这一功能。

```
        ORG     0000H           ;主程序入口地址
        LJMP    START
        ORG     0100H
START:  MOV     DPTR,#TABLE     ;将转移目标起始地址送入 DPTR
        MOV     A,R0            ;从 R0 中取键值
        MOV     B,#3
        MUL     AB              ;A 中的值乘 3
        JMP     @ A+DPTR        ;跳转
TABLE:  LJMP    L1              ;散转表
        LJMP    L2
        LJMP    L3
        END
```

TABLE 开始的是散转表,它由若干个 LJMP 语句构成,每个 LJMP 语句都占用了 3 个字节的存储空间,执行某条 LJMP 指令,就会转到相应的功能程序。本例按"0""1"和"2"号功能程序的顺序连续存放。

下面分析这段程序的执行过程。第一条语句 MOV　DPTR,#TABLE 将散转表的起始地址送入 DPTR,第二条语句 MOV　A,R0 将所按下按键的键值送入 A,比如按下"0"号键,R0 中的值是 0,按下"1"号键,R0 中的值是 1,以此类推。现在假设按下的是"1"号键,则执行完第二条指令后,A 中的值就是 1。根据设计要求,按下"1"号键后应当执行程序段 L2,即散转指令应转移到 LJMP L2 处。相对于散转表的起始地址,地址偏移量应为 3,因此转移前先将键值乘以 3。在此基础上执行 JMP @ A+DPTR 指令,就会跳到 TABLE+3 这个地址,执行 LJMP L2 这条指令,即执行"1"号键的功能程序。

这样利用 JMP @ A+DPTR 指令就能实现按下某键执行相应功能程序的要求。

思考:为什么取得键值后要乘以 3? 如果散转表由 AJMP 指令构成,这段程序还能正确地执行吗? 如果不能,应该怎么改?

2. 条件转移指令

条件转移指令是指在满足一定条件时进行相对转移,否则顺序执行。

(1) 判断 A 内容是否为 **0** 转移指令

```
JZ    rel        ;如果(A)= 0,则转移,否则顺序执行
JNZ   rel        ;如果(A)≠ 0,则转移,否则顺序执行
```

第一条指令的功能是,如果(A)= **0**,则转移,否则顺序执行(执行本转移指令的下一条指令)。如果需要转移,转移的目标地址是当前 PC 值(转移指令下一条指令的起始地址)+ rel(rel 是转移的目标地址相对于当前 PC 值的偏移量,取值范围是-128~+127,用补码表示)。手工计算 rel 值比较麻烦,而且容易出错,因此编写程序时,这条指令可以直接写为:JZ 标号,即在程序中只需告诉转移目标地址的标号即可,rel 值由编译软件自动生成。例如

```
      MOV    A,R0          ;A←(R0)
      JZ     L1            ;若(A)= 0,则转移到标号 L1 处
      MOV    R1,#00H       ;(A)≠0,顺序执行该指令
      SJMP   L2            ;无条件转移到标号 L2 处
L1:   MOV    R1,#0FFH
L2:   SJMP   L2
      END
```

在执行这段程序前,若 R0 的内容为 0,就会转移到标号 L1 处执行,因此最终的执行结果是 R1 的内容为 0FFH。若 R0 的内容不为 0,则顺序执行,也就是执行 MOV　R1,#00H 指令,最终的执行结果是 R1 的内容为 0。

第二条指令的功能是,如果 A 的内容不等于 0,则转移,否则顺序执行。

那么,把上面程序段中的 JZ 指令改成 JNZ 指令,程序的执行结果是什么? 请读者思考。

(2) 比较转移指令

```
CJNE   A,#data,rel       ;如果(A)≠ #data,则转移,否则顺序执行
CJNE   A,direct,rel      ;如果(A)≠(direct),则转移,否则顺序执行
CJNE   Rn,#data,rel      ;如果(Rn)≠ #data,则转移,否则顺序执行
CJNE   @ Ri,#data,rel    ;如果((Ri))≠ #data,则转移,否则顺序执行
```

这 4 条指令的功能都是当两个操作数不相等时转移,否则顺序执行。不相等有两种情况,一种是第一个操作数大于第二个操作数、另一种是第一个操作数小于第二个操作数。执行比较转移指令时,如果第一个操作数大于第二个操作数,则 CY=**0**,否则 CY=**1**。因此,比较转移指令可用于比较两个操作数的大小。如果程序顺序执行,则两个操作数相等,如果发生了转移,再看 CY 的状态,若(CY)=**0**,则第一个操作数大于第二个操作数,否则第一个操作数小于第二个操作数。

同所有相对转移指令一样,编写程序时不需给出确定的 rel 值,只需给出转移目标地址的标号即可。

```
       MOV     A,R0
       CJNE    A,#10H,L1       ;若(A)≠ 10H,则转移至标号 L1 处
       MOV     R1,#0           ;若(A)= 10H,则顺序执行该指令
       SJMP    L3
L1:    JC      L2              ;若(CY)= 1,则转移至标号 L2 处
       MOV     R1,#0AAH        ;若(CY)= 0,则顺序执行该指令
       SJMP    L3
L2:    MOV     R1,#0FFH
L3:    SJMP    L3
```

上面程序段中的 JC 指令在位运算指令中介绍,主要功能是根据 CY 标志的状态决定程序走向,如果 CY=**1**,则转移到 JC 后面的标号处执行,否则顺序执行。

上面的程序段在执行时,如果(A)= 10H,则顺序执行,即(R1)= 0。如果(A)不等于 10H,则转到 L1 处继续执行。在 L1 处,再次进行判断,如果(A)> 10H,则 CY=**0**,将顺序执行,即执行 MOV R1,#0AAH 指令,反之如果(A)< 10H,则将转移到 L2 处执行,即执行 MOV R1,#0FFH 指令。因此,本程序执行前,如果(R0)= 10H,则(R1)= 00H,如果(R0)> 10H,则(R1)= 0AAH,如果(R0)< 10H,则(R1)= 0FFH。

这几条指令的区别在于两个操作数的寻址方式不同。第一条指令是将 A 的内容和立即数比较,第二条指令是将 A 的内容和 direct 的内容比较,第三条指令是将(Rn)中的内容和立即数比较,而第四条指令则是将 (Ri)中的内容和立即数比较。

(3) 减 1 条件转移指令

前面介绍的加 1 或减 1 指令都不影响标志位(个别指令 P 标志除外),此处的减 1 条件转移指令把减 1 功能和条件转移功能结合在一起,这组指令共有两条。

```
DJNZ Rn,rel     ;Rn ←(Rn)-1,若减 1 后(Rn)≠0,则转移,否则顺序
                ;执行
```

```
DJNZ direct,rel    ;direct ←(direct)-1,若减 1 后(direct)≠0,则转移,否
                   ;则顺序执行
```

请注意,两条指令执行后会改变 Rn 或 direct 中的内容,但不影响标志位;这两条指令都是先执行操作数减 1 功能,然后判断结果是否为 0,若结果不为 0 则转移,否则顺序执行;同所有其他相对转移指令一样,指令的 rel 处直接给出目标地址的标号即可。

例如,若程序执行前(R7)= 5,则下面程序中程序段 A 要被执行 5 次。

```
…
Loop:程序段 A
      DJNZ  R7,Loop   ;注意程序段中不能修改 R7 的值
…
```

3. 子程序调用与返回指令

程序设计中,常常将具有一定功能的公用程序段设计成子程序,在所有需要执行该功能的地方调用。

子程序调用指令有两个功能,其一是将断点地址压入堆栈保护。断点地址是子程序调用指令的下一条指令的地址(当前 PC),也就是从子程序返回后需要接着执行的程序地址。其二是将所调用的子程序的入口地址送到程序计数器 PC 中,即转到子程序执行。子程序调用指令有以下两条。

知识扩展:LCALL 指令详解

长调用指令

```
LCALL addr16      ;SP ←(SP)+1,(SP)←(PC7~0)
                  ;SP ←(SP)+1,(SP)←(PC15~8)
                  ;PC← addr15~0
```

短调用指令

```
ACALL addr11      ;(SP)←(SP)+1,(SP)←(PC7~0)
                  ;(SP)←(SP)+1,(SP)←(PC15~8)
                  ;(PC15~11)不变,(PC10~0)← addr10~0
```

返回指令的功能是从堆栈中取出断点,送给程序计数器 PC,使程序从断点处继续执行。

子程序返回指令

```
RET        ;PC15~8 ←((SP)),SP ←(SP)-1
           ;PC7~0←((SP)),SP ←(SP)-1
```

中断返回指令

```
RETI       ;PC15~8 ←((SP)),SP ←(SP)-1
           ;PC7~0←((SP)),SP ←(SP)-1
```

RET 应写在子程序的末尾,而 RETI 应写在中断服务程序的末尾,详细说明请参考第六章相关内容。

4. 空操作指令

```
NOP        ; PC ←(PC)+1
```

空操作指令可看作是一条控制指令，即控制 CPU 不作任何操作，其功能相当于延时一个机器周期，一般用作短时间的延时，该指令执行中不影响标志位。

4.3.5 布尔变量操作类指令

在实际控制系统中，常常需要进行开关量的检测和控制，如自动门控制系统是否有人进出、开门、关门、开门限位、关门限位等。MCS-51 系列单片机有丰富的位操作指令和优异的位处理能力。MCS-51 单片机从硬件及软件构成了完整的按位操作的布尔处理器，又称为位处理器。

1. 位地址空间

在 MCS-51 系列单片机中，有一部分 RAM 和一部分 SFR 是具有位寻址功能的，也就是说这些 RAM 和 SFR 的每一个位都有自己的地址，可以直接用这个地址来对该位进行操作。

在前面我们介绍了片内 RAM 的 20H~2FH 的 16 个字节就是位寻址区，其位地址范围是 00H(20H 单元的第 0 位)~ 7FH(2FH 单元的第 7 位)。

MCS-51 系列单片机中大部分 SFR 也可以进行位寻址，这些 SFR 的特点是其字节地址均可被 8 整除，如累加器 A、B 寄存器、PSW、IP(中断优先级控制寄存器)、IE(中断允许控制寄存器)、SCON(串行接口控制寄存器)、TCON(定时器/计数器控制寄存器)和 P0~P3(端口锁存器)口等。

2. 布尔操作指令

MCS-51 单片机的硬件结构中，有一个位处理器(又称布尔处理器)，它有一套位变量处理的指令集。在进行位处理时，CY(进位标志位)被称为“位累加器”。

MCS-51 单片机共有 17 条位操作指令，包括位传送、清 **0**、置 **1**、求反、逻辑**与**、逻辑**或**以及逻辑**异或**等。

布尔操作指令只有两类操作数，即位累加器 C 和位地址 bit。

(1) 位传送指令

```
MOV   C,bit      ;CY←(bit)
MOV   bit,C      ;bit←(CY)
```

以上指令的功能是实现位累加器 CY 和其他位地址之间的状态传送。

MCS-51 单片机不能直接进行 bit 与 bit 之间的状态传送，必须通过布尔累加器间接传送，即没有 MOV bit1, bit2 这样的指令，要实现该功能，必须用以下程序段：

```
MOV   C, bit2    ;CY←(bit2)
MOV   bit1,C     ;bit1←(CY)
```

(2) 位清 **0** 指令

```
CLR   C     ;CY←0
CLR   bit   ;bit←0
```

以上指令的功能是将位累加器 CY 或某个位地址的状态清 **0**。例如

CLR P1.0;将 I/O 接口的 P1.0 清 **0**

(3) 位置 **1** 指令

```
SETB C    ;CY←1
SETB bit  ;bit←1
```

以上指令的功能是将位累加器 CY 或某个位地址的状态置 **1**。例如

SETB P1.0 ;将 I/O 接口的 P1.0 置 **1**

(4) 位取反指令

```
CPL  C      ;将 CY 的状态取反
CPL  bit    ;将指定位的状态取反
```

以上指令的功能是将位累加器 CY 或某个位地址的状态取反,即由逻辑 **0** 变为逻辑 **1**,或由逻辑 **1** 变为逻辑 **0**。例如

CPL P1.0   ;将 I/O 接口的 P1.0 的状态取反

(5) 位逻辑运算指令

位逻辑运算指令共有 4 条,包括 2 条逻辑**与**指令和 2 条逻辑**或**指令。

```
ANL  C,bit     ;CY←(CY)∧(bit)
ANL  C,/bit    ;CY←(CY)∧/(bit)
ORL  C,bit     ;CY←(CY)∨(bit)
ORL  C,/bit    ;CY←(CY)∨/(bit)
```

这 4 条指令的目的操作数都是位累加器 CY。/bit 表示先将 bit 位的状态取反,用取反后的结果参与逻辑运算,但是 bit 位本身的状态保持不变。

(6) 位条件转移指令

位条件转移指令有两组,第一组是以进位标志 CY 的状态作为转移条件,第二组是以位地址 bit 的状态作为转移条件。

根据 CY 的状态转移,可有

```
JC   rel      ;若(CY)=1,则转移,否则顺序执行
JNC  rel      ;若(CY)=0,则转移,否则顺序执行
```

编写程序时,指令中不需给出确定 rel 值,只需给出转移目标地址的标号即可。例如

JC L1 ;若(CY)=**1**,则转移到标号 L1 处,否则顺序执行

根据位地址 bit 的状态转移,可有

```
JB   bit,rel    ;若(bit)=1,则转移,否则顺序执行
JNB  bit,rel    ;若(bit)=0,则转移,否则顺序执行
JBC  bit,rel    ;若(bit)=1,则转移,同时清零 bit 位的状态,否则顺序
                ;执行,bit 位的状态不变
```

编写程序时,指令中不需给出确定 rel 值,只需给出转移目标地址的标号即可。另外,JB 和 JBC 的区别在于,无论是转移或不转移,执行 JBC 指令后,bit 位的状态都是逻辑 **0**,而执行 JB 指令后,bit 位的状态保持不变。

目标测评3

T4-7 MOV、MOVX、MOVC有何区别？

T4-8 ADD、ADDC有何区别？

T4-9 RR、RRC、RL、RLC有何区别？

T4-10 JB、JBC有何区别？

T4-11 DJNZ、CJNE有何区别？

4.4 MCS-51汇编语言伪指令

上一节介绍的MCS-51指令系统中，每一条语句就是一条指令，命令CPU执行一定的操作，完成特定的功能。但是，用汇编语言编写的源程序，计算机并不能直接执行，因为计算机只认识机器指令（二进制编码指令）。因此，必须将汇编语言源程序翻译成机器语言程序，计算机才能执行，这个翻译过程称为汇编。

用编译程序对汇编语言源程序进行编译时，还需提供一些汇编用的指令，如指定程序代码和数据存放的起始地址以及给一些连续存放的数据分配单元等。但是，这些指令在编译时并不产生代码，不影响程序执行和功能，所以称为伪指令。

1. ORG addr16

这条指令的功能是指定该伪指令下面的一条指令（或数据块）的起始地址。

ORG指令总是出现在某段源程序或数据块的开始。若源程序开头未用ORG指令，则汇编程序默认为addr16=0000H。可以在源程序中间任一位置增加一个或几个ORG指令，例如

```
        ORG     0000H
        LJMP    Start
        ORG     0100H
Start:  MOV 30H,#55H
        ...
```

2. END

这是一个文件的程序结束标志伪指令，当汇编程序遇到END伪指令后即停止汇编。

END伪指令只能放在源程序的最末尾，否则END伪指令之后的程序不会被编译成机器代码。

3. DB

一般格式：

标号:DB 字节常数、字符或表达式

其中，标号可有可无，DB是助记符，字节常数或字符是指一个字节常数，或用逗号分开的字节串，或用引号括起来的ASCII码字符串（一个ASCII码字符相当于

一个字节)。定义字节串时,若一行写不下可另起一行,但前面必须加DB,否则会出错。DB的用途一般是用来定义一个常数表。例如

```
        ORG    0200H
  TAB:  DB   01H,02H,03H,04H,05H
        DB   'W','X','Y', 'abcdefg.....'
```

伪指令ORG 0200H指定了数据表TAB的起始地址,第一个伪指令DB指定了常数01H,02H,…,05H从0200H开始按顺序存放,第二个伪指令DB指定了W,X,Y的ASCII码紧接着数据05H按顺序存放。

4. DW

一般格式:

标号:DW 字或双字符串

这条指令同伪指令DB功能类似,区别在于DB定义字节,而DW定义字(两个字节)。例如 DW 1234H,'ab','$#','我','们'

5. DS表达式

这条指令中DS是助记符,表达式通常是一个常数,用于指定预留存储区长度。例如

```
        ORG    1000H
  TAB:  DS   32
        MOV   A,#30H
```

以上程序的汇编结果是:1000H开始预留32个字节的连续单元,MOV A,#30H指令的代码从1020H开始存放。

6. 字符名 BIT 位地址

这条指令的功能是把位地址赋给字符名。

其中,字符名是用英文字符组成的便于记忆的名字,BIT是助记符,位地址可以是绝对位地址或符号位地址。经BIT定义后,程序对位地址进行操作的地方,可改用符号名。例如

```
    Stop   BIT   P1.7
```

定义后,程序中对Stop的操作即是对P1.7的操作。

7. 符号名 EQU 数值

这条伪指令功能是给符号赋值,其中符号名是便于记忆的英文单词或字符,EQU是助记符,数值一般是十六进制表示。符号名和数值必须一一对应,若符号名经过多次定义,则以最后一次定义为准。所取的符号名应该有一定物理意义,而且易写易记。例如

```
Freq   EQU   1200H
```

定义后,在程序中所有Freq符号均等价于常数1200H。

8. 标号 DATA 地址

这条指令的功能是给标号定义一个地址。

格式中标号是以字母为首的字母符号串,字母符号数一般小于等于8个。

DATA 为助记符,地址为 4 位十六进制数。

DATA 伪指令和 EQU 伪指令的区别在于,EQU 伪指令定义的标号必须在使用前先定义,而用 DATA 伪指令定义的标号则可以先定义后使用,也可以先使用后定义。

9. #HIGH(常数或数据表达式) / #LOW(常数或数据表达式)

指令中#HIGH 伪指令用于取 16 位二进制数值的高字节,而#LOW 伪指令用于取数值的低字节。在给定时/计数器赋初值时,该伪指令经常使用。例如

```
MOV   TH0, #HIGH(5000)
MOV   TL0, #LOW(5000)
```

第一条指令将数据 5000(16 进制为 1388H)的高字节 13H 取出并送入 TH0 中,第二条指令将数据 5000 的低字节 88H 取出并送入 TL0 中,程序段执行后,(TH0)= 13H,(TL0)= 88H。

目标测评 4

T4-12 MCS-51 单片机汇编语言伪指令有何作用?

T4-13 ORG、DB、DW 等伪指令的作用是什么?

4.5 汇编语言程序设计

程序设计实质上就是根据要解决的问题把指令有序地组合在一起。一个好的程序不仅应能满足问题的设计要求、正常运行和实现预定的功能,还应该做到简明、易读、易调试、占有存储容量小、执行速度快等。由于单片机的程序存储器的容量是有限的,因而在设计程序时要尽可能使程序所占空间少。此外,执行速度也是很重要的要求,特别是实时控制时更要求执行速度快。程序设计的一般步骤如下:

1. 分析问题,确定编程思路

针对一个确定的设计问题,首先要全面分析,看它给出了什么条件、有什么特点,然后根据具体的系统结构、控制对象和控制任务等确定编程思路。对于一些较复杂的控制任务,也可先找出控制系统的数学模型,再根据数学模型确定适当的软件算法和编程思路。

2. 绘制程序流程图

程序流程图就是利用一些带方向的线段和方框把程序的执行过程直观地表示出来,它代表了程序的流程走向,是编程思路的图形表示。对于一些较复杂的问题,先通过流程图的方式把解决问题的过程和步骤直观地表示出来,能达到事半功倍的效果。根据实际问题需要,可以画几级流程图,先画粗框图(程序的功能模块结构图),再画细框图(模块程序流程图)。

3. 按流程图编写程序

有了算法思想和程序流程图,就可以利用 MCS-51 汇编语言编写程序了。

4. 检查修改

编写好程序后,还需要经过编译、调试和修改几个过程。编译主要用于检查程序有无语法错误,调试主要用于检查程序有无功能错误,修改则是针对编译和调试的结果对程序作局部修改,修正错误。

根据程序任务不同,程序设计可分为顺序程序设计、分支程序设计和循环程序设计等几种情况,下面结合具体实例分别介绍。

4.5.1 顺序程序设计

顺序程序是一种最简单的程序。从流程图上看,顺序程序只有一个起始框、一个终止框和一个至几个执行框。程序从头至尾顺序执行,无分支、无转移、无循环等。

【例 4-1】

设片内 RAM 30H 单元是一个 8 位二进制无符号数,将其转换为 3 位 BCD 码,结果放在片内 RAM 31H~33H 单元,高位在前。

算法:首先把 8 位二进制数除以十进制数 100,商即为 BCD 码的百位数;再将余数除以十进制数 10,商为 BCD 码的十位数,余数为 BCD 码的个位数。

转换程序参考如下:

汇编程序	C 语言程序

<pre>   ORG   0000H
START: MOV   A, 30h   ;取二进制数
        MOV   B, #100   ;8 位二进制数除以 100
        DIV   AB
        MOV   31H, A   ;存放 BCD 百位数
        MOV   A, B   ;取余数到 A
        MOV   B, #10
        DIV   AB   ;余数再除以 10
        MOV   32H, A   ;存 BCD 十位数
        MOV   33H, B   ;存 BCD 个位
        SJMP $;死循环
        END</pre>
	<pre>#include <REG52. h>
	unsigned char addr[4] _at_ 0x30;
	  void main(){
	  unsigned char temp;
	  temp=addr[0];
	  addr[1]=temp/100;
	  temp=temp%100;
	  addr[2]=temp/10;
	  temp=temp%10;
	  addr[3]=temp;
	  while(1);
	  }</pre>

说明:汇编程序中最后一条指令 SJMP $ 是一条无条件转移指令,转移的目标地址是该指令本身,因此该指令构成了死循环。

进行程序设计时,若主程序已处理完所有操作,则必须加上一条这样的死循环指令,以防 CPU 执行随机代码(非程序代码,程序存储器中未写入程序代码的部分,其状态为全 FFH 或其他随机值)而产生不正确的运行结果。

4.5.2 分支程序设计

在 MCS-51 汇编语言程序设计中,经常会遇到分支的情况,即根据条件的满足与否决定程序的流程走向。若满足某一条件则发生转移,转移到该转移指令中的标号处继续执行;若不满足这一条件则顺序往下执行。分支程序的设计比顺序程序复杂得多。为了便于分析问题和设计程序,往往应先根据题目的要求画出流程图。

分支结构程序可以根据程序要求无条件或有条件地改变程序执行顺序,选择程序走向。编写分支结构程序主要在于正确使用转移指令。转移指令有 3 种,即无条件转移、条件转移和散转。由这 3 类指令形成的分支程序有如下特点:

1. 无条件转移

它的程序转移方向是设计者事先安排的,与已执行程序的结果无关,使用时只需给出正确的转移目标地址或位移量即可。

2. 条件转移

它是根据已执行程序对标志位、累加器或内部 RAM 某位的影响结果,决定程序的走向,形成各种分支。

3. 散转

散转程序是一种并行分支程序,它是根据某种输入或运算结果,使程序分别转向各个处理程序中去。MCS-51 单片机具有一条专门的散转指令 JMP @A+DPTR,使用它可以较方便地实现散转功能。散转指令的基本操作是把 16 位数据指针 DPTR 的内容与累加器 A 中的 8 位无符号数相加,形成转移目标地址,根据 A 的内容不同,转移的目标地址也不同。散转指令不影响 A 和 DPTR。

散转程序的设计可采用下面 3 种方法:(1) A 的内容不同,DPTR 内容相同;(2) A 的内容相同,DPTR 的内容不同;(3) A 与 DPTR 的内容都不相同。对于这 3 种不同的情形,散转入口地址都不同,使用起来非常灵活。

【例 4-2】

设片内 RAM 30H 单元为实时检测到的房间温度数据,单片机 P1.0、P1.1、P1.2 引脚分别接有红、绿、黄 3 个发光二极管。当温度值高于或等于 35 ℃时,点亮红灯;当温度值高于或等于 20 ℃而低于 35 ℃时,点亮绿灯;当温度值低于 20 ℃时,点亮黄灯。

说明: P1.0、P1.1 和 P1.2 是单片机的 3 根 I/O 接口线,具体特性及使用在下一章介绍。此处只需知道,要点亮某个发光二极管,只需用 SETB P1.*x* 指令将对应口线置 **1**,要关掉某个发光二极管,只需用 CLR P1.*x* 指令将对应口线清 **0** 即可。

算法: 用温度值减去 35,若无借位表明温度值高于或等于 35 ℃,则点亮红灯;若温度值低于 35 ℃,用温度值减去 20,若无借位表明温度值高于或等于 20 ℃而低于 35 ℃,则点亮绿灯;以上均不满足则表明温度值低于 20 ℃,点亮黄灯。

参考程序如下：

<table>
<tr><th>汇编程序</th><th>C 语言程序</th></tr>
<tr><td>

```
        ORG     0000H
START:  MOV     A, 30H      ;取温度值
        CLR     C
        SUBB    A, #35      ;温度值减去 35
        JC      NEXT        ;小于 35 度转下一步
        SETB    P1.0        ;否则点亮红灯
        CLR     P1.1
        CLR     P1.2
        SJMP    START       ;继续检测
NEXT:   MOV     A, 30H      ;重取温度值
        CLR     C
        SUBB    A, #20      ;温度值减去 20
        JC      YE          ;小于 20 转点黄灯
        SETB    P1.1        ;否则点亮绿灯
        CLR     P1.0
        CLR     P1.2
        SJMP    START
YE:     SETB    P1.2        ;点亮黄灯
        CLR     P1.0
        CLR     P1.1
        SJMP    START
        END
```

</td><td>

```
#include<REG52.h>
sbit red=P1^0;
sbit gre=P1^1;
sbit ye =P1^2;
unsigned char addr _ at _ 0x30;
void main(void)
{
    if (addr >= 35){
        red=1;
        gre=0;
        ye=0;
    }
    else if (addr < 20){
        red =0;
        gre=0;
        ye =1;
    }
    else{
        red=0;
        gre=1;
        ye=0;
    }
}
```

</td></tr>
</table>

【例 4-3】

片内 RAM 30H 单元的数据是 0、1 或 2(比如 3 个不同功能键的键值)，根据其不同内容分别转向分支处理程序 0、1 或 2(如 3 个功能键对应的功能程序)。

算法：用 3 条 LJMP 指令组成一个散转表。程序中将散转表的起始地址放入 DPTR 中，把 30H 单元的内容读入累加器 A 并乘以 3，得到转移目标偏移地址。然后再利用 JMP @A+DPTR 指令实现散转。

参考程序如下：

<table>
<tr><th>汇编程序</th><th>C 语言程序</th></tr>
<tr><td>

```
        ORG   0000H
START:  MOV   DPTR, #TAB   ;指向转移指令表
        MOV   A, 30H       ;取 30H 内容
```

</td><td>

```
#include <REG52.h>
void opra1(void);
void opra2(void);
```

</td></tr>
</table>

汇编程序	C 语言程序
ADD A, 30H	void opra3(void);
ADD A, 30H ;30H 内容乘以 3	void main(void)
JMP @A+DPTR ;转向地址(DPTR)+(A)	{
TAB: LJMP OPR0 ;转向功能程序 1	unsigned char * addr;
LJMP OPR1 ;转向功能程序 2	addr=0x30;
LJMP OPR2 ;转向功能程序 3	switch(* addr){
OPR0: MOV R7, #0 ;功能程序 1	case 0: opra1();
SJMP $	case 1: opra2();
OPR1: MOV R7, #1 ;功能程序 2	case 2: opra3();}
SJMP $	}
OPR2: MOV R7, #2 ;功能程序 3	
SJMP $	
END	

这个散转程序由于在分支转移指令表中使用 LJMP 指令,其寻址范围为 64 KB。由于 LJMP 指令的长度为 3 字节,上述示例程序可直接用于散转分支程序数少于等于 86 的情况。分支程序数超过 86 个,即 $n>86$ 时,偏移地址一个字节存放不下。这时,可将偏移地址高字节直接加到 DPH 中,低字节存于 A 中,然后再用 JMP @A+DPTR 实现散转。

【例 4-4】

片内 RAM 30H 单元的数据是 0、1、…、255,根据其不同内容分别转向分支处理程序 0、1、…、255。

算法:用 256 条 LJMP 指令组成一个散转表。程序中将散转表的起始地址放入 DPTR 中,把 30H 单元的内容读入累加器 A 并乘以 3,将乘积的高字节加到 DPH 中,得到新的基本地址。乘积的低字节放入 A 中,作为转移目标偏移地址,然后再利用 JMP @A+DPTR 指令实现散转。

参考程序如下:

汇编程序	C 语言程序
MOV A, 30H ;取 30H 内容	#include <REG52.h>
MOV B, #3	void opra1(void);
MUL AB ;30H 内容乘以 3	void opra2(void);
ADD A, #low TAB	……
MOV DPL, A ;乘积低字节加到 DPL	void opra255(void);
MOV A, B	void main()
ADDC A, #high TAB	{
MOV DPH, A ;乘积高字节加到 DPH	char addr _at_ 0x30;
CLR A ;累加器清 0	switch(* addr)
JMP @A+DPTR ;转向地址(DPTR)+(A)	{
TAB: LJMP OPR0 ;转向功能程序 1	

汇编程序	C 语言程序

LJMP OPR1 ;转向功能程序 2
LJMP OPR2 ;转向功能程序 3
……
LJMP OPR255 ;转向功能程序 255
OPR0: …… ;功能程序 1
……
OPR1: …… ;功能程序 2
……
OPR2: …… ;功能程序 3
……
……
OPR255: …… ;功能程序 255
……
	case 0: opra1();
	case 1: opra2();
	case 2: opra3();
	……
	case 255: opra255();
	}
	}

在转向范围较大时,可以使用转向地址表,它的各项表目为各个转向程序的入口。散转时,使用查表指令,按某个单元的内容查表找到对应的转向地址,把它装入 DPTR 中,然后清累加器 A,再用 JMP @A+DPTR 直接转向各个分支处理程序。

4.5.3 循环程序设计

在顺序程序中,每条语句只执行一次。在分支程序中,则根据判断条件是否满足,执行一部分语句,不执行另一部分语句,每条语句最多只执行一次。事实上,对于许多比较复杂的设计问题,通常包含许多重复的操作,若设计成以上两种程序,程序就显得十分冗长,而且占用了大量的存储空间。为了简化程序,减少程序所占用的空间,提高编程的效率,可以采用循环程序设计的方法。

循环结构由 4 部分组成:初始化部分、循环体部分、循环修改部分和循环控制部分。

初始化部分:确定循环开始时的状态,如使工作寄存器清 0、设置数据缓冲区起始地址和循环计数指针置初值等。

循环体部分:要求重复执行的部分。

循环修改部分:循环程序一般要求能在一定条件下结束,否则成为死循环,永远不能结束。循环修改部分就是每执行一次循环体,修改循环计数器的值或其他与循环结束条件有关的状态,以便在一定条件下结束循环。

循环控制部分:根据循环结束条件,判断是否结束循环。

根据循环程序的结构不同也可分为单重循环和多重循环。单循环是指程序循环体中不再包含其他循环体;对于有些复杂问题,采用单循环往往不能满足要求,需要采用多重循环才能解决,此时程序外循环体中又包含一个或多个内循环,即大循环中套小循环,故又称为循环嵌套。MCS-51 单片机对循环嵌套重数没有限制。

多重循环结构,必须层次分明,循环时是从外层向内层一层层进入,从内层向外层一层层退出。两循环之间不允许交叉。严格限制用跳转指令从外层循环直接进入内层循环体内。

循环控制有两种方式:先处理后判断和先判断后处理。

先处理后判断是针对循环次数已知的情况,此时可用循环次数计数器控制循环,即每执行一次循环体后修改循环计数器的值,并判断是否已达到规定的循环次数,没有则继续循环,否则结束循环。常用 DJNZ 指令实现循环控制。

先判断后处理是针对循环次数未知的情况,此时可以按条件控制循环。每次循环体执行前,先判断循环条件是否满足,如满足则执行循环体,否则退出循环。

1. 单循环程序设计

【例 4-5】

求 n 个 8 位无符号数之和

设 8 位无符号数的个数 n 放在片内 RAM 2FH 单元,8 位无符号数存放的单元首址为 30H,求这 n 个 8 位无符号数之和,和值存放在 2DH 和 2EH 单元,高字节在前。

算法:此例属于单循环且循环次数已知的情况。初始化部分累加和单元清 **0**,置循环计数器初值。循环体内用 ADDC 指令实现累加和与各无符号单字节数的加法运算。循环次数为数据个数 n,每执行一次循环体,将循环计数器的值减 1,并判断是否达到结束条件,这两个功能可用一条 DJNZ 指令实现。

参考程序如下:

汇编程序	C 语言程序

<pre>   ORG   0000H
START: CLR   A
        MOV   2DH, A
        MOV   2EH, A
        MOV   R7, 2FH   ;取数据个数
        MOV   R0, #30H   ;取数据首址
LOOP: MOV   A,2EH   ;取和低字节
        ADD   A, @ R0   ;加上 8 位无符号数
        MOV   2EH, A
        JNC   NEXT
        INC   2DH   ;进位加 1
NEXT: INC   R0   ;指向下一字节
        DJNZ R7, LOOP
        SJMP $
        END</pre>
	<pre>#include <REG52. h>
	void main(void) {
	  char addr _at_ 0x30;
	  ussigned char no _at_ 0x2f;
	  unsigned int sum _at_ 0x2d;
	  unsigned char * ptr;
	  ptr=&addr;
	  sum=0;
	  for(i=0;i<no;i++)
	  {
	    sum +=(unsigned int) * ptr;
	    ptr++;
	  }
	  while(1) ;
	}</pre>

说明:C 语言程序中 int 型变量为双字节数据,按从高到低的顺序存放,即高字节在前。

2. 多重循环程序设计

软件延时程序一般用双重或多重循环程序来设计。

【例 4-6】

100 ms 延时程序设计(双重循环)。设 MCS-51 单片机的时钟频率是 12 MHz,设计 100 ms 延时子程序。

算法: MCS-51 单片机的时钟频率为 12 MHz,则一个机器周期的时间为 1 μs,延时 100 ms 需要 10 万个机器周期。若用执行 DJNZ 指令延时,执行一条指令的时间为 2 μs,即需要执行 5 万次。因此,需用两个寄存器作循环计数器,构成双重循环程序。

此例仍然属于循环次数已知的情况,内外循环都可用 DJNZ 指令实现循环控制。

参考程序如下:

汇编程序	C 语言程序

DELAY:　MOV　R7, #250　;外循环次数
DE1:　MOV　R6, #200　;内循环次数
　DJNZ　R6, $　;延时 0.4 ms
　DJNZ　R7, DE1　;延时约 100 ms
　RET
	void delay(void)
	{
	　unsigned int cnt;
	　for(cnt=50000;c nt>0;cnt--);
	}

说明: 此例设计为子程序,最后一条指令 RET 是子程序返回指令,表示返回主程序断点处。有关子程序的详细说明参照 4.5.5。

汇编源程序实际延时时间要大于 100 ms,因为计算内、外循环次数时,忽略了第一条 MOV 指令(执行一次)、第二条 MOV 指令(执行 250 次)、RET 指令(执行一次)以及该延时子程序的调用指令的执行时间。若需更精确延时,需适当修正循环次数。

3. 循环次数未知的循环程序设计

【例 4-7】

求 n 个 8 位无符号数之和

如果例 4-5 中 8 位无符号数的个数 n 未知,数据存放的单元首址为 30H,数据结束标志为十六进制数 FFH(有效数据中不含 FFH)。求这 n 个 8 位无符号数之和,并将和存放在 2DH 和 2EH 单元,高字节在前。

算法: 此例属于单循环且循环次数未知的情况。初始化部分清 0 累加和单元。循环控制方式应为先判断后执行,即应先判断某单元数据是否为结束标志,不是则将该数据加入累加和,否则结束循环。循环体内用 ADDC 指令实现累加和与各无符号单字节数的加法运算。循环控制可用 CJNE 指令实现。

参考程序如下:

汇编程序	C 语言程序
ORG 0000H	#include <REG52. h>
START: CLR A ;累加器清 0	void main(void)
MOV 2DH, A	{
MOV 2EH, A	char addr _at_ 0x30;
MOV R0, #30H-1 ;取数据首址	unsigned int sum _at_ 0x2d;
LOOP: INC R0	unsigned char * ptr;
MOV A, @ R0 ;取无符号数据	ptr=&addr;
CJNE A, #0FFH, SUM ;不是结束标志转加法程序	sum=0;
SJMP $	while(* ptr ! = 0xff)
SUM: ADDC A,2EH ;加到累加和低字节	{
MOV 2EH, A	sum += * ptr;
JNC LOOP ;没发生进位	ptr ++;
INC 2DH	}
SJMP LOOP	while(1);
END	}

4.5.4 查表程序设计

单片机程序设计中,查表程序是一种很有用的程序,利用它可以完成数据补偿、计算和转换等各种功能。查表程序具有程序简单、执行速度快等优点。查表的意义就是根据变量 x 的值,查表求出 $y=f(x)$ 的值。x 有各种结构,如 x 可取小于 n(n 为定值)的自然数子集,或者 x 取值范围较大,但不会取到该范围中的所有值,即对某些 x,$f(x)$ 无定义,例如 x 为不定长的字符串或 x 为某些 ASCII 字符等。y 也有各种结构,如有时 y 取定字长的数,但不是所有该字长的数都有对应的 x,有时 y 可取小于 m(m 为定值)的自然数子集。

对于表格本身,也有许多不同的结构。按存放顺序分,有有序表与无序表;按存放地点分,有的表格存放在程序存储器中(用 MOVC 指令访问),有的表格存放在片外数据存储器中(用 MOVX 指令访问)。表格的存放内容也各有不同,有的只存放 y 值,有的只存放 x 值,有的表格中还包含有几个子表。表格中的每一项的长度也各有不同,有的是定长,有的为不定长。

下面介绍存于程序存储器中的表格数据的查取程序设计。

【例 4-8】

设有一个 MCS-51 单片机控制系统,共 10 个按键,有键按下时键盘扫描程序将其键值(0~9)放在片内 RAM 30H 单元,编程将其转换成 7 段显示码,放到片内 RAM 31H 单元。

算法:此例题中数据表格的内容固定,为按顺序存放的数字 0~9 的 7 段显示码,但是需转换的数据是随机的,取决于用户按键的键值。编程时可在程序存储器中定义一个常数表格,内容为 0~9 的 7 段显示码顺序存放。程序中让数据指针 DPTR 指向该数据表的首地址,将要转换的数据放入累加器 A,用查表指令 MOVC A, @ A+DPTR 即可查出其对应的 7 段显示码。

参考程序如下:

<table>
<tr><th>汇编程序</th><th>C 语言程序</th></tr>
<tr><td><pre>
        ORG   0000H
START: MOV   DPTR, #TAB   ;DPTR 指向表首址
        MOV   A, 30H   ;取数据
        MOVC   A, @ A+DPTR   ;查(A)的 7 段码
        MOV   31H, A   ;存 7 段码
        SJMP $
TAB: DB 3fH, 06H, 5bH, 4fH, 66H,
        6dH DB 7dH, 07H, 7fH, 6fH, 76h ;码表
        END
</pre></td><td><pre>
#include <REG52. h>
tab[ ] = {0x3f,0x06,0x5b,0x4f,0x66,
          0x6d,0x7d,0x07,0x7f,0x6f,0x76} ;
void main(void)
{
  unsigned char addr _at_ 0x30;
  unsigned char seg _at_ 0x31;
  seg = tab[addr] ;
  while(1) ;
}
</pre></td></tr>
</table>

4.5.5 子程序设计

如果一个程序的多个地方或多个程序的多个地方都使用到同一段程序,而这个功能又不能用循环程序来实现,那么我们就可把这一段程序抽出来进行处理,成为一个特殊的程序,我们把这个特殊的程序称为子程序,如例 4-6 的延时子程序。

编制子程序的过程叫子程序设计,如通用算术及系数计算、代码转换、外部设备的输入/输出驱动程序都可采用子程序设计。

采用子程序设计就可以使程序占用的存储空间大为减少,既简化了程序的结构,便于分块调试,缩短调试时间,又避免了重复编码,使程序显得清晰和精炼。

主程序与子程序的关系:

(1) 在进行子程序设计时,子程序的第一条指令语句应有代表子程序功能的标号,以便主程序调用。

(2) 子程序的末尾应有一条返回指令 RET,以使子程序执行完毕后返回主程序。

(3) 主程序调用子程序处应有一条调用指令 LCALL(或 ACALL),以便调用子程序。

(4) 在调用子程序前应根据需要保护现场。

主程序和子程序之间的信息传送叫参数传递。主程序调用子程序前应把入口参数放置在预先约定好的位置(寄存器或存储单元之内)。进入子程序后,子程序根据需要从约定位置取得参数进行操作,子程序在返回前应把出口参数送到预先约定的位置。返回主程序后,主程序从约定位置取到出口参数,以便进行下面的操作,主、子程序的参数传递必须正确无误,才能保证程序正常运行。

请读者思考如何将本章例题 4-1、4-5、4-7 和 4-8 的程序改为相应的功能子程序。

1. 用工作寄存器或累加器传递参数的子程序设计

用本方法的优点是程序设计最简单,运算速度也最高,缺点是工作寄存器或累加器的容量有限,不能传递太多的参数。另外,主程序必须先把数据送到工作寄存器,而且参数个数固定,不能由程序任意设定。

【例 4-9】

编写一个将片内 RAM 的一组单元清 **0** 的子程序,子程序内不包含这组单元的起始地址和单元的个数,即这两个参数应在调用子程序前由主程序赋值。

参考子程序如下:

汇编程序	C 语言程序

```ORG 0000H```
```START: MOV R0, #30H ;RAM 区始址```
```MOV R7, #20H ;RAM 区长度```
```LCALL CLEAR ;调用清 0 子程序```
```SJMP $```
```CLEAR: CLR A ;子程序清 0```
```LOOP: MOV @R0, A```
```INC R0```
```DJNZ R7, LOOP```
```RET ;子程序返回```
```END```
	```#define uchar unsigned char```
	```void czero(uchar * addr, uchar len)```
	```{uchar i;```
	```for (i=0;i<len;i++) { * addr=0;addr++;}```
	```}```
	```void main(void){```
	```uchar addr[32] _at_ 0x30;```
	```uchar length=32;```
	```czero(addr, length);```
	```while(1);```
	```}```

汇编程序:

```
        ORG     0000H
START:  MOV     R0, #30H        ;RAM 区始址
        MOV     R7, #20H        ;RAM 区长度
        LCALL   CLEAR           ;调用清 0 子程序
        SJMP    $
CLEAR:  CLR     A               ;子程序清 0
LOOP:   MOV     @R0, A
        INC     R0
        DJNZ    R7, LOOP
        RET                     ;子程序返回
        END
```

C 语言程序:

```
#define uchar unsigned char
void czero(uchar * addr, uchar len)
{uchar i;
    for (i=0;i<len;i++) { * addr=0;addr++;}
}
void main(void){
    uchar addr[32] _at_ 0x30;
    uchar length=32;
    czero(addr, length);
    while(1);
}
```

MCS-51 单片机的中断程序设计方法和子程序的设计方法基本一样,但需要注意两个主要区别:

(1) 子程序在何时调用是主程序预先安排好的,而中断服务程序的执行主程序除了开中断允许中断外,具体时间和中断位置无法预知。

(2) 不同中断源的中断服务程序的入口地址是固定的,而子程序的入口地址则可由编程人员任意指定。

请读者思考，如果单片机系统中用到了中断，而主程序和中断服务程序都较长，程序中应如何处理。

2. 用堆栈传递参数的子程序设计

堆栈可以用来传递主程序和子程序之间的参数，其方法是在调用子程序前，主程序利用入栈指令把入口参数压入堆栈，进入子程序后，子程序再用出栈指令从堆栈中取出参数。同理，子程序返回前用入栈指令将出口参数压入堆栈，返回主程序后，主程序用出栈指令从堆栈中取出出口参数。用本方法的优点是程序设计简单，能传递大量参数，而且由于参数在堆栈中，从而大大简化了现场保护。

该方法的关键在于按照堆栈操作的基本原则，正确处理断点地址和所需传递的参数在堆栈中存放的顺序关系。

【例 4-10】

清 0 单片机某片内 RAM 区。假定数据区的起始地址预先存放在片内 RAM 70H 单元中，需清 0 单元的个数预先存放在片内 RAM 71H 单元中。

```
        ORG     0000H
        JMP     START
        ORG     0100H
START：…
        PUSH    70H                 ;将起始地址压入堆栈
        PUSH    71H                 ;将数据区长度压入堆栈
        LCALL   Subpr               ;调用清 0 子程序
                …
Subpr： POP     DPH                 ;暂存返回地址于 DPTR
        POP     DPL
        POP     07H                 ;取出数据区长度到 R7
        POP     00H                 ;取出数据区首地址到 R0
        PUSH    DPL
        PUSH    DPH                 ;恢复返回地址
        CLR     A
Loop：  MOV     @R0,A
        INC     R0
        DJNZ    R7,Loop
        RET
```

目标测评 5

T4-14　例 4-1 中，转换结果为非压缩 BCD 码，如果要求转换成压缩 BCD 码，结果可能需几个字节存放？若要求结果低字节仍然存放在 33H 单元，请修改程序。

T4-15　如何实现将 BCD 码转换成二进制数？

T4-16　例 4-2 中，程序分支是用减法指令和 JC/JNC 指令相结合实现的。

请考虑还能用什么方法实现？

T4-17 例 4-3 中，若将散转表中的 LJMP 指令换为 AJMP 指令，程序应如何修改？

T4-18 例 4-3 中，为何程序中未处理 MUL 指令后 B 寄存器的内容？

T4-19 除了用例 4-3 和例 4-4 的方法实现并行分支程序设计外，还可以将各分支程序的入口地址按顺序存放，构成一个数据表格。需要实现多分支转移时，用查表指令的方式取出需转移的目标地址并放入 DPTR 寄存器，然后清 0 累加器 A，再用散转指令实现。请按此方法修改例 4-3 和 4-4 的参考程序。

T4-20 对于循环次数已知的单循环程序，除了像例 4-5 一样用 DJNZ 实现循环控制外，还有其他方法吗？若有，请详细说明并按新方法修改参考程序。

T4-21 例 4-5 中，若在初始化部分将第一个无符号数放到累加和的低字节，应如何修改程序？

T4-22 请举一个在外循环中套有两个或两个以上循环体的应用例子（注意：不是外循环中套双重循环或多重循环）。

T4-23 对于循环次数未知的情况，除了像例 4-7 一样用 CJNE 指令实现循环控制外，还有其他方法吗？如有，请详细叙述并修改参考程序。

T4-24 如例 4-7，对于循环次数未知的情况，循环体可能一次也执行不到（一开始就满足了循环结束条件）。用 DJNZ 实现的循环程序会出现这种情况吗？

T4-25 将例 4-8 参考程序中的 MOVC A，@ A+DPTR 改为 MOVC A，@ A+PC，程序应如何修改？

T4-26 如何将例 4-6 的 100 ms 延时程序改为时间根据需要可变的延时子程序？如何实现更长时间的延时，例如 1 s？

T4-27 子程序最后的返回指令 RET 和中断返回指令 RETI 有何区别？

T4-28 子程序的正常返回地址在哪儿？能改变返回地址吗？如果能，那么如何实现返回地址的修改？

本章小结

本章主要介绍了 MCS-51 系列单片机的指令系统和汇编语言程序设计方法。指令系统部分重点突出容易混淆和不易理解的部分，例如数据传送指令 MOV、MOVX 和 MOVC，重点掌握访问片内数据存储器、片外数据存储器（含以总线方式扩展的 I/O 接口）、程序存储器的寻址方式和指令应用上的区别；跳转指令 SJMP、AJMP 和 LJMP，重点掌握目标地址相对于当前 PC 值范围的不同及在编程中的灵活应用；子程序返回指令 RET 和中断返回指令 RETI 重点掌握它们在功能上的区别等。学习中，应将相关指令进行归类对比，同时辅助以简单应用程序，以易于对具体指令的理解和记忆。汇编语言程序设计部分以设计方法为重点，以具有代表性的应用实例为例，着重介绍了各种汇编程序设计方法，如简单程序、分支程序、循环程序、子程序与中断程序等。

习题

4-1 什么叫寻址方式？MCS-51 系列单片机的寻址方式有哪几种？各寻址方式可访问的存储器空间有哪些？各存储器空间可适用哪几种寻址方式？试列表说明。

4-2 MCS-51 单片机的指令系统共有多少条指令？按功能可分成哪几类？每类又包括哪几条？指令的操作、格式和功能如何？举例说明。

4-3 编程将内部 RAM 首址为 30H 的 5 个单元的内容送至外部 RAM 首址为 100H 的单元中去，再将外部 RAM 首址为 2000H 的 10 个单元的内容送至内部 RAM 首址为 40H 的单元中去。

4-4 编程将外部 RAM 首址为 2000H 的 6 个单元的内容送至外部 RAM 首址为 3000H 的单元中去。再将程序 ROM 首址为 1000H 的 6 个单元的内容送至外部 RAM 首址为 2000H 的单元中去。

4-5 编程将内部 RAM 首址为 50H 的连续 2 个单元的无符号数，减去内部 RAM 首址为 40H 的连续 2 个单元的无符号数，所得之差存首址为 30H 的连续两个单元中去（数据存放顺序为高字节在前）。

4-6 编程将内部 RAM 中 30H 和 31H 的 BCD 数与内部 RAM 40H 和 41H 的 BCD 数相加后得到的 BCD 数存外部 RAM 首址为 1000H 的单元中去（低地址存低位字节）。

4-7 编程将 R3 的内容和 R4 的内容相乘的积送 R5 和 R6 中去。

4-8 编程将内部 RAM 20H 单元的无符号数和内部 RAM 21H 单元的无符号数进行逻辑**与**，然后和内部 RAM 22H 单元的值进行逻辑**或**，再和内部 RAM 23H 单元的值进行逻辑**异或**，最后扩大 2 倍取反后送 25H 单元中去。

4-9 试编程查找内部 RAM 首址为 30H 的 20 个字节的内容中有无字母 W 的 ASCII 码，若有，请将字母 Y 的 ASCII 值送累加器 A 中，并将其个数存 B 寄存器中，否则将字母 N 的 ASCII 码值送累加器 A 中。

习题详解：[题 4-9]解答

4-10 编程将内部 RAM 30H 单元内两个非零 BCD 数相乘之积（BCD 数）存放到 31H 单元中去。

4-11 设内部 RAM 首址为 30H 的 10 个单元中存放了一组 ASCII 码值，试编程按照从小到大的顺序排队后送至内部 RAM 首址为 40H 的单元中去，再按照从大到小的顺序排队送至内部 RAM 首址为 50H 的单元中去。

4-12 设内部 RAM 30H 单元中存放有一个 8 位二进制数，请编程将其转换成非压缩 BCD 码，存放到内部 RAM 首址为 40H 的单元中去（低地址存放低位字节）。

4-13 设内部 RAM 首址为 40H 的 10 个单元中存放有一组数字 0~9（无序数据），试编程依次将它们转换成对应的 ASCII 码并存放到内部 RAM 首址为 50H 的单元中去。

4-14 设内部 RAM 首址为 30H 的单元中存放有 16 个十六进制数（00H~0FH），试编程依次将它们转换成 ASCII 码后存放到内部 RAM 首址为 40H 的单元中去。

4-15 试编程将外部 RAM 2000H~202FH 这 30H 个单元的内容分别依次传送到内部 RAM 30H 开始的单元中和外部 RAM 1000H 开始的单元中，并将原数据块清 **0**。

第五章　MCS-51 单片机的基本 I/O 功能及应用

本章目标

通过对本章的学习，读者可以具备下述能力：

1. 了解 MCS-51 单片机内部 I/O 接口电路结构及其工作原理。
2. 掌握 MCS-51 单片机 4 组 I/O 接口的输入输出特性。
3. 掌握 MCS-51 单片机多功能接口的使用。
4. 掌握 LED、数码管显示器等输出接口电路的设计和控制程序的编写。
5. 掌握 BCD 拨码盘、按键等输入接口电路的设计及程序编写。
6. 理解 I^2C 接口特性、与单片机间的接口电路设计及程序编写。

引言

现实生活中，人们到处都可以看到广告彩灯，变化方式层出不穷，令人眼花缭乱。这些广告灯是怎么点亮和关闭的呢？灯的变化组合是怎么实现的呢？

暂时不考虑灯的驱动问题，灯的“亮”和“灭”就两种状态，对应给灯通电和断电两种状态，而灯的变化组合实际上就是对灯通电和断电情况的不同组合。读者学习单片机时应该思考，通过单片机怎么实现对彩灯的通电和断电控制，进而彩灯能以各种方式实现千变万化。

电子教案 5-1：MCS-51 单片机的 I/O 接口功能与应用

作为简单示例，我们用发光二极管作为彩灯的代表，请思考如何通过单片机实现由 8 只发光二极管组成的流水灯控制？

5.1 I/O 接口的输入输出特性

MCS-51 单片机有 32 根输入输出线,组成 4 组 8 位并行输入输出接口,分别称为 P0 口、P1 口、P2 口和 P3 口。这 4 组接口可以并行输入或输出 8 位数据,也可按位使用,即每一根输入输出线都能独立地用作输入或输出。

每个接口都由锁存器、输出驱动器和输入缓冲器组成。当 CPU 控制系统与外部设备交换信息时,都是通过锁存器进行的,4 组 I/O 接口都可作基本输入或输出口使用。P0 口和 P2 口还可用于对外部存储器访问的地址和数据总线,其中 P0 口为地址总线低 8 位和数据总线分时复用,分时输出外部存储器的低 8 位地址($A0 \sim A7$)和传送 8 位数据($D0 \sim D7$),P2 口用作高 8 位地址总线($A8 \sim A15$)。当扩展的外部存储器的地址为 16 位时,就把 P2 口用作地址总线使用,输出高 8 位地址。

锁存器由 D 触发器构成。当系统执行写端口操作时,CPU 通过内部总线把数据写入锁存器。而读端口却有两种方式:当执行的是读锁存器指令时,CPU 发出读锁存器信号,此时锁存器状态由触发器的 Q 端经锁存器上面的三态输入缓冲器送入内部总线(如图 5-1 所示);如果执行的是读端口引脚的指令,则 CPU 发出的是读引脚控制信号,直接读取端口引脚上的外部输入信息,此时引脚状态经锁存器下面的三态输入缓冲器送入内部总线。

5.1.1 P1 口

1. 结构

图 5-1 是 P1 口中的 1 位的结构原理图,P1 口由 8 个这样的电路所组成。图中,锁存器起输出锁存作用。P1 口的 8 个锁存器组成特殊功能寄存器,该寄存器也用符号 P1 表示。场效应管 VT_1 与上拉电阻组成输出驱动器,以增大负载能力。三态门 1 和三态门 2 是输入缓冲器,其中三态门 1 在读引脚状态时使用,三态门 2 用于端口操作(用于“读—修改—写”指令操作)。

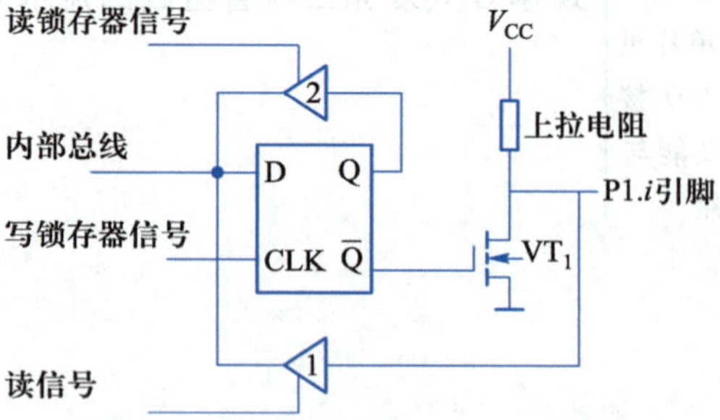

图 5-1 P1 口中 1 位的结构原理图

2. 功能

MCS-51 单片机的 P1 口的 8 个引脚除了 P1.0 和 P1.1 外,其余的只能作为通用输入输出端口。通用端口有输出、输入、端口操作 3 种工作方式。

(1) 输出方式

计算机执行写 P1 口的指令如 MOV Pl,#data 时,P1 口工作于输出方式。此时数据 data 经内部总线送入锁存器锁存。如果某位的数据为 **1**,该位锁存器输出端 $\overline{Q}$=**0**,Q=**1**,使 VT_1 截止,从而在引脚 P1.*i* 上出现高电平。反之,如果数据为 **0**,则 Q=**0**、$\overline{Q}$=**1** 使 VT_1 导通,P1.*i* 上出现低电平。

(2) 输入方式

计算机执行读 P1 口的指令如 MOV A,P1 时,P1 口工作于输入方式。控制器发出的读信号打开三态门 1,引脚 P1.*i* 上的数据经三态门 1 进入芯片的内部总线,并送到累加器 A,因此输入时无锁存功能。

在执行输入操作时,如果锁存器原来锁存的数据 Q=**0**,那么由 $\overline{Q}$=**1** 将使 VT_1 导通,引脚被始终箝拉在低电平上,不可能输入高电平。为此,用作输入前必须先用输出指令置 Q=**1**,使 VT_1 截止。我们将这种在读引脚数据之前,先要向相应的锁存器作写 l 操作的 I/O 接口称为准双向接口。正因为如此,P1 口称为准双向 I/O 接口。

单片机复位后,P1 口线的状态都是高电平,可以直接用作输入。

(3) 端口操作

有时,还需要对端口进行这样的操作,即端口处于输出状态,而又需要将端口当前输出的数据读入 CPU,待在 CPU 中进行运算和修改后,再写到端口输出,并称这种操作为"读—改—写"操作。需要指出的是,在"读—改—写"指令中的"读"是指"读锁存器",而非"读端口引脚"。因为直接读端口引脚有可能得到错误的读入结果。例如,当用一根端口线输出高电平去驱动一个晶体管的基极时(射极接地的 NPN 三极管),由于基极对地不超过 0.7 V,此时直接读引脚的结果,必然会将原先输出的 **1** 误读为 **0**。当改为读锁存器的时候,就能将原先输出的 **1** 正确读入。

MCS-51 单片机有不少指令可直接进行端口操作,例如

```
ANL  P1,  #data  ;P1←(P1)∧data
ORL  P1,  #data  ;P1←(P1)∨data
XRL  P1,  A      ;P1←(P1)⊕(A)
INC  P1          ;P1←(P1)+1
```

这些指令的执行过程分成"读—修改—写"这 3 步。先将 P1 口的数据读入 CPU,在 ALU 中进行运算,运算结果再送回 P1。执行"读—修改—写"类指令时,CPU 通过图 5-1 中三态门 2 读回锁存器 Q 端的数据。假如通过三态门 1 从引脚上读回数据,有时会发生错误。例如,用一根端口线去驱动一个晶体管的基极,在向此端口线输出 **1** 时,锁存器 Q=**1**,但晶体管导通后,引脚上的电平已被拉到低电平(0.7 V),从引脚读回数据会错读为 **0**。

AT89S52 单片机(和 MCS-51 单片机引脚、指令系统等完全兼容)的 P1.0 和 P1.1 具有二重功能,除了作为通用端口外,P1.0 还作为定时器/计数器 2 的外部

计数脉冲输入端(T2),P1.1 还作为定时器/计数器 2 的外部控制输入端(T2EX),如表 5-1 所示。

表 5-1 P3 口和部分 P1 口的复用功能定义

端口引脚	复用功能	端口引脚	复用功能
P1.0	T2(定时器 T2 外部输入)	P3.3	INT1(外部中断 1 输入)
P1.1	T2EX(定时器 T2 的捕捉/常数重装触发)	P3.4	T0(定时器 T0 外部输入)
P3.0	RXD(串行接收端)	P3.5	T1(定时器 T1 外部输入)
P3.1	TXD(串行发送端)	P3.6	WR(外部数据存储器写脉冲输出线)
P3.2	INT0(外部中断 0 输入)	P3.7	RD(外部数据存储器读脉冲输出线)

3. 负载能力

P1 口输出时能驱动 4 个 LSTTL 负载。通常把 100 μA 的输入电流定义为一个 TTL 负载的输入电流,所以 P1 口输出电流不小于 400 μA。P1 口内部有上拉电阻,因此在输入时,即使由集电极开路或漏极开路电路驱动,也无需外接上拉电阻。

5.1.2 P3 口

1. 结构

图 5-2 是 P3 口中 1 位的结构原理图,P3 口由 8 个这样的电路所组成。图中,锁存器起输出锁存作用。P3 口的 8 个锁存器组成特殊功能寄存器,该寄存器也用符号 P3 表示。场效应管 VT_1 与上拉电阻组成输出驱动器,以增大负载能力。三态门 1 是输入缓冲器,三态门 2 在端口操作时使用。与非门 3 在端口作第二功能时使用。

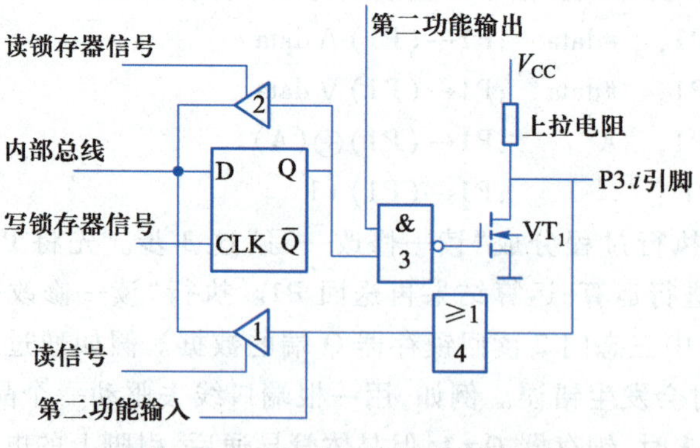

图 5-2 P3 口中 1 位的结构原理图

2. 功能

AT89S52 单片机的 P3 口为多功能口。当第二功能输出端保持 1 电平时,与非门 3 对锁存器 Q 端是畅通的，这时，P3 口实现第一功能，可作为通用 I/O 接口使用，而且是一个准双向 I/O 接口，其功能与 P1 口相同。P3 口除了作为准双向通用 I/O 接口使用外，每一根线还具有第二种功能，详见表 5-1。

当 P3 口某根引线要作第二功能使用时（如 $\overline{WR}$、$\overline{RD}$），锁存器 Q 端必须为高电平，否则 VT_1 导通，引脚被钳位在低电平，无法输入或输出第二功能信号。当锁存器置 **1** 时，使与非门对第二功能输出是畅通的。但对输入而言，无论该位是作通用输入口或作第二功能输入口，相应的输出锁存器和第二功能输出端都应置 **1**。实际上，由于 AT89S52 单片机所有口的锁存器在上电复位时均被置 **1**，自然能满足上述要求，所以用户不必作任何操作，就可以直接使用 P3 口的第二功能。要在确信某一引脚第二功能所提供的信号不用（或不会产生）时，该引脚才可以作为 I/O 接口使用。

在图 5-2 下方的输入通道中有两个缓冲器。第二功能的专用输入信号取自第一个缓冲器的输出端，而通用输入信号取自“读信号”缓冲器的输出端。

3. 负载能力

P3 口的负载能力和 P1 口相同，输出时能驱动 4 个 LSTTL 负载。

5.1.3 P0 口

1. 结构

图 5-3 是 P0 口中 1 位的结构原理图，P0 口由 8 个这样的电路所组成。它包括 1 个输出锁存器、2 个三态输入缓冲器、由 2 个场效应管 VT_1 和 VT_2 组成的输出驱动电路以及输出控制电路。与门 3、倒相器 4 及模拟开关构成输出控制电路。三态门 1 是输入缓冲器。

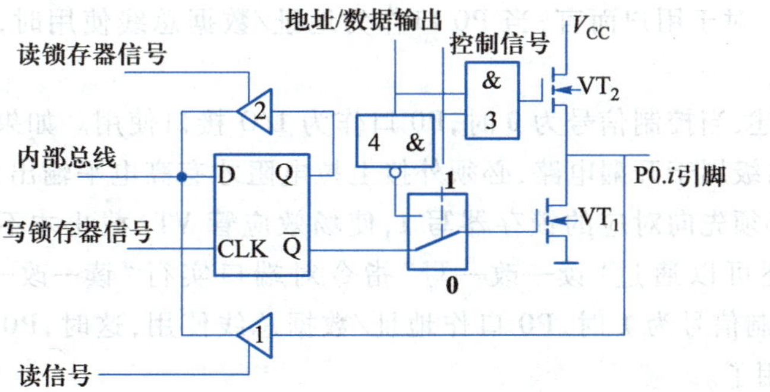

图 5-3 P0 口中 1 位的结构原理图

2. 功能

AT89S52 单片机的 P0 口地址/数据分时复用总线和通用 I/O 接口有两种功能。

(1) 通用 I/O 接口

当 P0 口作为 I/O 接口使用时,CPU 内部发出控制电平封锁与门,使与门输出为 **0**,上拉场效应管 VT_2 处于截止状态,因此输出驱动级是漏极开路的开漏电路。这样,当写脉冲加在 *D* 触发器的 CLK 端时,与内部数据总线相连的 D 端数据取反后出现在 $\overline{Q}$ 端,再经下方的场效应管 VT_1 反相,则在 P0 引脚上出现的数据,就正好是内部总线的数据。但要注意,由于输出驱动电路工作于开漏状态,所以需要外接上拉电阻。

P0 口作为 I/O 接口使用时的另一种情况是数据由引脚输入,这时使用下方的三态输入缓冲器直接读端口引脚处的数据。为了能正确的由引脚输入高电平,应先向端口锁存器写 **1**,使两个场效应管均截止,引脚处于悬浮状态,从而获得高阻抗输入,否则会由于在此之前曾经输出锁存过的数据 **0** 而使下方的场效应管 VT_1 处于导通状态,从而导致引脚上的电位始终被钳位在 **0** 电平,无法读入高电平。因此,P0 口也称为准双向 I/O 接口。

在图 5-3 上方的三态输入缓冲器 2 是为 P0 口做端口操作时读锁存器 Q 端的数据而设置的。

(2) 地址/数据分时复用总线

在扩展系统中,P0 口作为地址/数据总线使用时,又分成两种情况。第一种是 P0 引脚输出地址/数据信息。这时,CPU 内部发控制信号 **1**,打开与门,多路开关 MUX 将内部地址/数据线经反相器与场效应管 VT_1 的栅极接通。若地址/数据为 **0**,则该信号一方面经与门使上拉场效应管 VT_2 截止,另一方面经反相器使场效应管 VT_1 导通,而最终使引脚输出 **0** 信号。反之,若地址/数据信号为 **1**,将使 VT_2 导通而 VT_1 截止,引脚上出现 **1** 信号。显然在上述情况中,不必外接上拉电阻。另一种情况是 P0 口由与其连接的外部存储器输入数据。为了确保数据的正确输入,CPU 在访问外部存储器期间,会在读入数据之前自动地向 P0 口的锁存器写入 0FFH。因此,对于用户而言,当 P0 口作为地址/数据总线使用时,它是一个真正的双向接口。

综上所述,当控制信号为 **0** 时,P0 口作为 I/O 接口使用。如果 I/O 接口作为输出,则输出级属于开漏电路,必须外接上拉电阻才有高电平输出;如果 I/O 接口作为输入,必须先向对应的锁存器写 **1**,使场效应管 VT_1 截止才不会影响输入电平。此外,还可以通过"读—改—写"指令对端口实行"读—改—写"操作。当 CPU 内部控制信号为 **1** 时,P0 口作地址/数据总线使用,这时,P0 口就无法再作 I/O 接口使用了。

3. 负载能力

P0 口输出时能驱动 8 个 LSTTL 负载,即输出电流不小于 800 μA。

此处的负载能力指的是单片机 I/O 接口输出高电平时的"拉电流",是单片机 I/O 输出端对负载提供电流的能力。而当单片机 I/O 接口输出低电平时,是输出端要吸收负载的电流,其吸收电流的数值叫"灌(入)电流"。单片机 I/O 接口灌入电流负载能力要大于拉电流负载能力。单片机 I/O 引脚的低电平灌入电流负载能力见表 5-2。

表 5-2 I/O 引脚的低电平灌入电流负载能力

型号	AT89C1051 AT89C1052	AT89S51 AT89S52 AT89LV51 AT89LV52
每条引脚最大电流/mA	20	10
所有引脚最大电流/mA	80 含 P1、P3 口	71 其中:P0 口:26 P1 口:15 P2 口:15 P3 口:15

5.1.4 P2 口

1. 结构

图 5-4 是 P2 口中 1 位的结构原理图,P2 口的 8 位都由这样的电路所组成。P2 口的位结构比 P1 口的多了一个转换控制部分,使得 P2 口的每位都具有两重功能,既可以作为普通 I/O 使用,也可以作为高 8 位地址线使用。

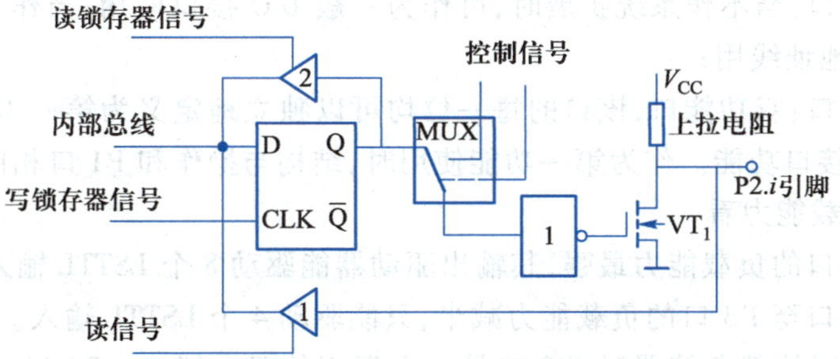

图 5-4 P2 口中 1 位的结构原理图

2. 功能

(1) 通用 I/O 接口

当 P2 口作为通用 I/O 接口使用时,多路开关 MUX 倒向锁存器的输出端 Q,构成一个准双向接口,其功能与 P1 口相同,有输入、输出及端口操作 3 种工作方式。

(2) 地址总线

P2 口的另一种功能是作系统扩展的地址总线口。当计算机从片外 ROM 中取指令或者执行访问片外 RAM 和片外 ROM 的指令时,模拟开关 MUX 倒向右边,

P2口上出现程序计数器PC的高8位地址或数据指针DPTR的高8位地址(A8~A15,低8位地址由P0输出)。上述情况下,锁存器的内容不受影响。所以,取指令或访问外部存储器结束后,由于模拟开关倒向左边,使输出驱动器与锁存器Q端相连,引脚上将恢复原来的数据。

一般来说,如果系统扩展了外部ROM,取指的操作将连续不断,P2口不断送出高8位地址,这时P2口就不应再作通用I/O接口使用。如果系统仅仅扩展外部RAM,那么当片外RAM容量不超过256字节时,可以使用寄存器间接寻址方式的指令(如MOVX A,@Ri、MOVX @Ri,A),由P0口送出8位地址寻址,P2口引脚上原有的数据在访问片外RAM期间不受影响,故P2口仍可用作通用I/O接口。当片外RAM容量较大,需要由P2口和P0口送出16位地址时,P2口不再用作通用I/O接口。当片外RAM的地址大于8位而小于16位时,可以通过软件从P1口、P2口、P3口中的某几根口线送出高位地址,从而可保留P2的全部或部分口线作通用I/O接口用。

P2口负载能力和P1口相同,输出缓冲器能驱动4个LSTTL输入。

综上所述,对P0口至P3口;可概括如下:

1. 从应用功能上看

(1) P0口:当不作系统扩展时,可作一般I/O接口使用,但需要外接上拉电阻来驱动MOS输入。当作系统扩展时,P0口担任地址(低8位)/数据复用的总线口,并可直接驱动MOS电路而不必外接上拉电阻。

(2) P1口:专供用户使用的I/O接口(52系列单片机P1.0和P1.1具有第二功能)。

(3) P2口:当不作系统扩展时,可作为一般I/O接口使用;当作系统扩展时,作为高8位地址线用;

(4) P3口:双功能口,该口的每一位均可以独立地定义为第一I/O接口功能或第二I/O接口功能。作为第一功能使用时,结构与操作和P1口相同。

2. 从负载能力看

(1) P0口的负载能力最强,其输出驱动器能驱动8个LSTTL输入。

(2) P1口至P3口的负载能力减半,只能驱动4个LSTTL输入。

3. 在访问外部存储器时,P0口是一个真正的双向接口。P1口、P2口以及作为一般I/O接口使用的P0口和第一功能的P3口均为准双向接口,即输入数据时应先写**1**,然后方可作高阻输入。

4. 每个I/O接口均有两种读入方式,即读锁存器和读引脚,并各自有相应的指令。

读锁存器指令是从锁存器中读取数据,将数据送到CPU中处理,然后把处理后的数据重新写入锁存器中。这类指令称为“读—改—写”指令。在ANL、ORL、XRL、JBC、CPL、INC、DEC、DJNZ等指令中,当目的操作数为某一I/O接口或I/O接口的某一位时,这些指令就为“读—改—写”指令。

读引脚指令一般都是以I/O接口为源操作数的指令。例如,读引脚指令MOV A,

P1 就是读 P1 口的输入状态。

5. 当系统复位时，P0 口至 P3 口的锁存器初值状态均置 **1**。

目标测评 1

T5-1 MCS-51 单片机 P0 口做 I/O 接口用时有何特点？

T5-2 简述 MCS-51 单片机 P2 口的作用。

5.2 I/O 接口的应用

每个单片机系统除了 CPU 和存储器外，很多情况下都要用到外设，于是便出现 CPU 与外设之间的连接，也就是如何接口的问题。外设不同，用法也不一样，接口的方法、电路以及程序也各不相同。本节介绍 MCS-51 系列单片机 I/O 接口的应用实例。

在 89 系列单片机中，AT89C1051 和 AT89C2051 两种单片机只有 P1 和 P3 两个 I/O 接口，而 AT89S51、AT89S52、AT89LV51 和 AT89LV52 这几类单片机则有 P0、P1、P2 和 P3 共 4 个 I/O 接口。同时，这些单片机的 I/O 引脚所能承受的低电平灌入电流不同，如表 5-2 所示。

从表 5-2 可以看出，AT89S52 单片机有 P0、P1、P2 和 P3 共 4 个 I/O 接口。它的 I/O 接口的引脚所能承受的低电平灌入电流如下：作为单条引脚，可以允许 10 mA 电流流入，但对于所有的 I/O 引脚，总的灌入电流即低电平流入电流不得超过 71 mA。

另外，当将 I/O 接口用作输出口时，要注意其内部是否有上拉电阻，如果没有，对于某些接口电路则需外接。将 I/O 接口用于输入口时，要注意其准双向特性，即在读入数据前，应先向对应口线写逻辑 **1**。

5.2.1 BCD 拨码盘接口

BCD 拨码盘有 5 个接点（如图 5-5 所示）。其中，A 为输入控制线，另外 4 条是 BCD 码输出信号线。当将拨盘拨到不同位置时，输入控制线 A 分别与 4 条 BCD 码输出线中的某一条或某几条接通，被接通的 BCD 码输出线的状态（即电平的高低）正好与拨码盘指示的十进制数相一致。

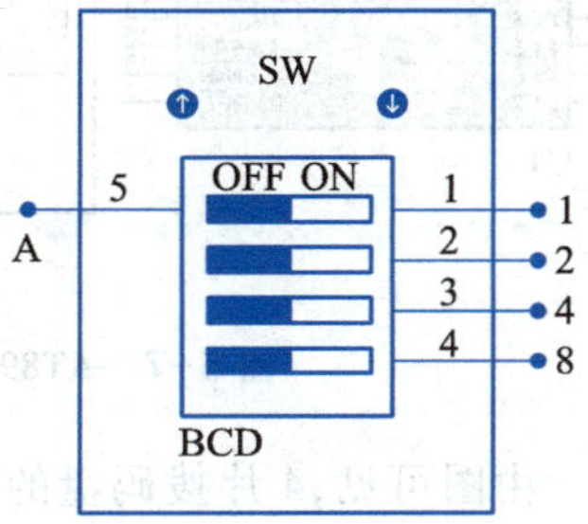

图 5-5 BCD 拨码盘结构

1. 单片 BCD 拨码盘与单片机的接口

图 5-6 是 AT89S52 单片机通过 P1.3～P1.0 与单片 BCD 拨码盘的接口电路。拨码盘的 A 端接

地,8、4、2、1 输出端通过上拉电阻接+5V(因 AT89S52 单片机的 P1 口内部自带上拉电阻,也可以不接)。当拨码盘拨到某个十进制数码位置时,相应的 8、4、2、1 有效端输出低电平(例如拨至 6 时,4 和 2 两端输出低电平),无效端为高电平。以上输出的 BCD 码属负逻辑(反码)。

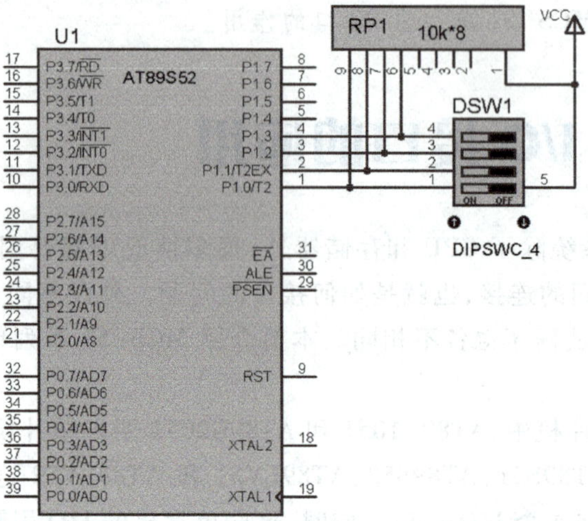

图 5-6 AT89S52 单片机与单片 BCD 拨码盘的接口电路

2. 多片 BCD 拨码盘与单片机的接口

在应用系统中,当需要输入多位十进制数时,就要用到多片 BCD 拨码盘与单片机进行接口。图 5-7 是 AT89S52 单片机与 4 片 BCD 拨码盘的接口电路。

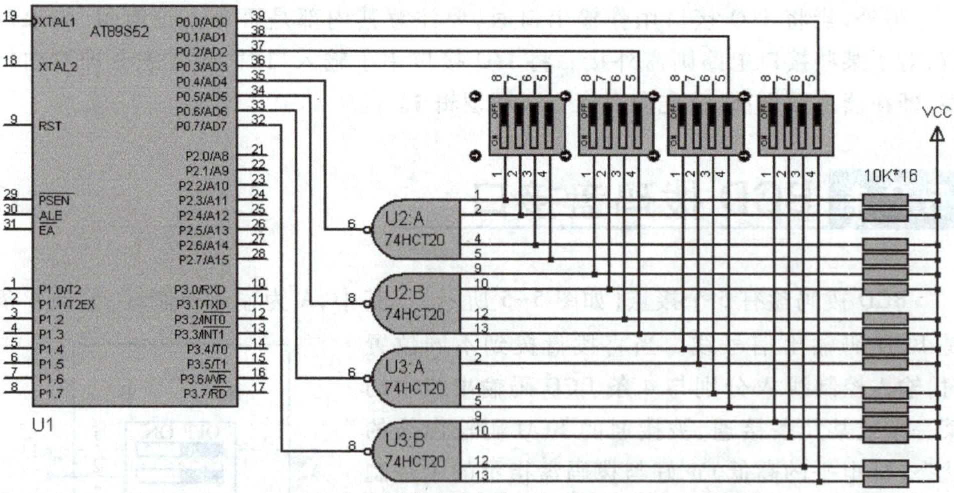

图 5-7 AT89S52 单片机与 4 片 BCD 拨码盘的接口电路

由图可见,4 片拨码盘的 BCD 码输出的相同端与同一个**与非门**的 4 个输入端相连,由 4 个**与非门**输出构成的 8、4、2、1 端分别接到 P1.3、P1.2、P1.1 和 P1.0,

其余的 P1.7、P1.6、P1.5 和 P1.4 分别与千、百、十和个位的 BCD 拨码盘的控制端相连。

操作的原理如下：当选中某位数时，该位数对应的拨码盘的控制端被置为 **0**，其余 3 个数位对应的拨码盘的控制端均置 **1**，使 4 个**与非**门与这 3 个数位拨码盘连接的输入端都为 **1** 状态。因此，4 个**与非**门最终输出的状态如何，完全取决于被选中数位的 BCD 拨码盘的输出状态。在本例中，拨盘输出为 BCD 反码，通过**与非**门后，输出该位数的 BCD 码。

【例 5-1】

多个 BCD 拨码盘输入电路。

4 片 BCD 拨码盘与单片机的接口电路如图 5-7 所示。编程读入 4 个拨码盘对应的 BCD 码输入数据。要求将 4 位 BCD 码按千、百、十、个位依次读入，并分别存放到 AT89S52 单片机片内 RAM 的 30H~33H 单元中，且每个地址单元的高 4 位为 **0**，低 4 位为 BCD 码，即均为非压缩 BCD 码。

参考程序如下：

汇编程序	C 语言程序

<pre>   ORG   0000H
      AJMP   MAIN
      ORG   0050H
MAIN:
      MOV   R0, #30H   ; BCD 码千位存放地址
      MOV   R2, #7FH   ; 先读千位 BCD 码
      MOV   R3, #04H   ; BCD 码位数计数
      MOV   A,   R2
      MOV   P1, A   ; P1 口高 4 位置控制字，
                         ; 低 4 位置为输入方式
LOOP:
      MOV   A,   P1   ; 读入 BCD 码
      ANL   A,   #0F0H   ; 屏蔽高 4 位
      MOV   @R0,A   ; BCD 码送到存放单元
      INC   R0
      MOV   A,   R2   ; 准备读下一片码盘
      RR   A
      MOV   R2, A
      DJNZ   R3, LOOP   ; 未读完继续读入
      END</pre>
	<pre>#include<REG52.h>
	#define uchar unsigned char
	void main(void)
	{
	  uchar addr[4] _at_ 0x30;
	  uchar cmd, cnt;
	  cmd=0x7f;
	  for(cnt=0;cnt<4;cnt++)
	  {
	    P1=cmd;
	    addr[cnt]=P1 & 0x0f;
	    cmd=(cmd>>1)|0x80;
	  }
	}</pre>

5.2.2 流水灯控制

单片机控制系统中常常需要用 LED 来指示系统的工作状态或其他提示信息。LED 的“亮”和“灭”两种状态刚好对应二进制位的逻辑 **0** 和逻辑 **1** 状态，因此可用 MCS-51 单片机的一根 I/O 接口线方便地控制一个 LED。用单片机的 I/O 接口线加上适当的驱动电路，再通过软件编程可以实现满足各种要求的灯光控制系统。

【例 5-2】

由 8 个 LED 组成的流水灯控制。

本例的硬件电路图如图 5-8 所示，编程实现 8 个 LED 从右到左循环显示。

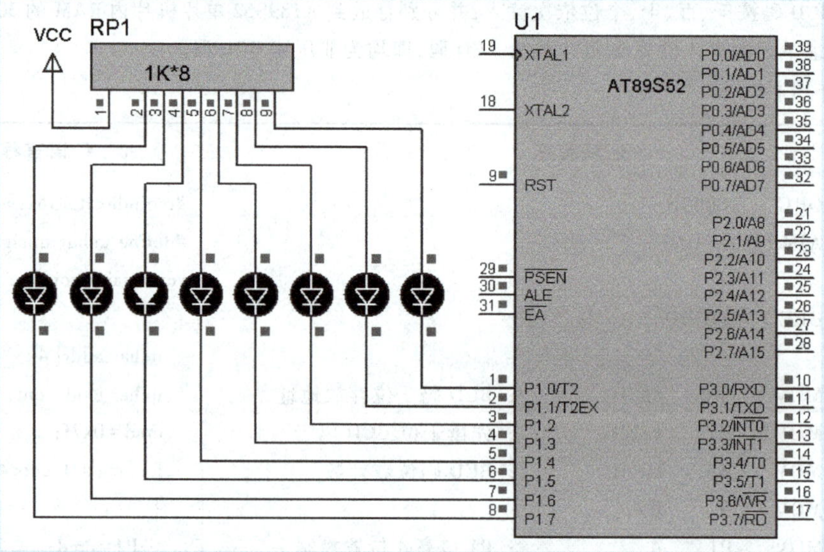

图 5-8 流水灯控制硬件电路图

图中的单片机是 Atmel 公司的 AT89S52 单片机，RP1 是 8 个阻值为 1 kΩ 的限流电阻。8 个 LED 的阳极通过限流电阻接+5 V 电源，阴极分别接单片机的 P1.0~P1.7。因此 LED 显示方式控制实质就是控制 P1 口各引脚输出状态按要求变化即可。

参考程序如下：

汇编程序	C 语言程序
ORG 0000H	#include<REG52. h>
AJMP MAIN	#define uchar unsigned char
	void Delay(void)
ORG 0050H	{ unsigned int x;
MAIN:	for (x=0;x<60000;x++);

汇编程序	C 语言程序

<pre>   MOV   R7, #0FEH   ；初始点亮最右边 LED
LOOP:
      MOV   P1, R7   ；输出数据到 P1 口
      ACALL DELAY   ；延时
      MOV   A,   R7   ；点亮的 LED 左移一位
      RL   A
      MOV   R7, A
      AJMP   LOOP   ；循环
DELAY:
      MOV   R6, #4   ；延时子程序
DE1: MOV   R5, #250   ；约执行了 50000 个机器
                            ；周期
DE2: MOV   R4, #250
      DJNZ   R4, $
      DJNZ   R5, DE2
      DJNZ   R6, DE1
      RET
      END</pre>
	<pre>}
	void main(void)
	{ uchar cmd = 0xfe;
	   while(1)
	   { P1 = cmd;
	      Delay();
	      if((cmd&0x80) = = 0x80)
	        cmd = (cmd<<1)+1;
	      else cmd = cmd<<1;
	   }
	}</pre>

5.2.3 数码管显示器与单片机的接口

在 MCS-51 系列单片机的应用中，通常要进行信息显示，而显示器件大多是采用 LED 数码管或 LCD。对 LED 和 LCD 器件来说，它们的接口方法是不同的。因为 LED 一般所需的电流较大，而且对于数码管显示器而言，在显示时要求给出和显示数字对应的 7 段或 8 段显示码。对于 LCD 器件来说，现在已经配置了专门的驱动电器，在进行信息显示时，往往把信息写入驱动电路的存储器中。由于存储器和 LCD 显示屏是一种映射关系，故只要写入其存储器的信息适当，则可以在 LCD 中显示出对应的正确信息。

如图 5-9 所示，数码管显示器有共阴和共阳两种，七段数码管由 8 支发光二极管组成，即 7 个笔画段 g 、f 、e、d 、c、b、a 和 1 个小数点 h，称它们为“段”，而公共端称为“位”如图 5-9 所示。下面就论述共阴极数码管的控制原理。

我们知道二极管只有正极（阳极）的电压比负极（阴极）电压高时，二极管才可能导通，发光二极管也是这样。发光二极管只有导通，即有电流通过其才能发光。对于共阴极数码管，如果其位选端加高电压 **1**，则其所有段笔画都不可能发光

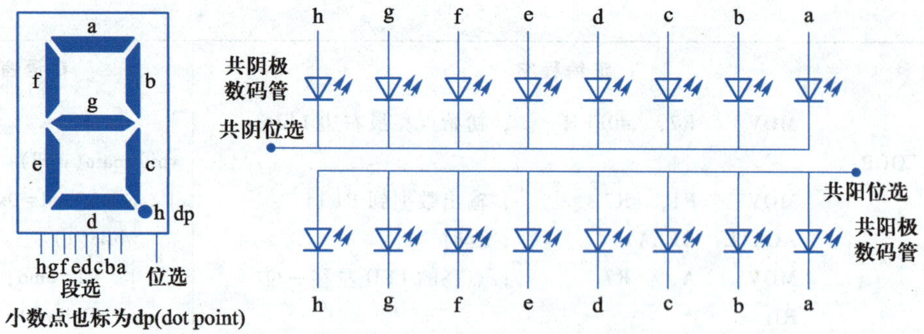

图 5-9 数码管内部结构

显示，仅当其位选加低电压 **0** 时，那些加高电压 **1** 的段笔画才会发光显示，而加低电压 **0** 的段笔画则不发亮，由发光段笔画即可组成各种显示字符。例如，要显示"1"，b 段和 c 段发光即可。

如果将共阴极数码管的段笔画 h、g 、f 、e、d 、c、b、a 分别对应接到 51 单片机 P1 端口的 P1.7、P1.6、P1.5、P1.4、P1.3、P1.2、P1.1、P1.0，那么显示"1"就要令

P1 = **0000 0110**B = 06H

06H 就称为"1"的七段编码值。每个不同字符或符号都有一个七段编码值，所有要用到的字符或符号值集合在一起，就组成了七段码表。针对数值 0 到 9，我们可以将它们对应的字符编码值放在一个线性映射表中：

```
NumberCode:DB 3fH, 06H, 5bH,4fH, 66H, 6dH, 7dH, 07H, 7fH, 6fH
```

如果数值放在累加器 A 中，即(A)= 0，…，9，通过查表指令即可到累加器 A 中数值的七段编码值。

```
MOV     DPTR,#NumberCode        ;码表首址
MOVC    A,@ A+DPTR              ;查表得到七段编码值放入累加器 A
MOV     P1,A                    ;送给数码管显示
```

对于共阳极数码管的情况，其 7 段码值正好是共阴极数码管的反码，而位选端的电平控制也正好相反。

数码管显示分为静态显示和动态扫描显示两种。静态显示用于所需数码管很少的情况，每个数码管的位选端始终有效，段选端独立占用 8 根 I/O 接口线，即每个数码管独立显示各自的信息，相互无关联。

动态扫描显示指所有数码管的段选端公用 8 根 I/O 接口线，即各数码管的相同段选端是并接在一起的，每个数码管的位选端用一根 I/O 接口线控制。从段选口送出的数据应显示在哪个数码管上由位选口的状态决定。数码管动态显示连接示意图如图 5-10 所示。

动态扫描显示接口电路设计时，由于数码管个数不同，段选口线需提供的驱动也不同，因此要根据实际情况设计适当的显示驱动电路。

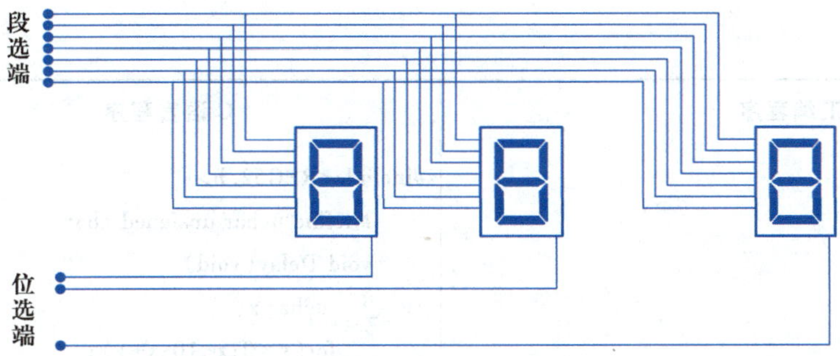

图 5-10 数码管动态显示连接示意图

【例 5-3】

数码管动态扫描程序设计。4 位共阴数码管动态显示接口电路如图 5-11 所示。显示数据放在片内 RAM 30H~33H 单元(4 位非压缩 BCD 码),编写动态扫描显示程序。

视频 5-1:四联数码管驱动程序编写

图 5-11 中,单片机采用 Atmel 公司的 AT89S52 单片机,4 位共阴数码管采用数码管模块,对外提供 8 根段选线和 4 根位选线,其内部连线如图 5-10 所示。由于数码管段选端连接在单片机的 P0 口(该口内部无上拉电阻),故需外接上拉电阻。

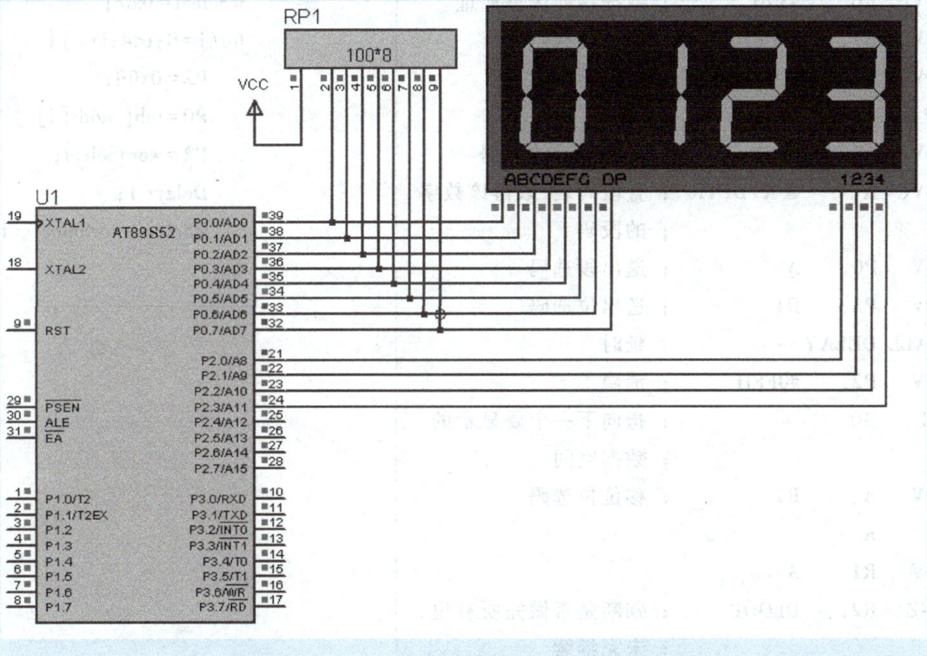

图 5-11 4 位共阴数码管动态显示接口电路

程序设计时,从 P2 口送出位选信号循环选中每个数码管。当 P2 口选中某个数码管后,P0 口送出对应段选信号,只要保证位选信号的变化和段选信号的变化一一对应,而且每位数码管的显示时间适当,就能以动态扫描方式实现静态显示效果。

为了验证显示结果的正确性,显示初始数据预置为 0、1、2、3。

参考程序如下：

汇编程序

```
    ORG     0000H
    AJMP    MAIN
    ORG     0050H
MAIN:
    MOV     30H,   #0          ; 预置显示数据为:0123
    MOV     31H,   #1
    MOV     32H,   #2
    MOV     33H,   #3
LOOP:
    ACALL DISPLAY              ; 调用显示子程序
    AJMP    LOOP               ; 循环
DISPLAY:
    MOV     DPTR, #TAB         ; 段选码表首地址
    MOV     R0,    #30H        ; 数据缓冲区首地址
    MOV     R1,    #0FEH       ; 初始位选码
    MOV     R2,    #4          ; 数码管个数
DLOOP:
    MOV     A,     @ R0        ; 取待显示的数据
    MOVC    A,     @ A+DPTR    ; 查段码表,取得该数字
                               ; 的段码
    MOV     P0,    A           ; 送出段选码
    MOV     P2,    R1          ; 送出位选码
    ACALL DELAY                ; 延时
    MOV     P2,    #0FFH       ; 消隐
    INC     R0                 ; 指向下一个要显示的
                               ; 数据空间
    MOV     A,     R1          ; 移位位选码
    RL      A
    MOV     R1,    A
    DJNZ    R2,    DLOOP       ; 判断是否做完所有位,
                               ; 未完继续
    RET                        ; 子程序返回
DELAY:
    MOV     R7,    #50         ; 延时子程序
    DJNZ    R7,    $
```

C 语言程序

```
#include<REG52.h>
    #define uchar unsigned char
    void Delay(void)
    {   uchar x;
        for(x=0;x<10;x++);
    }
    void main(void)
    {   uchar addr[4] _ at _ 0x30;
        uchar   i, wSelect;
    uchar code tab[]={0x3f,0x06,0x5b,
                0x4f,0x66, 0x6d,0x7d,0x07,
                0x7f,0x6f,0x76};
    for(i=0;i<4;i++) addr[i]=i;
    while(1){
            wSelect=0xfe;
            for(i=0;i<4;i++){
                P2=0x0ff;
                P0=tab[ addr[i] ];
                P2=wordSelect;
                Delay();
                wSelect=(wSelect<<1)+1;
            }
        }
    }
```

汇编程序	C 语言程序
RET TAB: ；共阴数码管段码表(0—F) DB 3FH,06H,5bH,4fH,66H,6dH,7dH,07H DB 7fH,6fH,77H,7cH, 39H,5eH,79H,71H END	

当数码管较多时，图 5-10 所示的电路占用的 I/O 引脚仍然较多。有时希望节省数码管显示所占用的 I/O 引脚数，这时就需要在单片机系统扩展专门的显示驱动电路，而这个显示驱动电路和单片机之间采用串行通信，这样就可以节省较多的 I/O 引脚。

MC14499 是 MOTORLA 公司推出的产品，具有管理 4 位数码管显示器的能力，其显示方式采用动态扫描，功耗较低。由于 MC14499 是一种串行输入接口芯片，所以与单片机的接口很简单，既可以利用单片机的串行接口进行控制，又可以采用普通并行 I/O 接口进行控制。

MC14499 的引脚如图 5-12 所示。其引脚的功能说明如下：

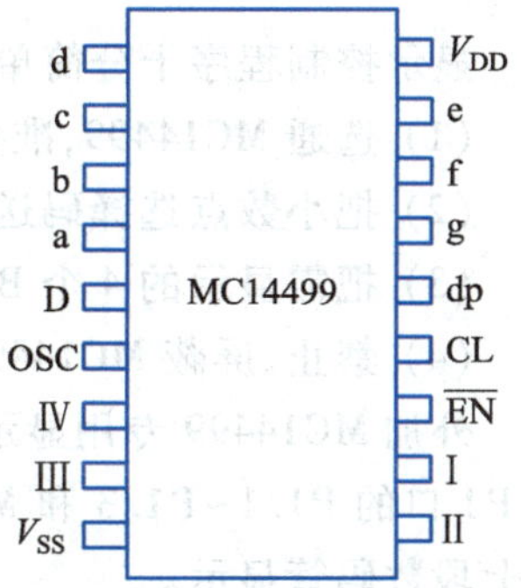

图 5-12 MC14499 的引脚图

V_{DD}：电源正端。

V_{SS}：电源地。

a~g：七段显示输出。

dp：小数点显示输出。

I~Ⅳ：4 个位选通端。

OSC：晶振输入端，外接电容。

D：串行数据输入端。

CLK：时钟输入端，为串行输入数据提供同步时钟信号。

$\overline{EN}$：使能端。低电平时，允许 MC14499 接收串行输入数据；高电平时，片内移位寄存器将数据送入锁存器中锁存。

MC14499 芯片内部由 20 位移位寄存器、锁存器、多路输出器、译码器和振荡器等组成。外部输入的数据进入移位寄存器，在使能端置位时，再将数据送至锁存器。多路输出从锁存器取出数据送到译码驱动器，经译码后转换成七段码送到段和小数点驱动器输出。另外，片内振荡器产生的信号经过 4 分频、译码后，提供 4 个位控制信号，再经驱动器送至 4 条位控制线，以实现动态扫描。

MC14499 的串行输入数据时序如图 5-13 所示。从图中可以看出，当使能端为低电平时，在时钟输入的下降沿串行数据被送入 MC14499 中，当使能端为高电平时,对 MC14499 的输入数据无效。

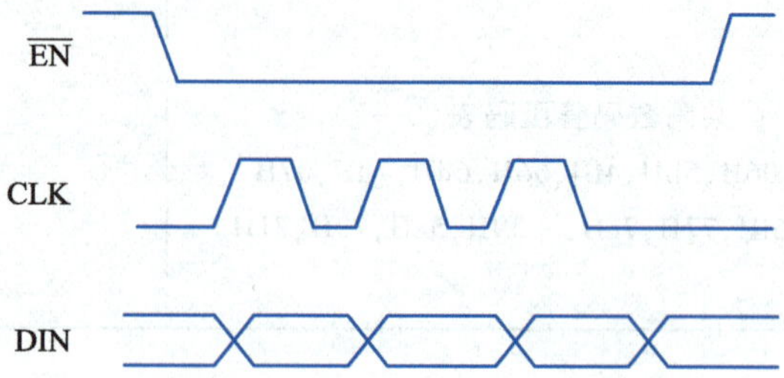

图 5-13 MC14499 的串行输入数据时序图

MC14499 每次能接收 20 位串行输入数据,在这接收的 20 位数据中,前 4 位表示小数点选择位,后 16 位表示 4 个 4 位 BCD 码,其具体的 20 位数据输入格式如表 5-3 所示。

表 5-3 20 位数据输入格式

20	19	18	17	16	15	14	13	12	11	10	9	8	7	6	5	4	3	2	1
LSB		MSB		LSB		MSB		LSB		MSB		LSB		MSB		Ⅳ	Ⅲ	Ⅱ	Ⅰ
Ⅳ段 BCD 码				Ⅲ段 BCD 码				Ⅱ段 BCD 码				Ⅰ段 BCD 码				小数点选择			

显示控制程序十分简单,主要完成下列有关工作:

(1) 选通 MC14499,准备显示。

(2) 把小数点选择码送入 MC14499。

(3) 把需显示的 4 个 BCD 码送入 MC14499。

(4) 禁止、屏蔽 MC14499。

外加 MC14499 专用显示驱动芯片的接口如图 5-14 所示。AT89S52 单片机通过 P1 口的 P1.1~P1.3 和 MC14499 进行串行数据传送,MC14499 则直接去驱动 4 个七段数码管显示。

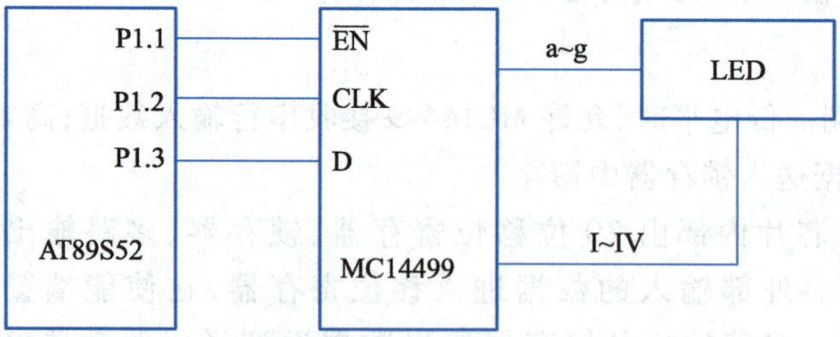

图 5-14 外加 MC14499 专用显示驱动芯片的接口

在电路连接中,AT89S52 单片机的 P1.1 引脚和 MC14499 的使能端($\overline{EN}$)相连,P1.2 引脚产生 MC14499 所需的串行输入时钟信号并和 MC14499 的时钟输入端 CLK 相连,P1.3 引脚用于输出显示的串行数据并且和 MC14499 串行数据输入端 D 相连。

当 MC14499 接收完 20 位数据时，必须使其使能端为高电平，以屏蔽其工作，防止干扰信号的串入，否则，MC14499 在干扰信号串入之后会显示错误的结果。而在 MC14499 开始接收显示数据时，则应使其使能端为低电平，直到数据接收完毕。

【例 5-4】

MC14499 数码管显示程序设计。

单片机与 MC14499 的接口电路如图 5-14 所示。设 4 位 BCD 码放在片内 RAM 31H 和 32H 单元（压缩 BCD 码），4 位小数点放在片内 RAM 30H 单元的高 4 位。试编程实现 4 位 BCD 码显示。

编程时，数据传送必须按表 5-3 的格式进行，即每次送入 MC14499 的 20 数据中，前 4 位是小数点选择，后 16 位是 BCD 数据，每位 BCD 码数据都是高位在前。

参考程序如下：

汇编程序

```
        ORG     0000H
        AJMP    MAIN
        ORG     0050H
MAIN:
        CLR     P1.1        ; 选通芯片
        MOV     A,  30H     ; 取小数点
        MOV     R1, #4      ; 准备送入后 4 位数据
        ACALL   WRTO        ; 调用数据写入子程序
        MOV     A,  31H     ; 数据送入累加器
        ACALL   WR8         ; 写数据到 MC14499
        MOV     A,  32H     ; 数据送入累加器
        ACALL   WR8         ; 写数据到 MC14499
        SETB    P1.1        ; 禁止对芯片操作
        AJMP    $
WR8:
        MOV     R1, #8
WRTO:   SETB    P1.2        ; 时钟高电平
        RLC     A           ; 数据送入进位标志位
        MOV     P1.3,C      ; 数据送入 MC14499
        CLR     P1.2        ; 时钟低电平
        DJNZ    R1, WRTO    ; 判断一个字节是否做
                            ; 完,未做完继续
        RET
        END
```

C 语言程序

```
#include<REG52. h>
#define uchar unsigned char
sbit en=P1^1;
sbit clk=P1^2;
sbit d=P1^3;
void Wrt0(uchar cnt, uchar * addr){
    uchar x;
    for(x=0;x<cnt;x++){
        clk=1;
        if(((*addr<<x)&0x80)!=0) d=1;
        else d=0;
        clk=0;}
}
void main(){
    uchar * addr;
    uchar count,i;
    en=0;addr=0x30;
    count=4;Wrt0(count,addr);
    for(i=0;i<2;i++){
     count=8;addr++;
     Wrt0(count,addr);}
    en=1;
}
```

5.2.4 键盘与单片机的接口

键盘是人与计算机联系的重要手段,通过键盘可向计算机系统输入(常称键入)程序、置数、送操作命令、控制程序的执行走向等,所以使用非常广泛。单片机系统所用的键盘有编码键盘和非编码键盘两种。

编码键盘本身除了按键之外,还包括产生键码的硬件电路。只要按下编码键盘的某一个键,它就能产生这个键的代码,并称为键码,与此同时还产生一个脉冲信号,以通知CPU接收键码。编码键盘的优点是使用比较方便,亦不需要编写太复杂的程序,其缺点是使用的硬件较复杂。因此在微型计算机系统中使用编码键盘还不多。

在非编码键盘中,按键的作用只是简单地实现接点的接通或断开,因此必须有相应的程序与之配合才能工作,即非编码键盘需要通过软件来解决按键的识别、防抖动以及如何产生键码等问题。非编码键盘几乎不需要附加什么硬件电路,因此,在微型计算机系统中获得较普遍的应用。

非编码键盘又可分为独立式按键和行列式键盘两种情况。

独立式按键是指直接用I/O接口线构成的单个按键电路。每个独立式按键单独占用一根I/O接口线,每根I/O接口线上的按键工作状态不会影响其他I/O接口线上的状态。独立式按键的键盘扫描程序也非常简单,只需检测每根I/O接口线的**0**、**1**的状态,即可判断相应按键是否有按键操作。本章对独立式按键不作详细介绍。

行列式键盘又叫做矩阵式键盘,用I/O接口线组成行、列矩阵结构,按键排列在行、列交叉点上。例如2×8键盘、4×4键盘、4×8键盘、8×8键盘等。以4×4键盘为例(如图5-15所示),它共有4根行线和4根列线,行、列交叉点接有4×4=16

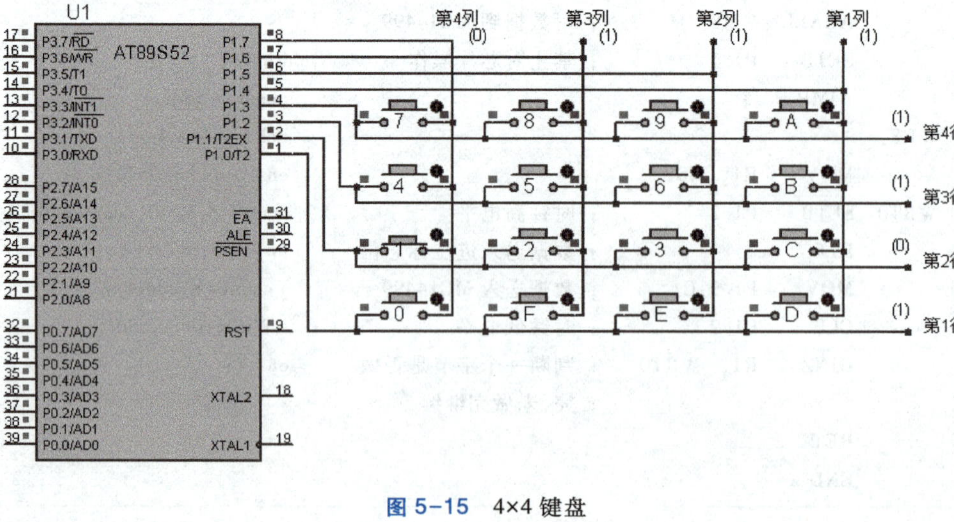

图5-15 4×4键盘

个按键。可以通过“行扫描”来确定是否有键按下以及被按按键所在的行、列位置。所谓行扫描就是依次给每条行线输入 **0** 信号，而其余各行线输入 **1** 信号，并检测对每一行扫描时所产生的列信号。例如，假定在第二行上给 **0** 信号，其他行给 **1** 信号，此时，如果将处于第四列的键 **1** 按下，那么行二和列四两线短路，导致列四线变成低电平，结果是第四列将输出 **0** 信号，而其他列输出 **1** 信号。可见，代表键 1 合上的特征信号为

行信号：**1101**（第二行为 **0**）

列信号：**0111**（第四列为 **0**）

在这里，行、列信号正好都是 4 位。为了便于计算机处理，可以将行、列信号拼装在一个字节中，然后将它求反，便得到相应的“特征字”。例如，代表键 1 的特征字的组成方法是

0	1	1	1	1	1	0	1
列信号				行信号			

取反 →

1	0	0	0	0	0	1	0
特征字：82H							

如果计算机发行信号 **1101**，所读列信号为 **0111**，经过拼装、求反，便可得到特征字为 82H，由此可判断所按按键为 1 号键。按此方法求取的特征字与已按键的对应关系是唯一的，因此可以根据特征字来识别键盘上所有的键。有趣的是，这种特征字与键所在的行、列的 I/O 线的“权”值有关，所以很容易得出其他键的特征字为：

键盘上的字符	0	1	2	3	4	5	6	7	8	9	A	B	C	D	E	F
特征字	81	82	42	22	84	44	24	88	48	28	18	14	12	11	21	41

应用键盘的单片机系统为了能及时地响应键盘操作，需经常对键盘进行扫描。究竟在何时扫描，可以有不同的安排。有的在主程序循环执行的过程中作为内容之一附带进行，有的按时间定时（用定时器/计数器定时）进行，也有的在有按键按下的同时将申请外部中断，而只在 CPU 响应并进入这一外部中断服务程序后才进行。大家可以根据具体的情况灵活应用。上面的特征字可以作为程序中的数据表，用查表来确定是哪个键被按下。

键盘应用中除了要考虑在何时扫描键盘之外，还要考虑如何解决按合“抖动”、如何做到“每按键 1 次只响应 1 次”、如何实现“一键多功能（较普遍的是一键承担两种功能）”以及如何编键号、如何防止“两键同按”或“数键同按”等，所采用的方法也多种多样。设计键盘接口时应根据实际情况选择适当的硬件电路，再综合考虑系统软件整体结构并结合硬件电路编制键盘程序。

1. 行列式键盘与单片机的接口电路

由上面的原理分析可知，只要单片机能提供两组 I/O 接口线：一组作为行信号输出，另一组作为列信号的读入口，便能实现行列式键盘与单片机的硬件接口。

2. 行列式键盘程序设计

行列式键盘程序的任务大体包括以下几个方面：

(1) 全行扫描,判断有没有按键合上。

(2) 逐行扫描,获取合上按键的行信号与列信号。

(3) 由行、列信息识别合上的按键(得到按键特征字)。

(4) 按键分类处理,即实现按键对应功能。

下面以图 5-15 所示的 4×4 键盘为例,介绍行列式键盘的按键扫描程序设计(从判断有无键按下到求得按键特征字)。

【例 5-5】

行列式键盘扫描程序设计。

MCS-51 单片机的 P1 口高 4 位和图 5-15 所示电路的行线相连,低 4 位和列线相连,编写键盘扫描程序。

首先给所有行线均输出低电平,然后将列线状态读入累加器 A。如果有键按下,总会有一根列线状态为低电平。

如果判断有键按下,则用软件延时方式去抖动,即判断是抖动还是真有键按下。如果确实有键按下,再用逐行扫描方式确定按键位置并求取按键特征字,最后做按键释放处理。键盘扫描程序流程图如图 5-16 所示。

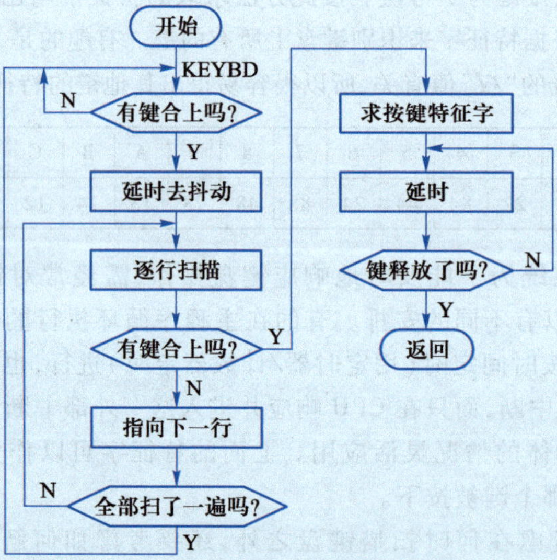

图 5-16　键盘扫描程序流程图

参考程序如下:

汇编程序	C 语言程序
ORG　0000H	#include<REG52. h>
AJMP　MAIN	#define uchar unsigned char
	void Delay(void)
ORG　0050H	{　unsigned int x;

汇编程序

```
MAIN:
        ACALL   KEYBD
        MOV     P2, A
        AJMP    $

KEYBD:
        MOV     P1,  #0FH             ; 全行扫描,有无键
                                      ; 按下
        MOV     A,   P1               ; 读列信号
        XRL     A,   #0FH             ; 异或,相同为 0
        JZ      KEYBD                 ; 无键按下,继续扫描
        ACALL   DELAY                 ; 延时,消抖
        MOV     A,   P1
        XRL     A,   #0FH
        JZ      KEYBD                 ; 延时后无键按下为
                                      ; 抖动
        MOV     A,   #11101111B       ; 准备逐行扫描
LOOP:   MOV     P1,  A                ; 扫描一行
        CJNE    A,   P1,  KEY1        ; 不相同,有键按下
        RL      A
        CJNE    A,   #11111110B,LOOP  ; 无键按下重新查寻
        AJMP    KEYBD
KEY1:   MOV     A,   P1
        CPl     A                     ; 取反求得行特征字
        PUSH    ACC                   ; 按键特征字暂存于
                                      ; 堆栈
        MOV     A,   #0FH
KEY2:   MOV     P1,  A
        CJNE    A,   P1,  KEY2        ; 等按键释放
        ACALL   DELAY                 ; 去抖动
        CJNE    A,   P1,  KEY2        ; 等按键释放
        POP     ACC                   ; 返回键特征字
        RET
DELAY:                                ; 延时子程序(10 ms
                                      ; 延时)
        MOV     R5,  #50
DEL:    MOV     R4,  #100
        DJNZ    R4,  $
        DJNZ    R5,  DEL
        RET
        END
```

C 语言程序

```
    for(x=0;x<1000;x++);
}
uchar Keybd(void)
{   uchar cmd, key;
    key=0;
    while(key==0)
    {   P1=0x0f;
        if (P1 !=0x0f)
        {   Delay();
            if (P1 !=0x0f)
            {   cmd=0xef;
                while(cmd !=0xff)
                {  P1=cmd;
                   if(P1 !=cmd)
                   { key=P1^0xff;   break;}
                   else   cmd=(cmd<<1)+1;
                }
            }
        }
    }
    P1=0x0f;
    Do{
        while(P1 !=0x0f);
        Delay();
    }while(P1 !=0x0f);
    return(key);
}
void main(void)
{
    P2=Keybd();
    While(1);
}
```

假设有一个键被按下,则有如下算法:

P1=0x0f,X=P1,X 的二进制值应该是:**0000**xxxx,其中某个 x 应该为 **0**;

P1=0xf0,Y=P1,Y 的二进制值应该是:yyyy**0000**;其中某个 y 应该为 **0**;

$XY=X \mid Y$=yyyyxxxx,将 XY 取反即可得到按键特征值。

电子教案 5-2:I²C 总线的应用

5.2.5 I²C 总线的应用

单片机系统中除 CPU 及其最小系统外,根据系统功能,往往还扩展了一些外围接口芯片,这就需要实现单片机和外围接口芯片间的数据交换。数据交换采用的总线方式有并行总线和串行总线之分。并行总线速度快,但需占用 CPU 大量的 I/O 接口线,成本高;串行总线速度较慢,但所需信号线少、成本低。在各种串行总线中,I²C 总线是一种芯片间数据传送标准,它的应用大大简化了单片机应用系统的硬件设计。本章重点介绍 I²C 总线协议、AT89S52 单片机的 I²C 总线扩展方法及访问程序的编写。

1. I²C 总线简介及应用

串行扩展总线的推出为单片机设计带来了极大的方便,有利于系统设计的模块化和标准化,省去了电路板上的大量连线,提高了可靠性,降低了成本。I²C 串行总线是由 Philips 公司开发的一种简单的双向二进制同步串行总线。它只需要两根线即可在连接于总线上的器件之间传送信息,器件引脚少、体积小,不需要片选线,支持带电插拔,并有众多的外围接口芯片。常用的 I²C 总线外围通用器件有 SRAM、E²PROM、ADC/DAC、RTC 、I/O 接口、DTMF 等。现在 I²C 技术已在各种单片机系统,包括家电中得到广泛应用。

(1) I²C 总线的特点

I²C 总线的主要特点有:

① 总线只有两根线,即串行时钟线和串行数据线。

② 每个连接到总线上的器件地址由芯片内部硬件电路和外部地址同时决定,避免了片选线连接方法,并建立简单的主从关系,主器件既可以作为发送器,又可以作为接收器。

③ I²C 总线是一个真正的多主总线,带有竞争监测和仲裁电路,多个主机任意发送而不破坏总线上的数据。

④ 同步时钟允许器件以不同的波特率进行通信。在标准 I²C 模式下数据传送率可达 100 KB/s,高速模式下可达 400 KB/s。

⑤ 同步时钟和数据线配合产生可以作为启动、应答、停止或重新启动串行发送的握手信号。

⑥ 连接到同一总线的集成电路数受 400 pF 的最大总线电容的限制。总线上

的每个外围器件都有一个器件地址，总线上扩展外围器件时也要受器件地址限制。

(2) I^2C 总线原理简介

I^2C 总线为双向同步串行总线，I^2C 总线接口的电气结构如图 5-17 所示。总线接口输出为 FET 开漏结构，故总线上必须有上拉电阻 R_p。上拉电阻可参考有关数据手册选择，通常可选 5～10 kΩ。总线工作时，当 SDA 出(或 SCL 出)输出 FET 截止时，输出 **1**；SDA 出(或 SCL 出)输出 FET 导通时，把总线电平拉低，输出 **0**。带 I^2C 接口器件通过 SDA 入(或 SCL 入)输入缓冲器采集总线上的数据或时钟信号。AT89S52 单片机和 I^2C 总线器件组成的系统结构如图 5-18 所示。图中，SCL 是时钟线，SDA 是数据线。由于这是**线与**连接方式，所以总线在空闲状态下都保持高电平。总线工作时，主控器件控制 SCL 线的电平高低产生数据传输的同步时钟信号，SDA 线上以高低电平的形式依 I^2C 接口协议在不同器件间传输数据。

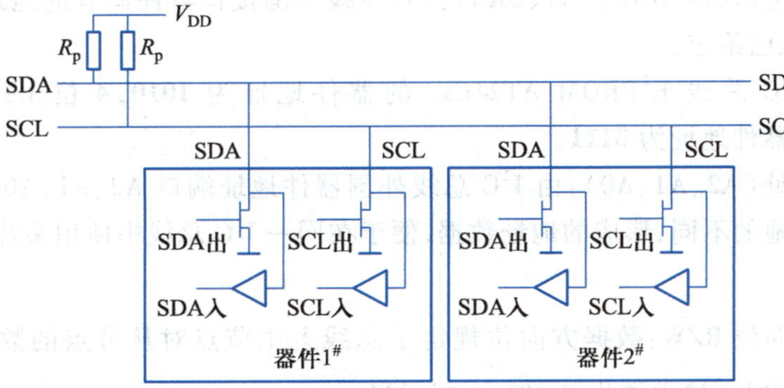

图 5-17　I^2C 总线接口的电气结构

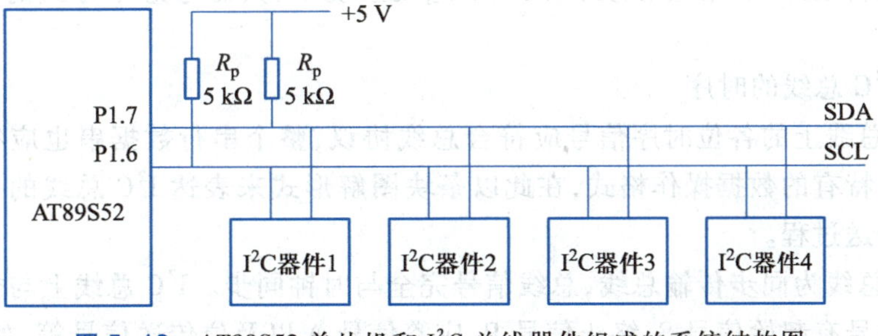

图 5-18　AT89S52 单片机和 I^2C 总线器件组成的系统结构图

I^2C 总线支持多主和主从两种工作方式。在多主方式中，通过硬件和软件仲裁主控制器的总线控制权。但是，51 系列单片机中具有 I^2C 总线接口的毕竟是少数，且大多数单片机应用系统中只有一个 CPU，系统中只有一个主器件，即单主节点。总线上的其他器件都是具有 I^2C 总线接口的外围从器件，这时的 I^2C 总线就工作在主从工作方式，即总线上只有单片机对 I^2C 总线从器件的读写访问，没有总线的竞争等问题，这种情况下只需要单片机模拟主发送和主接收时序就可以完成对从器件的读写操作，SCL时钟信号由主控CPU产生。基于上述考虑，这里主要介绍这种使用情况下的时序模拟软件，使I^{2}C总线的使用不受单片机必须带I^{2}C总线接口的限制。主从方式系统结构图见图5-18。

在主从方式中，挂接到总线上的所有外围器件、外设接口都是总线上的节点。在任何时刻，总线上只有一个主控CPU器件（主节点）实现总线的控制操作，对总线上的其他节点寻址，分时实现点对点的数据传送。因此，总线上每个节点都有一个固定的节点地址。从器件的地址包括器件编号地址和引脚地址，器件编号地址由I^{2}C总线委员会分配，引脚地址决定于引脚外接电平的高低，I^{2}C总线上所有的外围器件都有规范的器件地址。器件地址由7位组成，它们和1位方向位构成了I^{2}C总线器件的寻址字节SLA。寻址字节格式如下：

DA1	DA2	DA1	DA0	A2	A1	A0	R/$\overline{W}$

器件地址（DA3、DA2、DA1、DA0）：I^{2}C总线外围接口器件固有的地址编码，器件出厂时，就已给定。

例如，I^{2}C总线E^{2}PROM AT24Cxx的器件地址为**1010**，4位LED驱动器SAA1064的器件地址为**0111**。

引脚地址（A2、A1、A0）：由I^{2}C总线外围器件地址端口A2、A1、A0在电路中接电源或接地的不同，形成的地址数据，便于在同一I^{2}C总线中使用多片同一型号器件。

数据方向位R/$\overline{W}$：数据方向位规定了总线上主节点对从节点的数据传送方向。R/$\overline{W}$=**1**时主接点接收，R/$\overline{W}$=**0**时发送。

当器件内部有连续的子地址空间时，对这些空间进行N个字节的连续读写，子地址会自动加**1**。在主从方式的I^{2}C总线系统中，只需考虑主方式的I^{2}C总线操作。

2. I^{2}C总线的时序

I^{2}C总线上的各位时序信号应符合总线协议，整个串行数据串也应符合不同芯片本身特有的数据操作格式，在此以条块图解形式来表达I^{2}C总线的一次完整的数据传送过程。

I^{2}C总线为同步传输总线，总线信号完全与时钟同步。I^{2}C总线上与数据传送有关的信号有起始信号S、终止信号P、应答信号A以及位传送信号等，如图5-19所示。

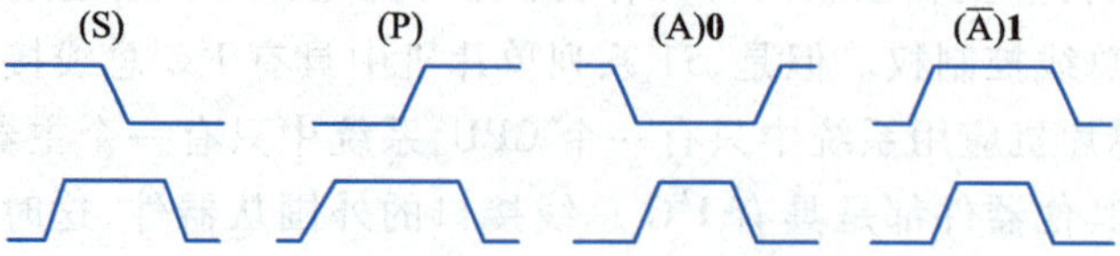

图5-19 I^{2}C总线上的信号

起始信号(S):在时钟 SCL 为高电平,数据线 SDA 出现由高电平向低电平变化时,将启动 I^2C 总线数据传送。

终止信号(P):在时钟 SCL 为高电平,数据线 SDA 出现由低电平向高电平变化时,将停止 I^2C 总线数据传送。

应答信号(A):I^2C 总线上第 9 个时钟脉冲对应于应答位,相应数据线上低电平时为“应答”信号 A ,高电平时为“非应答”信号 $\overline{A}$。

数据位传送:在 I^2C 总线启动后或应答信号后的 1~8 个时钟脉冲对应于 1 个字节的 8 位数据传送。时钟脉冲高电平期间,数据位电平保持稳定串行转送,时钟脉冲低电平期间为数据准备,允许总线上数据电平变换。

I^2C 总线是一种串行数据总线,I^2C 总线上传送的每一个字节均为 8 位,并且高位在前。首先由起始信号启动 I^2C 总线,其后为寻址字节,高 7 位是从机的地址,第八位是传送方向位,方向位 $R/\overline{W}$ 表明主控器与被控器数据传送方向,方向位为 **0** 时表明主控器对被控器的“写”操作,方向位为 **1** 时表明主控器的“读”操作。标准 I^2C 总线的设备都有一个 7 位地址,所有连接在 I^2C 总线上的器件都接收启动信号后的第一个字节,并将接收到的地址与自己的地址进行比较,如果地址相符则为主机要寻访本器件,被寻访器件应在第九位时钟脉冲时向 SDA 线送出低电平作为应答。除了第一字节是从机地址之外,第二字节开始即为数据字节。每传送一个字节后都必须跟随一个应答位或非应答位,在全部数据传输字节数结束后主控制器发送终止信号 P。I^2C 总线上一次完整的数据传送时序如图 5-20 所示,其完整的数据操作包括起始(S)、发送寻址字节(SLA、$R/\overline{W}$)、应答、发送数据、应答……直到终止(P)。

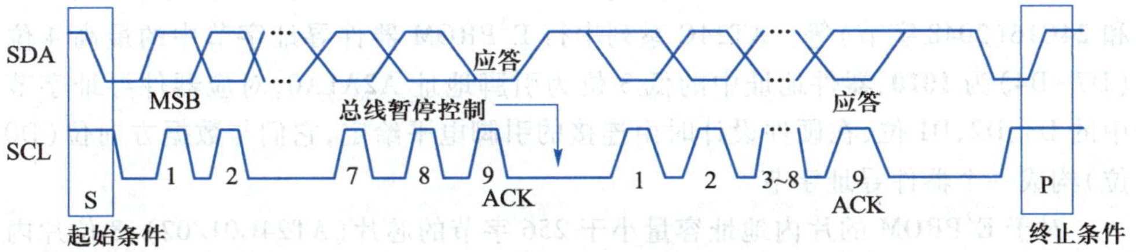

图 5-20 I^2C 总线数据传送时序图

(1) 主发送的数据操作格式

主节点向由寻址字节指定的外围器件节点发送 N 个字节数据,整个数据传送过程中数据传送方向不变。数据操作格式如下:

S	SLAW	A	data1	A	data2	A	…	dataN-1	A	dataN	A	P

其中,▇——主节点发送,从节点接受。

□——主节点接受,从节点发送。

SLAW——寻址字节(写)。

data1-data$N$——写入从节点 N 个数据。

在主发送中的应答位 A 都是由从节点在接收到寻址字节 SLAW 和数据后向主控器发出的应答位。

（2）主接收的数据操作格式

主节点要求被寻址的外围器件节点发送 N 个字节数据操作格式如下：

S	SLAR	A	data1	A	data2	A	…	data$N$-1	A	data$N$	$\overline{A}$	P

其中，SLAR 为寻址字节（读）。

在主接收中第一个应答 A 是从节点接收到寻址字节 SLAR 后发回的应答位，其余的应答 A 及非应答 $\overline{A}$ 都是由主控器在接收到数据后向从节点发出的应答位。

（3）操作格式的应用特性

操作格式是 I^2C 总线的重要应用界面。对于具体外围器件的运行原理不同其操作内容也不同。实际应用中要根据具体器件的运行原理列写出具体的操作格式。

无论哪种工作方式都是由主控器来启动总线，发送寻址字节和终止运行。主从方式时，时钟信号 SCL 由主控器件产生。

在 I^2C 总线接口的外围器件中，器件内部有多个地址空间时，其读写操作都有地址自动加 1 功能，但地址加 1 功能可能受到某些从器件页面地址的限制，具体使用时要仔细了解其数据格式。

3. AT24C 系列串行 E^2PROM

Atmel 公司生产的 AT24Cxx 系列串行 E^2PROM 是具有 I^2C 总线接口功能的电可擦除串行E^2PROM器件，具有掉电保护、功耗小、宽电源电压（2.5～6.0 V）的特点，该系列器件常用的有 24C02（256 字节）、24C04（512 字节）、24C08（1024 字节）和 24C16（2048 字节）等。AT24C 系列串行 E^2PROM 器件寻址字节中的最高 4 位（D7～D4）为 **1010**，器件地址中的低 3 位为引脚地址 A2A1A0，对应器件寻址字节中的 D3、D2、D1 位，在硬件设计时由连接的引脚电平给定，它们与数据方向位（D0 位）构成一个器件寻址字节。

对于 E^2PROM 的片内地址容量小于 256 字节的芯片（AT24C01/02），8 位片内寻址（A0～A7）即可满足要求，然而对于容量大于 256 字节的芯片，则 8 位片内寻址范围不够，如 AT24C16（2K），相应的寻址位数应为 11 位（$2^{11}=2\ 048$）。若以 256 字节为 1 页，则多于 8 位的寻址视为页面寻址。在 AT24C 系列中对页面寻址位采取占用器件引脚地址（A2、A1、A0）的办法，如 AT24C16 将 A2、A1、A0 作为页地址。凡在系统中引脚地址用作页地址后，该引脚在电路中不得使用，作悬空处理。

AT24C 系列 E^2PROM 读写操作

对 AT24C 系列 E^2PROM 的读写操作完全遵守 I^2C 总线的主收从发和主发从收的规则。

连续“写”操作：指对 E^2PROM 连续装载 N 个字节数据的写入操作，N 的值随型号不同而不同,24C01 一次最多可装载字节数为 4 字节,24C02 一次最多可装载字节数为 8 字节,24C04、24C08 和 24C16 一次最多可装载字节数为 16 字节。SDA 线上连续写操作数据状态如下:

S	1010A2A1A00	A	ADDR	A	DATA1	A	DATA2	A	…	DATAn	A	P
器件地址(写)		片内地址		≤n 个字节数据								

AT24C 系列片内地址在接收到每一个数据字节地址后自动加 1,故装载一页以内规定数据字节时,只需输入首地址。若装载字节多于规定的页最多字节数,数据地址将“上卷”,前面的数据被覆盖,故使用时要小心。

连续“读”操作:连续“读”操作时,为了指定首地址,需要两个伪字节给定器件地址(写)和片内地址,然后重复一次启动信号和器件地址(读),就可开始读出该地址的数据。由于写伪字节的过程中并未执行写操作,地址没有加 1,以后每读取一个字节,地址自动加 1。在“读”操作中接收器接收到最后一个数据字节后不返回肯定应答(非应答,SDA 保持高电平),随后发停止信号。连续读操作 SDA 上数据状态如下:

S	1010A2A1A00	A	ADDR	A	S	1010A2A1A011	A	DATA1	A	…	DATAn	$\overline{A}$	P
器件地址(写)			片内地址		器件地址(读)			≤n 个字节数据					

【例 5-6】

AT24C02 应用。

AT89S52 单片机和 AT24C02 硬件连接电路如图 5-21 所示。因为 A2A1A0 = **000**,故单片机读取 24C02 时,器件地址 SLAR = **10100001**B = 0A1H,写入 24C02 时,器件地址 SLAW = **10100000**B = 0A0H。试编写数据读写程序。

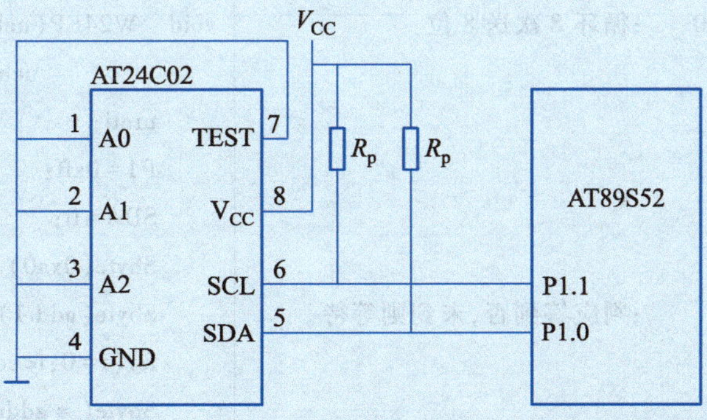

图 5-21 AT89S52 单片机和 AT24C02 硬件连接电路图

(1) 写串行 E^2PROM 子程序 W24EP

子程序入口参数为:(R3) = 器件地址(写),(R4) = 片内字节地址,(R1) = 欲写数据存放地址指针,(R7) = 连续写字节数 n。

参考程序如下：

汇编程序	C 语言程序
W24EP:MOV P1,#0FFH	#include<REG52.h>
CLR P1.0 ;发开始信号	#include<intrins.h>
MOV A,R3 ;送器件地址	#define uchar unsigned char
LCALL SBYTE	#define uint unsigned int
MOV A,R4 ;送片内字节地址	sbit SDA=P1^0;
LCALL SBYTE	sbit SCL=P1^1;
LOOP: MOV A,@R1	voidDelay(){
LCALL SBYTE ;调发送单字节子程序	uchar i;
INC R1	for(i=0;i<10;i++);
DJNZ R7,LOOP ;连续写 *n* 个字节	}
CLR P1.0 ;SDA 置 **0**,准备送停止信号	voidSbyte(uchar c){
LCALL DELAY ;延时以满足传输速率要求	uchar bcount;
SETB P1.1 ;发停止信号	for(bcount=0;bcount<8;bcount++)
LCALL DELAY	{ SCL=0;
SETB P1.0	if((c≪bcount)&0x80)SDA=1;
RET	else SDA=0;
SBYTE: MOV R0,#08H ;发送单字节子程序	_nop_();
LOOP0: CLR P1.1	SCL=1;Delay();}
RLC A ;移待发数据位到 C	SCL=0;SDA=1;Delay();
MOV P1.0,C ;送一位数到数据总线	SCL=1;
NOP	while(SDA);
SETB P1.1	SCL=0;
LCALL DELAY	}
DJNZ R0,LOOP0 ;循环 8 次送 8 位	void W24EP(uchar addr1,
CLR P1.1	uchar * addr2, uint count){
SETB P1.0	uinti;
LCALL DELAY	P1=0xff;
SETB P1.1	SDA=0;
RYD: MOV C,P1.0	Sbyte(0xa0);
JC RYD ;判应答到否,未到则等待	Sbyte(addr1);
CLR P1.1	for(i=0;i<count;i++){
RET	Sbyte(* addr2);addr2++;}
DELAY:NOP	SDA=0;Delay();
NOP	SCL=1;Delay();
NOP	SDA=1;
RET	}

(2) 读串行 E^2PROM 子程序 R24EP

子程序入口参数为:(R3)= 器件地址(写),(R4)= 欲读取数据片内字节地址,(R1)= 读取的数据欲存放地址指针,(R7)= 连续读字节数 n。

汇编程序	C 语言程序
R24EP: MOV P1, #0FFH	#include<REG52.h>
CLR P1.0 ;发开始信号	#include<intrins.h>
MOV A,R3 ;送器件地址	#define uchar unsigned char
LCALL SBYTE ;调发送单字节子程序	#define uint unsigned int
MOV A,R4 ;送片内字节地址	sbit SDA=P1^0;
LCALL SBYTE	sbit SCL=P1^1;
MOV P1,#0FFH	void Delay();
CLR P1.0 ;再发开始信号	void Sbyte(uchar x);
MOV A,R3	uchar Rbyte(){
SETB ACC.0 ;发读命令	uchar data1, bcount;
LCALL SBYTE	SDA=1;data1=0;
LOOP: LCALL RBYTE	for(bcount=0;bcount<8;bcount++)
MOV @R1,A	{ SCL=0;Delay();
INC R1	SCL=1;Delay();
DJNZ R7,LOOP ;连续读 n 个字节	Data1=data1≪ 1;
CLR P1.0	if(SDA==1)data1+=1;
LCALL DELAY	Delay();}
SETB P1.1	SCL=0;return(data1);
LCALL DELAY	}
SETB P1.0 ;送停止信号	void W24EP (uchar addr1, uchar *
RET	addr2,uint count){
RBYTE: MOV R0,#08H ;接收单字节子程序	uint i;
LOOP1: SETB P1.1	P1=0xff;SDA=0;
LCALL DELAY	Sbyte(0xa0);
MOV C,P1.0 ;把数据送到 C	Sbyte(addr1);
RLC A ;将数据位移入累加器 A	P1=0xff;SDA=0;
CLR P1.1	Sbyte(0xa1);
LCALL DELAY	for(i=0;i<count;i++){
DJNZ R0,LOOP1 ;未读完 8 位则继续	*addr2=Rbyte();
CJNE R7,#01H,L3	if(i<count-1) SDA=0;
SETB P1.0 ;若是最后一个字节置 ACK=1	else SDA=1;Delay();
SJMP SETOK	SCL=1;Delay();
L3: CLR P1.0 ;否则 ACK=0	SCL=0;addr2++;
SETOK: LCALL DELAY	}

汇编程序	C语言程序

SETB P1.1
LCALL DELAY
CLR P1.1
LCALL DELAY
SETB P1.0 ;应答毕,SDA置1
RET
	SDA=0;Delay();
	SCL=1;Delay();
	SDA=1;
	}
	void Delay(){
	uchar i;
	for(i=0;i<10;i++)_Nop();
	}

注意:程序B中的发送字节子程序"SBYTE"和延时子程序"DELAY"同程序A。DELAY延时子程序中NOP的个数应根据AT89S52单片机的机器周期的长短作适当调整,以满足24C02的时序要求。

目标测评2

T5-3 图5-7输出的BCD码为正逻辑还是负逻辑?

T5-4 图5-7中的4个**与非**门若换为**与**门,结果如何?

T5-5 图5-7中有没有I/O接口线需接上拉电阻?

T5-6 例5-2中,如何改变发光二极管的循环方向?

T5-7 例5-2中,如何改变流水灯的移动速度?

T5-8 动态扫描显示程序中,延时程序延时过长或过短分别会出现什么现象?延时长短和数码管的个数有关吗?如果有关,应是什么样的关系?

T5-9 例5-3中,若将数码管换为共阳结构,电路和程序需要修改吗?如何修改?

T5-10 例5-4程序的汇编程序中为何没有七段码表?

T5-11 例5-5的键盘扫描子程序只要被调用,如无键按下或有键按下而未释放,将不能返回主程序。这期间其他任何非中断服务程序将无法执行,这在很多情况下是不符合程序设计要求的。试按如下要求修改:

(1) 每次调用如无键按下,返回特征值0AAH。

(2) 检测到有键按下,但是是上次调用时未释放的按键,返回特征值55H。

T5-12 例5-5中,如键盘行扫描线和数码管位选线公用一组I/O接口线,应如何处理?

T5-13 图5-21中的上拉电阻能否省略?

T5-14 例5-5的汇编程序中,如等不到I^2C器件的应答信号将会出现死机现象,应如何修正?

T5-15 向I^2C器件写数据和从I^2C器件读数据的主要区别在什么地方?

T5-16 若一对I^2C总线上有多片I^2C器件,如何区分器件?

本章小结

本章主要介绍了 MCS-51 系列单片机 I/O 接口的内部电路结构、工作原理、使用方法及注意事项等,重点培养学生灵活应用单片 I/O 接口资源完成各种检测与控制任务的能力。对于单片系统而言,按键、LED、数码管是最常用的输入和输出器件,是人机接口的重要组成部分,本章从接口电路设计和应用程序设计方面结合实际应用案例做了详细的介绍。本章对常用的 I^2C 总线也做了较为详细的介绍,以扩展学生的知识面和单片机应用系统的设计能力。

习题

5-1 MCS-51 单片机的 P0~P3 作为通用的 I/O 接口使用时,在读入引脚数据时应注意什么?

5-2 怎样实现多个 LED 显示?其基本原理是什么?如果计算机还有其他的操作要执行,如何保持显示器"常亮"?

5-3 单片机是通过怎样的方法来识别简易键盘上每一个按键的?

5-4 MCS-51 单片机 P0~P3 作为 I/O 接口使用时的区别是什么?

5-5 MCS-51 单片机片外数据总线和片外地址总线是如何构成的?

5-6 说明 P3 口各端口线第二功能。

5-7 设计 MCS-51 单片机数码管显示系统,要求能正确显示自己的学号(最后 6 位)。

5-8 设计 MCS-51 单片机人机接口,包含 10 个按键和 1 个数码管,要求按下每个按键时,数码管分别显示数字 0~9。

习题详解:[题 5-8]解答

5-9 用软件延时方式从 MCS-51 单片机的 P1.0 产生周期为 1 ms,占空比为 4∶1 的脉冲信号。已知时钟频率为 12 MHz。

5-10 猜数字游戏:设计基于单片机的简易猜数字游戏系统,实现以下基本功能:

(1) 游戏平台由甲、乙两人操作。

(2) 甲通过按键任意输入 4 位十进制数(输入数据时数码管可实时显示输入的数据,输入确认后不再显示,确保乙不知甲输入的数据,且 4 位数码两两不能重复)。

(3) 乙猜甲设置的数字。乙通过按键输入 4 位十进制数码后确认输入。

(4) 单片机程序判断乙猜测结果并通过数码管显示,显示格式为几个 A 和几个 B,其中 A 前面的数字表示位置正确的数的个数,而 B 前的数字表示数字正确而位置不对的数的个数。例如,若正确答案为5 234,而乙猜 5 346,则显示 1A2B,这表示其中有 1 个 5 的位置对了,记为 1A,而 3 和 4 这两个数字对了,而位置不对,因此记为 2B,合起来就是 1A2B。

(5) 如乙猜测正确,则显示为 4A0B,游戏结束,否则根据显示的几个 A 和几个 B 继续猜测(重新输入数据并确认),直到正确。

5-11 啤酒装箱控制系统：设计基于单片机的简易啤酒装箱控制系统，实现以下基本功能：

（1）自动检测通过检测路径的啤酒瓶数，并通过数码管显示器实时显示（每箱装啤酒 12 瓶，即显示数据为 0~12）。

（2）当装满 12 瓶时，自动发出封箱命令（高电平，持续时间约 1 s）。

（3）封箱命令执行完后（正脉冲持续时间结束）显示数据清 **0**，下一箱装箱检测开始。

（4）啤酒瓶可用任意遮挡物代替，封箱操作通过 LED 指示模拟。

第六章　中断系统及应用

本章目标

通过对本章的学习，读者可以具备下述能力：

1. 了解中断的概念、中断的优点、中断源与中断系统的功能。
2. 熟悉中断源及中断入口、中断请求标志、中断允许控制和中断优先级设置。
3. 掌握中断响应、中断处理、中断返回、中断请求的撤除和中断响应时间。
4. 掌握利用定时器扩充法、中断和查询结合法扩充外部中断源。
5. 掌握中断系统的应用。

引言

中断系统是单片机的重要组成部分。在实时控制、故障自动处理时往往用到中断系统，单片机与外围设备间传送数据及实现人机交互时也常常采用中断方式。下面以一个实例说明单片机中断在停电事故处理中的应用。

例如家里有一台全自动煮饭机，它可以自动量米、自动放水、自动淘米，只需要设置什么时间开始煮饭、煮几个人的饭、煮饭还是煲粥等参数即可，这些参数存放在 E^2PROM 中。假如主人离家时启动电源并设置煮 2 人的饭，当煮饭机开始工作后，程序运行到全部放入 2 人的米量时，突然停电。自动煮饭机又没有断电保护措施，断电前的工作状态没有保存到 E^2PROM 中。2 分钟后，重新来电，煮饭机只能从 E^2PROM 中读取参数，重新开始工作，自然地又会向淘米缸中放入 2 人的米量。这样加上停电前放入 2 人的米量，总共就有 4 人的米量，而自动放水时却只放 2 人米量的水，这样就出错了，不可能煮好饭。

如果自动煮饭机有断电保护措施，采用中断技术，在停电时快速保存当前的工作状态，来电后读取保存的工作状态继续工作，机器就会正常工作了。通常的方法是在机器的直流供电端上并联一个大容量的电容。当断电时，因电容的容量大，故电源的电压不能立即降为 0，而是缓慢下降，当电压下降到一定值时，向 CPU 发出中断请求，将正在执行程序的一些重要信息保存在 E^2PROM 中，重新供电后从 E^2PROM 读取断电前的工作状态，继续运行，自动煮饭机就会按事先设置的要求正常工作。

电子教案 6-1：中断系统及应用

6.1 概述

AT89S52 单片机有 6 个中断源、4 级中断优先级（AT89S51 单片机有 5 个中断源、2 级中断优先级），从而可实现 4 级中断嵌套，每一个中断源的优先级可用软件设定。与中断系统工作相关的特殊功能寄存器有中断允许控制寄存器 IE、中断优先控制寄存器 IP、IPH 以及中断标志寄存器 TCON 等。

6.1.1 中断的基本概念

假如一个人正在家中上网，突然门铃响了，他就要离开电脑去开门，和来访的客人交谈。待客人走后又回来继续上网，这就是生活中的“中断”的现象，即正常的工作过程被外部的事件打断了。

在单片机中，CPU 正在处理某事件的时候，突然有外界紧急事件请求或有其他更重要的事件要处理，则 CPU 暂停当前工作，转而去处理紧急事件或其他重要事件，待事件处理完成后，再回到刚刚被暂停的地方继续原来的工作，这样的过程称为单片机的中断。

单片机通过相应的硬件电路与软件设置来完成其中断功能，能完成中断功能的部件称为中断系统。图 6-1 为中断过程的流程图。

在图 6-1 中，主程序暂停执行处称为断点，在断点处 CPU 转去处理紧急事件的程序称为中断服务程序。向 CPU 提出中断请求的紧急事件称为中断源。CPU 能对中断源提出的中断请求做出反应，称为中断响应。单片机实现对整个中断事件的处理是通过执行相应的软件代码来完成的，这些代码称为中断服务程序。

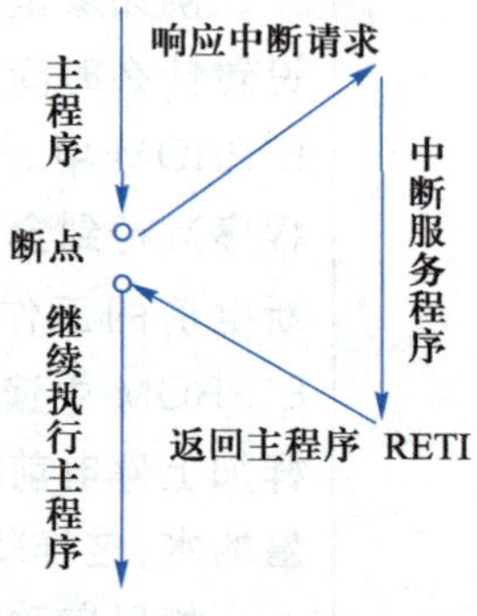

图 6-1　中断过程流程图

在生活中能引发中断的事件很多，例如门铃响了、电话铃响了、闹铃响了，烧的水开了等事件，我们把这类事件称为中断事件。单片机中也有一些可以引起 CPU 中断的事件，我们把这些事件称为中断源。

AT89S52 单片机的中断系统提供了 6 个中断源（2 个外部中断源和 4 个内部中断源）。外部中断源 INT0（P3.2、12 引脚）和 INT1（P3.3、13 引脚）是由外部输入的 2 个中断源，其触发方式分为脉冲触发和电平触发。内部中断源包括 T0（定时/计数器 0）溢出中断、T1（定时/计数器 1）溢出中断、T2（定时/计数器 2）溢出中断、TX/RX串行接口中断请求。T0、T1 和 T2 内部都有各自的计数器，当计数器计满溢出时，分别产生溢出中断。当串口的发送缓冲区为空或接收缓冲区满时，产生串行通信中断请求。

当中断源有中断事件产生时，并不是直接将中断信号传递给单片机的CPU。每个中断源都对应一个中断请求标志位，CPU根据中断标志来响应中断请求。单片机的中断响应标志位的设置在特殊功能寄存器TCON、T2CON和SCON中，当有中断事件到来时，相应的标志位由TCON、T2CON、SCON锁存。

6.1.2 中断嵌套与优先级

当你正在看书时，电话铃响了，同时又有人按了门铃，你应该先处理哪件事呢？如果你正在等一个很重要的电话，通常你不会管按门铃的人，反之，如果你正在等一个重要的客人，则可能不会去接电话。如果不是这两种情况之一（即不等电话，也不是等人上门），你可能会按你通常的习惯去处理。总之，这里存在一个谁先谁后的问题。在单片机中当2个以上的中断同时发生时，也存在谁先谁后的问题，这就是单片机中断的优先级问题。

当AT89S52单片机的6个中断源同时向CPU发出中断请求时，就存在CPU优先响应哪一个中断源请求的问题。通常根据中断源的轻重缓急排队，优先处理最紧急的中断事件，即规定每一个中断源有一个优先级别，CPU总是先响应级别高的中断请求。

接着上面的例子，再设想下面这种情况。比如正接电话的时候，有人按了门铃。通常处理的方式是，如来访的客人不重要，接完电话再去开门。如来访的客人有重要的事情要交谈，就让接听电话的人暂时等一下，去开门与客人交谈，交谈完后，再回来继续接听电话。

单片机也会遇到上面同样的情况。当CPU正在处理一个中断请求的时候（执行相应的服务程序），发生了另一个优先级别比它高的中断请求，则CPU能够暂停对原中断的处理程序，转而处理优先级别更高的中断请求，处理完以后，再回到原低级中断处理程序。如发生的中断与前一个同级或更低，CPU就不理会这种中断。这样的中断系统为多级中断系统（即中断嵌套）。中断嵌套流程如图6-2所示。

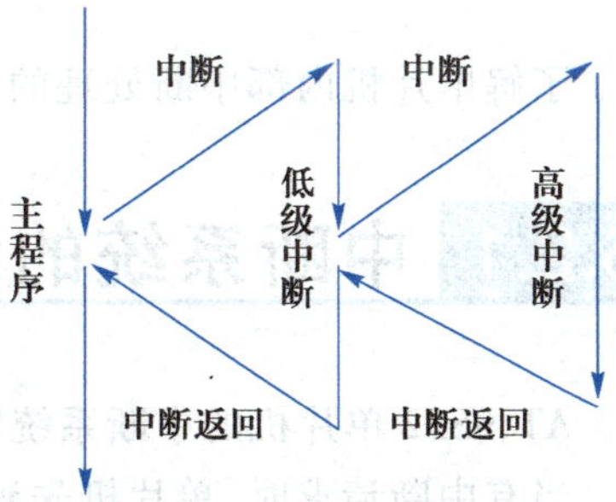

图6-2 中断嵌套流程图

6.1.3 中断的作用

1. 速率匹配

键盘、打印机、A/D转换器等处理速率较慢的外部设备与快速的CPU进行数据交换时要解决一个速率匹配问题。当采用查询方式与外部设备进行数据交换时,CPU 就要一直查询外部设备,等待外部数据的到来,而不能去做别的事情,这样浪费了 CPU 的资源。如果采用中断技术,CPU 可以去处理别的事务,一旦有外部设备的中断请求,立即中止主程序的运行,保护程序断点,转入中断服务程序接收外部数据,待数据接收完毕后再恢复主程序的断点继续执行,这样大大提高 CPU 的利用率。

2. 故障处理

单片机在运行过程中往往会出现一些故障,如存储器校验错、运算溢出等。这些故障都是随机出现,而不能事先预测的,如果不采用中断技术,很难及时发现和处理故障。

3. 实时处理

单片机常用于控制外部设备的运行。外部设备在运行过程中,会出现一些运行故障,这些故障的出现是随机的。当紧急故障出现时,必须立即向 CPU 提出中断请求,要求单片机立即响应中断,进行实时处理,排除故障。

目标测评 1

T6-1 什么是中断源、AT89S52 单片机有几个中断源?

T6-2 CPU 根据什么来响应中断请求?

6.2 中断系统的结构原理与控制寄存器

了解单片机内部中断处理的硬件结构、软件控制方法等基础知识。

6.2.1 中断系统的结构原理

AT89S52 单片机的中断系统结构原理如图 6-3 所示。

当有中断请求时,单片机先置中断标志位有效(中断标志位锁存在特殊功能寄存器 TCON、T2CON、SCON 中),中断有效标志通过中断允许寄存器、中断优先寄存器,传送给 CPU。用户可以用软件指令(CLR EA)来屏蔽所有的中断请求,或用软件指令允许某个或某几个中断源提出中断请求。CPU 根据中断允许寄存器设置的优先顺序响应中断请求。AT89S52 单片机提供 6 个中断源,具有 4 个优先级嵌套中断结构。

单片机通过特殊功能寄存器实现对中断的控制。与中断相关的寄存器有定时器控制寄存器 TCON、T2CON、串行通信控制寄存器 SCON、中断允许控制寄存器 IE、中断源优先级寄存器 IP、IPH。

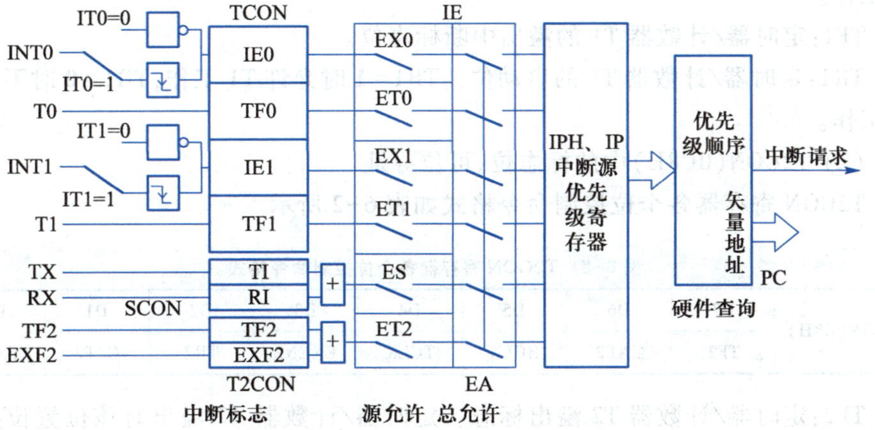

图 6-3　AT89S52 单片机的中断系统结构原理图

6.2.2 中断系统的控制寄存器

1. 中断请求标志位寄存器

(1) TCON(88H)中的中断标志位,可位寻址

外部中断源 INT0、INT1 直接触发寄存器 TCON 的 IE0 和 IE1 产生中断标志,触发方式有脉冲触发和电平触发,由 TCON 寄存器中的 IT0、IT1 选择触发方式。定时器/计数器 T0、T1 和 T2 内部都有各自的计数器。当计数器计满溢出时,分别产生溢出中断,使各自的中断标志位 TF0、TF1、TF2 置 **1**,产生中断请求标志。

TCON 寄存器各个位命令格式如表 6-1 所示。

表 6-1　TCON 寄存器各个位命令格式

TCON(88H)	D7	D6	D5	D4	D3	D2	D1	D0
	TF1	TR1	TF0	TR0	IE1	IT1	IE0	IT0

IE0:外部中断 INT0 的请求标志位。当 INT0 引脚上出现中断请求信号(低电平或脉冲下降沿)时,硬件自动将 IE0 置 **1**,产生中断请求标志。

IT0:外部中断 INT0 触发方式控制位,由软件来置 **1** 或清 **0**,以控制外部中断 INT0 的触发方式。当 IT0 = **1** 时,外部中断 INT0 为下降沿触发,即外部中断 INT0 出现下降沿时,触发 IE0,使其为 **1**;当 IT0 = **0** 时,外部中断 INT0 为电平触发,即外部中断 INT0 出现低电平时,触发 IE0,使其为 **1**。

IE1:为外部中断 INT1 的请求标志位,功能与 IE0 相同。

IT1:外部中断 INT1 触发方式控制位,功能与 IT0 相同。

TF0:定时器/计数器 T0 的溢出中断标志位。

TR0:定时器/计数器 T0 的启动位。TR0 = **1** 时允许 T0 工作,TR0 = **0** 时不允许

T0 工作。

TF1:定时器/计数器 T1 的溢出中断标志位。

TR1:定时器/计数器 T1 的启动位。TR1=**1** 时允许 T1 工作,TR1=**0** 时不允许 T1 工作。

(2) T2CON(0C8H)中的标志位,可位寻址

T2CON 寄存器各个位控制命令格式如表 6-2 所示。

表 6-2 T2CON 寄存器各个位控制命令格式

T2CON(C8H)	D7	D6	D5	D4	D3	D2	D1	D0
	TF2	EXF2	RCLK	TCLK	EXEN2	TR2	C/T2	CP/RL2

TF2:定时器/计数器 T2 溢出标志。定时器/计数器 T2 溢出时该位置位必须由软件清除。当 RCLK 或 TCLK=**1** 时,TF2 将不会被置位。

EXF2:定时器/计数器 T2 的外部标志。当 EXEN2 置 **1** 时,在 T2EX 的下降沿产生捕获事件,EXF2 置位。EXF2=**1** 将使 CPU 从中断向量处执行定时器/计数器 T2 中断子程序,EXF2 必须由软件清 **0**。在递增/递减计数器模式(DCEN=**1**)中,EXF2 不会引起中断。

(3) SCON(98H)中的中断标志位,可位寻址

串行接口发送/接收中断源时,其中断标志位占用 SCON 寄存器中的 2 位,它们是发送中断请求标志 TI 和接收中断请求标志 RI。SCON 寄存器的各个位命令格式如表 6-3。

表 6-3 SCON 寄存器各个位命令格式

SCON(98H)	D7	D6	D5	D4	D3	D2	D1	D0
							TI	RI

TI:串行接口内部发送中断请求标志位。当串行接口发送完一个字符后,由内部硬件将 TI 置位。

RI:串行接口内部接收中断请求标志位。当串行接口接收到一个字符后,由内部硬件将 RI 置位。

串行接口的发送中断标志 TI 和接收中断标志 RI 共用一个内部中断源,它们逻辑**或**后作为一个内部的串行接口中断源。

2. 中断允许控制寄存器 IE

中断允许寄存器 IE 的作用是控制所有中断源的开放或禁止以及每个中断源是否被允许,字节地址为 A8H,位地址分别是 A8H~AFH。IE 寄存器的各个位命令格式如表 6-4 所示。

表 6-4 IE 寄存器各个位命令格式

IE(A8H)	D7	D6	D5	D4	D3	D2	D1	D0
	EA		ET2	ES	ET1	EX1	ET0	EX0

EA：中断总允许位。EA = **1**，CPU 开放中断；EA = **0**，CPU 禁止所有的中断请求。从图 6-3的结构图中可以看到，总允许位 EA 好比一个总开关。

ES：串行中断允许位。ES = **1**，允许串行接口中断；ES = **0**，禁止串行接口中断。

ET2：T2 溢出中断允许位。ET2 = **1**，允许 T2 中断；ET1 = **0**，禁止 T2 中断。

ET1：T1 溢出中断允许位。ET1 = **1**，允许 T1 中断；ET1 = **0**，禁止 T1 中断。

EX1：外部中断 1 允许位。EX1 = **1**，允许外部中断 1 中断；EX1 = **0**，禁止外部中断 1 中断。

ET0：T0 溢出中断允许位。ET0 = **1**，允许 T0 中断；ET0 = **0**，禁止 T0 中断。

EX0：外部中断 0 允许位。EX0 = **1**，允许外部中断 0 中断；EX0 = **0**，禁止外部中断 0 中断。

单片机复位后，IE 寄存器各位全部被清 **0**，将禁止所有中断源产生中断。

3. 中断优先控制寄存器

（1）中断优先控制寄存器 IP（B8H）和 IPH（B7H），IP 可位寻址，IPH 不可位寻址。

IP 和 IPH 在特殊功能寄存器中地址为 0B8H 和 0B7H，用来设置各中断源优先级，其各个位命令格式如表 6-5 和表 6-6 所示。

表 6-5 IP 寄存器各个位命令格式

IP（B8H）	D7	D6	D5	D4	D3	D2	D1	D0
			PT2	PS	PT1	PX1	PT0	PX0

IP.7（-）：无效位，保留将来用。

IP.6（-）：无效位，保留将来用。

IP.5（PT2）：定时器/计数器 T2 中断优先级位。

IP.4（PS）：串行接口中断优先级位。

IP.3（PT1）：定时器/计数器 T1 中断优先级位。

IP.2（PX1）：外部中断 1 优先级位。

IP.1（PT0）：定时器/计数器 T0 中断优先级位。

IP.0（PX0）：外部中断 0 优先级位。

表 6-6 IPH 寄存器各个位命令格式

IPH（B7H）	D7	D6	D5	D4	D3	D2	D1	D0
			PT2	PS	PT1	PX1	PT0	Px0

IPH.7（-）：无效位，保留将来用。

IPH.6（-）：无效位，保留将来用。

IPH.5（PT2）：定时器/计数器 T2 中断优先级位。

IPH.4（PS）：串行接口中断优先级位。

IPH.3（PT1）：定时器/计数器 T1 中断优先级位。

IPH.2（PX1）：外部中断 1 优先级位。

IPH.1(PT0):定时器/计数器 T0 中断优先级位。

IPH.0(PX0):外部中断 0 优先级位。

(2) 中断优先级寄存器的设定方式。

AT89S52 单片机具有 4 个中断优先级,6 个中断源均可编程设定为高优先级或低优先级,其中断优先级设定如表 6-7 所示。

有多个中断源时,CPU 响应中断的原则是:不同优先级中断请求同时发生时,CPU 响应优先级高的中断请求;相同优先级中断请求同时发生时,CPU 响应同级中断自然优先顺序中较高的中断请求。

(3) AT89S52 单片机有 6 个中断源,默认的优先级顺序如表 6-8 所示。

表 6-7 中断优先级设定

优先级位		中断优先级
IPH.X	IP.X	
0	0	0(最低优先级)
0	1	1
1	0	2
1	1	3(最高优先级)

表 6-8 同级中断自然优先级顺序

中断源	同级中断自然优先顺序:
外部中断 0	最高级
定时器 0	↓
外部中断 1	
定时器 1	
串行接口中断	
定时器 2	最低级

【例 6-1】

某单片机程序用了 3 个中断源(INT0、INT1、T0),要求这 3 个中断源的优先顺序为 T0、INT1、INT0,试编程。

相应的软件指令:

```
MOV IPH,#02H
MOV IP,#04H
```

经过这 2 条指令后,其中断源的优先顺序如表 6-9 所示。

表 6-9 经设置后的中断源优先顺序

优先级位				中断源
IPH(0B7H)		IP(0B8H)		
0(PX0)	0	0(PX0)	0	外部中断 0
1(PT0)	1	1(PT0)	0	定时器/计数器 T0 中断
2(PX1)	0	2(PX1)	1	外部中断 1
3(PT1)	0	3(PT1)	0	定时器/计数器 T1 中断
4(PS)	0	4(PS)	0	串行接口中断
5(PT2)	0	5(PT2)	0	定时器/计数器 T2 中断
6(-)	0	6(-)	0	保留
7(-)	0	7(-)	0	保留

目标测评 2

T6-3 TCON、IE、IP、IPH 等各中断寄存器每一位的作用及名称是什么？

T6-4 CPU 响应中断的原则是什么？

6.3 中断处理

6.3.1 响应中断的条件

单片机响应某一个中断要满足如下的条件：

1. 有中断请求。
2. CPU 开中断(即 EA=1)，且 IE 相应的中断允许位置 1。
3. CPU 没有正在执行同级或高一级的中断服务程序。
4. 正在执行的指令还没完成前不响应任何中断。
5. 正在执行的不是中断返回指令 RETI 或是访问专用寄存器 IE 或 IP 的指令，换言之，在执行 RETI 或者读写 IE 或 IP 之后不会马上响应中断请求，至少要再执行一条指令，才能去响应。

6.3.2 中断响应所需的时间

中断标志在每个机器周期的 S5P2 时采样，在下一个机器周期查询该采样。如果在 S5P2 周期时有一个标志置位，查询周期将发现它，然后中断系统产生一个 LCALL 调用对应的中断服务程序。硬件产生的 LCALL 在 6.3.1 小节中所述的 3~5 中任意一种条件下都会推迟执行。

INT0 或 INT1 电平在每个机器周期的 S5P2 取反并锁存到 IE0 或 IE1。在下一个周期之前该值不会被电路查询。如果请求有效且应答的条件正确，下一个执行的指令是调用中断服务程序。LCALL 指令本身占用 2 个机器周期，因此从中断请求有效到开始执行中断服务程序的第一条指令需要至少 3 个完整的机器周期。

如果正在执行的指令不是它的最后一个机器周期，额外的等待时间不会超过 3 个机器周期，因为最长的指令(MUL 或 DIV)也不过为 4 个机器周期。如果正在处理的是 RETI 或者任何访问 IE 或 IP 的指令，下一条处理的指令为 MUL 或 DIV，额外等待的时间不会超过 9 个机器周期。所以在一个单中断系统中，响应时间总是大于 3 个机器周期小于 9 个机器周期。

如果同级或高优先级的中断已经在处理，额外的等待时间就取决于其他中断服务程序所耗的时间。

6.3.3 中断请求标志位的清除方式

定时器/计数器 T0 和定时器/计数器 T1 的溢出中断标志由 TF0 和 TF1（分别由各自的定时器/计数器控制，定时器/计数器 T0 工作在模式 3 时除外）产生。当产生定时器中断时，进入中断服务程序后由片内硬件清除标志位。如用查询方式编写定时或计数溢出后的处理程序，必须用软件对 TF0 或 TF1 清 **0**。

串行接口的中断由 RI 和 TI 的逻辑或产生。进入中断服务程序后，这些标志均不能被硬件清除。实际上，中断服务程序通常需要确定是由 RI 还是 TI 产生的中断，然后由软件清除中断标志。

定时器/计数器 T2 的中断由 TF2 或 EXF2 产生，被置位后不能由硬件清 **0**，必须用软件对 TF2 或 EXF2 清 **0**。

外部中断 0 和外部中断 1 在选择为边沿触发方式时，进入中断服务程序后由片内硬件清 **0**，当触发方式选择为电平触发时，需用户软件清除中断标志。

所有这些产生中断的位都可通过软件置位或清 **0**，与通过硬件置位或清 **0** 的效果相同。简而言之，中断可由软件产生、推迟或取消。

6.3.4 中断处理的过程

中断处理过程如图 6-4 所示。

1. 中断请求

当外部设备需要完成某种特定的操作或者处理器系统内部出错时，需要 CPU 进行处理，向 CPU 提出中断申请，请求 CPU 进行处理。

2. 中断响应

当 CPU 接收中断请求并认可后，查询中断的优先级别，寻找中断入口。CPU 根据不同的中断源所产生的中断查找不同的入口地址。查找中断入口地址的工作是由单片机自动完成的，与编程者无关。在中断入口地址处存放有中断处理程序（这是程序编写时放在入口地址处的，如果没把中断程序放在那里，中断程序就不能被执行到）。CPU 响应中断后，要清除中断请求标志。

3. 保护现场

保护现场就是保存下一个将要执行的指令的地址，就是把这个地址送入堆栈。在执行中断服务程序之前，将程序断点处的各种信息保存起来是为了确保在中断完成之后程序能正确地返回原来的断点处继续执行原来的程序。现场的保护是通过 PUSH 压栈指令将程序计数器的内容（由系统自动压栈、自动弹栈）、状态寄存器 PSW、累加器 A 和其他寄存器的内容压入堆栈来实现的。

4. 执行中断服务程序

CPU 响应中断后，由硬件自动将相应的中断矢量地址装入 PC，从而执行相应

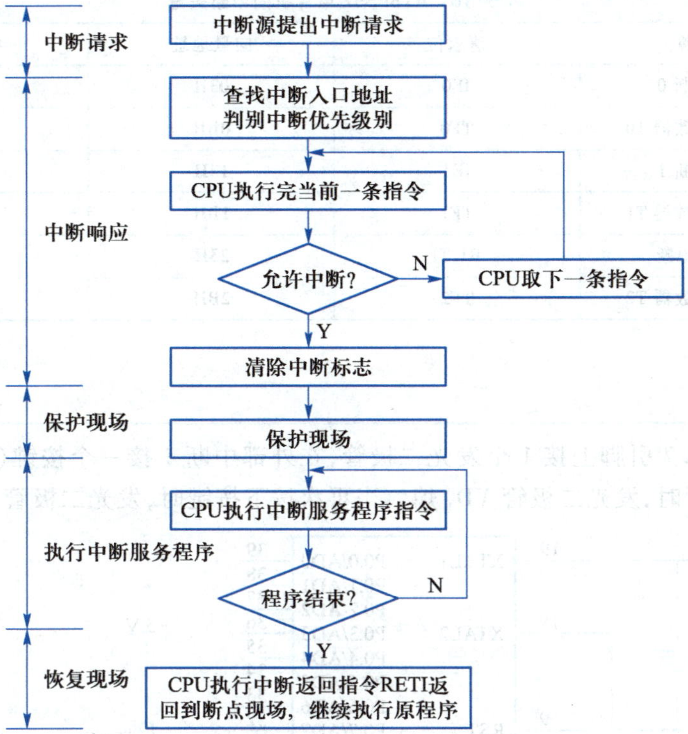

图 6-4　中断处理过程

的中断处理程序。

5. 恢复现场

在中断处理程序完成后，应当对现场进行恢复。此时应将保存在堆栈中的内容弹出，即按照“后进先出”的原则将相应的值弹出到原来的寄存器中，从而恢复中断前的状态。

6.3.5 中断矢量

中断矢量即中断服务程序的入口地址，中断服务程序从矢量地址开始执行，一直到“RETI”指令为止。AT89S52 单片机共有 6 个中断源，每个中断源都有固定的矢量地址。由于每相邻矢量地址间只有 8 个存储单元，一般的中断服务程序放不下，所以通常将中断服务程序放在程序存储器的其他单元，而在中断的入口地址中放入一个跳转指令，直接跳到中断服务程序处执行。AT89S52 单片机的中断矢量如表 6-10 所示。

表 6-10 AT89S52 单片机的中断矢量

中断源	请求位	向量地址	中断号
外部中断 0	IE0	03H	0
定时器/计数器 T0	TF0	0BH	1
外部中断 1	IE1	13H	2
定时器/计数器 T1	TF1	1BH	3
串行口中断	RI、TI	23H	4
定时器/计数器 T2	TF2	2BH	5

【例 6-2】

AT89S52 单片机的 P2.7 引脚上接 1 个发光二极管，在外部中断 1 接一个按键（如图 6-5 所示）。要求当按键按下时，发光二极管 VD_1 熄。当再次按下按键时，发光二极管 VD_1 亮。

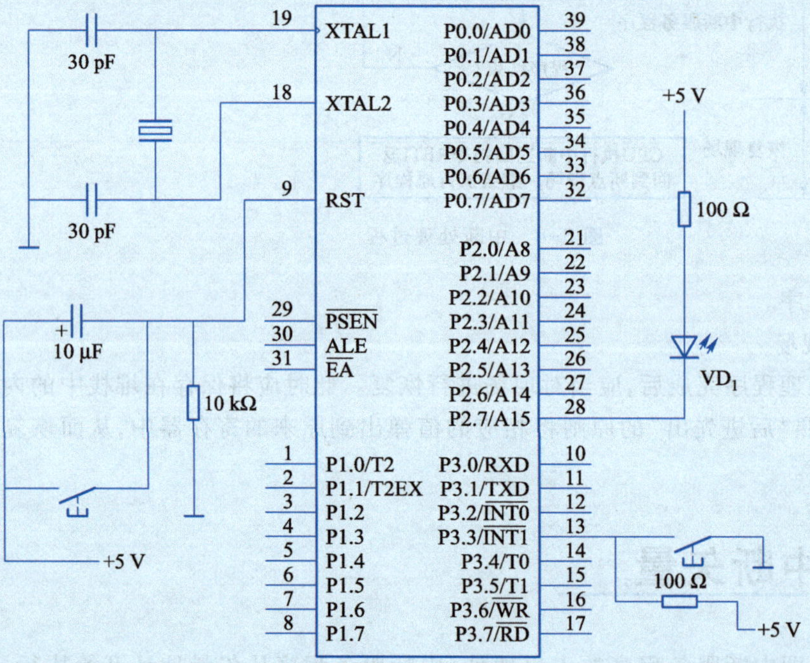

图 6-5 例 6-2 图

解：当按键按下时，INT1 的中断标志 IE1 由 **0** 变 **1**，就会引发中断，CPU 将自动转至 0013H 处寻找程序并执行。

汇编程序	C 语言程序

ORG 0000H ;主程序的入口地址
AJMP MAIN ;跳转到主程序的开始处
ORG 0013H ;外部中断 1 的入口地址
	#include<AT89X52. h>
	biti = 0;
	main( )

汇编程序	C 语言程序

AJMP KEY ;跳转到中断服务程序处
ORG 0050H
MAIN:CLR P2.7 ;让发光二极管亮
MOV R2,#0
SETB IT1 ;选择边沿触发方式
SETB EX1 ;允许 INT1 中断
SETB EA ;CPU 开中断
SJMP $;等待按键中断
KEY: PUSH PSW ;保护现场
PUSH ACC ;保护现场
MOV A,R2
CPL A
MOV R2,A
MOV P2,A
POP ACC ;恢复现场
POP PSW ;恢复现场
RETI
END
	{
	IT1=1; //选择边沿触发方式
	EX1=1; //允许 INT0 中断
	EA=1; //CPU 开中断
	P2_7=0; //发光二极管亮
	while(1); //等待按键中断
	}
	void Key_int(void)interruput 2
	{
	i=~i;
	P2_7=i;
	}
	
	说明:在 keil 中编译此程序时要将 Keil \ C51 \ INC \ Atmel 目录下的 AT89X52. H 文件拷贝到 Keil\C51\INC 目录下编译才不会报错。

在输入上面程序时,除注解外,不能出现中文字符,否则不能正确编译生成运行代码。	

由于留给 INT1 中断的空间只有 8 个字节,显然不足以写下所有中断处理程序,所以在 0013H 处安排一条跳转指令,转到实际处理中断的程序处。这样,中断程序可以写在任意地方,也可以写任意长度了。进入定时中断后,首先要保存当前的一些状态,程序中只演示了保存 ACC 和 PSW,实际工作中应该根据需要将可能会改变的单元的值都推入堆栈进行保护。

目标测评 3

T6-5 CPU 响应中断有哪几个条件?

T6-6 AT89S52 单片机的各中断源产生中断后,中断标志清除方式是什么?

6.4 中断服务程序与子程序

6.4.1 中断服务程序

单片机响应中断后,CPU 就转入中断服务程序去执行,这个程序是专为中断源服务的程序,它应包括保护现场与恢复现场的部分,当然核心是专为中断源具体服务的部分。中断服务程序在运行时，是否允许优先级更高的中断打断它，要视需要而定，若要禁止打断，则关中断或禁止某中断源中断，在中断返回前再开中断。以上过程如图 6-6 所示。

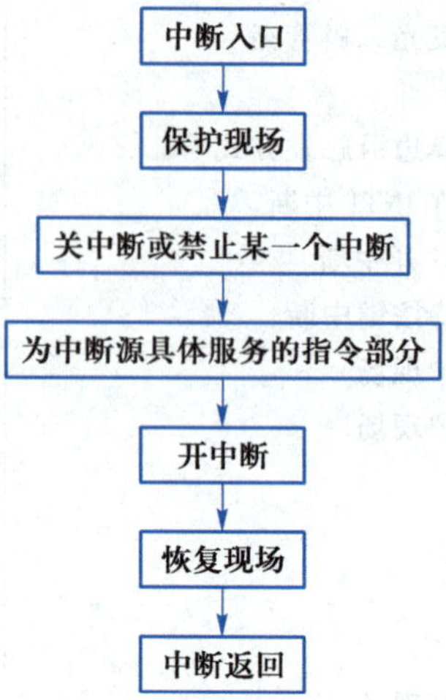

图 6-6 中断服务程序流程图

6.4.2 子程序

在程序设计中，有时因操作需要而反复执行某程序段，此时应将此段程序独立出来，在主程序需要的地方将其插入直接运行，此程序段执行完后，主程序又继续执行。这样可以减少程序编写和调试工作量，同时主程序也会更简洁、更便于阅读，于是就有了主程序和子程序的概念。指令系统一般都有主程序调用子程序的指令。通常把具有一定功能的公用程序段称为子程序，子程序的最后一条指令为返回主程序指令(RET)。

6.4.3 中断服务程序与子程序的区别

视频 6-1：中断服务程序与子程序的区别

1. 中断服务要对中断允许控制寄存器和中断优先控制寄存器进行初始化，而子程序不需要任何初始化过程。

2. 中断服务程序的执行是随机发生而无法预测的。子程序是根据主程序的需要进行调用的，它的执行是有计划、有目的的。

3. 中断服务程序的返回指令为 RETI，子程序的返回指令为 RET。

4. 中断服务程序可以完成与主程序毫不相干的工作，通常子程序完成的功能是与主程序相关的。

6.5 外部中断的编程及应用(INT0、INT1)

视频 6-2:外部中断应用程序设计

6.5.1 外部中断 0 的编程及应用

【例 6-3】

AT89S52 单片机的 P2 口接了 8 个发光二极管,在外部中断 0 上接了 1 个按键(如图 6-7 所示)。要求当按键按下时,二极管从上到下的顺序依次亮(每次只亮一个),亮到最后一个时又从最上面一个开始。当再次按下按键时,发光二极管立即从下往上依次亮(每次也只亮 1 个),亮到最上面一个时又从最下面一个开始。

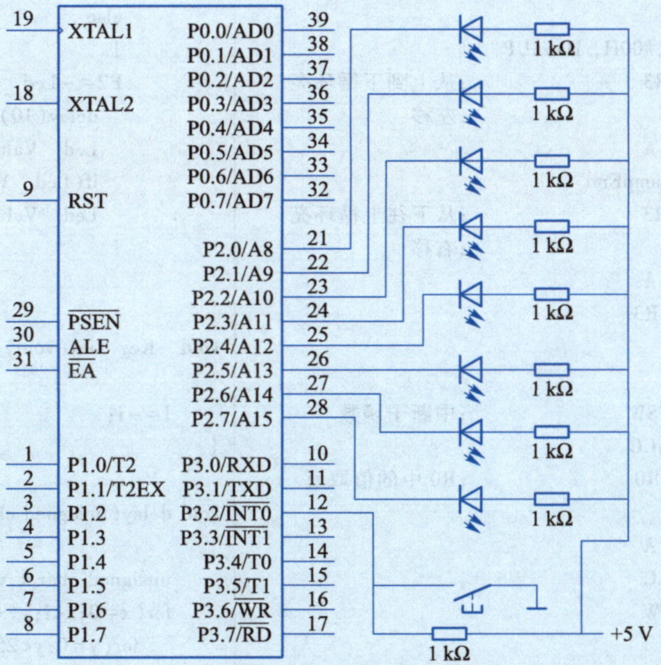

图 6-7 流水灯电路原理图

汇编程序	C 语言程序
ORG 0000H	#include<AT89X52. h>
AJMP MAIN	unsigned char Led _ Value1 = 0x01;
ORG 0003H	unsigned char Led _ Value2 = 0x80, i = 0;

<table>
<tr><th>汇编程序</th><th>C 语言程序</th></tr>
<tr><td>

```
        AJMP  KEY
        ORG   0050H
MAIN:   CALL LampInit
LOOP:   CALL LampMove
        CALL  DELAY            ;延时
        AJMP  LOOP
LampInit:
        MOV   R3,#0FEH
        MOV   P2,#0FFH         ;灯灭
        MOV   R0,#00H
        ;当 R0 等于 0 时,从上到下循环亮
        ;当 R0 不等于 0 时,从下往上循环亮
        SETB  IT0              ;选择边沿触发方式
        SETB  EX0              ;允许 INT0 中断
        SETB  EA               ;CPU 开中断
        RET
LampMove:
        CJNE R0,#00H, DownUP
        MOV A,R3               ;从上到下循环亮
        RL  A                  ;左移
        MOV R3,A
        AJMP  LampEnd
DownUP: MOV A,R3               ;从下往上循环亮
        RR  A                  ;右移
        MOV R3,A
LampEnd: MOV P2,R3
        RET

KEY:    PUSH  PSW              ;中断子函数
        PUSH  ACC
        MOV A, R0              ;R0 中的值取反
        CPL A
        MOV R0,A
        POP  ACC
        POP  PSW
        RETI
DELAY:                         ;延时子函数
        MOV R7,#15H
TM1:    MOV R6,#0FFH
TM0:    DJNZ  R6,TM0
        DJNZ  R7,TM1
        RET
        END
```

</td><td>

```
void delay(unsigned char i);
main()
{
    IT0=1;
    EX0=1;
    EA=1;
    while(1)
    {
        if(i==0)
        {
            P2=~Led_Value1;
            delay(10);
            Led_Value1<<=1;
            if(Led_Value1==0)
            Led_Value1=0x01;
        }
        else
        {
        P2=~Led_Value2;
            delay(10);
            Led_Value2 >>=1;
            if(Led_Value2==0)
            Led_Value2=0x80;
        }
    }
}
void  Key_int(void) interrupt 0
{
    I=~i;
}

void delay(unsigned char i)
{
    unsigned char x,y;
    for(x=0;x<i;x++)
      for(y=0;y<255;y++);
}
```

</td></tr>
<tr><td colspan="2">在输入上面程序时,除注解外,不能出现中文字符,否则不能正确编译生成运行代码。</td></tr>
</table>

6.5.2 外部中断 1 的编程及应用

【例 6-4】

用 AT89S52 单片机对某外部设备进行漏电检测,以保证该设备的安全运行。用 AT89S52 单片机的外部中断 1 检测设备的漏电流,如检测到有漏电情况发生,立即从 P1.0 口送出一个高电平控制信号,关断用电设备的电源以保证其安全。设备漏电检测及其工作原理如图 6-8所示。

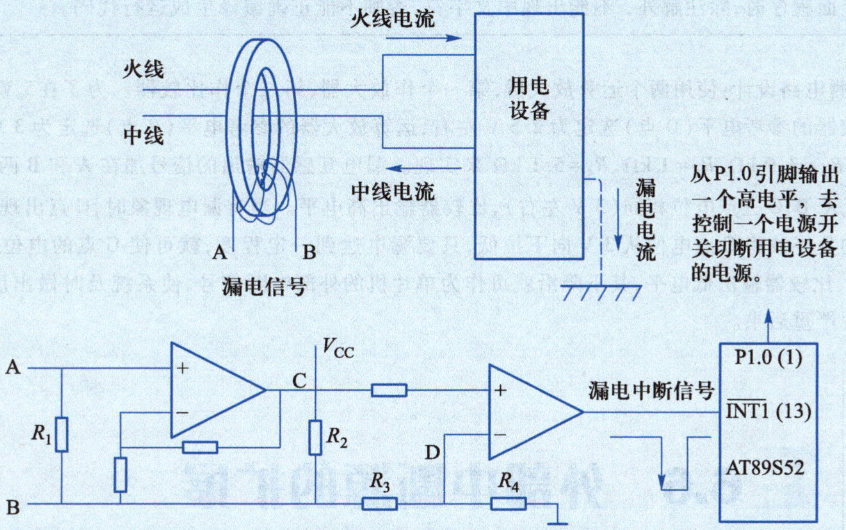

图 6-8 设备漏电检测及其工作原理图

解: 漏电检测原理:将火线和中线同时穿过一个环形磁芯,作为漏电互感器的一次线圈,二次线圈(数百匝)输出漏电流。如没有漏电流时,电源输入线中的火线电流与中线电流完全平衡,二次侧漏电信号为 0。漏电流的大小和漏电程度成正比。

汇编程序	C 语言程序
ORG 0000H ;主程序的入口地址	#include<AT89X52. h>
AJMP MAIN ;跳转到主程序的开始处	
ORG 0013H ;外部中断 1 的入口地址	voidmain(void)
AJMP SERVE ;跳转到中断服务程序处	{
ORG 0050H	IT1 = 1;
MAIN: CLR P1.0 ;将 P1.0 置为低电平	EX1 = 1;
SETB IT1 ;选择边沿触发方式	EA = 1;
SETB EX1 ;允许 INT1 中断	while(1);
SETB EA ;CPU 开中断	}
AJMP $;等待中断	
SERVE: PUSH PSW	void PowerWatchInt(void) interrupt 2
PUSH ACC	{

汇编程序	C 语言程序
SETB P1.0 ;将 P1.0 置为高电平 POP ACC POP PSW RETI END	P1_0=1; }
在输入上面程序时,除注解外,不能出现中文字符,否则不能正确编译生成运行代码。	

漏电检测电路设计:使用两个运算放大器,第一个作放大器,第二个作比较器。为了在5 V电源下正常工作,将比较器的参考电平(D 点)选定为 2.5 V 左右,运算放大器的参考电平(B 点)选定为 3 V 左右,以上参数可通过 $R_2=3.9\ \text{k}\Omega$、$R_3=1\ \text{k}\Omega$、$R_4=5.1\ \text{k}\Omega$ 来实现。漏电互感器输出的信号加在 A 和 B 两点。当没有漏电信号时,A、B、C 三点电位相同(3 V 左右),比较器输出高电平。当有漏电现象时,C 点出现放大的漏电信号,信号的负半波将 C 点电位从 3 V 向下拉低,只要漏电达到一定程度,就可使 C 点的电位在某时刻低于 D 点电位,比较器输出低电平,其下降沿就可作为单片机的外部中断信号,使系统及时做出反应,切断电源,避免出现严重后果。

6.6 外部中断源的扩展

AT89S52 单片机有 2 个外部中断请求输入端(即外部中断 0、外部中断 1)。在实际应用中,往往有 3 个或 3 个以上的外部事件需要用中断进行处理,这就需要扩展外部中断源。

6.6.1 利用查询加中断的方式进行扩展

利用 AT89S52 单片机的 2 个外部中断线,每一个中断线可以通过与的关系连接多个外部中断源,同时利用 AT89S52 单片机的 I/O 接口作为各中断源的识别,其原理如图 6-9 所示。

在图 6-9 中的 3 个外部中断源中,没有中断事件时输出高电平,输入到 INT1 端口的电平为高电平表示没有中断事件发生。当任一个外部中断源有中断请求并送出一个低电平时,CPU 能立即响应该中断请求。在中断服务程序中查询 P2.7、P2.6、P2.5 引脚上哪一个有低电平,即可判断是哪一个外部中断源发出的中断请求并执行相应的中断处理程序(如查询到 P2.5 引脚上有低电平,表明是外部中断源 1 发出的中断请求,执行完外部中断源 1 的处理程序后返回主程序)。

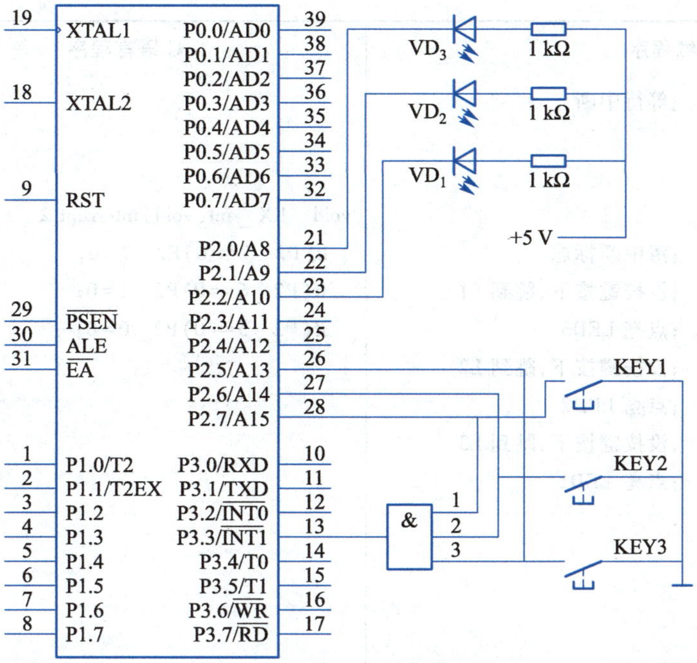

图 6-9 外部中断源扩展原理图

【例 6-5】

图 6-9 中，用单片机监测 KEY1~KEY3 这 3 个按键是否有某一个被按下。要求不管哪一个按键被按下，单片机必须马上处理，所以采用中断系统来监测这 3 个按键。

当无按键按下时，3 个按键对应单片机的输入端 P2.7、P2.6、P2.5 全为高电平，对应的 3 个发光二极管全灭。当某个按键被按下时，其对应的输入端由高电平变为低电平，从而引起 AT89S52 单片机中断，中断服务程序的任务是判断是哪一个按键被按下，并点亮对应的发光二极管。其中，发光二极管 VD_1—VD_3 对应 3 个输入端 KEY1—KEY2。

实现上述功能的电路如图 6-9 所示。3 个故障源通过与门与单片机的外部中断 1 输入端相连。

汇编程序	C 语言程序
ORG 0000H ;主程序的入口地址	#include<AT89X52.h>
AJMP MAIN ;跳转到主程序的开始处	
ORG 0013H ;外部中断 1 的入口地址	main()
AJMP SERVE ;跳转到中断服务程序处	{
ORG 0050H	IT1=1;
MAIN:	EX1=1;
MOV P2,#0FFH ;灯全灭，准备读入	EA=1;
SETB IT1 ;只能用电平触发方式	P2=0xff;
SETB EX1 ;允许 INT1 中断	while(1);
SETB EA ;CPU 开中断	}

<table>
<tr><th>汇编程序</th><th>C 语言程序</th></tr>
<tr><td><pre>
        AJMP $;等待中断
SERVE:
        PUSH   PSW
        PUSH   ACC
        CLR ET1   ;清中断标志
        JB P2.7 , L1   ;没按键按下,跳到 L1
        CLR P2.2   ;点亮 LED3
L1:   JB P2.6 , L2   ;没按键按下,跳到 L2
        CLR P2.1   ;点亮 LED2
L2:   JB P2.5 , L3   ;没按键按下,跳到 L3
        CLR P2.0   ;点亮 LED1
L3:   POP   ACC
        POP   PSW
        RETI
        END
</pre></td><td><pre>
void EX_int(void) interrupt 2
{ if(P2_7==0)P2_2=0;
  if(P2_6==0)P2_1=0;
  if(P2_5==0)P2_0=0;
}
</pre></td></tr>
<tr><td colspan="2">在输入上面程序时,除注解外,不能出现中文字符,否则不能正确编译生成运行代码。</td></tr>
</table>

6.6.2 利用定时器/计数器进行扩展

将定时器/计数器 T0 或 T1 设置成方式 2,即计数方式(8 位自动恢复初值方式),其初值设为满量程(0FFH);T2 设置为 16 位自动捕获方式,其初值设为满量程(0FFFFH)。一旦外部引脚 T0(P3.4)、T1(P3.5)、T2(P1.0)输入一个下跳变计数脉冲信号,则加 1 产生溢出中断。我们把外部中断源的输入分别从 3 个定时器/计数器的输入引脚输入,把定时器/计数器的中断标志位及中断服务程序分别作为外部中断源的中断标志位及中断服务程序,这样就扩展了 3 个外部中断源。

以定时器 T0 为例,初始化程序片段如下:

```
MOV TMOD,#06H          ;定时器/计数器 T0 方式 2、计数
MOV TL0 ,#0FFH         ;初值为满量程
MOV TH0 ,#0FFH         ;初值为满量程
SETB TR0               ;启动定时器
SETB ET0               ;开定时器 T0 中断
SETB EA                ;开 CPU 总中断
```

把外中断请求信号加到 P3.4 引脚,中断服务程序入口在 000BH。每当外部中断请求输入发生负跳变,TL0 计数加 1 产生溢出,置位 TF0 标志位,向 CPU 发出中断请求,同时 TH0 中的初值又送给 TL0。CPU 响应后,自动清除 TF0,并从

000BH 开始执行中断服务程序。这相当于扩展一个边沿触发的外部中断源，而且外部中断请求信号的高、低电平至少都应保持在一个机器周期以上。

本章小结

本章主要讲述了什么叫中断、中断的作用、中断源、中断的优先级、中断嵌套等基本概念，着重强调了 AT89S52 单片机中断体系的硬件结构以及中断的各种控制寄存器。同时，要求读者掌握中断标志清除方式、中断源的初始化、中断服务程序的编写方法和中断服务程序的运行过程等基本知识点。

习题

6-1 什么是中断？中断的主要功能是什么？

6-2 AT89S52 单片机有几个中断源？它们的中断向量各是什么？

6-3 什么是中断优先级？中断优先级的处理原则是什么？

6-4 试编写一个初始化程序片段，使之允许 INT0、INT1、T2 和 UART 中断，并且使 T2 的中断为最高优先级。

6-5 AT89S52 单片机有几个中断请求标志位？它们的清 0 方式各是什么？

6-6 AT89S52 单片机响应中断的条件有哪些？

6-7 AT89S52 单片机中断处理的过程是什么？

6-8 AT89S52 单片机外部中断源的扩展方式有哪些？

6-9 哪些指令执行完后必须再执行一条其他的指令才能响应中断？

6-10 计算机中断概念的提出对计算机发展有什么贡献？

6-11 如何用中断方案来解决烧开水的问题？

6-12 软件延时、状态等待用于中断服务程序中时，对系统产生什么影响？

6-13 计算机中断分为可屏蔽中断和非屏蔽中断，请问二者在工作原理上有什么差别？非屏蔽中断常用于解决什么问题？

6-14 复位和中断有哪些相同和不同之处？

6-15 进入中断服务程序有 2 种方式，分别是中断入口和中断矢量，请分别描述它们的工作原理。

6-16 电平中断和边沿中断分别适用于什么情况？

6-17 用边沿中断扩展中断源将出现什么现象？

6-18 编写中断初始化程序。要求，设置中断系统中，外部中断 0 与定时/计数器 T0 为 2 级中断优先，并且串口的中断优先级最高；设置外部中断 1 为电平触发方式，外部中断 0 为边沿触发方式。

第七章　定时器/计数器的原理和应用

本章目标

通过对本章的学习，读者可以具备下述能力：

1. 了解 MCS-51 单片机中定时器/计数器的相关概念、功能和作用。
2. 掌握定时器/计数器的结构与原理。
3. 掌握定时器/计数器方式寄存器 TMOD、控制寄存器 TCON 每位的作用。
4. 掌握定时器/计数器初始化的内容与步骤。
5. 掌握定时器/计数器的 4 种工作方式及相应的应用。

引言

定时器/计数器是 MCS-51 单片机重要的功能模块之一，在检测、控制及智能仪器仪表的应用中，常用定时器作实时时钟，实现定时检测和定时控制。此外，还可用定时器产生毫秒宽的脉冲，驱动步进电机一类的电气机械。计数器主要用于对外部事件进行计数。

7.1 定时器/计数器概述

AT89S52 单片机有 3 个独立的 16 位定时器/计数器(即定时器/计数器 T0、T1 和 T2),它们都有定时或计数的功能,可用于定时控制、延时、对外部事件计数和检测等场合。

电子教案 7-1:定时器/计数器的原理及应用

7.1.1 定时器/计数器的结构

定时器/计数器的结构如图 7-1 所示。3 个 16 位定时器/计数器中,T0、T1 为 16 位加 1 计数器,T2 既可作 16 位加 1 计数器,又可作 16 位减 1 计数器。每个定时器/计数器都可由软件设置为定时工作方式或计数工作方式。

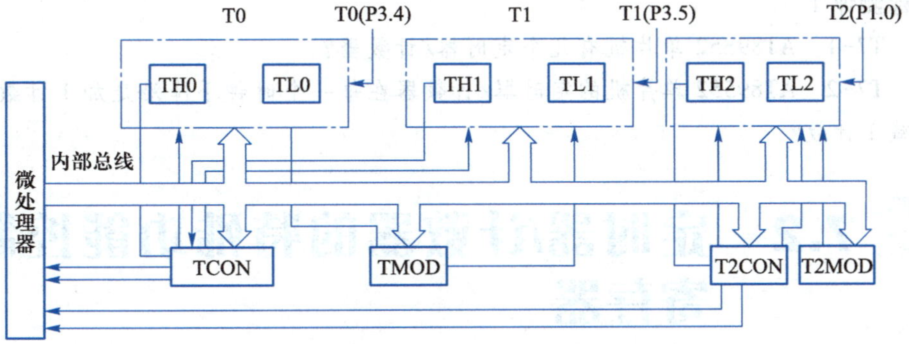

图 7-1 定时器/计数器的结构

当设置为计数工作方式时,可通过引脚 T0(P3.4)、T1(P3.5)和 T2(P1.0)对外部脉冲信号计数,当输入脉冲信号从 **1** 到 **0** 负跳变时,计数器就自动加 1。为了确保某个电平在变化之前至少被采样一次,要求电平保持时间最少是一个完整机器周期。

当设置为定时工作方式时,AT89S52 单片机片内振荡器输出的时钟经 12 分频后作为定时器的计数脉冲。每当来一个时钟下降沿时,定时器 T0、T1 或 T2 的数值加 1。

定时器/计数器不论工作在定时方式还是计数方式,对内部时钟或外部时钟的计数都不占用 CPU 的时间。CPU 可以用查询方式检查定时或计数是否溢出,也可以用中断方式响应其溢出,这给编程带来很大的灵活性。

7.1.2 定时器/计数器的工作方式

AT89S52 单片机的定时器/计数器共有 TMOD、T2MOD、TCON、T2CON 4 个特殊功能控制寄存器，通过软件将 TMOD、T2MOD、TCON 和 T2CON 相应位清 **0** 或置 **1** 可实现各定时器的操作方式和功能。

定时器/计数器是一种可编程部件，在工作之前必须通过软件设定它的工作方式。T0、T1 可由工作方式寄存器 TMOD 中相关位进行设定。其中，TMOD 的低 4 位用于决定 T0 的工作方式，高 4 位用于决定 T1 的工作方式。T2 由 T2MOD 相关位进行设定。

定时器/计数器 T0、T1 有 4 种工作方式，在工作方式 0、1 和 2 中，T0 和 T1 的工作方式相同，而在工作方式 3 中，两个定时器的工作方式不同。定时器/计数器 T2 有 3 种工作方式。

目标测评 1

T7-1　AT89S52 单片机有几个定时器/计数器？

T7-2　AT89552 单片机的定时器/计数器在每一个时钟下降沿是加 1 计数还是减 1 计数？

7.2 定时器/计数器的特殊功能控制寄存器

7.2.1 定时器/计数器（T0、T1）的方式控制寄存器

定时器/计数器（T0、T1）的方式控制寄存器 TMOD 地址是 89H，其每个位的含义如表 7-1 所示。

表 7-1　TMOD 寄存器每个位的含义

TMOD(89H)	D7	D6	D5	D4	D3	D2	D1	D0
	GATE	$C/\overline{T}$	M1	M0	GATE	$C/\overline{T}$	M1	M0
	定时器/计数器 T1				定时器/计数器 T0			

1. M1 和 M0：工作方式控制位

M1 和 M0 为工作方式控制位，用以确定 4 种工作方式，其格式如表 7-2 所示。

表 7-2 M1、M0 工作方式格式

M1M0	工作方式	说明	M1M0	工作方式	说明
00	方式 0	13 位计数器	**11**	方式 3	定时器 0:分为两个独立 8 位计数器 定时器 1:对外停止计数
01	方式 1	16 位计数器			
10	方式 2	自动重装 8 位计数器			

2. $C/\overline{T}$:定时器/计数器方式选择位

$C/\overline{T}$=**0** 时为定时方式,对单片机内部时钟脉冲进行计数。

$C/\overline{T}$=**1** 时为计数方式,对外部脉冲信号进行计数,外部脉冲信号接至 T0(P3.4)或 T1(P3.5)引脚。

3. GATE:门控位

GATE=**0** 时,只要用软件使 TR0(或 TR1)置 **1** 就能启动定时器 T0(或 T1)。

GATE=**1** 时,只有在 $\overline{\text{INT0}}$(或 $\overline{\text{INT1}}$)引脚为高电平,且由软件使 TR0(或 TR1)置 **1** 时,才能启动定时器 T0(或 T1)工作,可以实现对脉宽的测量。

7.2.2 定时器/计数器(T0、T1)的控制寄存器

定时器/计数器(T0、T1)的控制寄存器 TCON 地址是 88H,可以对它进行位寻址。

设定好了定时器/计数器的工作方式后,它还不能立即进入工作状态,还要通过设置控制寄存器 TCON 中的某些位来启动它。要使定时器/计数器停止运行,也可以通过设置 TCON 中的某些位来实现。当定时器/计数器溢出或有外部中断请求时,TCON 能标明溢出和中断情况。控制寄存器 TCON 各个位的含义如表 7-3 所示。

表 7-3 TCON 各个位的含义

TCON(88H)	D7	D6	D5	D4	D3	D2	D1	D0
	TF1	TR1	TF0	TR0	IE1	IT1	IE0	IT0

TF1:定时器 T1 溢出标志位。当定时器 T1 溢出时,由硬件自动使 TF1 置 **1**,并向 CPU 申请中断。CPU 响应中断后,单片机自动对 TF1 清 **0**,查询时需用软件清 **0**。

TR1:定时器 T1 运行控制位。可由软件置 **1**(或清 **0**)来启动(或关闭)定时器 T1。用指令 SETB TR1(或 CLR TR1)可使 TR1 置 **1**(或清 **0**)。

TF0:定时器 T0 溢出标志位,其功能与 TF1 相同。

TR0:定时器 T0 运行控制位,其功能与 TR1 相同。

IE1:外部中断 1 请求标志位。

IT1:外部中断 1 触发方式控制位。

IE0:外部中断 0 请求标志位。

IT0:外部中断 0 触发方式控制位。

7.2.3 定时器/计数器 T2 的特殊功能寄存器 T2CON

定时器/计数器 T2 的特殊功能寄存器 T2CON 的地址是 0C8H,可以对它进行位寻址。

定时器/计数器 2 是一个 16 位定时器/计数器,通过特殊功能寄存器 T2CON 中各个位的设置可控制 T2 的工作。寄存器 T2CON 各个位的含义如表 7-4 所示。

表 7-4 T2CON 各个位的含义

T2CON(C8H)	D7	D6	D5	D4	D3	D2	D1	D0
	TF2	EXF2	RCLK	TCLK	EXEN2	TR2	$C/\overline{T2}$	CP/RL2

TF2:定时器/计数器 T2 溢出标志。定时器/计数器 T2 溢出时置位,必须由软件清除。当 RCLK 或 TCLK=**1** 时,TF2 将不会被置位。

EXF2:定时器/计数器 T2 的外部标志。当 EXEN2=**1** 且 T2EX 的下降沿产生捕获或重装时,EXF2 置位,EXF2=**1** 可引起 CPU 中断,EXF2 必须由软件清 **0**。在递增/递减计数器模式(DCEN=**1**)中,EXF2 不会引起中断。

RCLK:接收时钟标志。当 RCLK 置位时,定时器/计数器 T2 溢出脉冲作为串行接口模式 1 和模式 3 的接收时钟;当 RCLK=**0** 时,将定时器/计数器 T1 的溢出脉冲作为接收时钟。

TCLK:发送时钟标志。当 TCLK 置位时,定时器/计数器 T2 溢出脉冲作为串行接口模式 1 和模式 3 的发送时钟;当 TCLK=**0** 时,将定时器/计数器 T1 的溢出脉冲作为发送时钟。

EXEN2:定时器/计数器 T2 使能标志。当 EXEN2=**1** 且定时器/计数器 T2 未作为串行接口时钟时,允许 T2EX 的下降沿产生捕获或重装;当 EXEN2=**0** 时,T2EX 的下降沿无效。

TR2:定时器/计数器 T2 的启动/停止位。当 TR2=**1** 时,启动定时器/计数器 T2 工作;当 TR2=**0** 时,停止定时器/计数器 T2 工作。

$C/\overline{T2}$:定时器或计数器选择。当 $C/\overline{T2}$=**0** 时,T2 为定时模式;当 $C/\overline{T2}$=**1** 时,T2 为计数模式。

CP/RL2:捕获或重装标志。当 EXEN2=**1** 时,T2EX 的下降沿产生捕获;当 EXEN2=**0** 时,定时器/计数器 T2 溢出或 T2EX 的下降沿都可使定时器自动重装;

当 RCLK = **1** 或 TCLK = **1** 时,该位无效,且定时器强制为溢出时自动重装。

7.2.4 定时器/计数器 T2 的控制寄存器 T2MOD

寄存器 T2MOD 各个位的含义如表 7-5 所示。

表 7-5 T2MOD 各个位的含义

T2MOD(C9H)	D7	D6	D5	D4	D3	D2	D1	D0
	—	—	—	—	—	—	T2OE	DCEN

—:不可用,保留将来用。

T2OE:定时器/计数器 T2 输出使能位。

DCEN:向下计数使能位。定时器/计数器 T2 可配置成向上或向下计数器。

目标测评 2

T7-3 计数与定时的概念及联系是什么?

T7-4 AT89S52 单片机的定时器/计数器的结构中,外部控制用单片机的哪几个引脚?

T7-5 AT 89S52 单片机的定时器/计数器受哪些控制寄存器控制?每位的含义是什么?

7.3 定时器/计数器的各种工作模式及应用

7.3.1 定时器/计数器 T0、T1

通过对 TMOD 和 TCON 的设置,T0 和 T1 可以工作在定时方式或计数方式。对 M1 和 M0 的设置对应 4 种不同的工作方式。同时,通过对 GATE、TR0 和 TR1 的设置可选择 T0 和 T1 的不同控制方式。

1. 定时器/计数器初始值的计算公式

从图 7-2 可以看出,当 $C/\overline{T}$ = **0** 设为定时方式时,其工作时钟由晶体振荡频率经 12 分频提供,K 为定时器/计数器的启动与停止开关,在 T0 和 T1 中,由 TMOD 的 GATE 位和 TCON 中的 TR0 或 TR1 位共同控制开关 K,在 T2 中由 T2CON 中的

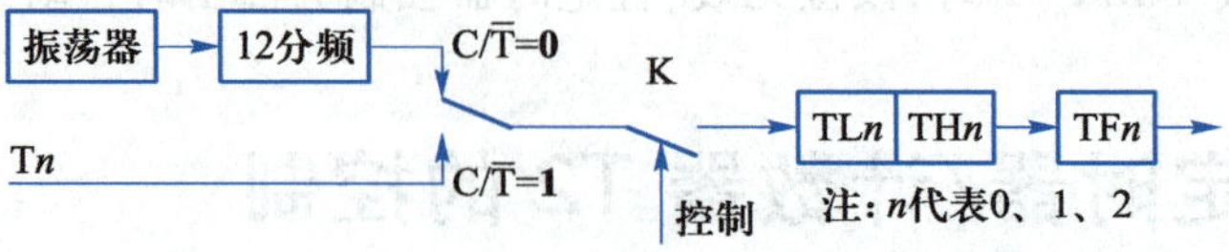

图 7-2 定时器/计数器的工作原理图

TR2 控制开关 K。TLn、THn 为初始值寄存器，定时器/计数器 T0、T1 的初始值就放在此寄存器中。TFn 为溢出标志位。Tn 引脚为外部时钟输入脚。当 C/$\overline{T}$=**1** 选择下方时，从外部引脚 Tn(T0、T1、T2)输入计数脉冲。

假如计数器的最大的计数值为 2^n[方式 0 时，$n=13$；方式 1 时 $n=16$；方式 2 时，$n=8$；方式 3 时(只有 T0 有此方式)，$n=8$，定时器/计数器 T2 的 $n=16$]，定时时长为 m。下面计算定时器/计数器的初值 X。

(1) 当 C/$\overline{T}$=**0** 选择定时时，定时器/计数器的初值 X 的计算公式为

$$(2^n-X)\times\frac{\text{分频数}}{\text{晶振值}}=m$$

晶振值为单片机所用晶体的频率值，单位是 Hz，分频数为 12，时间 m 的单位是 s。

(2) 当 C/$\overline{T}$=**1** 选择计数时，定时器/计数器的初值 X 的计算公式为

$$X=2^n-N$$

N 为要求计数的次数，或预定值。

2. 方式 0 及应用

定时器/计数器 T0、T1 工作在方式 0 时，16 位计数器只用了 13 位，即 THn(n=0 或 1)的高 8 位和 TLn(n=0 或 1)的低 5 位，组成一个 13 位的定时器/计数器，如图 7-3 所示。

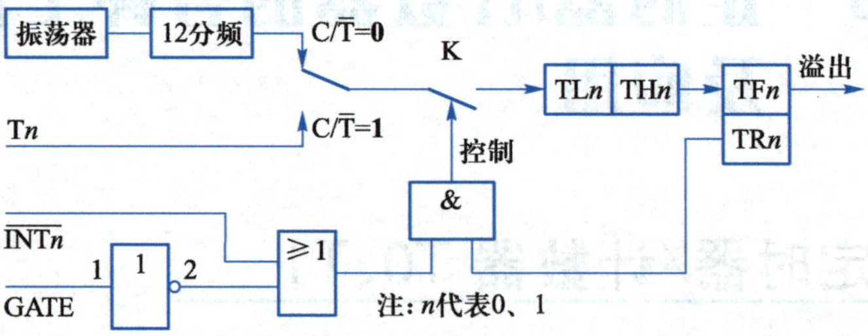

图 7-3 定时器/计数器 T0、T1 的方式 0:13 位定时器/计数器

当 C/$\overline{T}$=**0** 时，设置为定时方式，T0、T1 对内部时钟进行计数；C/$\overline{T}$=**1** 时，设定为计数方式，T0 和 T1 对外部时钟进行计数。外部时钟接至 T0(P3.4)或 T1(P3.5)引脚。

当 GATE=**0** 时，非门的输出为高电平，或门的输出也为高电平，用软件使 TR0(或 TR1)置 **1**，与门输出为高电平就能启动 T0(或 T1)；当 GATE=**1** 时，非门的输出为低电平，只有在$\overline{\text{INT}n}$(n=0 或 1)引脚为高电平的情况下或门的输出才为高电

平，用软件使 TR0（或 TR1）置 **1**，与门才能输出高电平启动 T0（或 T1）工作，这样可以实现对 $\overline{\text{INT}n}$ 引脚输入信号的脉宽进行测量。

【例 7-1】

利用定时器 T0（T0 与 T1 的使用方式相同）产生定时脉冲，要求每隔 2 ms 从 P1.0 引脚上输出脉宽为 2 个机器周期的正脉冲（单片机采用频率为 6 MHz 的晶体）。

解：首先求出定时器 T0 初值。由于时钟频率为 6 MHz，因此定时器/计数器的计数脉冲的周期为 2 μs=12/6 MHz。

根据上面的公式可以得出：2 ms=（2^{13}−T0 初值）×定时器/计数器计数脉冲周期。代入数值可得

$$(2^{13}-\text{T0 初值})\times 2\times 10^{-6}=2\times 10^{-3}$$

T0 初值=7 192=**11100000 11000**B，其中将高 8 位 **1110 0000**B=0E0H 赋给 TH0，低 5 位 **11000**B=18H 赋给 TL0。

方法一：采用查询工作方式编程。

汇编程序	C 语言程序

<pre>   ORG   0000H
      AJMP MAIN
 	
MAIN：CALL T0init   ；调用 T0 初始化子
                          ；函数
LOOP：JNB   TF0, $ ；等时间到
      CLR   TF0   ；时间到，清 TF0 标
                          ；志位
      SETB P1.0   ；P1.0 位置 1
      NOP   ；延时一个机器周期
      CLR   P1.0   ；P1.0 位清 0
      CLR   TR0   ；停止 T0 工作
      MOV   TH0,#(-1000/32)；重新装载初值
      MOV   TL0,#-1000
      SETB TR0   ；启动 T0 工作
      AJMP LOOP
T0init：   ；T0 初始化子函数
      CLR   P1.0   ；P1.0 输出低电平
      MOV   TMOD,#00H   ；T0 方式 0 定时
      ；给定时器 T0 送初值
      MOV   TH0,#(-1000/32)
      MOV   TL0,#-1000
      SETB TR0   ；启动 T0 工作
      RET
      END</pre>
	<pre>#include<at89x52.h>
	#include<INTRINS.H>
	void T0init(void);
	void main(void)
	{ T0init(); //调用 T0 初始化子
	                              //函数
	   while(1)
	   { while(TF0==0); //等时间到
	      TF0=0; //时间到清 TF0 标
	                              //志位
	      P1_0=1; //P1.0 位置 1
	      nop(); //延时一个机器周期
	      P1_0=0; // P1.0 位清 0
	      TR0=0; //停止 T0 工作
	      TH0=(-1000)>>5; //重新装载初值
	      TL0=-1000;
	      TR0=1; //启动 T0
	   }
	}
	void T0init(void) //T0 初始化子函数
	   { P1_0=0; //P1.0 输出低电平
	      TMOD=0; //T0 方式 0 定时
	      TH0=(-1000)>>5; //给定时器 T0 送
	                              //初值
	      TL0=-1000;
	      TR0=1; //启动 T0 工作
	}</pre>

在输入上面程序时，除注解外，不能出现中文字符，否则不能正确编译生成运行代码。	

方法二：采用中断工作方式编程。

汇编程序	C 语言程序
ORG 0000H	#include<at89x52. h>
AJMP MAIN	#include<INTRINS. H>
ORG 000BH	void T0init(void);
AJMP T0PRG	void main(void)
	{ T0init(); //调用 T0 初始化子
MAIN: CALL T0init ;调用 T0 初始化子	//函数
;函数	while(1); //等待定时中断
SJMP $;等待中断	}
	//T0 初始化子函数
T0init: ;T0 初始化子函数	void T0init(void)
CLR P1.0 ;P1.0 输出低电平	{ P1_0=0; //P1.0 输出低电平
MOV TMOD,#00H ;T0 方式 0 定时	TMOD=0; //T0 方式 0 定时
;给定时器 T0 送初值	TH0=(-1000)≫5; //给定时器 T0 送初值
MOV TH0,#(-1000/32)	TL0=-1000;
MOV TL0,#-1000	ET0=1; //允许 T0 中断
SETB ET0 ;允许 T0 中断	EA=1; //开中断
SETB EA ;开中断	TR0=1; //启动 T0
SETB TR0 ;启动 T0	}
RET	//中断服务程序
T0PRG: ;中断服务程序	void T0PRG(void) interrupt1
PUSH PSW ;保护现场	{ P1_0=1; //P1.0 位置 1
PUSH ACC	_nop_(); //延时一个机器周期
SETB P1.0 ;P1.0 位置 1	P1_0=0; // P1.0 位清 0
NOP ;延时一个机器周期	TR0=0; //停止 T0 工作
CLR P1.0 ;P1.0 位清 0	TH0=(-1000)≫5; //重新装载初值
CLR TR0 ;停止 T0 工作	TL0=-1000;
MOV TH0,#(-1000/32);重新装载初值	TR0=1; //启动 T0
MOV TL0,#-1000	}
SETB TR0 ;启动 T0	*说明：在 keil 中编译此程序时要将*
POP ACC ;恢复现场	*Keil\C51\INC\Atmel 目录下的 AT89X52. H 文件*
POP PSW	*拷贝到 Keil\C51\INC 目录下编译才不会报错，同时*
RETI	*保证 INTRINS. H 也在 Keil\C51\INC 目录下。*
END	
在输入上面程序时，除注解外，不能出现中文字符，否则不能正确编译生成运行代码。	

例 7-1 可以用 Proteus 来模拟其实验，仿真图如图 7-4 所示。用示波器显示程序运行结果如图 7-5 所示。

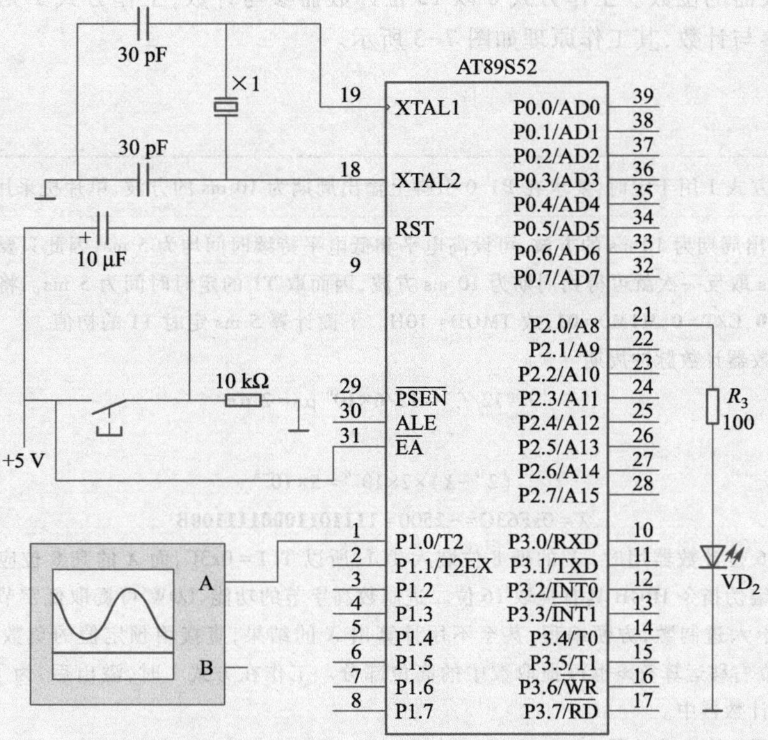

图 7-4 P1.0 引脚上输出脉宽为 2 个机器周期正脉冲的 Proteus 仿真图

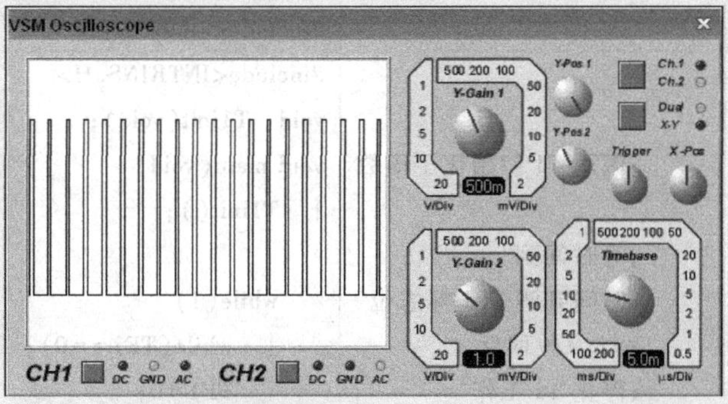

图 7-5 例 7-1 产生 2 个机器周期的正脉冲结果显示

思考 1：仍用 T0，输出波形从 P2.1 输出，怎样修改上面的程序？

思考 2：将 T0 改为 T1，输出波形从 P3.2 输出，怎样修改上面的程序？

由于方式 0 只有 13 位计数器，能力不如方式 1 的 16 位计数器，因此新设计时不选用方式 0 工作。方式 0 仅用于同早期的 MCS-48 单片机兼容。

3. 方式 1 及应用

定时器/计数器 T0、T1 的工作方式 1 与工作方式 0 相似，差别在于其中的计数器的位数。工作方式 0 以 13 位计数器参与计数,工作方式 1 则以 16 位计数器参与计数,其工作原理如图 7-3 所示。

【例 7-2】

选择 T1 的方式 1 用于定时,要求在 P1.0 引脚上输出周期为 10 ms 的方波,单片机采用 6 MHz 晶振。

解:题目要求输出周期为 10 ms 的方波,可设高电平和低电平持续时间均为 5 ms,因此只要使 P1.0 引脚上的电平每隔 5 ms 取反一次就可得到周期为 10 ms 方波,因而取 T1 的定时时间为 5 ms。将 T1 设为工作方式 1,即 GATE=**0**,C/$\overline{T}$=**0**,M1M0=**01**,故 TMOD=10H。下面计算 5 ms 定时 T1 的初值。

定时器/计数器计数脉冲周期

$$T=12/f_{osc}=12/6\times10^6\ \mu s=2\ \mu s$$

设初值为 X 则

$$(2^{16}-X)\times2\times10^{-6}=5\times10^{-3}$$

$$X=0xF63C=-2500=\mathbf{1111011000111100}B$$

因为作为 16 位计数器用时,X 的低 8 位装入 TL1,所以 TL1=0x3C,而 X 的高 8 位应装入 TH1,所以 TH1=0xF6。汇编伪指令 HIGH 具有提取 16 位二进制数高字节的功能,LOW 可提取低字节,这样就不需要手工换算 X 的十六进制数,方便编程,甚至不用计算出 X 的结果,直接用预定值的负数表示,即式中的 -2 500。C51 的位右移运算符≫也可提取数中的高位部分。工作在方式 1 时,溢出后,为了获得下一次定时,需重装 X 到计数器中。

方法一:采用查询方式编程。

汇编程序	C 语言程序
ORG 0000H	#include<at89x52. h>
AJMP MAIN	#include<INTRINS. H>
MAIN:	void T1init(void);
CALL T1init ;调用 T1 初始化子函数	void main(void)
LOOP:	{ T1init(); //调用 T1 初始化子
JNB TF1,$;等时间到	//函数
CLR TF1 ;时间到清 TF1 标志位	while(1)
CPL P1.0 ;P1.0 位取反	{ while(TF1==0); //等时间到
CLR TR1 ;停止 T1 工作	TF1=0; //时间到清 TF1 标志位
;重新装载初值	P1_0=~P1_0; //P1.0 位取反
MOV TH1,#high(-2500)	TR1=0; //停止 T1 工作
MOV TL1,#low(-2500)	TH1=(-2500)≫8; //重新装载初值
SETB TR1 ;启动 T1 工作	TL1=-2500;
AJMP LOOP	TR1=1; //启动 T1 工作
T1init: ;T1 初始化子函数	}
MOV TMOD,#10H ;T1 方式 1 定时	}
;给定时器 T1 送初值	void T1init(void) //T1 初始化子函数
MOV TH1,#high(-2500)	{ TMOD=0x10; //T1 方式 1 定时

汇编程序	C 语言程序
MOV TL1,#low(-2500)	TH1=(-2500)≫8;//给定时器 T1 送初值
SETB TR1 ;启动 T1 工作	TL1=-2500;
RET	TR1=1; //启动 T1 工作
END	}
在输入上面程序时,除注解外,不能出现中文字符,否则不能正确编译生成运行代码。	

例 7-2 在 Proteus 中的原理图如图 7-4 所示,其仿真结果如图 7-6 所示。

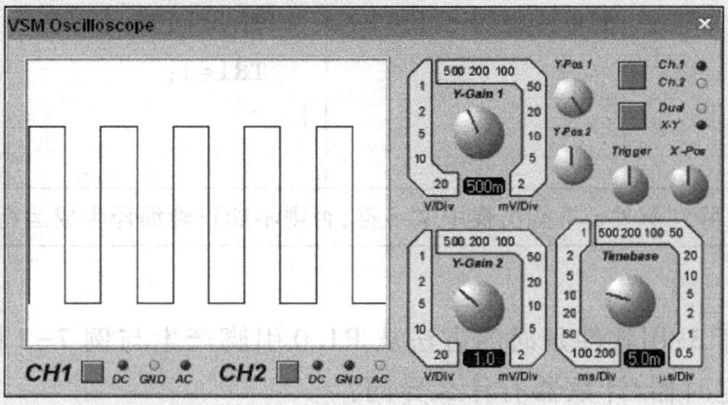

图 7-6 例 7-2 产生周期为 10 ms 方波的仿真结果显示

方法二:采用中断方式编程。

汇编程序	C 语言程序
ORG 0000H	#include<at89x52. h>
AJMP MAIN	#include<INTRINS. H>
ORG 001BH	void T1init(void);
AJMP T1PRG	void main(void)
	{ T1init(); //调用 T1 初始化子
MAIN: CALL T1init ;调用 T1 初始化子函数	//函数
SJMP $;等待中断	while(1); //等待定时中断
T1init: ;T1 初始化子函数	}
MOV TMOD,#10H ;T1 方式 1 定时	//T1 初始化子函数
;给定时器 T1 送初值	void T1init(void)
MOV TH1,#high(-2500)	{ TMOD=0x10; //T1 方式 1 定时
MOV TL1,#low(-2500)	TH1=(-2500)≫8; //给定时器 T1 送
SETB ET1 ;允许 T1 中断	//初值
SETB EA ;开中断	TL1=-2500;
SETB TR1 ;启动 T1 工作	ET1=1; //允许 T1 中断
RET	EA=1; //开中断
T1PRG: ;中断服务程序	TR1=1; //启动 T1 工作

汇编程序	C 语言程序
PUSH PSW ;保护现场	}
PUSH ACC	
CPL P1.0 ;P1.0 位取反	
CLR TR1 ;停止 T1 工作	//中断服务程序
;重新装载初值	void T1PRG(void) interrupt 3
MOV TH1,#high(-2500)	{ P1_0=~P1_0; //P1.0 位取反
MOV TL1,#low(-2500)	TR1=0; //停止 T1 工作
SETB TR1 ;启动 T1 工作	TH1=(-2500)≫8; //重新装载初值
POP ACC ;恢复现场	TL1=-2500;
POP PSW	TR1=1; //启动 T1 工作
RETI	}
END	

在输入上面程序时，除注解外，不能出现中文字符，否则不能正确编译生成运行代码。

思考 3：用软件延时的方法从 P1.0 引脚产生与例 7-2 同样的频率信号，试比较与用定时器/计数器有什么异同？

思考 4：将 T1 改为 T0，输出波形从 P2.2 引脚输出，怎样修改上面的程序？

【例 7-3】

要求从 P1.0 引脚上输出一个脉冲波形，高电平持续时间为 5 ms，低电平持续时间为 12 ms（设单片机的时钟晶振为 12 MHz），用工作方式 1 编程。

解：要得到高电平持续时间为 5 ms，低电平持续时间为 12 ms 的脉冲波形，可以用两个定时器/计数器来定时，一个产生 5 ms 的定时（在定时期间另一个不工作），在定时期间从 P1.0 引脚上输出高电平；另一个产生 12 ms 定时，在定时期间从 P1.0 引脚上输出低电平，两个定时器/计数器交替工作，就可得到脉冲信号。但这种方式用了 2 个定时器/计数器，多占用了系统资源。用一个定时器/计数器也可以完成此任务，方法是先给定时器/计数器赋定时 5 ms 的初值，在定时期间从 P1.0 引脚上输出高电平；5 ms 定时时间到了以后，从 P1.0 引脚上输出低电平，并且给定时器/计数器赋定时 12 ms 的初值，12 ms 定时时间又到后，又回到初值为5 ms 的定时继续工作。工作在方式 1，T0 初值计算公式如下（t 为定时时长）

$$t=(2^{16}-\text{T0 初值})\times \text{定时器/计数器的计数脉冲周期}$$

当 $t=5$ ms 时，T0 初值=-5 000；当 $t=12$ ms 时，T0 初值=-12 000。编程时，可用伪指令 HIGH 和 LOW 赋值。

方法一：T0 工作，采用查询方式编程。

汇编程序	C 语言程序
ORG 0000H	#include<at89x52. h>
AJMP MAIN	#include<INTRINS. H>

汇编程序	C 语言程序
	void T0init(void);
MAIN: CALL T0init ;调用 T0 初始化子函数	void main(void)
LOOP: JNB TF0, $;等 5 ms 的定时到	{ T0init(); //调用 T0 初始化子
CLR TF0 ;时间到,清 TF0 标志位	//函数
CLR P1.0 ;将 P1.0 置为低电平	while(1)
CLR TR0 ;停止 T0 工作	{ while(TF0==0); //等 5 ms 的定时到
;送定时 12 ms 初值	TF0=0; //时间到,清 TF0 标
MOV TH0,#high(-12000)	//志位
MOV TL0,#low(-12000)	P1_0=0; //P1.0 位置低
SETB TR0 ;启动 T0 工作	TR0=0; //停止 T0 工作
JNB TF0, $;等待 12 ms 的定时到	//重新装载 12 ms 初值
CLR TF0 ;时间到,清 TF0 标志位	TH0=(-12000)>>8;
CLR TR0 ;停止 T0 工作	TL0=-12000;
;送定时 5 ms 初值	TR0=1; //启动 T0
MOV TH0,#high(-5000)	while(TF0==0); //等 12 ms 的定时到
MOV TL0,#low(-5000)	TF0=0; //时间到,清 TF0 标
SETB TR0 ;启动 T0 工作	//志位
SETB P1.0 ;将 P1.0 置为高电平	P1_0=1; //P1.0 位置高
AJMP LOOP	TR0=0; //停止 T0 工作
	//重新装载 5 ms 初值
T0init: ;T0 初始化子函数	TH0=(-5000)>>8;
SETB P1.0 ;P1.0 输出高电平	TL0=-5000;
MOV TMOD,#01H ;T0 方式 1 定时	TR0=1; //启动 T0
;送定时 5 ms 初值	}
MOV TH0,#high(-5000)	}
MOV TL0,#low(-5000)	void T0init(void) //T0 初始化子函数
SETB TR0 ;启动 T0 工作	{ P1_0=1; //P1.0 输出高电平
RET	TMOD=0x01; //T0 方式 1 定时
END	TH0=(-5000)>>8; //给定时器 T1 送初值
	TL0=-5000;
	TR0=1; //启动 T0 工作
	}
在输入上面程序时,除注解外,不能出现中文字符,否则不能正确编译生成运行代码。	

方法二:T1 工作,采用中断方式编程。由于有 5 ms 和 12 ms 两个定时时间,中断程序处理时,单片机只能识别定时溢出,并不知道是哪个定时,需要装载什么初值得到下一次定时,因此需要设置定时标记,如下面汇编中的 R0 和 C 程序中的 i。

视频 7-1:例题 7-3 中断方式编程详解

汇编程序

```
        ORG    0000H
        AJMP   MAIN
        ORG    001BH
        AJMP   T1PRG

;R0=0,定时 5 ms,R0=1 定时 12 ms
MAIN:   MOV    R0,#1
        CALL   T1init          ;调用 T1 初始化子函数
        SJMP   $               ;等待中断

T1init:                        ;T1 初始化子函数
        SETB   P1.0            ;P1.0 位置为高电平
        MOV    TMOD,#10H       ;T1 方式 1 定时
        ;送定时 5 ms 初值
        MOV    TH1,#high(-5000)
        MOV    TL1,#low(-5000)
        SETB   ET1             ;允许 T1 中断
        SETB   EA              ;开中断
        SETB   TR1             ;启动 T1 工作
        RET

T1PRG:                         ;中断服务程序
        PUSH   PSW             ;保护现场
        PUSH   ACC
        CJNE   R0,#0,LP1
        SETB   P1.0            ;R=0 将 P1.0 置为高电平
        CLR    TR1
        ;送定时 5 ms 初值
        MOV    TH1,#high(-5000)
        MOV    TL1,#low(-5000)
        SETB   TR1
        MOV    R0,#1           ;下一次中断定时 12 ms
        AJMP   LP2
LP1:    CLR    P1.0            ;R=1 将 P1.0 置为低电平
        CLR    TR1
        ;送定时 12 ms 初值
        MOV    TH1,#high(-12000)
        MOV    TL1,#low(-12000)
        SETB   TR1
        MOV    R0,#0           ;下一次中断定时 5 ms
LP2:    POP    ACC             ;恢复现场
        POP    PSW
        RETI
        END
```

C 语言程序

```
#include<at89x52.h>
#include<INTRINS.H>
void  T1init(void);
                                 //位变量 i=0,定时
                                 //5 ms,
                                 //i=1,定时 12 ms
bit i=0;
void main(void)
{   T1init();                    //调用 T1 初始化子
                                 //函数
    while(1);                    //等待定时中断
}

//T1 初始化子函数
void  T1init(void)
{   TMOD=0x10;                   //T1 方式 1 定时
    TH1=(-5000)≫8;               //给定时器 T1 送初值
    TL1=-5000;
    P1_0=1;
    ET1=1;                       //允许 T1 中断
    EA=1;                        //开中断
    TR1=1;                       //启动 T1 工作
}

//中断服务程序
void T1PRG(void)  interrupt 3
{   i=~i;                        //位变量取反
    if(i)
    {  P1_0=0;                   //产生 12 ms 低电平
       TR1=0;
       //i=1 送定时 12 ms 的初值
       TH1=(-12000)≫8;
       TL1=-12000;
       TR1=1;
    }
    else
    {  P1_0=1;                   //产生 5 ms 高电平
       TR1=0;
       //i=0 送定时 5 ms 的初值
       TH1=(-5000)≫8;
       TL1=-5000;
       TR1=1;
    }
}
```

在输入上面程序时,除注解外,不能出现中文字符,否则不能正确编译生成运行代码。

例 7-3 在 Proteus 中的硬件原理如图 7-4 所示，其产生波形如图 7-7 所示。

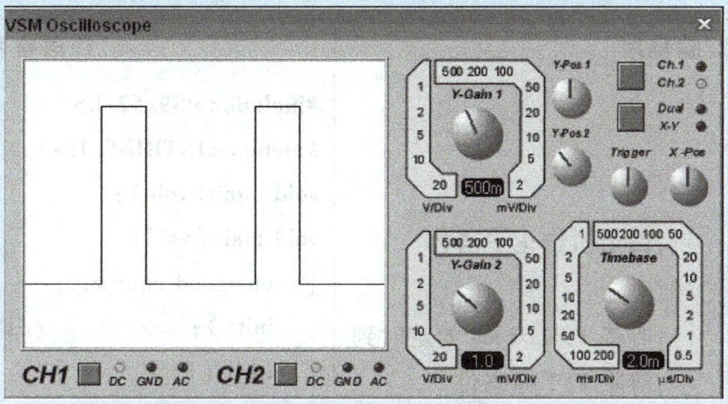

图 7-7 例 7-3 波形结果显示

【例 7-4】

如图 7-8 所示测量电机转速示意图，要求用定时器/计数器 T1 完成计数、T0 完成定时，并假设电机转速小于 65 536 转/120 毫秒且在 120 ms 内至少有 1 转（单片机晶体为6 MHz，使用模式 1）。将 T1 的计数值放入 30H（低 8 位）和 31H（高 8 位）中。在 C 语言中用字节变量 y 存放低 8 位的值，字节变量 x 存放高 8 位的值。

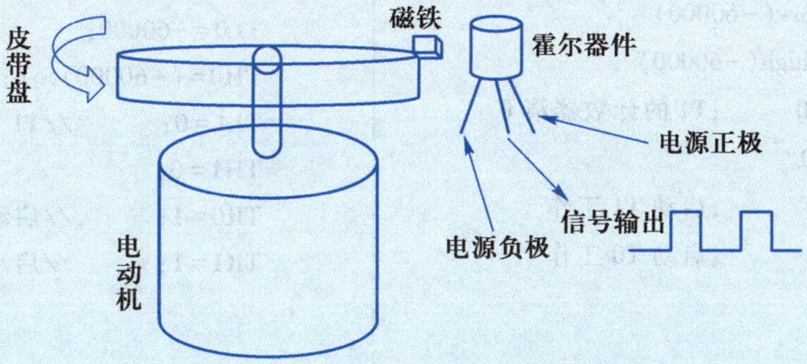

图 7-8 测量电机转速示意图

解：T1 用于计数，设置 GATE = **0**、$C/\overline{T}$ = **1**、TH1 = 00H、TL1 = 00H。T0 用于 120 ms 定时，定时溢出时，TH1、TL1 中的数扩大 500 倍（120 ms×500 = 60 000 ms = 1 min），即为电机每分钟的转数。T0 的定时初始值为 −60 000，其测量原理如图 7-9 所示。也可用下面的方法给定时器/计数器赋初值。

$$-X\times\frac{分频数}{晶振值}=m(m\ 为定时时间)$$

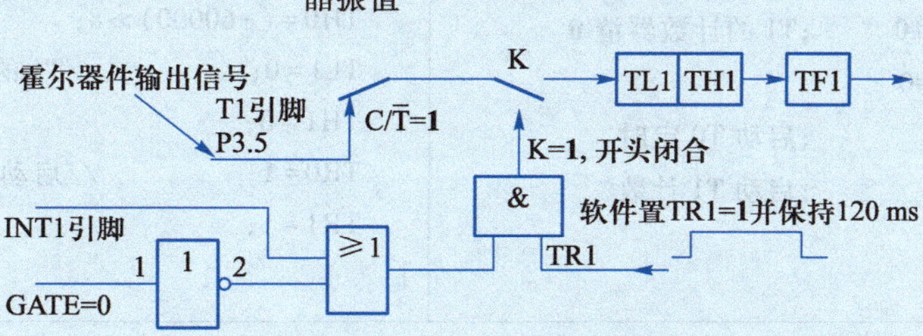

图 7-9 电机转速测量原理图

MOV TL0,#low(X); 或 TL0=X

MOV TH0,#high(X);或 TH0=(X) ≫8

汇编程序

```
        ORG   0000H
        AJMP  MAIN

MAIN:   CALL  init          ;调用初始化子函数

LOOP:   JNB   TF0, $        ;等待 T0 120 ms 的定时到
        CLR   TF1           ;清除 TF1 标志位
        CLR   TF0           ;清除 TF0 标志位
        CLR   TR0           ;停止 T0 定时
        CLR   TR1           ;停止 T0 计数
        MOV   A,TL1         ;将低 8 位放入 30H 中
        MOV   30H,A
        MOV   A,TH1         ;将高 8 位放入 31H 中
        MOV   31H,A
;对 T0 重新装载 120 ms 初值可实现重复计数
        MOV   TL0,#low(-60000)
        MOV   TH0,#high(-60000)
        MOV   TH1,#0        ;T1 的计数器清 0
        MOV   TL1,#0
        SETB  TR1           ;启动 T1 工作
        SETB  TR0           ;启动 T0 工作
        AJMP  LOOP

init:                       ;初始化子函数
        ;T0 模式 1 定时,T1 模式 1 计数
        MOV   TMOD,#51H
        ;给 T0 送定时 120 ms 的初值
        MOV   TL0,#low(-60000)
        MOV   TH0,#high(-60000)
        MOV   TH1,#0        ;T1 的计数器清 0
        MOV   TL1,#0
        SETB  TR0           ;启动 T0 定时
        SETB  TR1           ;启动 T1 计数
        RET
        END
```

C 语言程序

```
#include<at89x52.h>
#include<INTRINS.H>
void  init(void);
void main(void)
{  unsigned char x,y;
   init();              //调用初始化子函数
   while(1)
   {  //等待 T0 120 ms 的定时到
      while(TF0==0);
      TF0=0;            //清除 TF1 标志位
      TF1=0;            //清除 TF0 标志位
      TR0=0;            //停止 T0 定时
      TR1=0;            //停止 T0 计数
      x=TH1;            //将高 8 位放入 x 中
      y=TL1;            //将低 8 位放入 y 中
//对 T0 重新装载 120 ms 初值可实现重复计数
      TL0=-60000;
      TH0=(-60000)>>8;
      TL1=0;            //T1 的计数器清 0
      TH1=0;
      TR0=1;            //启动 T0 工作
      TR1=1;            //启动 T1 工作
   }
}
void  init(void)        //初始化子函数
{
   TMOD=0x51;           //T0 方式 1 定时
                        //T1 模式 1 计数
   //给 T0 送定时 120 ms 的初值
   TL0=-60000;
   TH0=(-60000)>>8;
   TL1=0;               //T1 的计数器清 0
   TH1=0;
   TR0=1;               //启动 T0 工作
   TR1=1;
}
```

在输入上面程序时，除注解外，不能出现中文字符，否则不能正确编译生成运行代码。

在 Proteus 的仿真中,霍尔器件输出的脉冲信号用一个信号源来产生,其仿真图如图 7-10 所示。在 P3.5 引脚上输入脉冲信号(用它模拟霍尔器件的输出信号,再计算出 1 min 内此信号的脉冲个数,即为电机的转速),其测量结果用 LED 数码管显示。由于有 16 位数的除法和数码管显示,用 C 语言编写简单一点。用中断程序处理 T0 产生的 120 ms 定时,程序代码如下:

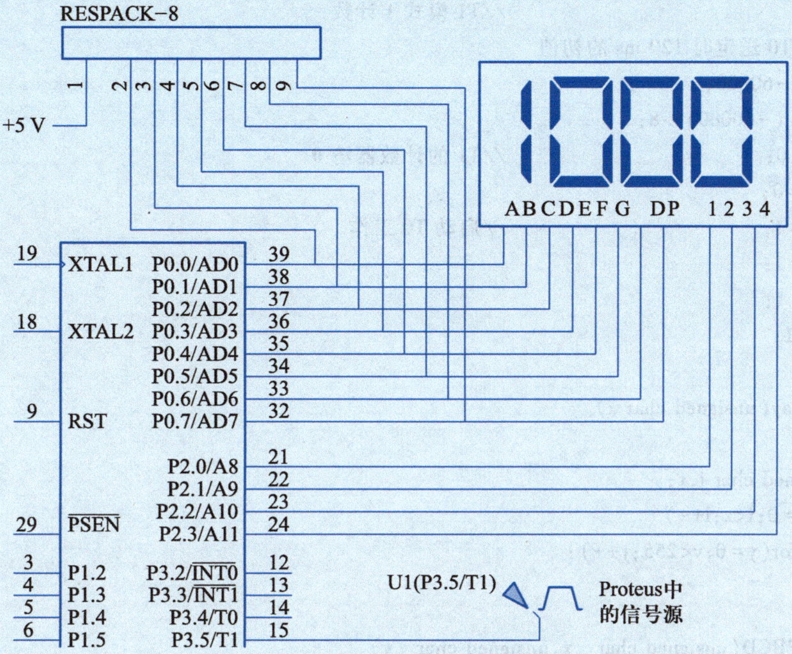

图 7-10 例 7-4 的 Proteus 仿真图

```
#include<at89x52. h>
#include< INTRINS. H>
code unsigned char Seng7[ ] = {0x3f,0x06,0x5b,0x4f,0x66,0x6d,0x7d,
                                0x07,0x7f,0x6f,0x77,0x7c};
unsigned char   DispBuf[4];
void   init(void);
void   delay(unsigned char x);
void   Hex2BCD(unsigned char x,unsigned char y);
void   Disp(void);
void main(void)
{
    init();                                 //调用初始化子函数
    while(1)
    {
        Disp();
        delay(10);
    }
```

```
}
void  init(void)                    //初始化子函数
{
    TMOD=0x51;                      //T0 方式 1 定时
                                    //T1 模式 1 计数
    //给 T0 送定时 120 ms 的初值
    TL0=-60000;
    TH0=(-60000)>>8;
    TL1=0;                          //T1 的计数器清 0
    TH1=0;
    TR0=1;                          //启动 T0 工作
    TR1=1;
    ET0=1;
    EA=1;
}
void  delay(unsigned char x)
{
    unsigned char i,y;
    for(i=0;i<x;i++)
        for(y=0;y<255;y++);
}
void Hex2BCD(unsigned char  x,unsigned char  y)
{
    unsigned short z;
    z=(x<<8)+y ;                    //转 BCD 码
    z=500 * z;                      //扩大 500 倍
    DispBuf[3]=z/1000;              //千位
    z%=1000;                        //余数
    DispBuf[2]=z/100;               //百位
    z%=100;
    DispBuf[1]=z/10;                //十位
    z%=10;
    DispBuf[0]=z;                   //个位
}
void Disp(void)
{
    static unsigned char i=0;
    P2=0xff;                        //消隐
    switch(i)
    {   case 0:P0=Seng7[DispBuf[0]];P2=0xf7;i=1;break;
        case 1:P0=Seng7[DispBuf[1]];P2=0xfb;i=2;break;
        case 2:P0=Seng7[DispBuf[2]];P2=0xfd;i=3;break;
```

```
        case 3:P0=Seng7[DispBuf[3]];P2=0xfe;i=0;break;
    }
}
void T0PRGOM(void) interrupt 1
{
    unsigned char x,y;
    TR0=0;                  //停止 T0 定时
    TR1=0;                  //停止 T1 计数
    x=TH1;                  //将高 8 位放入 x 中
    y=TL1;                  //将低 8 位放入 y 中
    TL0=-60000;             //对 T0 重新装载 120 ms 初值可实现重复计数
    TH0=(-60000)>>8;
    TL1=0;                  //T1 的计数器清 0
    TH1=0;
    TR0=1;                  //启动 T0 工作
    TR1=1;                  //启动 T1 工作
    Hex2BCD(x,y);
}
```

在输入上面程序时，除注解外，不能出现中文字符，否则不能正确编译生成运行代码。

思考 5：在定时器/计数器用作频率测量的初始化和读计数值时要注意什么问题？

思考 6：测量外部脉冲信号频率时，被测信号从 AT89S52 单片机的哪个引脚输入？

4. 方式 2 及应用

工作方式 2 与工作方式 0 和工作方式 1 的差别主要在于工作方式 2 是一个 8 位的计数器，TL*n*(*n*=0、1) 溢出不仅置位 TF*n*(*n*=0、1)，而且将 TH*n*(*n*=0、1) 的内容自动装入 TL*n*，TH*n* 内容由软件预置，重装时 TH*n* 的值不变，如图 7-11 所示。

工作方式 2 多用于精确定时场合和串行口的波特率发生器。

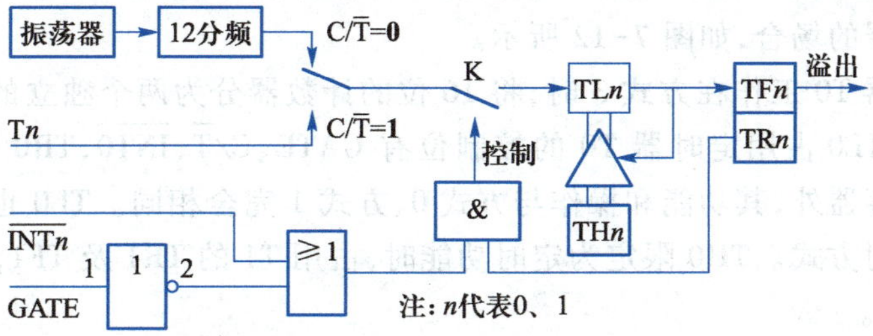

图 7-11 定时器/计数器 T0 和 T1 的方式 2：8 位定时器/计数器

【例 7-5】

有一个频率为 10 KHz 的方波信号,要求用 T1 的方式 2 对该方波信号计数,每计满 100 个脉冲后将 P1.0 引脚上的电平取反。

解: 外部计数信号由 T1(P3.5)引脚输入,每一个下降沿计数器加 1,方式 2 有自动重装初值的功能,初始化后不必再置初值。设定初值

$X=2^8-100=156=-100=9CH$　　TH1 = TL1 = 9CH　　TMOD = 60H

汇编程序	C 语言程序

<pre>   ORG   0000H
        AJMP MAIN
 	
MAIN:CALL T1init   ;调用 T1 初始化子函数
LOOP:JNB   TF1, $;等待计数到
        CLR   TF1   ;时间到,清 TF1 标志位
        CPL   P1.0   ;将 P1.0 取反
        AJMP LOOP
 	
T1init: ;T1 初始化子函数
        MOV   TMOD,#60H   ;T1 方式 2 计数
        ;给 T1 送初值
        MOV   TL1,#low(-100)
        MOV   TH1,#low(-100)
        SETB TR1   ;启动 T1 工作
        RET
 	
        END</pre>
	<pre>#include<at89x52.h>
	#include<INTRINS.H>
	void T1init(void);
	void main(void)
	{ T1init(); //调用 T1 初始化子
	                          //函数
	   while(1)
	   { while(TF1==0); //等待计数到
	      TF1=0;
	      P1_0=~P1_0;
	   }
	}
	void T1init(void) //T1 初始化子函数
	{ TMOD=0x60; // T1 方式 2 计数
	   TH1=-100; //给定时器 T1 送初值
	   TL1=-100;
	   TR1=1; //启动 T1 工作
	}</pre>

在输入上面程序时,除注解外,不能出现中文字符,否则不能正确编译生成运行代码。	

5. 方式 3 及应用

工作方式 3 仅对 T0 有效(T1 设为方式 3 则停止计数),可用于需要一个额外的 8 位定时器的场合,如图 7-12 所示。

当定时器 T0 工作在方式 3 时,将 16 位的计数器分为两个独立的 8 位计数器 TH0 和 TL0,TL0 占用定时器 T0 的控制位有 GATE、$C/\overline{T}$、$\overline{INT0}$、TR0 及 TF0。TL0 除用 8 位寄存器外,其功能和操作与方式 0、方式 1 完全相同。TL0 也可工作在计数方式与定时方式。TH0 限定为定时功能时,占用 T1 的 TR1 及 TF1,此时 TH0 控制 T1 的中断。

当 T0 工作在方式 3 时,T1 只能工作在方式 0、方式 1 和方式 2,并且工作在不

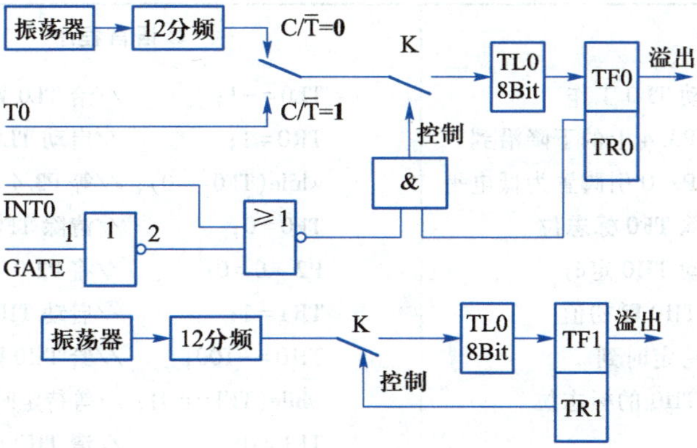

图 7-12 定时器/计数器 T0 的方式 3

需要中断的场合。由于 TR1 和 TF1 被定时器 T0 占用,计数器开关 K 已被接通,此时仅用 T1 的控制位 C/$\overline{T}$ 切换其定时或计数工作方式就可运行。计数器溢出时,只能将输出送入串行接口或不需要中断的场合。一般情况下,当 T1 用于波特率发生器时,T0 才设置为方式 3。

【例 7-6】

当 P3.4 引脚上的电平发生负跳时,从 P2.0 引脚上输出一个 200 μs 的同步脉冲波形如图 7-13 所示,单片机晶振为 6 MHz。

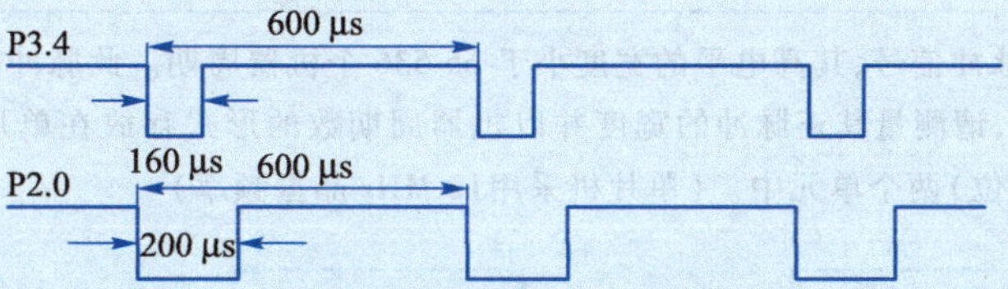

图 7-13 同步脉冲波形

解:根据题目要求,选 T0 工作于方式 3,TL0 工作于计数方式。当 P3.4 引脚上出现一个脉冲下降沿时,TL0 溢出,同时关闭 TL0 的计数,启动 TH0,将 P2.0 引脚上的电平置 **0**,定时 200 μs 时间到后又将 P2.0 引脚上的电平置 **1**,此时又回到 TL0 的计数方式重复进行。TL0 只计一个脉冲,其初值为 $2^8-1=255=-1=0FFH$。TH0 要定时 200 μs,其初值为 156 或 9CH 或-100。

汇编程序	C 语言程序
ORG 0000H	#include<at89x52. h>
AJMP MAIN	#include<INTRINS. H>
	void main(void)
MAIN: SETB P2.0 ;P2.0 输出高电平	{ while(1)
MOV TMOD,#07H ;T0 方式 3 TL0 计数	{ P2_0=1;
MOV TL0,#low(-1) ;给 TL0 置初值	TMOD=0x07; //T0 方式 3 TL0 计数

汇编程序	C 语言程序
SETB TR0 ;启动 TL0 工作	TL0=-1; //给 TL0 置初值
JNB TF0, $;等 P3.4 上的下降沿到	TR0=1; //启动 TL0
CLR P2.0 ;将 P2.0 引脚置为低电平	while(TF0==0); //等 P3.4 上的下降沿到
CLR TF0 ;清除 TF0 标志位	TF0=0; //清除 TF0 标志位
SETB TR1 ;启动 TH0 定时	P2_0=0; //将 P2.0 引脚置为低电平
MOV TH0,#low(-100) ;给 TH0 赋初值	TR1=1; //启动 TH0 定时
JNB TF1, $;等待定时到	TH0=-100; //给 TH0 赋初值
CLR TF1 ;清 TH0 的标志位	while(TF1==0); //等待定时时间到;
CLR TR1	TF1=0; //清 TH0 的标志位
AJMP MAIN ;重复循环	TR1=0;
END	}
	}
在输入上面程序时,除注解外,不能出现中文字符,否则不能正确编译生成运行代码。	

7.3.2 门控位 GATE 的应用

【例 7-7】

如图 7-14 所示的脉冲信号,其高电平的宽度小于 65 536 个机器周期。此脉冲接在单片机的$\overline{INT0}$引脚上,作为 T0 的门控信号,请测量其正脉冲的宽度并以机器周期数的形式存放在单片机 RAM 中的 30H(存低 8 位)和 31H(存高 8 位)两个单元中。(单片机采用12 MHz 晶振频率)

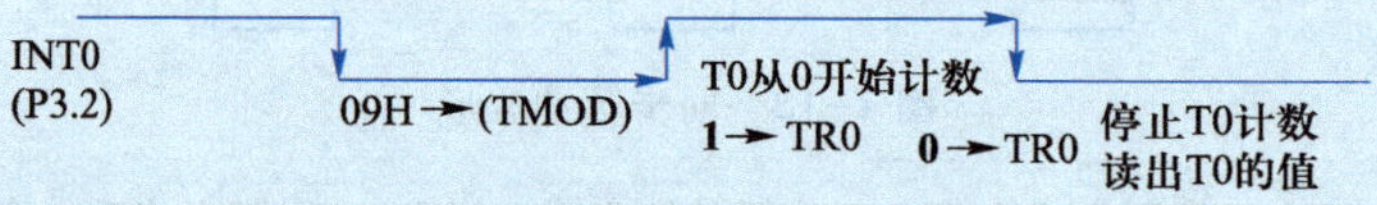

图 7-14 外部正脉冲宽度测量

解:将 T0 设定为方式 1,GATE 设为 **1**,TR0 置为 **1**,初始值为 0000H。一旦$\overline{INT0}$(P3.2)引脚上出现高电平即开始计数,直至出现低电平时停止计数,然后读取 T0 的计数值并存放到指定的单元中。为了测量准确,T0 的计数要等到出现一个高电平后,下一个高电平到来才开始。

汇编程序	C 语言程序
ORG 0000H	#include<at89x52. h>
AJMP MAIN	#include< INTRINS. H>
	void T0init(void);
MAIN: CALL T0init ;调用 T0 初始化子函数	void main(void)
;将检测到的第一个高电平放弃	unsigned char x,y;

汇编程序	C 语言程序
LOOP:JB P3.2,$	{ T0init(); //调用 T0 初始化子函数
SETB TR0 ;启动 T0 工作	while(1)
JNB P3.2,$;等待下一个高电平来	{ //将检测到的第一个高电平放弃
JB P3.2,$;等待高电平结束	while(P3_2 ==1);
;高电平结束时,立即停止 T0 计数	TR0=1; //启动 T0 工作
CLR TR0	while(P3_2 ==0); //等待下一个高电平来
MOV A,TL0 ;计数值的低 8 位放入 A 中	while(P3_2 ==1); //等待高电平结束
MOV R0,#30H	//高电平结束,立即停止 T0 计数
MOV @R0,A	TR0=0;
INC R0	y=TL0; //将计数值的低 8 位放
MOV A,TH0 ;计数值的高 8 位放入 A 中	//入 y 中
MOV @R0,A	x=TH0; //将计数值的高 8 位放
;重新赋初值为下一次测量作准备	//入 x 中
MOV TH0,#0 ;给定时器 T0 送初值	//重新赋初值为下一次测量作准备
MOV TL0,#0	TH0=0; //给定时器 T0 送初值
AJMP LOOP	TL0=0;
T0init: ;T0 初始化子函数	}
;T0 方式 1 定时,GATE=1	}
MOV TMOD,#09H	void T0init(void) //T0 初始化子函数
MOV TH0,#0 ;给定时器 T0 送初值	{ TMOD=0x09; //T0 方式 1,选用内部
MOV TL0,#0	//时钟
RET	//GATE=1
END	TH0=0; //给定时器 T0 送初值
	TL0=0;
	}
在输入上面程序时,除注解外,不能出现中文字符,否则不能正确编译生成运行代码。	

思考 7:在测量脉冲宽度时,为什么程序要将首先检测到的高电平放弃,而要从低电平开始后的高电平开始测量?

在例 7-7 中,测量信号的脉宽可以在 Proteus 中进行仿真,数码管上显示的为高电平的持续时间,单位为 ms。Proteus 仿真图如图 7-15 所示。在 P3.2(即 $\overline{\text{INT0}}$)引脚上输入一个周期脉冲信号,其占空比为 80%,频率为 50 Hz(高电平持续时间为 16 ms)。

在 Proteus 模拟中,由于有数码管显示,因此采用 C 语言编写程序简单一点,同时采用中断方式来检测 P3.2 引脚上的输入信号。

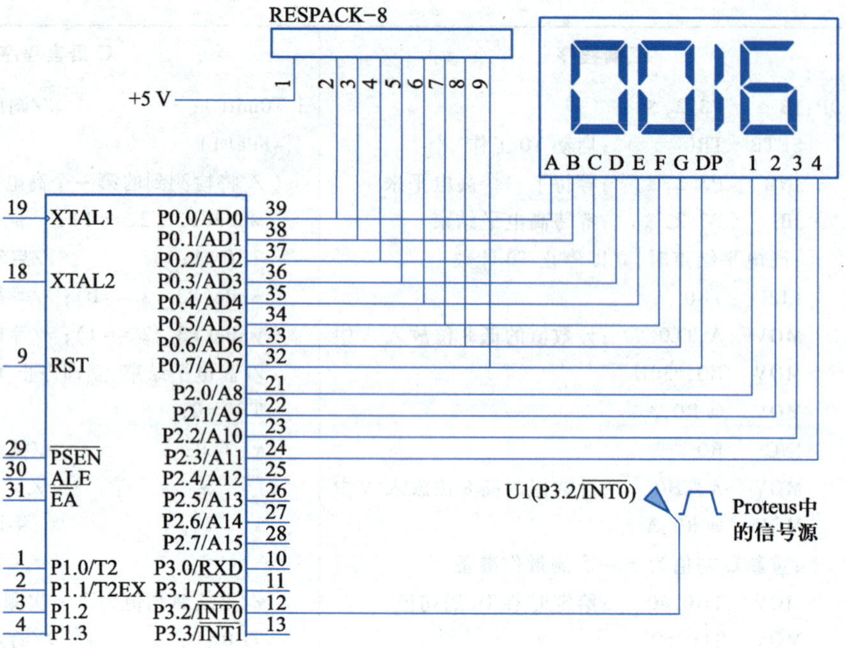

图 7-15 信号脉宽测量的 Proteus 仿真图

```
#include<at89x52. h>
#include< INTRINS. H>
code unsigned char Seng7[ ] = {0x3f,0x06,0x5b,0x4f,0x66,0x6d,
                               0x7d,0x07,0x7f,0x6f};
unsigned char  DispBuf[4] = {0};
void  init(void);
void  delay(unsigned char x);
void  Hex2BCD(unsigned char x,unsigned char y);
void  Disp(void);
void main(void)
{  init();                    //调用初始化子函数
   while(1)
   {  Disp();
      delay(10);
   }
}
void  init(void)               //初始化子函数
{  TMOD=0x09;                  //T0 方式 1,选用内部时钟 GATE=1
   TH0 =0;                     //给定时器 T0 送初值
   TL0=0;
   TR0=1;                      //启动定时
   IT0=1;
   EX0=1;
   EA=1;
```

```
    }
    void   delay(unsigned char x)
    {
        unsigned char i,y;
        for(i=0;i<x;i++)
            for(y=0;y<255;y++);
    }
    void Hex2BCD(unsigned char  x,unsigned char  y)
    {
        unsigned short z;
        z=(x<<8)+y;              //z的单位为μs
        z=z/1000 ;                 //由于数码管上的显示单位为ms(z/1 000单位为ms)
        DispBuf[3]=z/1000;
        z=z%1000;
        DispBuf[2]=z/100;
        z=z%100;
        DispBuf[1]=z/10;
        z=z%10;
        DispBuf[0]=z;
    }
    void Disp(void)
    {
        static unsigned char i=0;
        P2=0xff;          //消隐
    switch(i)
    {   case 0:P0=Seng7[DispBuf[0]];P2=0xf7;i=1;break;
        case 1:P0=Seng7[DispBuf[1]];P2=0xfb;i=2;break;
        case 2:P0=Seng7[DispBuf[2]];P2=0xfd;i=3;break;
        case 3:P0=Seng7[DispBuf[3]];P2=0xfe;i=0;break;
        }
    }
    void INT0PRGOM(void)interrupt 0
    {
        unsigned char x,y;
        TR0=0;                       //高电平结束,立即停止T0计数
        y=TL0;                       //将计数值的低8位放入y中
        x=TH0;                       //将计数值的高8位放入x中
                                     //重新赋初值为下一次测量作准备
        TH0=0;                       //给定时器T0送初值
        TL0=0;
        Hex2BCD(x,y);
        TR0=1;                       //启动T0工作
    }
```

在输入上面程序时,除注解外,不能出现中文字符,否则不能正确编译生成运行代码。

7.3.3 综合应用举例

【例 7-8】

在 Proteus 中模拟一个电子表，只有分和秒显示，要求用 T0 定时器/计数器完成计时，同时作为数码管动态扫描显示的定时，其 Proteus 仿真结果如图 7-16 所示。单片机的系统时钟频率为 12 MHz。

视频 7-2：综合应用电子钟设计

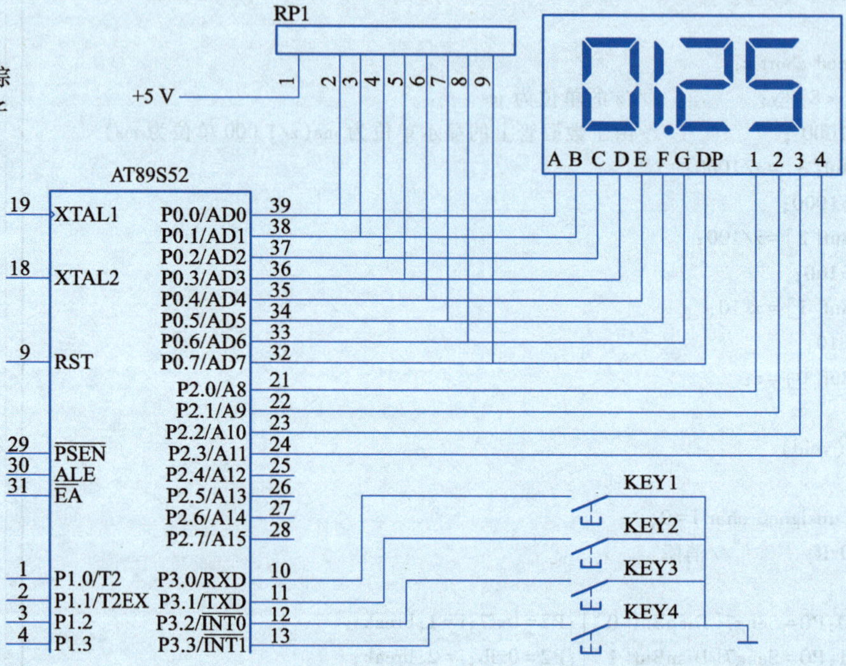

图 7-16 例 7-8 的 Proteus 仿真图

解：显示分和秒必须要有秒定时，通过 60 次秒计数来得到分。而系统时钟频率为 12 MHz，机器周期为 1 μs，即使采用最长定时的工作方式 1（16 位计数器），也只能得到 65.536 ms 的定时，因此要用定时结合软件计数的方法来扩展定时长度范围，得到秒定时。为了兼顾动态扫描显示定时，取定时时间为 10 ms，软件计数 100 次后即可得到秒定时。每 10 ms 定时中断时显示一位数码管。

汇编程序	C 语言程序
DisBuf0 EQU 30h DisBuf1 EQU 31h DisBuf2 EQU 32h DisBuf3 EQU 33h Time _ S EQU 40h Time _ M EQU 41h ORG 0000H AJMP MAIN ORG 000BH	#include<at89x52. h> #include<INTRINS. H> code unsigned char Seng7 [ ] = { 0x3f, 0x06, 0x5b, 0x4f, 0x66, 0x6d, 0x7d, 0x07, 0x7f, 0x6f} ; unsigned char DispBuf[4] = {0} ; void T0init(void) ; void Hex2BCD (unsigned char x, unsigned char y) ;

汇编程序	C 语言程序
AJMP T0GRAM	void Disp(void);
MAIN: CALL T0init ;调用 T0 初始化子函数	
MOV R2,#0	void main(void)
MOV R3,#0	{
MOV DisBuf0,#0	T0init(); //调用初始化
MOV DisBuf1,#0	//子函数
MOV DisBuf2,#0	while(1);
MOV DisBuf3,#0	}
SJMP $	void T0init(void) //T0 初始化子
T0init: ;T0 初始化子函数	//函数
MOV TMOD,#01H ;T0 方式 1 定时	{
MOV TH0,#high(-10000)	TMOD=0x01; //T0 方式 1 定时
;给定时器 T0 送初值	TH0=(-10000)≫8; //10 ms 初值,
MOV TL0,#low(-10000)	//晶振 12 MHz
SETB ET0	TL0=-10000;
SETB EA	ET0=1;
SETB TR0	TR0=1;
RET	EA=1;
T0GRAM: ;T0 中断服务程序	}
PUSH PSW	
PUSH ACC	void Hex2BCD(unsigned char x,unsigned char y)
INC R2 ;R2 为计数器	
CALL Disp ;显示	{ DispBuf[3]=x/10; //分的十位
CJNE R2,#100,ENDOK	x=x%10;
MOV R2,#0	DispBuf[2]=x; //分的个位
INC Time_S ;秒计数	DispBuf[1]=y/10;
MOV A,Time_S	y=y%10;
CJNE A,#60,L1	DispBuf[0]=y;
MOV Time_S,#0	}
INC Time_M ;分计数	
MOV A,Time_M	void Disp(void)
CJNE A,#60,L1	{ static unsigned char i=0;
MOV Time_M,#0;	P2=0xff;
L1: CALL H2BCD ;转换为 BCD	switch(i)
ENDOK: CLR TR0	{
MOV TH0, #high(-10000)	case 0: P0 = Seng7[DispBuf[0]];
;T0 送初值	P2 = 0xf7; i = 1;
MOV TL0,#low(-10000)	break;
SETB TR0	case 1: P0 = Seng7[DispBuf[1]];
POP ACC	
POP PSW	
RETI	P2 = 0xfb; i = 2;
H2BCD: MOV A,Time_M	break;
MOV B,#10	case 2:P0=Seng7[DispBuf
DIV AB	
MOV DisBuf3,A	
MOV DisBuf2,B	
MOV A,Time_S	
MOV B,#10	

汇编语言	C 程序代码

<pre>   DIV AB
        MOV DisBuf1,A
        MOV DisBuf0,B
        RET
Disp: MOV   DPTR,#TABLE
        CJNE R3,#0,Next0   ;R3 作位显选择
        MOV   P2,#0ffH   ;消隐
        MOV   A,DisBuf0   ;个位显示
        MOVC A,@ A+DPTR
        MOV   P0,A
        MOV   P2,#0F7H
        MOV   R3,#1
        AJMP DisOk
Next0: CJNE R3,#1,Next1
        MOV   P2,#0ffH   ;消隐
        MOV   A,DisBuf1   ;十位显示
        MOVC A,@ A+DPTR
        MOV   P0,A
        MOV   P2,#0FBH
        MOV   R3,#2
        AJMP DisOk
Next1: CJNE R3,#2,Next2
        MOV   P2,#0ffH   ;消隐
        MOV   A,DisBuf2   ;百位显示
        MOVC A,@ A+DPTR
        ORL   A,#80H   ;点亮小数点
        MOV   P0,A
        MOV   P2,#0FDH
        MOV   R3,#3
        AJMP DisOk
Next2: CJNE R3,#3,DisOk
        MOV   P2,#0ffH   ;消隐
        MOV   A,DisBuf3   ;千位显示
        MOVC A,@ A+DPTR
        MOV   P0,A
        MOV   P2,#0FEH
        MOV   R3,#0
DisOk: RET
TABLE: DB 3fh,06h,5bh,4fh,66h,6dh,7dh,07h
        DB7fh,6fh,77h,7ch
        END</pre>
	<pre> [2]]|0x80;
	            P2=0xfd;i=3;break;
	        case 3:P0=Seng7[DispBuf[3]];
	            P2=0xfe;i=0;break;
	    }
	}
	
	void T0PRGOM(void)interrupt 1
	{
	    static unsigned char i=0;
	    static unsigned char Time_S=0,
	    Time_M=0;
	    Disp();
	    TR0=0;
	    TH0 =(-10000)≫8;//10 ms
	                    //初值晶振 12 MHz
	    TL0=-10000;
	    TR0=1;
	    if(++i>99)
	    {
	        i=0;
	        if(++Time_S > 59)
	        { if(++Time_M > 59)
	           Time_M=0;
	           Time_S=0;
	        }
	        Hex2BCD(Time_M,Time_S);
	    }
	}</pre>

在输入上面程序时,除注解外,不能出现中文字符,否则不能正确编译生成运行代码。	

本章小结

本章给出了大量的例题,通过汇编语言和 C 语言两种编程方式进行强化训练,从感性上掌握单片机定时器/计数器的工作原理。同时,本章也是考试的重点。在学习过程中主要掌握定时器/计数器的初始化、方式 1、方式 2 的应用,以及定时和测量频率、脉宽的编程方法。

定时器/计数器主要的内容有:

1. 定时器/计数器接口部件

(1) 定时器/计数器 T0、T1 的控制寄存器(TCON)。

(2) 定时器/计数器 T0、T1 初始化寄存器(THx 和 TLx:2 个 8 位计数器,THx 为高 8 位计数器,TLx 为低 8 位计数器,x 为 0 或 1)。

(3) 定时器/计数器 T0、T1 的工作方式寄存器(TMOD)。

2. 中断控制部件

(1) 中断允许寄存器(IE:interrupt enable)。

(2) 中断优先寄存器(IP:interrupt priority)。

(3) 定时器/计数器 T0、T1 的中断状态位(TCON 中的 TF0、TF1)。

3. 定时器/计数器初始化过程

(1) 由 TMOD 的低 4 位与高 4 位分别设定 T0、T1 的工作方式。

(2) 根据选定的工作方式与功能,给计数器设定初始值(分别放入 THx 与 TLx 中)。

(3) 通过 IE 中的 EA、ET0 或 ET1 位启动定时器/计数器的中断功能(这一步可选)。

(4) 通过 TCON 中的 TR0 或 TR1 位启动定时器/计数器工作。

习题

7-1 AT89S52 单片机有几个定时器/计数器?它们各有哪几种工作方式?各工作方式有何区别?

7-2 AT89S52 单片机的定时器/计数器 T0、T1 的方式 3 各有什么特点与区别?

7-3 AT89S52 单片机怎样实现串行通信时接收与发送的波特率可以不相同的功能?

7-4 设系统时钟频率为 12 MHz,试用定时器 T1 作外部计数器,编程实现每计到 1 000 个脉冲时 T0 开始 2 ms 定时,定时到后 T1 又开始计数,这样反复循环不止。

7-5 在 AT89S52 单片机中,已知时钟频率为 6 MHz,请编程使 P1.2 和 P1.3 分别输出周期为 20 ms 和 5 ms 的方波。

7-6 已知 AT89S52 单片机系统时钟频率为 12 MHz,请利用定时器 T0 或 T1 使 P1.2 引脚输出矩形脉冲,其中高电平持续 50 ms,低电平持续 160 ms。

7-7 如习题 7-7 图所示的脉冲信号，其高电平的宽度小于 65 536 个机器周期。此脉冲接在单片机的$\overline{\mathrm{INT1}}$引脚上作为 T1 的门控信号，请测其正脉冲的宽度。

习题 7-7 图 脉宽测量

7-8 请编写程序测一个周期信号的频率，单片机的晶振为 6 MHz。

习题详解：[题 7-8]解答

7-9 定时器/计数器归属计算机的接口电路，常用的原理有加法计数器和减法计数器两种，请说明对它们赋初始值的差别。

7-10 定时器/计数器工作在计数器模式时，在什么情况下能起到定时作用？

7-11 当初始值超过计数寄存器的取值范围时，通过软件计数可以解决该问题，请问如何实现？

7-12 AT89S52 单片机的晶振频率为 12 MHz，且定时器/计数器工作在定时方式 1 实现秒计时，由于软件重载容易造成计时误差，请问如何编程才能解决该问题？

第八章　串行接口与应用

本章目标

通过对本章的学习，读者可以具备下述能力：

1. 了解串行通信的基本概念及其用途。
2. 熟悉单片机串行通信接口的内部结构及其工作原理。
3. 掌握串行通信波特率发生器的初始化方法。
4. 掌握串行通信接口各种工作方式的工作原理和配置方法。
5. 通过应用案例分析，学会针对简单的串行通信任务的编程方法。

引言

串行通信常用于数据信息传输。早先计算机通过 Modem 调制解调器连接电话线实现上网，计算机与 Modem 之间的数据传输就是用串行通信方式实现的。串行通信方案连接非常简单、工作稳定可靠、硬件容易实现，因此大多数要求具有数据传输的智能设备都有串行通信接口。

电子教案 8-1：串行接口与应用

本章在介绍串行通信基本概念的基础上，详细描述了 MCS-51 系列单片机串行通信接口的工作原理，解析了 SCON 寄存器各位配置的用途，并针对各种应用提出了可行的解决思路和详细的程序清单。

本章重点是编程初始化串行接口相关的 I/O 部件以满足串行通信的应用要求。串行接口的工作方式多达 4 种，应用时还与定时器、中断等 I/O 部件相关，涉及的特殊功能寄存器有 SCON、SBUF、PCON、TMOD、TCON、TH1、TL1、IE、IP 等，其应用组合情况相当复杂。本章通过对大量应用案例的详细分析，帮助读者正确掌握串行通信接口的编程方法。

本章每个案例后通常都给出了思考题，这些思考题都是在正确理解案例的基础上，根据新的应用要求，对案例程序清单作简单的修改即可完成。希望读者独立完成这些思考题，最好能上机验证修改前和修改后的结果，这样才能完全理解和掌握好本章的知识。

实际上,要实现串行通信并不难。为了从感性上对串行通信有一个初步认识,也可以说是增强读者的自信心,本章首先就从一个实例开始,探讨单片机串行通信问题。本实例的要求在 Keil 开发平台中仿真演示单片机通过串行通信接口连续发送字符'A'的过程,下面就是实例完整程序清单:

视频 8-1:串行接口与应用调试方法介绍

汇编程序	C 语言程序

<pre>   ORG   0000H
START:MOV   TMOD, #20H   ;T1 定时方式 2
      MOV   TH1,#-6   ;分频系数
      MOV   TL0,#-6
      SETB TR1   ;启动 T1
      MOV   SCON,#40H   ;串行接口方式 1
LOOP:
      MOV   SBUF, #'A'   ;发送字母'A'
      JNB   TI,LOOP   ;发送没完
      CLR   TI   ;清发送标志
      SJMP LOOP   ;循环发送
      END</pre>
	<pre>#include<REG52. H>
	void main(void)
	{ TMOD=0x20;
	   TH1=-6;
	   TL1=-6;
	   TR1=1;
	   SCON=0x40;
	   for (; ;) {
	      SBUF='A'; //'A' =0x41
	      while(TI==0) ;
	      TI=0;
	   }
	}</pre>

在输入上面程序时,除注解外不要出现中文字符,否则不能正确编译生成运行代码。	

从主菜单的"Debug"项中选择"Go",系统开始全速仿真调试运行程序,然后从主菜单中选择"View"项中的"Serial Window #1"展开串行通信接收显示窗口,即可看到连续显示字符'A'。

思考 1:请修改程序,显示其他字符(提示:修改送给 SBUF 的内容即可)。

思考 2:请修改程序,循环显示数字'0'至'9'(字符'0'到'9'的 ASCII 二进制编码是连续递增的,即'7'='6'+1。同样的编码方式出现在 26 个英文字母的 ASCII 编码中,小写字母为一段连续编码,而大写字母为另一段连续编码。第 i 个序号的字母,其大写字母的 ASCII 编码等于'A'+i-1,而小写字母的 ASCII 编码值等于'a'+i-1,当大写字母编码值存放在变量 ch 时,变换成对应小写字母的算法为 ch-'A'+'a')。

如果要循环显示小写字母,则上面的程序可修改成如下程序:

视频 8-2:发送小写字母通信应用实例

汇编程序	C 语言程序

<pre>   ORG   0000H
START: MOV   TMOD,#20H
       MOV   TH1,#-6
       MOV   TL0,#-6
       SETB TR1</pre>
	<pre>#include<REG52. H>
	void main(void)
	{ unsigned char ch='a';
	   TMOD=0x20;
	   TH1=-6;
	   TL1=-6;</pre>

汇编程序	C 语言程序

<pre>   MOV   SCON,#40H
        MOV   A,#'a'
LOOP:
        MOV   SBUF,A
        JNB   TI,$
        CLR   TI
        INC   A
        CJNE A,#'z'+1,LOOP
        MOV   A,#'a'
        SJMP LOOP
        END</pre>
	<pre>TR1=1;
	SCON=0x40;
	for(;;){
	    SBUF=ch;
	    while(TI==0);
	    TI=0;
	    if(++ch>'z')
	        ch='a';
	    }
	}</pre>

思考 3:请修改程序,循环显示所有数字和英文字母,先显示 10 个数字,其次为 26 个小写字母,最后为 26 个大写字母。

为了更好地理解串行通信的情况,可以在单片机实验平台上验证上面的例子。正常情况下,由于 PC 机要通过串行通信接口将 Keil 平台编译产生的单片机程序下载到实验平台的单片机中,所以在做单片机与 PC 机的串行通信实验时,直接使用已连接好的通信电缆即可。当 PC 机将单片机实验程序下载后,需要关闭 PC 机上的下载软件,以免 PC 机运行通信程序时发生冲突错误,无法打开相应的通信接口。这些工作准备完成后就可以运行 PC 机上的串行通信测试程序。通常可运行程序"串行接口调试助手"或"超级终端"进行测试,这里简介"超级终端"的用法。

在 Windows 下,"超级终端"是一个将 PC 机仿真成一台"终端"的程序,"终端"是指具有显示屏和计算机键盘的通信设备,键盘输入的内容将直接发送到远端服务器,而屏上显示的内容是接收到远端服务器发来的信息,并非本地键盘输入的内容。现在我们将单片机实验平台认为是远端服务器。

"超级终端"运行时,从 Windows 桌面的"开始"进入所有程序,再进入"附件"中的通信,即可以看到超级终端,点击后在弹出的输入框中键入一个"test"名称即可,其后出现一个 PC 机使用的通信接口,请选择与单片机下载程序相同的接口。在接口属性中有 5 个输入框,从上到下依次为:9600,8,无,1,无。

9 600 是针对单片机所用晶体频率为 22.118 4 MHz 的情况,如果晶体频率为 11.059 2 MHz,则应选 4 800。在终端主菜单的呼叫选项中可以选择"断开"或"呼叫",只有在"断开"状态才能用主菜单文件中的属性修改通信接口配置,相反,只有在"呼叫"状态下才能进行通信工作。

8.1 串行通信的基本知识

这里的“通信”是指二进制数据的发送和接收，在定义的最小不可割单位时间内（通常称为‘位’时间）只能传送1位二进制数据的通信称为串行通信，否则称为并行通信。通常，串行通信只需要一条物理信道，而并行通信需要多条物理信道。本章不讨论通过单一物理信道以信号调制方式实现的多位二进制的通信，例如多幅值、多相位、多频移等调制方法。

从通信的模式来看，如图8-1所示分为3种模式：单工通信、半双工通信和全双工通信。针对A与B的通信，如果任何时候数据只能由A发给B，则称为单工通信。无线广播即是单工通信，其中A方是广播电台，B方是收音机。如果任何时刻只能由其中一方发送，而另一方只能接收时，则为半双工通信，对讲机通信就是半双工通信。如果任一时刻双方都可以同时相互发送数据，则称为全双工通信，电话就是全双工通信。

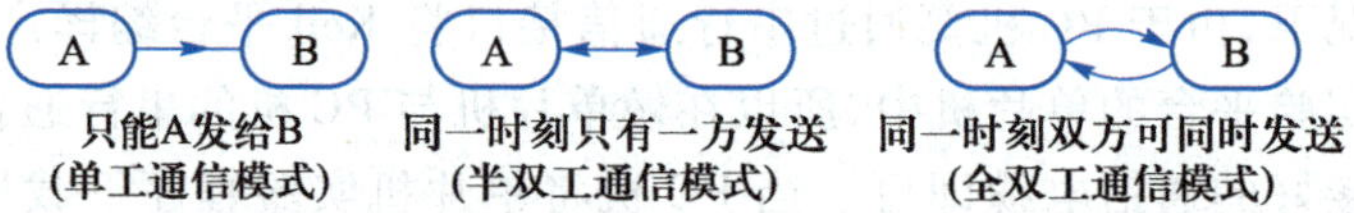

图 8-1 串行通信的3种工作模式

串行通信通常是指将 n 位二进制数在一个信道中分成 n 个时段进行传送的模式，每个时段内保持信号不变，低电平表示 **0**，高电平表示 **1**。由于信道中任何时候不是高电平就是低电平，接收方无法确定发送方什么时候开始发送数据。为了保证接收方能从串行数据流中正确接收到发送方的数据，发送方一般要增加一些附加数据位，从而形成了同步串行通信和异步串行通信两个模式。

异步串行通信时，传送的数据是以帧形式出现，每帧由1位起始位、5至8位数据位、1位奇偶校验位和1~2位停止位构成，接收方只有检测到起始位时才开始调整时钟对准每位时段的中间位置进行采样接收（即接收与发送同步），收完一帧后要重新检测下一帧起始位，这种每帧都要重新同步的工作方式就称为异步串行通信。同步串行通信没有起始位、奇偶校验和停止位，从而传送效率比异步方式高。由于同步方式没有起始位，所以要求接收方任何时候都要与发送方同步，即位同步。在同步方式中，信道中传送着连续的位流，要正确接收位流中的数据，必须要有协议，常用的同步串行通信协议有 HDLC 和 SDLC，这里不作描述。

在 MCS-51 单片机内部集成了一个串行通信 I/O 部件 UART（universal asynchronous receiver/transmitter，通用异步接收/发送装置），支持全双工串行通信，通过编程可以将8位字节数据写入 UART 中，UART 自动将该字节的8位二进制数变成串行数据，在不同时刻从 TXD 引脚（transmit data）输出发送，该发送过程称为并/串转换；同时对于不同时刻从 RXD 引脚（receive data）输入的串行数据，UART

自动变换成字节,该接收过程称为串/并转换,CPU 可在程序读取接收数据后进行处理。

图 8-2 是 MCS-51 中 UART 最常用的异步串行通信模式,本章开始的实例就是用这种模式与 PC 实现通信。平时没有数据传送时,TXD 发送引脚输出高电平 **1**,表示空闲;当发送数据写入 UART 时,TXD 就会输出低电平 **0**,表示发送开始,即附加一位二进制数 **0**(称为起始位),然后 UART 将写入的字节从低位 D0 开始至高位 D7 依次输出,在结尾处附加一位二进制数 **1**(称为停止位)输出,标志发送结束,完成后 TXD 又处于空闲状态,等待发送下一个字节。完整的一个字节发送过程称为一个串行异步帧,该帧由起始位、数据和停止位构成。每位二进制数占用的时间长度决定了数据传送的速度,称为位时间,其倒数即是每秒传送的位数,通常称为波特率(bps)。

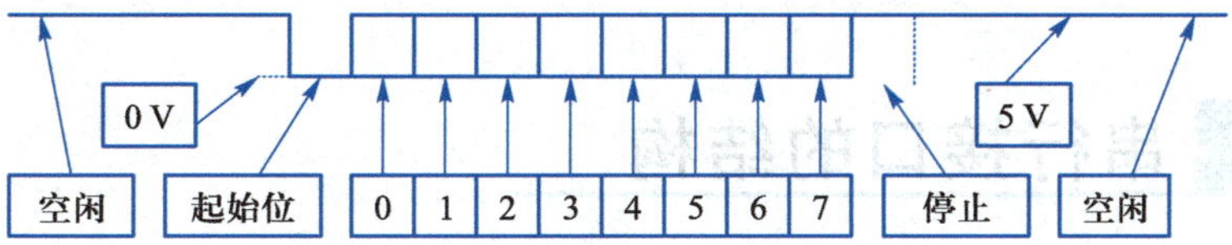

图 8-2 8 位数据长度、无校验、1 位停止位的串行异步通信帧

完整的串行异步帧由 4 部分组成:起始位、数据、奇偶校验、停止位。起始位总是占一位时间长度;数据有 5 位、6 位、7 位和 8 位 4 种长度的格式;奇偶校验可以没有,如果有也只占一位时间,可选奇校验(odd,表示数据位联合校验位一起,其中 **1** 的数目总和为奇数)或选偶校验(even,表示数据位联合校验位一起,其中 **1** 的数目总和为偶数);停止位有 3 种格式:1 位时间、1.5 位时间和 2 位时间。

例如,采用 5 位数据长度、奇校验、1.5 位停止位的串行异步通信帧,发送字节数据 5AH,发送波形如图 8-3 所示。该字节的高 3 位无效,所以实际发送数据变成 1AH,低位 D0 为 **0**,D4 为 **1**,数据中有 3 个 **1**,故奇校验位为 **0**。这种帧结构也称为 1+5+o+1.5 的帧结构,也可以省去起始位(因为其在所有格式中都是 1 位时间),称为 5+o+1.5 的帧结构,如果没有校验位,则称为 5+1.5 的帧结构。

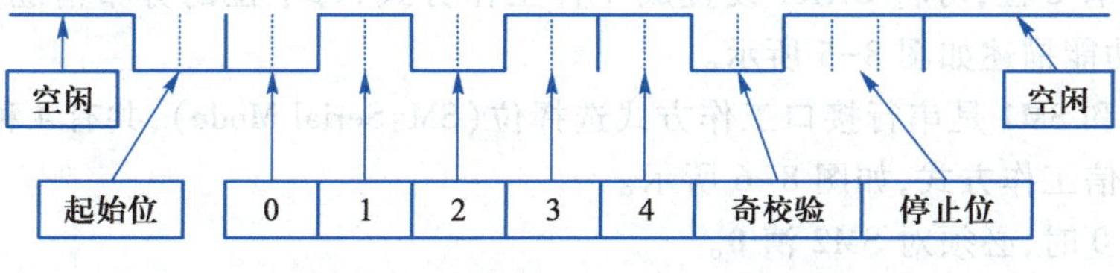

图 8-3 5 位数据长度、奇校验、1.5 位停止位的串行异步通信帧

思考 4:对于字节数据 0A5H(或 0xA5),分别画出帧结构为 7+o+2、8+1、6+e+1.5、8+o+1 的发送波形(6、7 位字长时数据变为 2AH)。

目标测评 1

T8-1 通信分为哪 3 种工作模式?

T8-2 参与异步串行通信的双方满足什么条件才能实现正确通信?

T8-3 串行通信的波特率是如何定义的?

T8-4 异步串行通信的帧格式是如何定义的?

T8-5 计算机通信分为串行和并行两种,它们之间有什么差别?

T8-6 串行通信分为同步和异步两种,它们之间有什么差别?

8.2 MCS-51 单片机串行接口的结构与工作方式

8.2.1 串行接口的结构

MCS-51 有一个可编程的全双工串行通信接口,可作为通用异步接收/发送器 UART(除特别说明外,下文都是指 MCS-51 的 UART),也可作为同步移位寄存器。它的帧格式有 8 位、10 位和 11 位(包含起始位和停止位),可以设置为固定波特率和可变波特率,给使用者带来很大的灵活性。

这里所说的帧格式与通常描述的串行异步帧格式有差别,MCS-51 的 UART 除具有串行异步通信接口的功能外,还有其他串行通信功能。

8.2.2 串行接口寄存器 SCON 和电源寄存器 PCON

在使用 UART 进行收发数据通信前,必须通过编程方法选择串行通信接口的工作方式。与 UART 工作方式相关的主要配置寄存器是 SCON(serial control register),总共有 8 位,可将 UART 设置成 4 种工作方式,每个位的分布情况如图 8-4 所示,其功能描述如图 8-5 所示。

SM0 和 SM1 是串行接口工作方式选择位(SM:Serial Mode),共有 4 种组合,形成 4 种通信工作方式,如图 8-6 所示。

方式 0 时,必须对 SM2 清 **0**。

方式 1 时,RB8 存放接收到的停止位(RB:Receive Bit)。SM2=**1** 时,仅当 RB8 为 **1** 时硬件才自动置位 RI=**1**(receive interrupt);SM2=**0** 时,无论 RB8 为何值都置位 RI=**1**。实际应用时,方式 1 作状态设置 SM2=**0**。

方式 2 和方式 3 时,SM2 是多机通信控制位。当 SM2=**1** 时,接收器收到的

SCON (名称)		98H(SFR 地址)		复位时值为 00H			
D7	D6	D5	D4	D3	D2	D1	D0
SM0	SM1	SM2	REN	TB8	RB8	TI	RI

图 8-4 串行接口控制寄存器 SCON 每个位的分布

位名称	功能说明	编程说明
RI	接收中断标志。 1：表示接收缓冲器中收到新的数据	硬件置1； 软件置1或清0
TI	发送中断标志。 1：表示发送缓冲器的数据发送成功	硬件置1； 软件置1或清0
RB8	接收数据第9位（方式2和方式3）	硬件、软件改写
TB8	发送数据第9位（方式2和方式3）	软件实现改写
REN	接收控制。1为允许；0为不允许	软件实现改写
SM2	多机通信。1为允许；0为不允许	软件实现改写
SM1	工作方式控制	软件实现改写
SM0	工作方式控制	软件实现改写

图 8-5 寄存器 SCON 的功能

SM0	SM1	工作方式	说明	波特率/bps
0	0	方式0	同步移位寄存器	$f_{osc}/12$
0	1	方式1	10位异步收发	由定时器TI控制
1	0	方式2	11位异步收发	$f_{osc}/32$或$f_{osc}/64$
1	1	方式3	11位异步收发	由定时器TI控制

图 8-6 串行接口的工作方式

RB8 为 **1** 时硬件才能置 RI=**1**。

多机通信中所有单片机都配置有不同的地址标识 ID，发送方在发送数据之前首先发送接收方的 ID，所有单片机接收到 ID 后与自身的 ID 比较，如果相同则接收其后的数据，否则等候接收下一个 ID。每个发送字节都带一个 TB8 位（TB：Transmit Bit），TB8=**1** 表示字节是 ID，TB8=**0** 表示字节是数据。

接收方检测 RI=**1** 时接收 ID 和数据。在多机通信方式中 RB8 用来存放接收到的 TB8，通信开始时所有从机都置 SM2=**1**，只接收 TB8=**1** 的 ID。发送方首先置 TB8=**1** 发送 ID，然后清 TB8=**0** 发送数据，所有接收方收到 ID 后与自身 ID 比较，相同时则清 SM2=**0** 进入数据接收状态，接收完数据后马上置 SM2=**1**，开始下一次接收过程。

串行接口的工作方式（f_{osc}是晶振频率），如图 8-6 所示。

例如，与 PC 机通信要选用最常用的方式 1，即 8+1 的串行异步帧结构，则 SM0=**0**、SM1=**1**、SM2=**0**、REN=**1**、TB8=**0**、RB8=**0**、RI=**0**、TI=**0**（transmit interrupt，后面简写英文字母 I 注意不要错写成数字 1），组合后形成 SCON 的初始化值为

01010000B(50H)。

汇编程序	C 语言程序
MOV SCON,#50H	SCON=0x50;

实际上在方式 1 时,TB8 和 RB8 的值没有作用,即有效的初始值为 **0111**xx**10**B(这里 x 表示 **0** 或 **1** 都可以),请读者写出它们 4 种有效的组合值。如果不想接收从 RXD 引脚输入的串行数据,则 REN=**0**,初始化值为 **01000000**B(40H),这时 SM2 没有作用,请读者写出 SCON 所有可能的初始值。

上述也可以将 TI 置 **1**,通常是程序以查询方式进行串行数据收发。如果 UART 工作在中断方式,TI 置位将马上导致中断产生,但此时还没有数据可发送,编程不合适时非常容易导致整机程序无法工作,所以 TI 在初始化时也常置为 **0**。请读者说明 **01**××××××B 所有组合的工作原理。

思考 5:RB8、RI、TI 都可能被 UART 自动置为 **1**,请问是什么情况下被置位的?

当初始化 TI=**1** 时,以查询方式连续发送字符'A'的程序清单如下:

<table>
<tr><th>汇编程序</th><th>C 语言程序</th></tr>
<tr><td>

```
LOOP:  JNB    TI,LOOP     ;检查发送是否空
       MOV    SBUF,#'A'   ;填写发送数据
       CLR    TI          ;软件清 TI 标志
       SJMP   LOOP
```

</td><td>

```
do{   while(TI==0);
      SCON ='A';
      TI = 0;
}while(1);
```

</td></tr>
</table>

当初始化 TI=**0** 时,以查询方式连续发送字符'A'的程序清单如下:

<table>
<tr><th>汇编程序</th><th>C 语言程序</th></tr>
<tr><td>

```
LOOP:   MOV    SBUF,#'A'   ;填写发送数据
        CLR    TI          ;软件清 TI 标志
        JNB    TI, $       ;等待发送完成
        SJMP   LOOP
```

</td><td>

```
do{   SCON='A';
      TI=0;
      while(TI==0);
}while(1);
```

</td></tr>
</table>

8.2.3 波特率设计

串行通信的速率用"波特率"表示,单位为 bps。波特率是指串行通信中,每秒钟传送的二进制位数。

在串行通信中,收发双方除了要求帧格式完全相同,还要求双方数据传输速率相同。UART 方式 0 和方式 2 的通信速率是固定的,仅与晶振频率相关,而方式 1 和方式 3 的通信波特率是可变的,由定时器 T1 的溢出率来决定("溢出"是指 T1 计数器计数到最大值后再加 1,即产生溢出,由于 T1 定时器工作时在内部时钟的

驱动下重复加 1，所以不断地产生溢出，每秒内溢出的次数即为溢出率），同时还与 PCON（power control register）的最高位 SMOD 有关，图 8-8 给出波特率产生的原理说明。

电源控制寄存器 PCON 中只有 SMOD 位与串行接口工作有关，如图 8-7 所示。

PCON(名称)		87H(SFR地址)		复位时值为00H			
D7	D6	D5	D4	D3	D2	D1	D0
SMOD							

图 8-7 电源控制寄存器 PCON

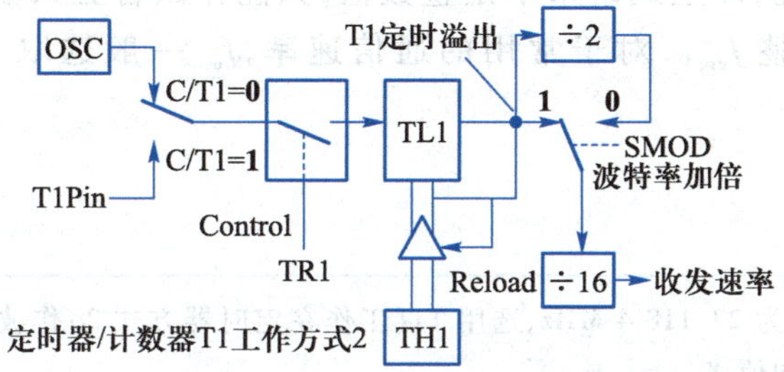

图 8-8 波特率工作原理图

• C/T1 = **0** 定时器方式，用内部晶振时钟产生通信波特率。

• TR1 = **1** 时钟才能送给 TL1，每个时钟让 TL1 加 1 计数，即启动 T1 计数。

• TH1 存放的是重载分频值，当 TL1 = 255 再加 1 时，溢出一次，TH1 中的值自动置入 TL1 中。

• SMOD = **0** 时溢出时钟还要经右上角 2 分频，而 SMOD = **1** 只做 16 分频，相当于通信速率加倍。

下面介绍 UART 在不同工作方式下传输速率的计算公式（f_{osc}是晶振频率）。

工作方式 0 的波特率为 $f_{osc}/12$（不受 PCON 寄存器中 SMOD 位的影响）。

工作方式 2 的波特率为 $2^{SMOD}\times f_{osc}/64$。

工作方式 1 和方式 3 的波特率 bps（将 T1 设置为定时器方式 2）为

$$bps = 2^{SMOD}\times(f_{osc}/12)/32/(256-TH1)$$

从上文的公式来看，SMOD 是串行接口通信波特率的控制位。当 SMOD = **1** 时，方式 1、方式 2 和方式 3 的波特率加倍。TH1 最大配置值为 255，是一个 8 位二进制寄存器。

实际应用中，一般先提出通信速率要求，反过来求 TH1 的初始化值，通过上文的公式可得

$$TH1 = TL1 = -2^{SMOD}\times(f_{osc}/12)/32/bps$$

上面出现的 256-TH1 是 T1 定时器的计数值。由于 T1 定时器工作在方式 2，只有 8 位二进制数而且是加法计数器，因此当 TL1 的值加至 255（0FFH）时再加 1，

TL1 将变成 0,并自动将 TH1 的内容赋给 TL1,重复下一轮计数。在编程中数值通常用补码形式表示。对于一个 n 位二进制数 X,其负数补码为(2^n-X),因为 $2^n \equiv 0$,可直接写成$(-X)$。

例如,对于 8 位二进制数,$2^8=100H\equiv00H=0$,当要 T1 定时器在定时方式 2 且计数 10 个机器周期时,应设 TH1=256-10=246=0F6H,这样-10 的补码正好是 0F6H,这样我们就可以写成 TH1=-10,同样 TH1=256-X 就可以写成 TH1=-X,所以上面的公式又可以写成

$$TH1=TL1=-2^{SMOD}\times(f_{osc}/384)/bps$$

因为 TH1 是 8 位寄存器,上式的值域为[-256,-1]内的整数,如果取值为 0 或小于-256,则要调整 SMOD 和晶体频率 f_{osc},才能得到 TH1 的正确初值。

还有一种情况,即上式结果不是整数值,只能作四舍五入取得整数。如果误差太大则必须调整 f_{osc}。对于常用的通信速率,f_{osc} 一般选取 11.059 2 MHz 或 22.118 4 MHz。

【例 8-1】

MCS-51 单片机时钟振荡频率为 22.118 4 MHz,选用 T1(工作在定时器方式 2)作波特率发生器,波特率为 115 200 bps,求定时器 T1 的初值 X。

解: 设波特率控制位 SMOD=**1**,则

$$TH1=TL1=-2^1\times(22\,118\,400/12)/32/115\,200=-1=0FFH=255$$

编写程序时,定义晶体频率符号值 f_{osc} 和通信速率符号值 bps,可以将公式直接写入程序中,由编译/汇编器自动计算 TH1 的初值。如果硬件的晶体频率改变,修改程序中的 f_{osc} 即可,要改通信速率时修改 bps 即可。

汇编程序	C 语言程序

`fosc equ 22118400`
`bps equ 115200`
`ANL TMOD,#0FH ;清 TMOD 高 4 位`
`ORL TMOD,#20H ;T1 定时器方式 2`
`ORL PCON,#80H ;SMOD=1`
`MOV TH1,#-2*fosc/12/32/bps`
`MOV TL1,#-2*fosc/12/32/bps`
`SETB TR1 ;启动 T1 定时`
	`#define fosc 22118400L //L 表示长整数`
	`#define bps 115200`
	`TMOD=(TMOD&0x0f)|0x20;`
	`PCON|=0x80;`
	`TH1=-2*fosc/12/32/bps;`
	`TL1=-2*fosc/12/32/bps;`
	`TR1=1;`

如果将 SMOD 设置为 **0**,请改写上面的程序。提示:将 0x7F 和 PCON 相**与**。

TMOD=(TMOD&0x0F)/0x20,TMOD 高、低半字节各 4 位分别控制 T1 和 T0,如果直接给 TMOD 赋值,在配置 T1 的同时也修改了 T0 的配置。为了不影响 T0 的原有配置,TMOD 和 0x0F 相**与**,只清 **0** 与 T1 有关的高 4 位,而保留与 T0 有关的低 4 位,再和 0x20 相**或**将与 T1 有关的高 4 位配置成 **0010**,而 T0 有关的低 4 位仍保持不变。

目标测评 2

T8-7 MCS-51 单片机的串行通信接口与哪些特殊寄存器有关？

T8-8 PCON 中的 SMOD 位有什么作用？

T8-9 用 T1 作为波特率发生器时，通常工作在什么方式？

T8-10 在给定晶体频率和通信速率时，针对方式 1 和方式 3，如何计算 TH1 的值？

T8-11 SCON 中的 SM2 在不同方式下分别起什么作用？

T8-12 根据 RI 和 TI 的意义，初始化时通常配置成什么值？

T8-13 当计算 TH1 的值为非整数时，如何处理？

T8-14 TH1 的取值范围在什么区间内？

T8-15 在 52 系列单片机中，除 T1 外，还有哪个定时器可以作为速率发生器？

8.3 串行接口的通信应用

8.3.1 同步移位方式（方式 0）

方式 0 为同步移位输入/输出方式，常用于 I/O 接口扩展。这里的同步移位是指一个机器时钟对应 1 位二进制数位传送，串行数据通过引脚 RXD（P3.0）输入或输出，移位时钟则通过引脚 TXD（P3.1）输出作为外部接口部件的同步信号。传送时，每次传送 1 个字节，分 8 位传送，没有附加的位。图 8-9 说明 RXD 移位输出数据是在 TXD 发送时钟下降沿时刻，接收方可用 TXD 时钟上升沿采集数据，而图 8-10 说明单片机是在 TXD 时钟上升沿采集 RXD 输入数据，这样数据提供方可以在 TXD 下降沿后改变 RXD 上的数据。74HC164 是单片机 8 位串/并移位电路，如图 8-11 所示可用于方式 0 输出，而 74HC165 是单片 8 位并/串移位电路，如图 8-12 所示可用于方式 0 输入。

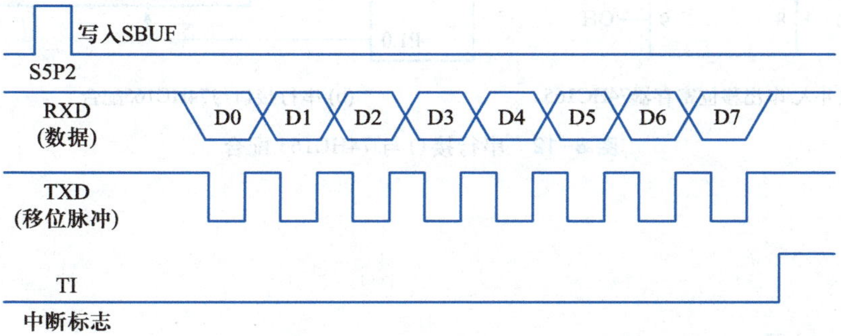

图 8-9 工作方式 0 发送时序

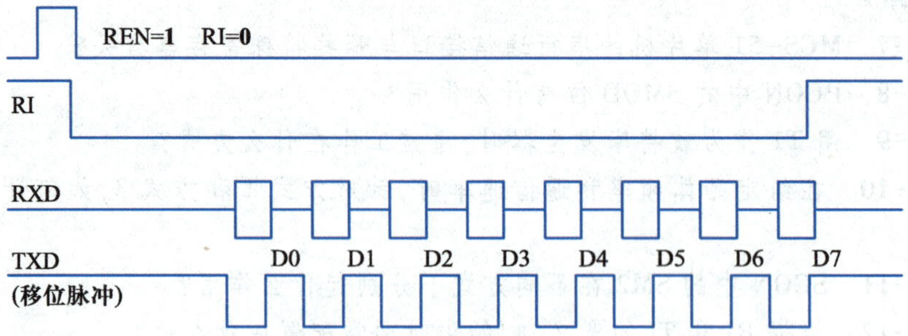

图 8-10 工作方式 0 接收时序

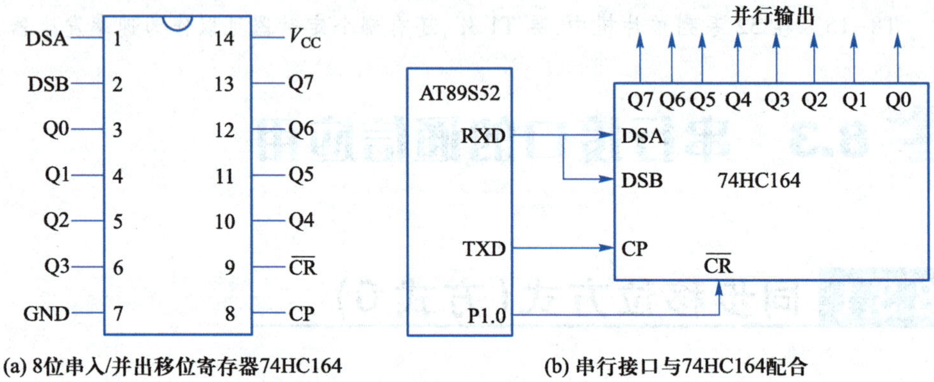

图 8-11 串行接口与 74HC164 配合

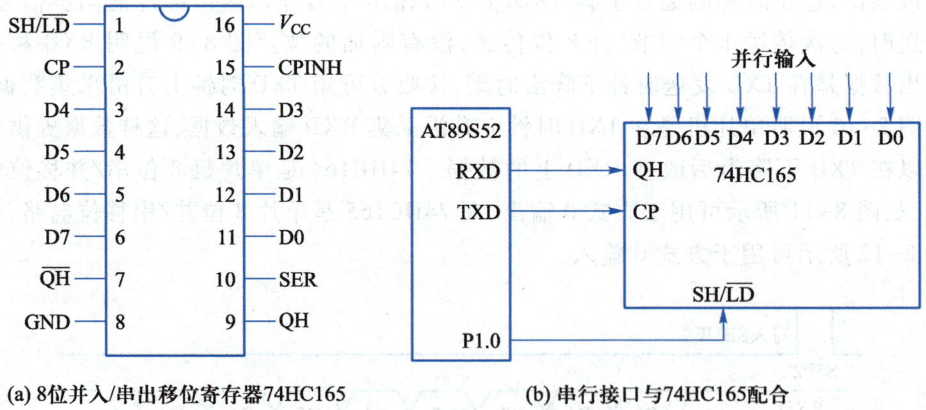

图 8-12 串行接口与 74HC165 配合

【例 8-2】

用 UART 的方式 0 扩展 8 个输出引脚，驱动 8 个发光二极管实现流水灯功能。

解：设任何时候只有 1 个发光二极管亮，每秒钟换 1 个发光二极管，周而复始。用 1 片 8 位移位寄存器 74HC164 接在 RXD 和 TXD 上，如图 8-13 所示。输出高电平灯亮，输出低电平灯灭，子程序 delay1s 实现一秒时间延时，程序如下：

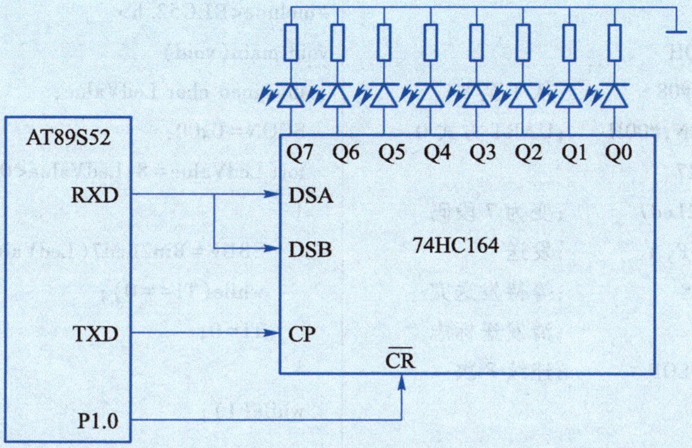

图 8-13 方式 0 控制 LED

汇编程序				C 语言程序
				#include<REG52. h>
	ORG	0000H		void main(void)
	MOV	A,#00000001B	;8 位中仅 1 位高	{ unsigned char LedValue=0x01;
	MOV	SCON,#00H	;UART 方式 0	SCON=0x00;
				while (1) {
LOP:	MOV	SBUF,A	;发送	SBUF=LedValue;
	CALL	delay1s	;延时 1 秒	delay1s();
	RL	A	;换一个灯	LedValue<<=1; //左移后低位补 0
				if(LedValue==0) LedValue=0x01;
	JNB	TI, $	;等待发送完	while(TI==0);
	CLR	TI	;清发送标志	TI=0;
	SJMP	LOP	;周而复始	}
	END			}

UART 方式 0 输出 1 个字节只要 8 个机器周期，CPU 延时 1 s 后字节早已发送完，请简化上面的程序。修改汇编语言程序，将控制灯的值存在内部 RAM 的 1 个字节中。

【例 8-3】

用 UART 的方式 0 扩展 8 个七段静态数码管,显示“12345678”。

解:用 8 片 8 位移位寄存器芯片串联,接到 RXD 和 TXD 上,子程序 Bin2Led7 将二进制数变成数码管七段码,每片移位寄存器芯片驱动 1 个数码管。

汇编程序	C 语言程序

ORG 0000H
MOV R7,#08 ;从 1 至 8
MOV SCON,#00H ;UART 方式 0
LOP: MOV A,R7
CALL Bin2Led7 ;变为 7 段码
MOV SBUF,A ;发送
JNB TI, $;等待发送完
CLR TI ;清发送标志
DJNZ R7,LOP ;连续 8 次
SJMP $
END
	#include<REG52. h>
	void main(void)
	{ unsigned char LedValue;
	SCON = 0x00;
	for(LedValue = 8;LedValue<0;LedValue--)
	{
	SBUF = Bin2Led7(LedValue);
	while(TI = = 0);
	TI = 0;
	}
	while(1);
	}

请读者设计出例 8-3 的硬件接线原理图,并设计能驱动 16×16 点阵 LED 的电路,同时编写输出 16×16 点阵的汉字程序。

【例 8-4】

应用单片机 UART 的方式 0 实现 8 个独立按键输入,并通过 P1 口输出驱动 LED 指示。

解:用串行输入方法,将 8 个按键的状态读入 A 累加器,按下键的对应位为 **0**,没按键的对应位为 **1**,P1 口 LED 是高电平亮,所示将 A 取反后送 P1 口即可。程序如下:

汇编程序	C 语言程序

ORG 0000H
MOV SCON,#00H ;初始化 UART 为方式 0
LOP: SETB REN ;启动接收一个字节
JNB RI, $;等待移位输入结束
MOV A,SBUF ;读入按键状态
CPL A
MOV P1,A ;输出指示
CLR RI ;清除接收标志
SJMP LOP ;重复检测
END
	#include<REG52. h>
	void main(void)
	{ SCON = 0x00;
	while (1){
	REN = 1;
	while(RI = = 0);
	P1 = ~SBUF;
	RI = 0;
	}
	}

请读者画出例 8-4 的电路原理图。

8.3.2 10位异步方式(方式1)

方式1的帧格式是标准8+1的串行异步通信帧格式。本章最开始的例子就是用该方式实现与PC机通信的,请读者再回顾一下。由于传送一帧包含1个起始位、8个数据位、1位停止位,共有10位,所以UART的方式1称为10位异步方式。图8-14和图8-15分别是方式1的接收和发送的波形图。接收波形中每位采样3次可以提高抗干扰能力。

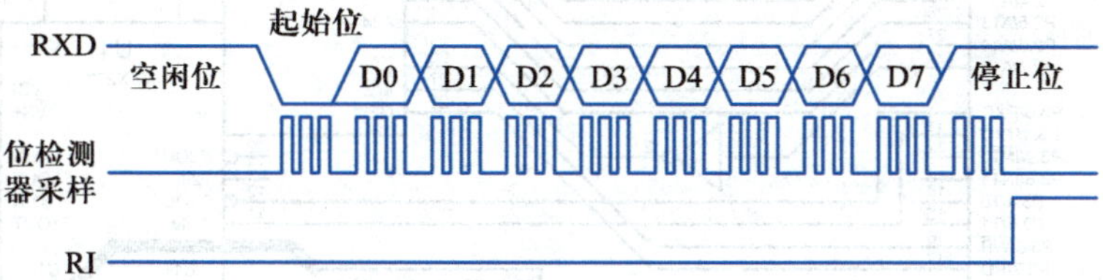

图 8-14 方式1接收波形

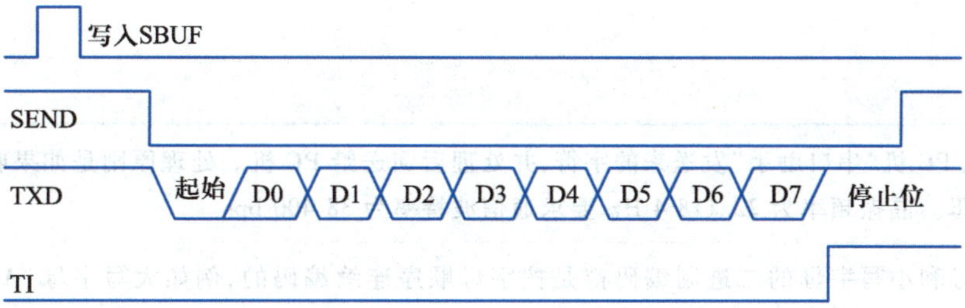

图 8-15 方式1发送波形

在图8-16中删除U2和U3后就成为可以与PC连通的最简单原理图,其中MAX232是TTL/RS232电平转换电路,实现与PC机异步通信口的RS232接口连接(图8-16是单片机一种仿真板原理图,在AT89S52单片机固化联机下载监控程序,PC机通过RS-232接口即可将单片机程序下载到U3的SRAM实现实时调试)。

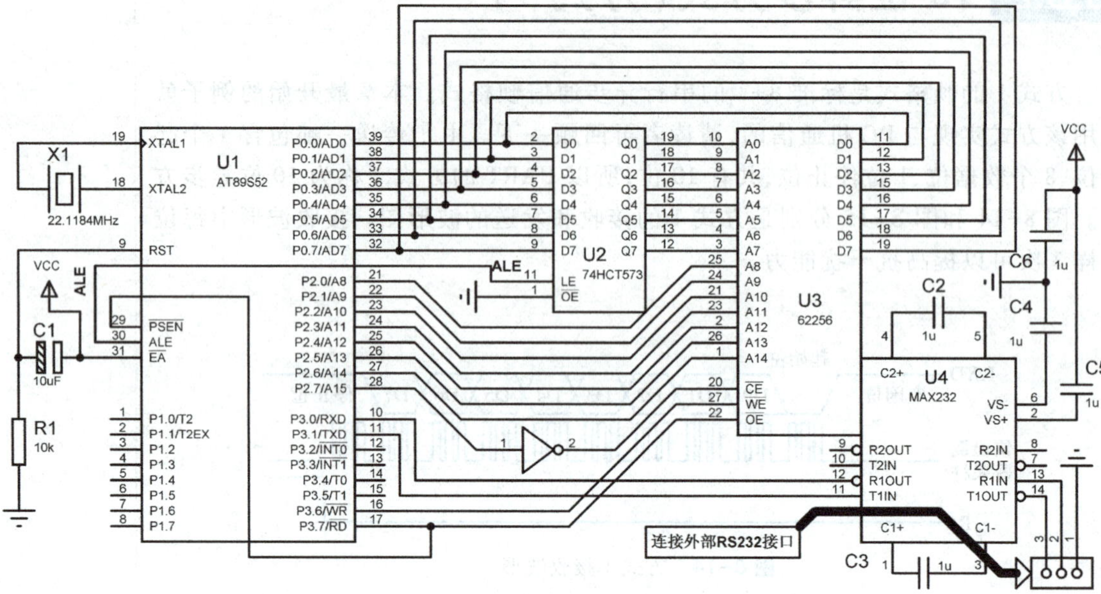

图 8-16 MCS-51 单片机仿真板原理图

【例 8-5】

编程使单片机接收 PC 机“串口助手”发送来的字符,并处理后回送给 PC 机。处理原则是如果收到大写字母,则变为小写字母。晶振频率为 22.118 4 Hz,要求通信波特率为 38 400 bps。

解: 前文提到,大写字母和小写字母的二进制编码都是按字母顺序连续编码的,例如大写字母‘A’的编码为 41H,字母‘B’的编码为 42H,即‘B’=‘A’+1,‘Z’=‘A’+25。小写字母‘a’的编码为 61H,字母‘b’的编码为 62H。如果收到的字符数据存在字符变量 ch 中,当满足‘A’≤ch≤‘Z’时即是大写字母,通过 ch-‘A’+‘a’算式即可实现大写字母变成小写字母。

本例要求用单片机串行接口通信,所以首先要初始化单片机的串行接口,设置串行接口控制寄存器 SCON 的值。根据题意,可选 8+1 的帧格式,对于单片机的串行接口来说,应选工作方式 1,这样 SM0=**0**、SM1=**1**、SM2=**0**(SM2=1 是确保收到正确有效停止位才将 RI 置 **1**,实际也可以工作)。若能接收 PC 机发来的数据,则 REN=**1**。对于方式 1,TB8 和 RB8 没有作用,可设置为任意值,此处都设为 **0**。在初值化过程中,TI=**0**;同样初始化时接收寄存器中也不可能收到数据,所以 RI=**0**。处理结果是 SCON=**01010000**B=50H=0x50。

在工作方式设置完后,还要设置通信速率。通常通信速率在 51 单片机中都是用 T1 工作在方式 2 来决定的,在计算 T1 的初始值前首先要确定速率是否加倍,此处设为加倍情况,即 SMOD=**1**,因此可以计算出 TH1 的初始化值为

$$-2^1\times 22\ 118\ 400/12/32/38\ 400=-3$$

完整的单片机程序如下:

视频 8-3:例 8-5 程序设计详解

<table>
<tr><th>汇编程序</th><th>C 语言程序</th></tr>
<tr><td>

```
      ORG   0000H
      MOV   SCON,#01010000B;串行接口方式 1
      ORL   PCON,#10000000B;倍速 SMOD=1
      MOV   TMOD,#20H      ;T1 工作方式 2
      MOV   TH1,#-3        ;T1 初值
      MOV   TL1,#-3
      SETB  TR1            ;启动波特率发生器
LOP:  JNB   RI, $          ;等待接收字符
      MOV   A,SBUF         ;读入接收字符
      CLR   RI             ;清除接收标志
      CJNE  A,#'A',K1      ;转至下条指令
K1:   JC    TTT            ;小于'A'有借位,非
                           ;大写字母
      CJNE  A,#'Z'+1,K2    ;转至下条指令
K2:   JNC   TTT            ;大于'Z'无借位,非
                           ;大写字母
      CLR   C              ;下条指令是带进位
                           ;减法
      SUBB  A,#'A'         ;求得大写字母中的
                           ;序位
      ADD   A,#'a'         ;变成小写字母
TTT:  MOV   SBUF,A         ;写入发送寄存器中
      JNB   TI, $          ;等待发送寄存器空
      CLR   TI             ;清除发送空标志
      JMP   LOP            ;重复收发处理过程
      END                  ;程序文档结束
```

</td><td>

```
#include<REG52. h>
void main(void)
{ unsigned char dat;
  SCON=0x50;                        //串行接口
                                    //工作方式 1
  TMOD=0x20;                        //T1 工作
                                    //方式 2
  PCON |=0x80;                      //倍速 SMOD
                                    //=1
  TH1=-3;                           //定时器 T1
  TL1=-3;                           //初值
  TR1=1;                            //启动波特率
                                    //发生器

  while(1)
  { while(RI==0){;}                 //等待接收
                                    //字符

    dat=SBUF;                       //接收字符
    RI=0;                           //清除接收
                                    //标志
    If(dat>='A' && dat<='Z')        //大写字母
    {
      dat=dat-'A'+'a';              //变小写字母
    }
    SBUF=dat;                       //发送字符
    while(TI==0);                   //等待发送寄
                                    //存器空
    TI=0;                           //清除发送空
                                    //标志
  }
}
```

</td></tr>
</table>

思考 6:修改上例,若通信速率改为 9 600 bps,除将大写字母变成小写字母外,还要求将小写字母变换成大写字母,而数字'0'、…、'9'则变成'9'、…、'0',其他所有字符则不回送给 PC 机,试修改程序。

对于异步串行通信,要求收发两方的通信速率必须一致。通过例 8-6 的求解过程可理解计算 T1 定时器初始值的方法以及对初始值的限制。

【例 8-6】

当 2 片 AT89S52 单片机的串行接口以方式 1 工作时，它们之间要相互交换数据。2 片单片机都用定时器 T1 以工作方式 2 产生波特率，不过 2 片单片机 A 和 B 的晶振频率不同，分别为 $f_{oscA}=11$ MHz 和 $f_{oscB}=12$ MHz，请求出最佳（指速率完全相等）的最高和最低通信波特率。

解： 按上述题意，首先可列出波特率的计算公式为

$$bps=(1+SMOD)\times(f_{osc}/12)/32/(256-TH1)$$

注意，TH1 的取值必须为整数，而且取值范围从 0~255。当 SMOD = **1** 时通信速率加倍，所以最高波特率应是 SMOD = **1** 时求得，而 SMOD = **0** 时可求得最低波特率。我们知道，串行异步通信时，除要求双方使用相同的帧格式外，通信的波特率也必须相同，即上式分别用于 A 和 B，应满足 $bps_A=bps_B$。由此可得

$$(1+SMOD_A)\times f_{oscA}/(256-TH1_A)$$
$$=(1+SMOD_B)\times f_{oscB}/(256-TH1_B)$$

例如，根据题意，$f_{oscA}=11$ MHz，$f_{oscB}=12$ MHz，代入上式即可得

$$(1+SMOD_A)\times 11/(256-TH1_A)$$
$$=(1+SMOD_B)\times 12/(256-TH1_B)$$

通过作图方式可以求得题解。由于上式较简单，通过直观估值也可求解。

显然，当 $SMOD_A=SMOD_B=\mathbf{1}$，$256-TH1_A=11$，$256-TH1_B=12$ 时，可得最高波特率为

$$bps=2\times 11\ 000\ 000/12/32/11$$

当 $SMOD_A=SMOD_B=\mathbf{0}$，$256-TH1_A=231=11\times 21$，$256-TH1_B=252=12\times 21$ 时，可得最低波特率为

$$bps=1\times 11\ 000\ 000/12/32/(11\times 21)$$

思考 7： 当普通的 51 单片机的 $f_{osc}=24$ MHz 时，串行通信选用工作方式 1 且对 T1 的工作方式不作限制时，请问最高和最低通信速率分别是多少？（提示：方式 2 时 TH1 = 255 为最高，方式 1 时 TH1 = 0、TL1 = 0 时为最低）

【例 8-7】

单片机甲把其片外 RAM 地址 2000H 开始的 12 个字节的数据通过串行接口传送到乙机，传输波特率为 2 400 bps。乙机把接收的数据存储在片内 RAM 以 40H 单元开始的连续 12 个单元中。分别对甲乙机进行编程实现上述功能（$f_{osc}=12$ MHz，要求波特率列出计算公式，编程时定时器初值可以直接写算式）。

解： 本题没有对帧格式提出要求，只对传输速率做出限制。由于速率为 2 400 bps，所以 UART 只能选方式 1 和方式 3，为了编程方便，此处选用方式 1。在计算速率时，如果选用倍速方案，则 T1 的初值为

$$TH1=TL1=-2^1\times 12\ 000\ 000/12/32/2\ 400=-26.042$$

由于赋给 TH1 的初值必须为整数，所以 TH1 = −26，这样实际速率为 $2^1*12\ 000\ 000/12/32/26=2\ 403.8$ bps，速率误差为 3.8/2 400 = 0.15%（对于 10 位异步格式，每位最大允许误差为 5%，确保一帧累积误差后还能正确接收到最后一位，即 50%。实际上实物晶体的标称频率都有一定误差，所以最终产生的通信速率也必定有误差，只要误差在允许范围内就可以确保通信正常）。

视频 8-4：例 8-7 程序设计详解

甲机程序如下（只发送，所以 REN = **0**）：

汇编程序	C 语言程序

ORG 0000H
MOV SCON,#01010000B ;串行接口方式 1
ORL PCON,#10000000B ;倍速 SMOD=1
MOV TMOD,#20H ;T1 工作方式 2
MOV TH1,#-26 ;T1 初值
MOV TL1,#-26
SETB TR1 ;启动波特率发生器
MOV R2,#12 ;共发送 12 个字节
MOV DPTR,#2000H ;指向第一个字节
LOP: MOVX A,@DPTR ;读取发送数据
MOV SBUF,A ;写入发送寄存器中
JNB TI,$;等待发送寄存器空
CLR TI ;清除发送空标志
INC DPTR ;指向下个发送字节
DJNZ R2,LOP ;重复 12 次
SJMP $;发送结束
END ;程序文档结束
	#include<REG52.h>
	xdata unsigned char str[12] _at_ 0x2000;
	void main(void)
	{ unsigned char i;
	SCON=0x50; //串行接口工作方式 1
	TMOD=0x20; //T1 工作方式 2
	PCON |=0x80; //倍速 SMOD=1
	TH1=-26; //定时器 T1 初值
	TL1=-26;
	TR1=1; //启动波特率发生器
	for(i=0;i<12;i++)
	{
	SBUF=str[i]; //发送字节
	while(TI==0){;} //等待发送寄存器空
	TI=0; //清除发送空标志
	}
	while(1); //发送结束
	}

乙机程序如下(要接收,所以 REN=1):

汇编程序	C 语言程序

ORG 0000H
MOV SCON,#01010000B ;串行接口方式 1
ORL PCON,#10000000B ;倍速 SMOD=1
MOV TMOD,#20H ;T1 工作方式 2
MOV TH1,#-26 ;T1 初值
MOV TL1,#-26
SETB TR1 ;启动波特率发生器
MOV R2,#12 ;共接收 12 个字节
MOV R0,#40H ;指向第一个字节
LOP: JNB RI,$;等待接收
MOV A,SBUF ;读取接收到的字节
CLR RI ;清除接收标志
MOV @R0,A ;保存数据
INC R0 ;指向下个发送字节
DJNZ R2,LOP ;重复 12 次
SJMP $;接收结束
END ;程序文档结束
	#include<REG52.h>
	data unsigned char str[12] _at_ 0x40;
	void main(void)
	{ unsigned char i;
	SCON=0x72; //串行接口工作方式 1
	TMOD=0x20; //T1 工作方式 2
	PCON |=0x80; //倍速 SMOD=1
	TH1=-26; //定时器 T1 初值
	TL1=-26;
	TR1=1; //启动波特率发生器
	for(i=0;i<12;i++) //共接收 12 个字节
	{ while(RI==0){;} //等待接收
	str[i]=SBUF; //接收保存字节
	RI=0; //清除接收标志
	}
	while(1); //接收结束
	}

注:在 C51 中变量内存位置属性 data 表示可直接寻址内部 RAM,xdata 表示外部扩展 RAM,idata 表示可间接寻址内部 RAM,code 表示程序空间 ROM。

【例 8-8】

请用单片机设计某装置，要求能够接收 PC 发送过来的字符，并用数码管显示字符十进制编码和十六进制编码。

解： 此题对帧格式和速率都没有要求，而且单片机的晶振频率也没有说明，只提出功能要求。这样，我们可以选用 22.118 4 MHz 的晶体，然后设计通信速率为 115 200 bps、串行通信方式 1。数码管可选用 2 个四联共阴管，阴极字选接 P1 口，数据段接 P0 口，P0 口要接上拉电阻给数码管提供足够的电流。高 4 位显示十进制编码，而低 4 位显示十六进制编码。

为了实现动态显示，可用 T0 定时中断刷新显示，下面给出 C 程序框架：

```
#include<reg52.h>
code unsigned char SegCode[16]={…};                  //数码管七段码表，请补上
code unsigned char SegSel[8]={0x7f,0xbf,0xdf,0xef,0xf7,0xfb,0xfd,0xfe};
unsigned char disBuf[8];                             //对应 8 支数码管
void main(void)
{   SCON=0x50; PCON |=0x80;                          //串行接口方式 1 倍速接收
    TMOD=0x22;                                       //T0 和 T1 都是定时器方式 2
    TH1=-(22118400L/12/16/115200L);                  //让编译器自动计算
    TL1=-(22118400L/12/16/115200L);
    TH0=-250;                                        //每 250 个机器周期换一个数码管
    TL0=-250
    TR1=1;TR0=1;                                     //T0 和 T1 定时启动
    ET0=1;EA=1;                                      //允许 T0 中断
    while(1)
    {   unsigned char dat;
        while(RI==0){;}                              //查询接收标志
        dat=SBUF;RI=0;                               //接收字符，然后清除接收标志
        disBuf[1]=dat/100;disBuf[2]=(dat%100)/10;
        disBuf[3]=dat%10;                            //十进制显示
        disBuf[6]=dat/16;disBuf[7]=dis%16;           //十六制显示
    }
}
void displayScan(void) interrurp 1                   //T0 中断服务程序，250 个机器周期响应一次
{   //注意下句的 static 是必要的，否则 index 永远为 0
    static unsigned char index=0;                    //动态显示数据码编号，0~7 循环
    P1=0xff;                                         //显示消隐，就是显示全部熄灭
    P0=SegCode[disBuf[index]];                       //显示缓冲区中取数后通过查表变成七段码
    P1=SegSel[index];                                //扫描对应的数码管
    if(++index>7) index=0;                           //指向下一个数码管
}
```

思考 **8**:请将上面的 C 程序修改成汇编程序。

【例 8-9】

现要求以红外无线方案实现 2 个单片机的数据通信,请编写完整的程序将字符串“Hello”发给对方。

解:首先选用晶振频率为 22.118 4 MHz。在红外无线低速数据通信时,要求将串行发送信号调制成 38 kHz 的波形才能通过红外发射二极管传送,为此可以从 P1.0 口输出一个 38 kHz 的方波接到红外二极管的正极,而红外二极管的负极则接在串行接口的发送端 TXD。我们用 T0 工作在定时器方式 2 产生 38 kHz 的方波,则要求 T0 要以 76 kHz 的频率产生中断,每中断一次将 P1.0 取反一次,从而产生 38 kHz 的方波,计算得 TH0 的初值为

$$TH0=-22\ 118\ 400/12/76\ 000=-24.25$$

由于 TH0 只能取整数,因此取-24,由此可算得实际方波频率为:22 118 400/12/24/2=38 400 Hz,误差为:(38 400-38 000)/38 000=1%,对通信没有影响。

由于载波信号频率不高,这样传送的数据速率就不能做得太高,可设计成 1 200 bps。设 SMOD=1,则计算得 TH1 的初值在速率倍速时为

$$TH1=TL1=-2^1\times(22\ 118\ 400/12/32/1\ 200)=-96$$

汇编程序	C 语言程序
`ORG 0000H`	`#include<REG52.h>`
`JMP Start`	`cdata char str[ ] = "Hell";`
`ORG 000BH ;T0 中断`	`void T0int(void) interrupt 1 //T0 中断`
`CPL P1.0 ;取反输出方波`	`{ P1_0=!P1_0; } //取反输出方波`
`RETI`	`void main(void)`
`Str: DB "Hello",0 ;0 表示串结束`	`{`
`Start:`	`unsigned char i=0;`
`MOV SCON,#01010000B ;串行接口方式 1`	`SCON=0x50; //串行接口工作方`
`ORL PCON,#10000000B ;倍速 SMOD=1`	`//式 1`
`MOV TMOD,#22H ;T0、T1 定时方式 2`	`PCON1=0x80; //倍速 SMOD=1`
`MOV TH0,#-24 ;T0 初值`	`TMOD=0x22; //T0、T1 定时方式 2`
`MOV TL0,#-24`	`TH0=-24; //定时器 T0 初值`
`MOV TH1,#-96 ;T1 初值`	`TL0=-24;`
`MOV TL1,#-96`	`TH1=-96; //定时器 T1 初值`
`SETB TR0 ;启动 T0 定时计数`	`TL1=-96;`
`SETB TR1 ;启动波特率发生器`	`TR0=1; //启动 T0 定时计数`
`SETB ET0 ;允许 T0 中断`	`TR1=1; //启动波特率发生器`
`SETB EA ;允许系统中断`	`ET0=1; //允许 T0 中断`
`MOV DPTR,#Str ;指向发送字符串`	`ET1=1; //允许系统中断`
`LOP: CLR A`	`i=-1; //指向发送字符串前`
`MOVC A,@A+DPTR ;读取发送数据`	`do`
`INC DPTR ;指向下个发送字节`	`}`

汇编程序	C 语言程序

MOV SBUF,A ;写入发送寄存器中
JNB TI, $;等待发送寄存器空
CLR TI ;清除发送空标志
JNZ LOP ;重复至串尾
SJMP $;发送结束
END ;程序文档结束
	++i;
	SBUF=str[i]; //发送字节
	while(TI==0){;} //等待发送寄存器空
	TI=0; //清除发送空标志
	}while(str[i]!=0);
	while(1); //发送结束
	}

思考 9:请在互联网上查找红外无线数据通信的相关资料,然后为单片机设计红外接收电路,并编写相应完整的接收程序,并将接收的字节以 16 进制编码显示在数码管 LED 上。

【例 8-10】

在异步串行通信中,特别是在网络通信中,常用到包收发的方案。一个包通常由多个字节构成,其中以 PPP 协议构造的包比较有代表性。PPP 包以字节 0x7E 开始,同时也以 0x7E 作为包结束,包中如果存在 0x7E 的数据,则需要转义变换,将 0x7E 变成 2 个字节 0x7D 和 0x5E,如果包中存在 0x7D 的数据,则转义成 0x7D 和 0x5D 两个字节。包中字节值小于 0x20 的数据都转义成双字节 0x7D 和<0x20+字节原值>。现要求编写一段程序,将接收的 PPP 包反转义后存放在内部 RAM 的 21H 开始单元,包长存放在 20H 单元(假设包的长度不超过 16 字节)。

解:为了将收到的 PPP 包反转成原始数据,可以设置一个字节状态变量,用来记忆接收过程的状态,设该变量名为 sts,初始值为 0。当前收到的字节存放在字节变量 ch 中,存放指针变量为 ptr,指向 21H 单元,包长度变量为 len,包收到结束时其值存入 20H 单元。工作时,每接收一个字节就调用 rePPP 函数收包,以下为 C 语言程序:

```
data unsigned char InBuf[16]_at_0x21
unsigned char rePPP(unsigned char ch)              //返回值 0 时包没结束,非 0 则为收包长度
{ static unsigned char sts=0;                      //注意要用 static 属性
  switch(sts){
  case 0:if(ch==0x7e){sts=1;len=0;ptr=InBuf;}      //等待 PPP 包开始标志
         break;
  case 1:if(ch==0x7e)break;else sts=2;             //可能前一个 0x7E 是包尾
  case 2:if(ch==0x7e){sts=0;return(len);}          //PPP 包尾
         if(ch==0x7d){ sts=3; break; }             //接收到转义
         *ptr++=ch; len++; break;                  //非转义接收
  case 3:if(ch==0x5e)  *ptr=0x7e;                  //0x7E 转义
         else if(ch==0x5d)  *ptr=0x7d;             //0x7D 转义
         else  *ptr=ch-0x20;                       //小于 0x20 转义
         ptr++;len++; sts=2; break;
  }
  return(0);
}
```

思考 10：请画出上述算法的流程图，完成包括软硬件初始化、数据接收等全部程序。

思考 11：请编写一个 PPP 打包发送程序。

思考 12：如果例 8-10 中包长度超过 16 字节，请问如何删除它（处理错误包）？

思考 13：请问接收 PPP 包时，是否有小于 0x20 的数据？如果出现，如何处理？

思考 14：如果用汇编语言，请写出例 8-10 的程序。

8.3.3 11 位异步方式（方式 2 和方式 3）

方式 2 和方式 3 利用 SCON 的 RB8 接收第 9 位数据、SCON 的 TB8 发送第 9 位数据。图8-17 和图 8-18 分别是方式 2 和方式 3 的接收和发送波形图。SCON 中的 SM2 在方式 2 和方式 3 中是非常重要的位，当 SM2 设为 **1** 时，只有第 9 位数据为 **1** 的帧才能接收到，也就是收到 RB8 = **1** 时，硬件才能自动将 RI 置 **1**，利用这一特点，可以实现多机通信。

在非多机通信方式中，如果通信中要做校验，那么第 9 位就是奇偶校验位，则 SM2 必须为 **0**。以下实例说明 SM2 的用法。

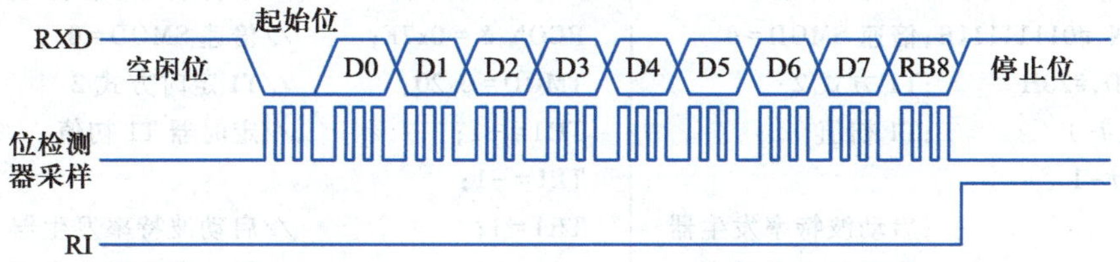

图 8-17　方式 2 和方式 3 的接收波形

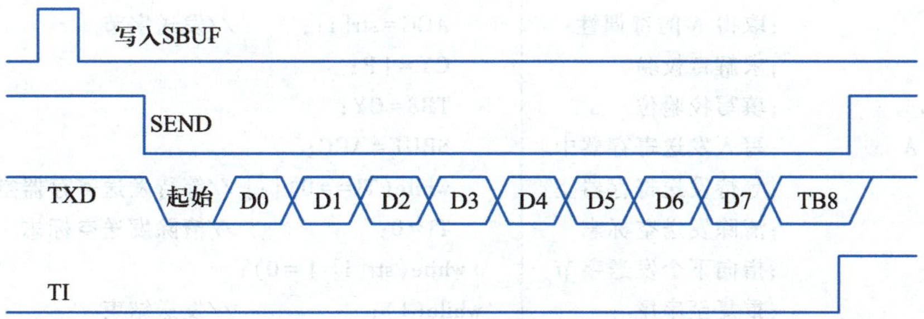

图 8-18　方式 2 和方式 3 的发送波形

1. 奇偶校验通信

【例 8-11】

让单片机以奇校验、速率 57 600 bps 给 PC 机发送字符串“How are you ?”。

解:设晶振频率为 22.118 4 MHz,由于要用到校验,单片机只能采用帧长 11 位的方式 2 或方式 3,而方式 2 的通信速率只能选择 $f_{osc}/32$ 或 $f_{osc}/64$,实际算出为 691 200 bps 和 345 600 bps,都不能满足题目要求。若改变晶振频率,将 f_{osc} 选为 1.843 2 MHz 或 3.686 4 MHz,这时单片机运行速度非常慢,因此这里选用串行通信方式 3,SCON 即配置成 **11000010**B。SCON 中的 SM2 必须置为 **0**,这样就不是多址通信方式。要用 T1 定时器产生波特率,以非倍速工作,则 T1 初值为

$$TH1=TL1=-(22\ 118\ 400/12/32/57\ 600)=-1$$

在帧长 11 位方式中,SCON 中的 TB8 位在停止位前发出,可以作校验用,所以在写 SBUF 前应先将校验位写入 TB8。汇编语言中,状态寄存器 PSW 中的 P 位能表明累加器 A 内容的奇偶性,当 P=**1** 表示 A 为奇,P=**0** 表示 A 为偶,所以将 P 取反后写入 TB8 即可实现奇校验。

汇编程序

```
        ORG   0000H
        JMP   Start
Str:    DB    “How are you ?”,0;0 表示串结束
Start:
        MOV   SCON,#11000000B;串行接口方式 3
        ANL   PCON,#01111111B;倍速 SMOD=0
        MOV   TMOD,#20H       ;T1 方式 2
        MOV   TH1,#-1         ;T1 初值
        MOV   TL1,#-1
        SETB  TR1             ;启动波特率发生器
        MOV   DPTR,#Str       ;指向发送字符串
LOP:    CLR   A
        MOVC  A,@ A+DPTR      ;读取发送数据
        MOV   C,P             ;取得 A 的奇偶性
        CPL   C               ;求解奇校验
        MOV   TB8,C           ;填写校验位
        MOV   SBUF,A          ;写入发送寄存器中
        JNB   TI, $           ;等待发送寄存器空
        CLR   TI              ;清除发送空标志
        INC   DPTR            ;指向下个发送字节
        JNZ   LOP             ;重复至串尾
        SJMP  $               ;发送结束
        END                   ;程序文档结束
```

C 语言程序

```
#include<REG52. h>
cdata char str[ ] =“How are you ?”;
void main( void)
{ unsigned char i=0;
  SCON=0xC0;              //串行接口工作方式 3
  PCON &=0x7F;            //倍速 SMOD=0
  TMOD=0x20;              //T1 定时方式 2
  TH1=-1;                 //定时器 T1 初值
  TL1=-1;
  TR1=1;                  //启动波特率发生器
  i=-1;                   //指向发送字符串前
  do {
     ++i;
     ACC=str[i];          //发送字节
     CY=!P;
     TB8=CY;
     SBUF=ACC;
     while(TI==0){;} //等待发送寄存器空
     TI=0;                //清除发送空标志
  } while(str[i] !=0);
  while(1);               //发送结束
}
```

注意:该程序与 PC 机串行接口调试助手联调时,别忘了 PC 机上要配置成奇校验。当然,读者可以用无校验或偶校验测试一下,看看出现什么效果?

思考 15：请用偶校验方式修改例 8-10 的标准，将速率改为 115 200 bps。

思考 16：在例 8-11 中，SCON 的 SM2 如果置为 **1**，真的会出现问题吗（SM2 只在接收时才产生多址通信效果）？

【例 8-12】

设单片机的 f_{osc} = 11.059 2 MHz，用中断方式接收 PC 机以偶校验方式、速率 300 bps 发过来的字符，如果校验正确，则回发给 PC 机。

解：由于单片机串行接口收发速率相同，从题意来看，发送数据量总是比接收数据量少，不存在发送等待的问题。这样，当发送中断时，可以直接清除 TI 标志，接收处理后的数据可直接写入 SBUF 发送。

汇编程序

```
        ORG     0000H
        JMP     Start
        ORG     0023H           ;串行接口中断入口
        JBC     TI,K1           ;直接清发送中断
        JBC     RI,K2           ;如果是接收中断
K1:     RETI                    ;注意上两条指令的 $
K2:     PUSH    PSW             ;保护中断现场
        PUSH    ACC
        MOV     A,SBUF          ;接收字符
        JNB     P,odd0
        JB      RB8,Send        ;1-1 检验正确
Odd0:   JB      P,Err
        JB      RB8,Err         ;0-0 检验正确
Send:   MOV     C,P
        MOV     TB8,C           ;发送偶校验
        MOV     SBUF,A          ;回发数据
Err:    POP     ACC             ;恢复中断现场
        POP     PSW
        RETI                    ;中断返回
Start:
        MOV     SCON,#11010000B ;串行接口方式 3
        ORL     PCON,#80H       ;倍速 SMOD=1
        MOV     TMOD,#20H       ;T1 方式 2
        MOV     TH1,#-192       ;定时器 T1 初值
        MOV     TL1,#-192
        SETB    TR1             ;启动波特率发生器
        SETB    ES              ;允许串行接口收发
                                ;中断
        SETB    EA              ;允许系统中断
        SJMP    $               ;后台主程序空转
        END                     ;程序文档结束
```

C 语言程序

```
#include<REG52.h>
void main(void)
{
  SCON=0xD0;          //串行接口工作方式 3
  PCON1=0x80;         //倍速 SMOD=1
  TMOD=0x20;          //T1 定时方式 2
  TH1=-192;           //定时器 T1 初值
  TL1=-192;
  TR1=1;              //启动波特率发生器
  ES=1;               //允许串行接口收发
                      //中断
  EA=1;               //允许系统中断
  while(1);           //后台主程序空转
}
void RecSendInt(void) interrupt 4
{
    if(TI)TI=0;
    if(RI){
    RI=0;
    ACC=SBUF;
    if((P&&RB8) ||    //1-1 检验
      (!P && !RB8))//0-0 检验
    {
      TB8=P;
      SBUF=ACC;
    }
  }
}
```

对于串行接口中断工作方式，大部分应用比例 8-12 复杂，常常是突发性的发送排队，即瞬间有多个字节数据要发送，但串行发送速度通常比 CPU 速度慢很多，有时长时间又没有数据要发送，这样就不能随便清除 TI 标志。

串行接口的接收中断和发送中断同用一个中断入口地址 0023H。平时单片机没有数据要发送，即单片机的发送寄存器一直为空，为空就会产生发送中断，中断后又没有数据发送，从而不断地产生发送中断，后台的主程序则没有机会运行，给人直觉的现象是单片机不工作。此时如果关闭串行接口中断，主程序则可正常工作，但当单片机串行接口收到字符时则无法产生中断。解决这一矛盾正常做法是当串行接口发送中断后发现没有数据发送时，直接清 TI 标志，由于没有写 SBUF，其后不会再产生发送中断。随之而来的问题是，当单片机有数据要发送，但串行接口不会产生发送中断，由于此时 TI 等于 **0**，我们根据 TI 无法判断串行接口当前是正在发送还是前面不发送而直接清 TI 的状态。为此，有必要设计一个标志变量 TIsts 来记忆串行接口的发送状态，当 TIsts = **1** 时表明之前没有数据发送而直接清过 TI，当 TIsts = **0** 时表明串行接口处于正常发送状态。当有发送数据时，首先检查 TIsts，当 TIsts 为 **1** 时，则清 TIsts = **0**，并置 TI = **1** 即可。

思考 17：修改例 8-11 的要求，当接收正确后，将接收字节变成 16 进制编码格式回送给 PC 机，每个编码后跟一个空格。比如收到“ABC”3 个字符，则回送“41 42 43”共 9 个字节。

2. 多机通信

串行异步通信一般用于点对点通信，也可以在多机通信中使用，尤其是在RS-485 接口的总线方式中得到应用。通常以串行异步通信方式组成的多机通信中，有一台是主机，或称之为服务器，余下的机器为从机，或称它们为客户机。在这种通信网络结构中，所有的数据通信都是由主机发起控制的。主机给从机发布命令，接收到命令的从机进入通信状态，当完成本次通信后，主机又发起下一轮通信，周而复始，从而实现多机通信。

【例 8-13】

现有 3 台单片机，分别是主机 S0、从机 C1 和 C2，具有相同的晶振频率 11.059 2 MHz。C1 和 C2 的 P1 口都接有 8 位拨码开关，而 S0 的 P1 口和 P2 口上各接 8 个发光二极管，分别指示 C1 和 C2 拨码开关的状态。试编程实现多机通信。

解：从硬件上看，为了连接方便，通信以查询半双工方式工作，这样将 3 个单片机的串行通信接口的收发端连接在一起即可，如图 8-19 所示。

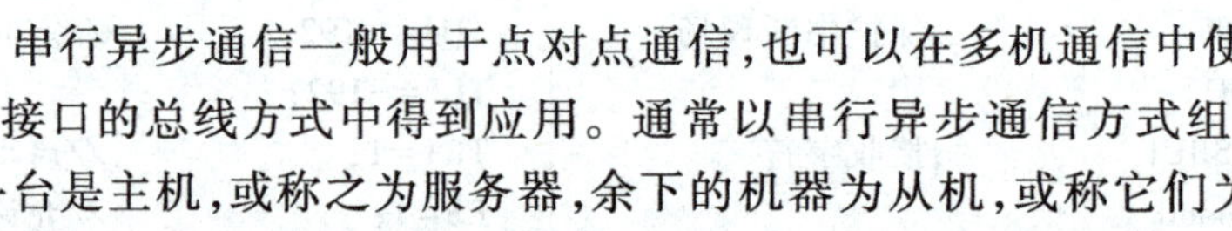

图 8-19 半双工多机通信连接原理图

编程上为了方便，串行接口采用工作方式 2 且倍速工作，则 SCON 的初值为 SM0 = **1**、SM1 = **0**，其他位随着程序运行过程而变化，此时不用 T1 定时器产生波特率。给 S0、C1、C2 分别编址 80H、01H、02H，主从机发送格式都是双字节，第一字节为地址，第二字节为命令或数据，S0 发命令 00H 则读原始数据，发命令 0FFH 则读取反数据。

S0 主机汇编程序	**C1 从机汇编程序**
ORG 0000H	ORG 0000H
MOV SCON,#10000000B ;串行接口方式 2	MOV SCON,#10000000B;串行接口方式 2
ORL PCON,#80H ;倍速 SMOD=1	ORL PCON,#80H ;倍速 SMOD=1
;查询 C1 从机的拨码开关状态	LOP: SETB REN ;允许接收
LOP: CLR REN ;发命令不收	SETB SM2 ;接收地址
SETB TB8 ;发地址	CLR RI ;清除之前的接收
MOV SBUF,#01H ;C1 从机地址	Adr: JNB RI, $;等待接收地址
JNB TI, $;等待发送空	MOV A,SBUF ;读入地址
CLR TI ;清发空标志	CLR RI ;清除接收标志
CLR TB8 ;发命令	CJNE A,#01H,Adr ;不是本机地址
MOV SBUF,#00H ;正常读 C1 从机	CLR SM2 ;准备接收命令
JNB TI, $;等待发送空	JNB RI, $;等待接收命令
CLR TI ;清发空标志	MOV A,SBUF ;读入命令
SETB REN ;允许接收	CLR RI ;清除接收标志
SETB SM2 ;接收地址	CLR REN ;发送时不接收
CLR RI ;清除之前的接收	SETB TB8 ;发地址
Adr: JNB RI, $;等待接收地址	MOV SBUF,#80H ;S0 主机地址
MOV A,SBUF ;读入地址	JNB TI, $;等待发送空
CLR RI ;清除接收标志	CLR TI ;清发空标志
CJNE A,#80H,Adr ;不是本机地址	CLR TB8 ;发数据
CLR SM2 ;准备接收数据	MOV A,P1 ;读拨码开关状态
JNB RI, $;等待接收数据	MOV SBUF,A ;发送
MOV A,SBUF ;读入数据	JNB TI, $;等待发送空
CLR RI ;清除接收标志	CLR TI ;清发空标志
MOV P1,A ;送至 P1 显示	JMP LOP ;循环重复
;查询 C2 从机的拨码开关状态	END ;程序文档结束
;程序与 C1 相似，地址改为 C2 的地址 02H	
;命令改为读取反数据:0FFH	;关于 C2 从机的程序
;显示送往 P2 口即可	;程序与 C1 相似，地址改为 C2 的地址 02H 即可
JMP LOP ;重复循环	
END ;程序文档结束	

思考 18：将例 8-13 的汇编程序改用 C 语言重写。

【例 8-14】

如果图 8-19 中的 S0 具有 2 个数码管显示从 0～99 的计数变量值，初值为 0，该计数受 C1 和 C2 的控制，C1 和 C2 都有 2 个按键，其中 C1 的 2 个按键实现加 1 和减 1，而 C2 的 2 个按键实现加 10 和减 10，请完成主从机软硬件设计。

解：这里用 C 语言框架，给出 S0 主机软件部分说明，从机程序留给读者思考。设 P1 口和 P2 口分别接两个静态数码管，C1 和 C2 按键返回值为 1 时加 1，为-1 时减 1。

```
#include<reg52.h>
code unsigned char ToSeg7Code[16]={…};                               //数码管七段码表
void main(void)
{  char counter=0;                                                    //主机计数器变量
   char dat;

  SM0=1;SM1=0;PCON|=0x80;                                            //串行接口方式 2
  while(1){
    REN=0;
    TB8=1;SBUF=0x01;while(! TI);TI=0;                                //发地址查 C1 从机
    TB8=0;SBUF=0x00;while(! TI);TI=0;                                //发命令查按键
    REN=1;SM2=1;RI=0;                                                 //允许接收地址
    do{ while(! RI);dat=SBUF;RI=0;}while(dat!=0x80);SM2=0;            //核对地址
    while(! RI);dat=SBUF;RI=0;                                        //接收按键值
    if(dat==1) {if(++counter>99)counter=0;}                           //计数加 1
    if(dat==-1) {if(--counter<0)counter=99;}                          //计数减 1
    P1=ToSeg7Code[counter/10];                                        //显示 counter 值
    P2=ToSeg7Code[counter%10];                                        //显示 counter 值

    REN=0;
    TB8=1;SBUF=0x02;while(! TI);TI=0;                                //查 C2 从机
    TB8=0;SBUF=0x00;while(! TI);TI=0;                                //查按键
    REN=1;SM2=1;RI=0;                                                 //允许接收地址
    do{while(! RI);dat=SBUF;RI=0;}while(dat! =0x80);SM2=0;            //地址对
    while(! RI);dat=SBUF;RI=0;                                        //接收按键
    if(dat==1){counter+=10;if(counter>99)counter-=100;}               //计数加 10
    if(dat==-1) {counter-=10;if(counter<0)counter+=100;}              //计数减 10
    P1=ToSeg7Code[counter/10];                                        //显示 counter 值
    P2=ToSeg7Code[counter%10];                                        //显示 counter 值
  }
}
```

目标测评 3

T8-16 方式 0 有什么用途？与 SPI 接口有什么差别？

T8-17 方式 2 与方式 3 有什么差别？在什么情况下用方式 2？

T8-18 RS-232 是如何定义的？串行通信为什么要用 RS-232？

T8-19 MCS-51 的串行接口工作在中断方式时，如何正确处理 TI 标志？

T8-20 异步串行通信中经常定义协议包，它与帧格式相同吗？

T8-21 在 MCS-51 的 4 种工作方式中，分别要对哪些特殊寄存器进行配置？

T8-22 串行通信接口工作在中断方式时，接收和发送的中断入口有何差别？

8.4 PC 机的 RS-232 通信接口

目前 RS-232 是 PC 机与通信工业中应用最广泛的一种串行接口。RS-232 被定义为一种在低速率串行通信中增加通信距离的单端标准。RS-232 采取不平衡传输方式，即所谓单端通信。由于 RS-232 接口成本低、可靠性高、使用简单方便，是最常用的串行通信接口。

8.4.1 RS-232 接口的电气特性

RS-232C 是由美国电子工业协会 EIA(Electronic Industry Association)在 1969 年颁布的一种串行物理接口标准。RS(recommended standard)是英文"推荐标准"的缩写，232 为标识号，C 表示修改次数。RS-232C 总线标准设有 25 条信号线，包括一个主通道和一个辅助通道。在多数情况下主要使用主通道，对于一般双工通信，仅需几条信号线就可实现，如一条发送线、一条接收线及一条地线。应用初期时多采用 25 个引脚的 DB25 连接器，现在一般采用 9 个引脚的 DB9 连接器。DB 系列连接器分"针状"(Male/公头)连接器(如图 8-20 左上)以及"孔状"(Female/母头)连接器(如图 8-20 左下)，两者应配套使用。

图 8-20 中，RS-232C 对电气特性、逻辑电平和各种信号线功能都作了规定。

1. 发送信号 TxD 和接收信号 RxD

(1) 逻辑 **1**(传号 MARK)= -3～-15 V

(2) 逻辑 **0**(空号 SPACE)= +3～+15 V

2. RTS、CTS、DSR、DTR、DCD 和 RI 等控制线

(1) 信号有效(接通，ON 状态，正电压))= +3～+15 V

(2) 信号无效(断开，OFF 状态，负电压)= -3～-15 V

RS-232 是用正负电压来表示逻辑状态，与 TTL 以高低电平表示逻辑状态的规定不同。因此，为了能够同计算机接口或终端的 TTL 器件连接，必须在 RS-232 与 TTL 电路之间进行电平和逻辑关系的变换。实现这种变换的方法可用分立元

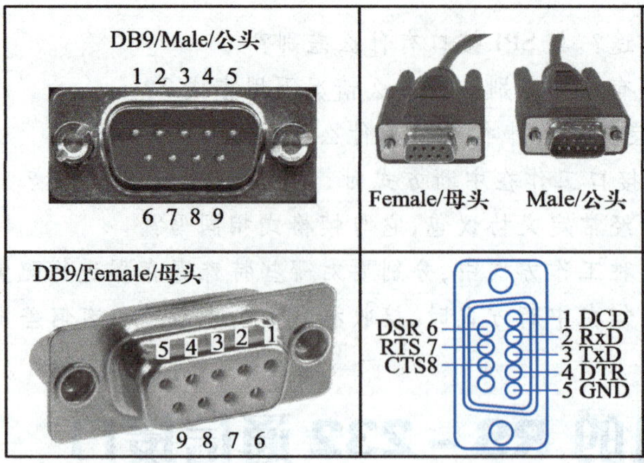

RS-232针脚符号及功能定义：

号	名称	针脚功能
1	DCD	载波检测
2	RxD	接收数据
3	TxD	发送数据
4	DTR	数据终端准备好
5	GND	信号地
6	DSR	数据准备好
7	RTS	请求发送
8	CTS	清除发送
9	RI	振铃提示

图 8-20 RS-232 的 DB9 连接器及信号定义

件，也可用集成电路芯片。目前较为广泛地使用集成电路转换器件，如 MC1488、SN75150 芯片可完成 TTL 电平到 RS-232 电平的转换，而 MC1489、SN75154 可实现 RS-232 电平到 TTL 电平的转换。MAX232 芯片可完成 TTL 电平和 RS-232 电平的双向转换。

8.4.2 RS-232 接口的连接方式

RS-232 接口一般用于数据终端设备 DTE（如 PC 计算机）和数据通信设备 DCE（如调制解调器 MODEM）之间连接，实现二进制串行数据通信。

1. 数据发送与接收线

(1) 发送数据（transmitted data-TxD）：通过 TxD 终端将串行数据发送到 MODEM，即 DTE→DCE。

(2) 接收数据（received data-RxD）：通过 RxD 终端接收从 MODEM 发来的串行数据，即 DCE→DTE。

2. 地线

GND、Sig. GND：保护地和信号地，无方向。

3. 联络控制信号线

(1) 数据发送准备好（data set ready-DSR）：有效时（ON 状态）表明 MODEM 处于可以使用的状态。

(2) 数据终端准备好（data terminal ready-DTR）：有效时（ON 状态）表明数据终端可以使用。

这两个信号有时连到电源上，一上电就立即有效。这两个设备状态信号有效，只表示设备本身可用，并不说明通信链路可以开始进行通信了，能否开始进行通信要由下面的控制信号决定。

（3）请求发送（request to send-RTS）：用来表示 DTE 请求 DCE 发送数据，即当终端要发送数据时，使该信号有效（ON 状态），向 MODEM 请求发送。它用来控制 MODEM 是否要进入发送状态。

（4）允许发送（clear to send-CTS）：用来表示 DCE 准备好接收 DTE 发来的数据，是对请求发送信号 RTS 的响应信号。当 MODEM 已准备好接收终端传来的数据，并向前发送时，使该信号有效，通知终端开始沿发送数据线 TxD 发送数据。

这对 RTS/CTS 请求应答联络信号是用于半双工 MODEM 系统中发送方式和接收方式之间的切换。在全双工系统中，因配置双向通道，故不需要 RTS/CTS 联络信号，使其变高。

（5）接收线信号检出（received line detection-RLSD）：用来表示 DCE 已接通通信链路，告知 DTE 准备接收数据。当本地的 MODEM 收到由通信链路另一端（远地）的 MODEM 送来的载波信号时，使 RLSD 信号有效，通知终端准备接收，并且由 MODEM 将接收下来的载波信号解调后沿接收数据线 RxD 送到终端。此线也叫做数据载波检出（data carrier dectection-DCD）线。

（6）振铃指示（ringing-RI）：当 MODEM 收到交换台送来的振铃呼叫信号时，使该信号有效（ON 状态），通知终端已被呼叫。

上述控制信号线何时有效、何时无效的顺序表示了接口信号的传送过程。例如，只有当 DSR 和 DTR 都处于有效（ON 状态）时，才能在 DTE 和 DCE 之间进行传送操作。若 DTE 要发送数据，则预先将 DTR 线置成有效（ON 状态），等 CTS 线上收到有效（ON 状态）的回答后，才能在 TxD 线上发送串行数据。这种顺序的规定对半双工的通信线路特别有用，因为半双工的通信才能确定 DCE 已由接收方向改为发送方向，这时线路才能开始发送。

实际应用中，经常有 2 个 DTE，分别设为 DTE_1 和 DTE_2，不考虑控制信号，直接连通即可实现二进制串行数据通信。此时只需将 DTE_1 RxD 接 DTE_2 TxD、DTE_1 TxD 接 DTE_2 RxD、DTE_1 GND 接 DTE_2 GND 即可。

8.4.3 RS-232 通信接口测试

台式 PC 机本身通常都具有至少一个 RS-232 串行通信接口 COM1（DB9/Male 连接器），而较新的便携笔记本 PC 机通常都不具有 RS-232 串行通信接口，需要外接 USB/RS-232 转换电缆才能实现 RS-232 串行通信。在使用 RS-232 接口之前，第一要检测 RS-232 接口是否能正常工作，第二是要区分接收和发送引脚。

对于第一个问题，可以找一件金属物，将 DB9 的第 2 脚（RxD）和第 3 脚（TxD）短路，使得接收线与发送线连通，这样从 PC 机“超级终端”程序发送出来的数据，可环路接收回 PC 机。如果“超级终端”上显示的字符与键入字符相同，则证实 RS-232 收发正常，如图 8-21 所示。

对于第二个问题，由于 RxD 与 TxD 两信号使用完全相同的长导线一起引出

USB/RS-232 电缆	左下角为COM1	端口设置中“数据流控制”设为“无”
		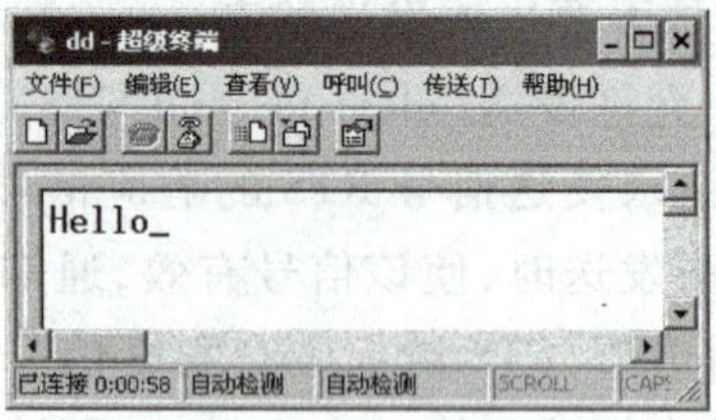

图 8-21　RS-232 的 DB9 连接器及信号定义

后，在长线末端不容易区分两信号线，导致难以使用。还有一些设备有时也不按 RS-232 的规定连接 DB9，或者通过非 DB9 或非 DB25 连接。实际上加电状态下，如果 RS-232 串行接口没有连接其他设备时，TxD 信号线的对地电平是有效负电平，而 RxD 信号线的对地电平应该是无效的 **0** 电平，这样用电压表就很容易区分它们。

本章小结

本章给出了大量的简单例题，通过汇编语言和 C 语言两种编程方式的强化训练，从感性上掌握单片机通信接口的工作原理，增强读者应用串行接口通信的能力。考试时主要是测试学生初始化串行接口的编程能力，同时完成一些简单的通信应用编程。本章中在各例题之后，随时插入一些简单思考题，同学只需根据例题的方法，进行小部分修改即可。串行通信接口的工作原理和编程对大部分同学来说是较难掌握的知识，只有多编程练习，才能应对各种变化组合的测试。

实际上，与串行通信接口相关的内容可概括为：

1. 串行接口部件

(1) 串行接口控制寄存器(SCON：serial controller)。

(2) 串行接口收发缓冲寄存器(SBUF：serial buffer，接收时只读，发送时只写)。

2. 定时器 T1 产生通信速率

(1) T1 工作在定时方式 2(TMOD：timer model)。

(2) T1 的定时值(TH1 及 TL1：timer 1 high byte 及 timer 2 high byte，其值与通信波特率和外接晶体频率 f_{osc} 有关)。

(3) T1 控制寄存器(TCON：Timer Controller，其中 TR1 位启动 T1 工作)。

(4) 电源控制寄存器(PCON：power controller，其中最高位 SMOD 可加倍速率)。

3. 中断控制部件

(1) 中断允许寄存器(IE:interrupt enable)。

(2) 中断优先寄存器(IP:interrupt priority)。

(3) 串行通信中断状态(SCON 中的 TI 位(transmit interrupt)和 RI 位(receive interrupt))。

(4) 串行通信中断入口地址(0023H,中断号为 4)。

串行通信口初始化过程主要包括:

① 设定 PCON 中的 SMOD 速率加倍,通常设成 SMOD=**1**。

② 根据通信速率(波特率,bps)的要求,计算 TH1 及 TL1 中的值:$-f_{osc}/12/16/\text{bps}$。

③ 将 TMOD 高 4 位设成 **0010**B,即 T1 工作在定时器自动重载方式 2。

④ 将 TCON 的 TR1 设为 **1**,启动波特率发生器开始工作。

⑤ 初始化 SCON,让串行接口工作在正确模式。由于开始收发为空,所以通常设 RI=**0**,TI=**1**。

⑥ 初始化中断控制器中的 IE 和 IP,以及在程序空间地址 0023H 设置串行接口通信中断服务程序。

查询方式收发时工作原理主要包括:

① 如果 RI 为 **1**,表示串行通信接口已接收到数据,并且存放在 SBUF 中,可取出 SBUF 中的数据,然后程序马上清除 RI 标志。

② 如果 TI 为 **1**,表示串行通信接口已将 SBUF 中的数据发送完毕,现在可以将新的数据写入 SBUF 进行发送,然后程序马上清除 TI 标志。在 TI 为 **1** 之前写 SBUF 将发送错误数据。

中断方式收发时要注意的问题:

串行通信接口的接收中断标志 RI 和发送中断标志 TI 是独立产生的,但它们共享一个中断入口 0023H(4 号中断),这样有 4 号中断产生时,单片机响应中断进入中断服务程序后,只有通过检测 RI 和 TI 判别是接收中断还是发送中断,也可能两者同时都产生中断。

中断程序返回时,单片机不能自动清除 RI 或 TI,所以从 SBUF 中读取接收到的数据后要编程使 RI 清 **0**,而将数据写入 SBUF 中发送时,也必须编程使 TI 清 **0**。如果忘记对 RI 和 TI 清 **0**,则当中断返回后马上又再次产生串行通信中断,重复运行的中断服务程序将占用完单片机所有时间,从而导致主程序无法运行,出现死机假象。

如果是发送中断,但当前没有数据发送,也就是说没有数据写入 SBUF,此时也必须将 TI 清 **0** 以防止假死机,此后如果有数据要发送,想办法启动发送中断即可。

习题

8-1 MCS-51 单片机的串行通信接口使用哪个接口的哪些引脚对外连接？分别叫什么名字？

8-2 MCS-51 单片机的串行通信接口使用哪个特殊功能寄存器进行数据收发？写入该寄存器的数据是否可以读取？

8-3 串行通信接口用哪些标志位来表明接收到数据或者发送完数据？

8-4 MCS-51 单片机的串行通信接口的控制寄存器各个位有什么作用？

8-5 分别说明串行通信接口的 4 种工作方式有什么差别？

8-6 如果用定时器/计数器 T1 为串行接口提供通信速率时钟，请问如何计数初值？

8-7 例 8-6 中的初值取值范围是多少？如果初值不是整数，请问对通信有什么影响？

8-8 T1 工作在定时方式 0 和方式 1 时，能为串行接口产生通信速率时钟吗？

8-9 T1 如果工作在计数方式时，能产生通信速率时钟吗？对计数脉冲有要求吗？

8-10 串行接口在什么情况下不用定时器/计数器 T1 产生波特率？

8-11 当 T1 工作在定时方式 2 时，请计算出最高通信速率和最低通信速率。

8-12 当 MCS-51 单片机系统要求用 T0 计数，并将计数结果用串行接口发送给 PC 机时，初始化 TMOD 寄存器时要注意什么问题？

8-13 MCS-51 串行通信接口工作在方式 2 和方式 3 时，要发送 9 位数据，请问是先将低 8 位数据写入 SBUF 还是先写第 9 位为 TB8？

8-14 串行接口接收、发送分别用哪些中断资源？收发中断有什么差别？同时发生中断时编程先处理谁？

8-15 当串行接口用中断方式工作，如果用 C 语言编程，请问是几号中断？如果用汇编编程，请问中断入口地址是多少？

8-16 串行接口采用中断收发时，如果发送产生中断，但系统没有数据要发送，但又不能关闭接收中断，请问如何处理才能解决该中断共享问题？

8-17 MCS-51 用串行接口做多机通信，如果地址码为单字节，请问最多能有几个单片机联机通信？

8-18 用 AT89S52 单片机设计一电路，用汇编编程，以 1.2 kbps 的速率将 26 个大写字母‘A’至‘Z’发送给 PC 机。要求给出原理图，选择合适的晶体，编写出可执行的完整程序。

习题详解：[题 8-18]解答

8-19 用 AT89S52 单片机为核心设计两个相同的装置进行串行通信。每个装置上有一个 LED 数码管，并设有按键，可以人工输入十进制数‘0’到‘9’，并通过 LED 数码管显示，同时与对方的输入数据相比较，如果相同则 LED 上的数闪烁，否则显示消失。

8-20 用红外通信时，红外接收头接收到 38 kHz 调制信号时输出为低，但连续 38kHz 信号超时后接收输出将变高，请上网查询该时间长度，确定单片机串行接口用红外方式通信时的最高和最低速率。

第九章　单片机系统总线与资源扩展

本章目标

通过对本章的学习，读者可以具备下述能力

1. 理解单片机和常用外围芯片引脚的作用。
2. 掌握单片机 P0 端口数据信号和地址信号的时序和分离方法。
3. 掌握单片机和外围芯片电路的连接方法。
4. 掌握外围芯片编址的方法——线选法和译码法。
5. 掌握常用外围芯片（存储器、A/D 和 D/A 芯片等）的操作方法和单片机的编程。
6. 掌握三总线扩展方法和非总线扩展方法（接口直接扩展）的区别：包括电路连接和软件编程。

引言

通过前面章节的学习，我们已经清楚了 AT89S52 单片机在实际应用中的作用。然而，在有些情况下，AT89S52 单片机可能无法满足系统的要求，这时就需要扩展单片机系统的资源。比如在应用中要求监控某个电路的电压，显示测量的电压值，如果超过设定值，则进行断电处理，并通过声、光方式报警。AT89S52 单片机不能直接测量模拟电压，因此需要增加 A/D 转换功能来完成任务，如图 9-1 所示。本章介绍单片机系统扩展的原理、方法和实用电路，以及扩展芯片的操作方法，包括存储器、I/O 接口、A/D 转换和 D/A 转换芯片的扩展电路和编程示例。通过本章的学习，读者可以完成图 9-1 中的设计任务和类似的应用项目。

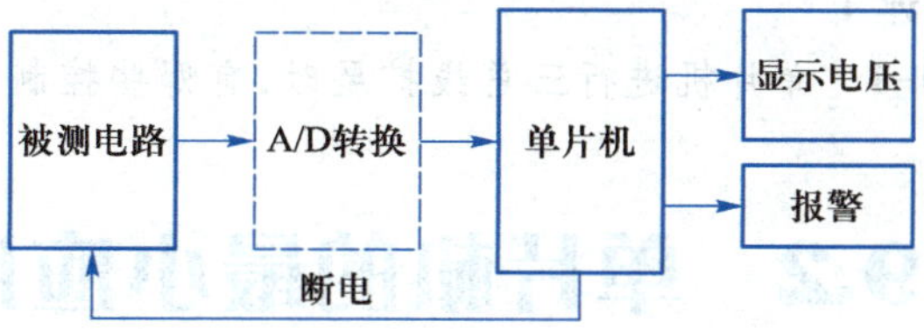

图 9-1　电压测量监控框图

电子教案 9-1:单片机系统总线与资源扩展

9.1 单片机系统扩展原理

在利用单片机构成智能仪器仪表和小型测控系统时,通常可以选择适当型号(考虑功能和价格等因素)的单片机组成最小系统,由单片机芯片内部的资源和功能完成所需要的任务,达到简化系统和降低成本的目的,这也是设计单片机系统的基本原则。不过 AT89S52 单片机内部的功能设置是从通用的角度考虑的,有的功能(如 A/D 转换)就不具备,即使配置了所需的功能,数量也可能不满足要求。因此,在类似前文介绍的应用场合,不可避免地需要扩展单片机系统的资源,增加其功能及数量。

扩展单片机系统时,除了单片机外,还需要相应功能和数量的其他芯片,这些芯片必然需要同单片机连接。单片机的设计厂商已经考虑到扩展的问题,使得单片机具有易于扩展的三总线结构。在系统扩展时,单片机即可通过数据总线、地址总线和控制总线连接所需功能和数量的外围芯片。单片机的三总线结构如图 9-2 所示。

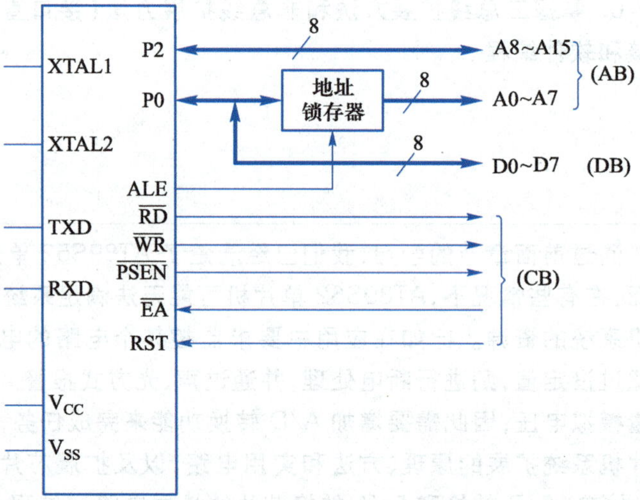

图 9-2 单片机的三总线结构

目标测评 1

T9-1 单片机进行三总线扩展时,有哪些控制信号?作用分别是什么?

9.2 单片机的最小应用系统

在扩展单片机系统前,我们先看看单片机最基本的应用方式,即单片机的最小应用系统。目前广泛应用的 MCS-51 系列单片机芯片内带有程序存储器,在构成最小系统时无需配置片外存储器,电路简单、工作可靠。最小应用系统除单片机芯片外，只包括复位电路和时钟振荡电路，如图 9-3 所示。单片机的最小应用系统具有如下特点：

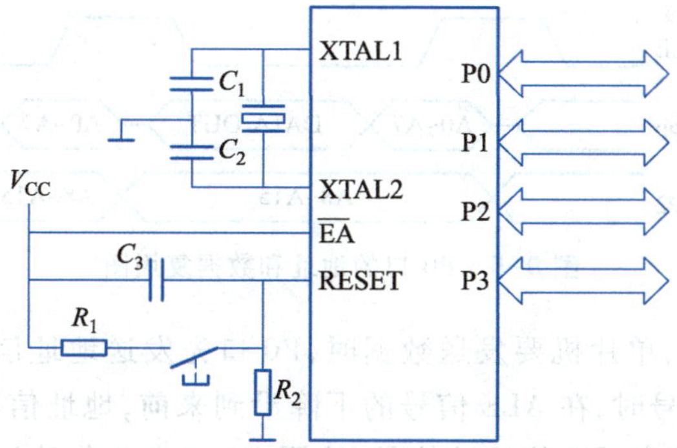

图 9-3 单片机的最小应用系统

（1）电路简单，具有大量的 I/O 接口可供用户使用，P0、P1、P2 和 P3 都可作为 I/O 接口使用。

（2）芯片内部的程序存储器相对较少，一般只有几个 KB 的容量。由于没有外部程序存储器，$\overline{EA}$引脚应接高电平以启用内部程序存储器。

9.3 单片机系统扩展的方法

单片机系统扩展基本的方法，也是最重要的方法，就是单片机通过三总线结构连接需要扩展的外围芯片，这些外围芯片数量不等、功能各异，连接如图 9-4 所示。另一种扩展方法是端口直接扩展法，见本章后面的介绍。

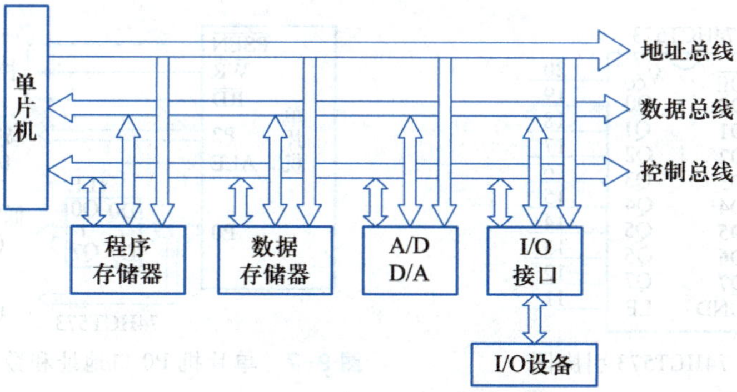

图 9-4 单片机三总线系统扩展

从总线扩展图可以看出，无论扩展什么功能，扩展方法都是利用三总线同外围芯片连接，其中单片机的数据总线直接连接到外围芯片，由 P0 口提供。需要特别注意的是，地址总线的高 8 位由 P2 口提供，低 8 位仍然由 P0 口提供。P0 口在 ALE 为高电平时输出地址、低电平时提供数据，从而分时实现数据和地址的复用。

扩展时要把 P0 口的数据信号和地址信号分离开来，分离的方法是利用 ALE 地址锁存信号，如图 9-5 所示。

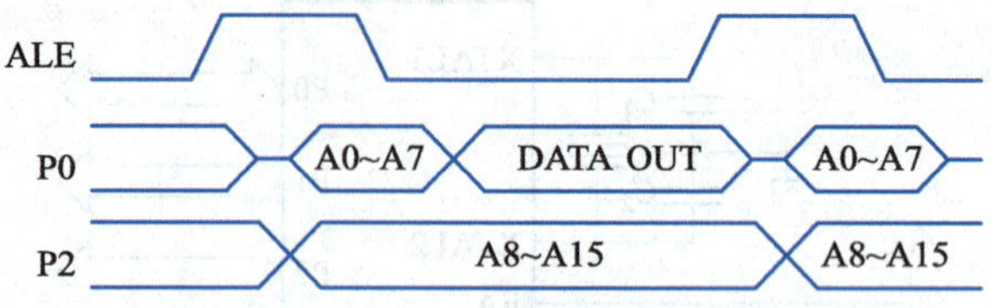

图 9-5 P0 口的地址和数据复用图

从图 9-5 可知，单片机要发送数据时，P0 口先发送地址信号，然后发送数据信号。发送地址信号时，在 ALE 信号的下降沿到来前，地址信号已经处于稳定状态，外围芯片据此锁存低 8 位地址信号，连同 P2 口高 8 位地址形成 16 位地址信号，然后再发送 8 位数据。接收数据的过程与此相似，仍然是单片机先发送 16 位地址信号，再接收 8 位数据。

常用的锁存芯片是 74HCT573（与 74LS573 功能相同），即带三态门的 8D 锁存器，其引脚如图 9-6 所示。该芯片的控制信号包括：

$\overline{\text{OE}}$：三态控制信号，低电平有效，允许锁存的地址信号输出。

LE：锁存控制信号，高电平有效，即在 LE 为高电平时锁存器的输出状态 Q0～Q7 和输入状态 D0～D7 相同。当 LE 为低电平时，输出保持不变，与输入的信号状态无关，实际上相当于 LE 下降沿锁存输出信号。

根据单片机 P0 口数据和地址复用的关系以及 74HCT573 锁存器的功能，我们可得到单片机 P0 口地址和数据的分离电路，如图 9-7 所示。其中，74HCT573 的数据输入端 D0～D7 与单片机的 P0 口连接，LE 端与单片机的 ALE 连接，数据输出端 Q0～Q7 即为锁存的低 8 位地址信号 A0～A7，与扩展的外围芯片地址信号连接。

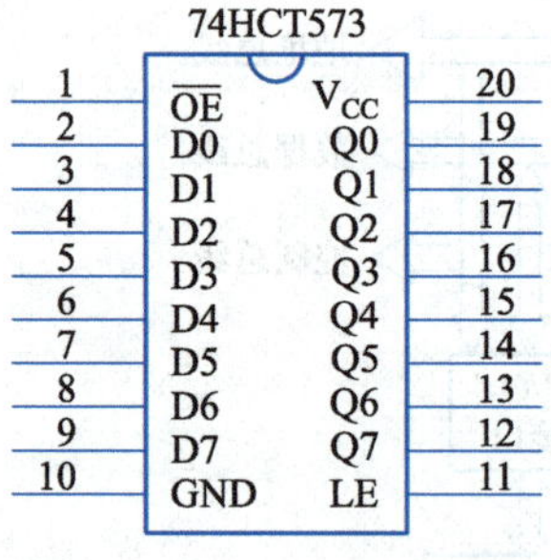

图 9-6 74HCT573 引脚图

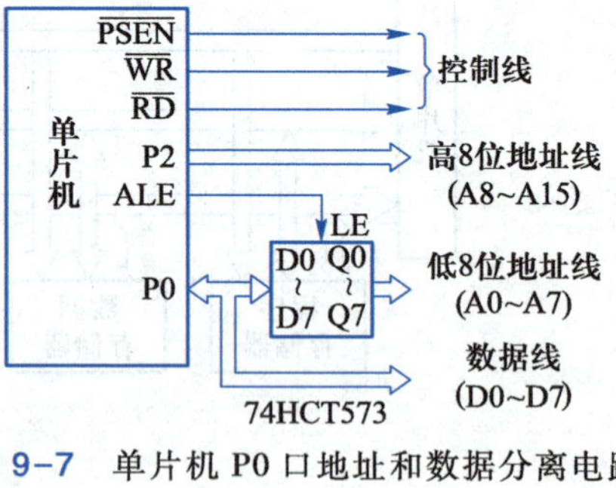

图 9-7 单片机 P0 口地址和数据分离电路

在扩展单片机系统时，除了正确连接数据总线和地址总线，还需要注意控制总线的连接方法。

$\overline{\text{RD}}$和$\overline{\text{WR}}$：控制数据传送的方向，均为低电平有效，$\overline{\text{RD}}$有效时表示单片机从外围芯片读取数据，而$\overline{\text{WR}}$有效时表示单片机发送数据给外围芯片。

$\overline{\text{PSEN}}$：读取外部程序存储器的控制信号，低电平有效。

$\overline{EA}$:选择单片机外部程序存储器的控制信号,低电平有效。当$\overline{EA}$为高电平时则选择内部程序存储器。需要注意的是,当操作地址超过单片机片内的地址范围时,无论$\overline{EA}$是什么状态,单片机自动选择外部程序存储器。

采用三总线扩展方法,在编程时必须选择对应的指令。这样,单片机自动产生相应的控制信号(如$\overline{PSEN}$、$\overline{RD}$和$\overline{WR}$,任何时候最多只有其中一个信号为有效低电平,确保数据总线单一功能分时应用),当读取 ROM 存储器时,$\overline{PSEN}$有效(低电平),当读取片外 RAM 存储器时,$\overline{RD}$有效(低电平),当写片外 RAM 存储器时,$\overline{WR}$有效(低电平)。无需通过对相应的接口进行置位或清 **0** 操作得到控制信号的高电平或低电平。

三总线的地址信号用于选择不同的外围芯片或单元,AT89S52 单片机共有 16 根地址信号线,可操作的单元为 2^{16},共 64 KB 空间,即 0000H~0FFFFH。由于程序存储器有专门的控制信号$\overline{PSEN}$,程序存储器和数据存储器可同时使用 0000H~0FFFFH 地址而不会造成混乱,因此单片机的扩展能力是外部程序存储器和外部数据存储器各 64 KB 的空间。这里所说的数据存储器并不限于数据存储器,也可以是实现其他功能的芯片,如 I/O 扩展芯片或 A/D 转换芯片等,它们同单片机的数据传送方法与数据存储器同单片机传送数据的方法相同。因此,数据存储器的扩展方法是基础,必须很好掌握,详细说明见后面的章节。

从单片机扩展的内容看,涉及的功能芯片种类比较多,这里不能做全面介绍。下面主要说明常见的存储器、I/O 接口芯片和 A/D 及 D/A 的扩展方法,其他芯片,如定时器、中断控制和显示等的扩展方法是相似的,可以根据芯片的数据手册或使用说明进行扩展。

目标测评 2

T9-2 单片机传送的数据信号和地址信号(部分)都由 P0 口表示,与之相连的外围芯片如何区分这两种信号?

9.4 数据存储器的扩展

AT89S52 单片机内部的数据存储器容量为 256 个字节,在通常的简单控制系统中还是足够的,如果需要扩展,外部可扩展的最大容量为 64 KB。前文提到其他功能芯片(程序存储器除外)在三总线的扩展方式中,也采用数据存储器的操作方式,需要占用地址。因此,在有其他功能芯片(程序存储器除外)的扩展系统中,数据存储器的扩展容量就不足 64 KB 了。

9.4.1 数据存储器同单片机的连接

单片机与数据存储器的连接电路如图 9-8 所示。

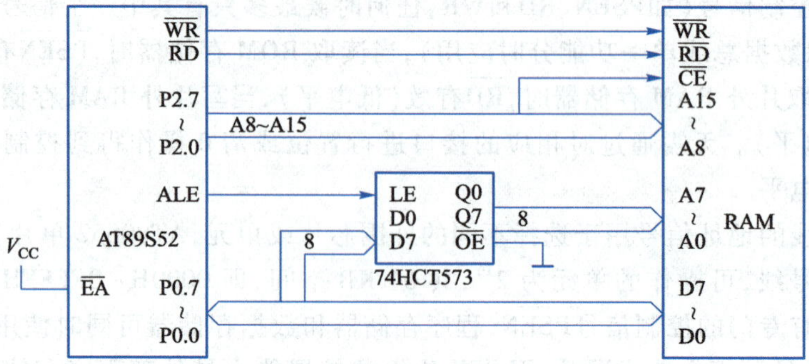

图 9-8 单片机与数据存储器的连接电路

1. 地址总线的连接

存储器地址总线的高 8 位 A8~A15 直接与单片机 P2 口对应信号相连，低 8 位 A0~A7 与 P0 口锁存后的信号相连。

2. 数据总线的连接

存储器的 8 位数据信号线直接与 P0 口对应相连。

3. 控制总线的连接

$\overline{RD}$是单片机读取片外数据存储器的控制信号，与存储器的读控制信号$\overline{RD}$连接。单片机的$\overline{WR}$信号连接数据存储器的$\overline{WR}$信号。ALE 控制锁存器分离地址和数据信号，$\overline{EA}$信号根据程序存储器的使用连接。存储器的$\overline{CE}$是片选信号，使用方法在后面详细说明。

9.4.2 实际的数据存储器扩展电路

在扩展数据存储器时，通常选择易于使用的静态 RAM，如 62xx 系列，32 K 字节的 62C256 的引脚图如图 9-9 所示。

A0~A14：地址线，共 15 根。

D0~D7：数据线，共 8 根。

$\overline{CE}$：片选信号端，低电平有效。

$\overline{OE}$：输出允许信号控制端，低电平有效。

$\overline{WE}$：写入允许信号控制端，低电平有效。

V_{CC}：工作电源输入端，接+5 V。

GND：工作电源接地端。

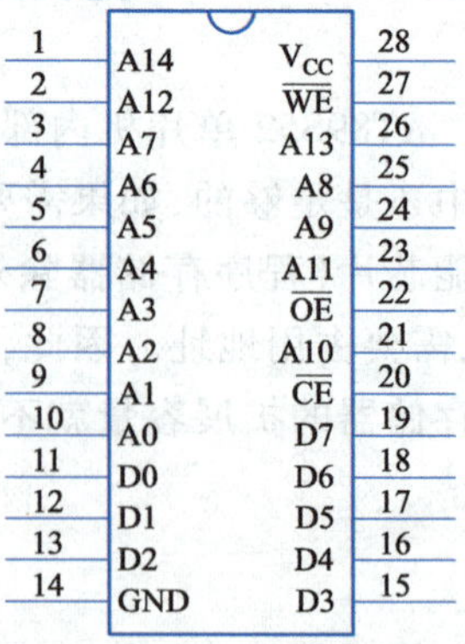

图 9-9 62C256 的引脚图

图 9-10 是单片机扩展一片 62C256 数据存储器的电路。这里由于只有一片存储器同单片机传送数据，$\overline{CE}$可接为常有效。地址线 A15(P2.7)没有使用，可以为任意值 X(**0** 或 **1**)，单片机对存储器 32 K 地址空间访问的地址范围可以是 0000～7FFFH，或者 8000H～0FFFH，分别对应地址信号 A15 为低和高的情况。图 9-11 是单片机访问外部数据存储器的时序以及 62C256 要求的时序。

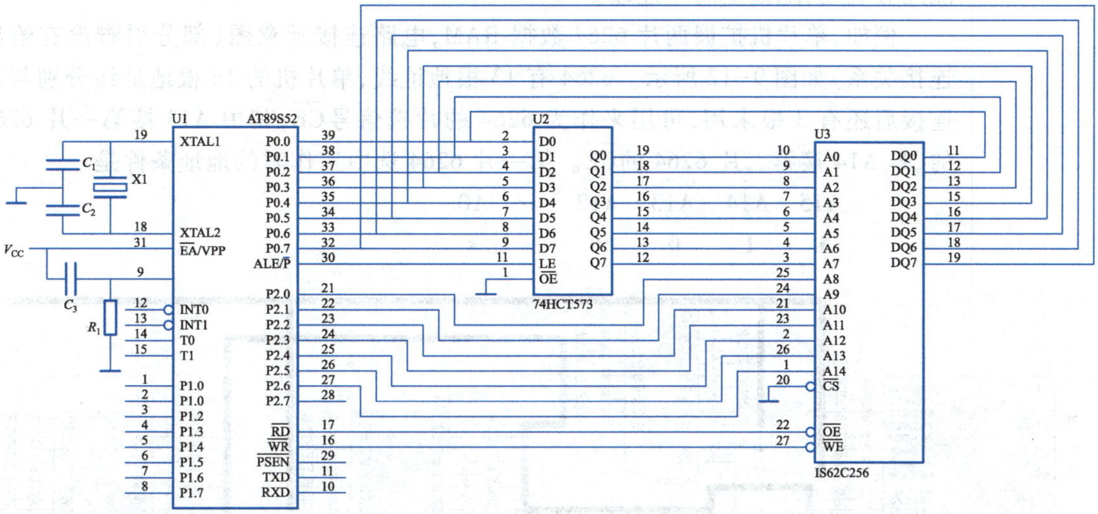

图 9-10 62C256 的数据存储器扩展

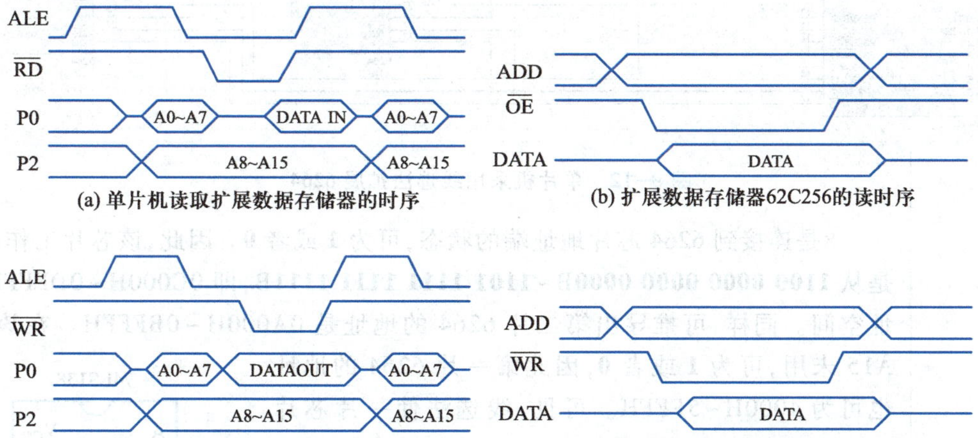

(a) 单片机读取扩展数据存储器的时序
(b) 扩展数据存储器62C256的读时序
(c) 单片机写数据到扩展数据存储器的时序
(d) 扩展数据存储器62C256的写时序

图 9-11 单片机和 62C256 的接口时序图

如果图 9-10 电路中还有其他扩展芯片，则它们的$\overline{CE}$应该分别有效，而不是常有效。这样，当操作某一芯片时，其他芯片的$\overline{CE}$无效并使数据总线为高阻态，从而不影响选择的芯片传送数据。控制各芯片$\overline{CE}$分别有效是用不同的地址信号线来实现的，因此这是分配地址空间的问题。常用线选法和译码法来控制片选信号$\overline{CE}$。

1. 线选法

线选法就是将主机多余的地址总线（没有连接到存储器地址信号端的地址总线）中的某一根地址线作为选择某一片芯片的片选信号，每一块芯片均需占用一根地址线。这种方法适用于存储器容量小、扩展芯片数量少的情况。线选法的优点是不需地址译码器，节省硬件成本，缺点是外扩芯片数量有限，地址信号资源不能充分利用，地址空间不连续。

例如，单片机扩展两片 6264 数据 RAM，电路连接示意图（部分引脚没有给出连接关系）如图 9-12 所示。6264 有 13 根地址线，单片机的 16 根地址线分别与之连接后还有 3 根未用，可用来作为 6264 的片选信号 $\overline{CE}$，其中 A13 接第一片 6264 的 $\overline{CE}$，A14 接第二片 6264 的 $\overline{CE}$。第一片 6264 选中工作时的地址条件是

A15	A14	A13	A12	…	A0
1	1	0	×		×

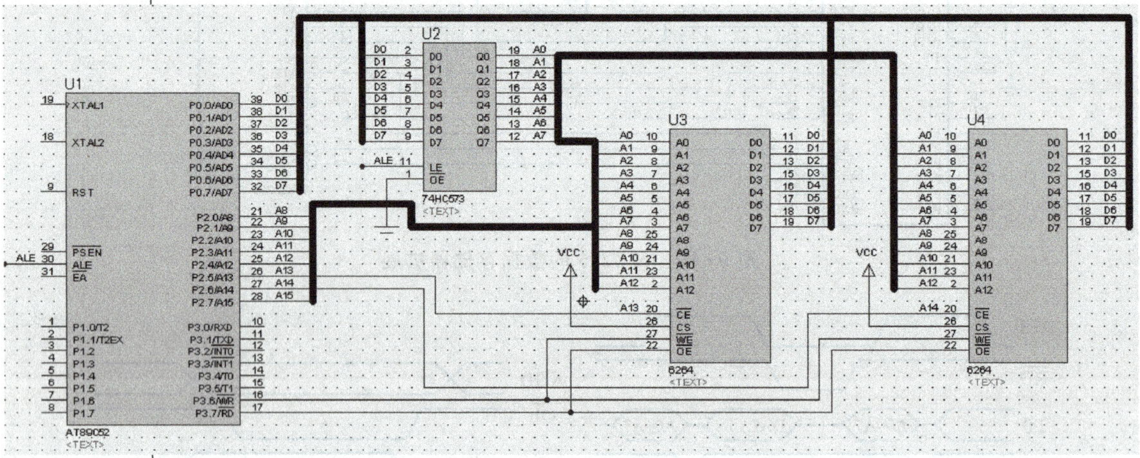

图 9-12 单片机采用线选法扩展 6264

×是连接到 6264 芯片地址端的状态，可为 **1** 或者 **0**。因此，该芯片工作的地址是从 **1100 0000 0000 0000**B～**1101 1111 1111 1111**B，即 0C000H～0DFFFH 的地址空间。同样，可推导出第二片 6264 的地址是 0A000H～0BFFFH。在该例中，A15 未用，可为 **1** 或者 **0**，因此第一片 6264 的地址也可为 4000H～5FFFH。可见，线选法使一片芯片拥有多个地址而不具有唯一性，实际上浪费了地址空间资源。

2. 译码法

译码法可以避免线选法对地址空间的浪费，但必须用到译码电路，增加了硬件成本。常用的译码芯片有 74LS138 和 74LS139 等，图 9-13 是 74LS138 芯片的引脚图，表 9-1 是 74LS138 芯片的真值表。

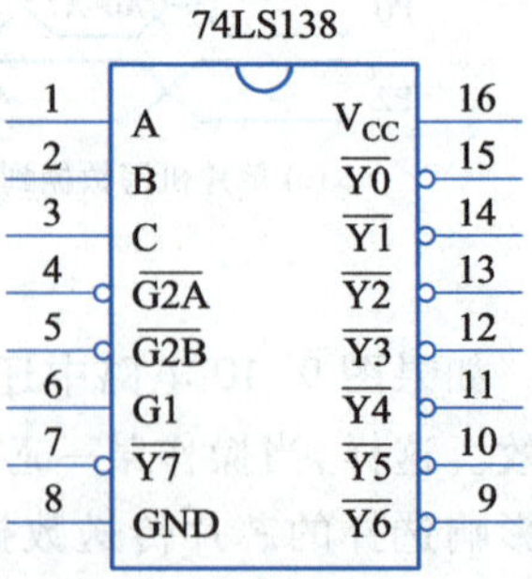

图 9-13 74LS138 芯片的引脚图

表 9-1 74LS138 芯片的真值表

译码器输入						译码器输出							
控制端			编码端			$\overline{Y0}$	$\overline{Y1}$	$\overline{Y2}$	$\overline{Y3}$	$\overline{Y4}$	$\overline{Y5}$	$\overline{Y6}$	$\overline{Y7}$
G1	$\overline{G2A}$	$\overline{G2B}$	C	B	A								
1	0	0	0	0	0	0	1	1	1	1	1	1	1
			0	0	1	1	0	1	1	1	1	1	1
			0	1	0	1	1	0	1	1	1	1	1
			0	1	1	1	1	1	0	1	1	1	1
			1	0	0	1	1	1	1	0	1	1	1
			1	0	1	1	1	1	1	1	0	1	1
			1	1	0	1	1	1	1	1	1	0	1
			1	1	1	1	1	1	1	1	1	1	0
0	×	×	×	×	×	$\overline{Y0}$-$\overline{Y7}$均为 1							
×	1	×											
×	×	1											

从图表可以看出，74LS138 有 6 个输入端，其中 G1，$\overline{G2A}$和$\overline{G2B}$是总控制信号，当 G1 为高电平，$\overline{G2A}$和$\overline{G2B}$为低电平时 138 处于译码工作状态。当译码信号线不够时，还可用这 3 个控制信号作为级联扩展。74LS138 的另外 3 个输入端是编码信号 A、B 和 C（高位），它们的状态决定译码器输出端$\overline{Y0}$~$\overline{Y7}$的状态，并且只有一个输出端为低电平，其余输出端都呈高电平。

下面重新思考前面线选法的例子。用译码法时，两片 6264 的地址信号端用了 13 根地址线，单片机将剩余的 3 根地址线分别接到 74LS138 的编码信号输入端，如 A15/P2.7 接 C 端，A14 接 B 端，A13 接 A 端，如图 9-14 所示（重点关注由地址信号得到的片选信号，其他控制信号连接没有给出，假定已经正确连接）。

图 9-14 为 Proteus 仿真电路原理图，图中译码器的输出端接 6264 的片选端，如 Y0 接第一片 6264，Y1 接第二片 6264，3 个控制端 G 接为常有效。作为地址线使用的 A12-A0 从全 **0** 到全 **1** 变化，第一片 6264 选中工作时的地址条件是：

第一片 6264				第二片 6264			
C	B	A		C	B	A	
A15	A14	A13	A12…A0	A15	A14	A13	A12…A0
0	**0**	**0**	×…×	**0**	**0**	**1**	×…×

即 0000H~1FFFH，同样可推导出第二片 6264 的地址是 2000H~3FFFH。这样还有地址空间 4000H~0FFFFH，最多还可扩展 6 片 6264。对比线选法可知，通过增加译码电路，译码法充分利用了地址空间，可扩展更多的外围芯片。

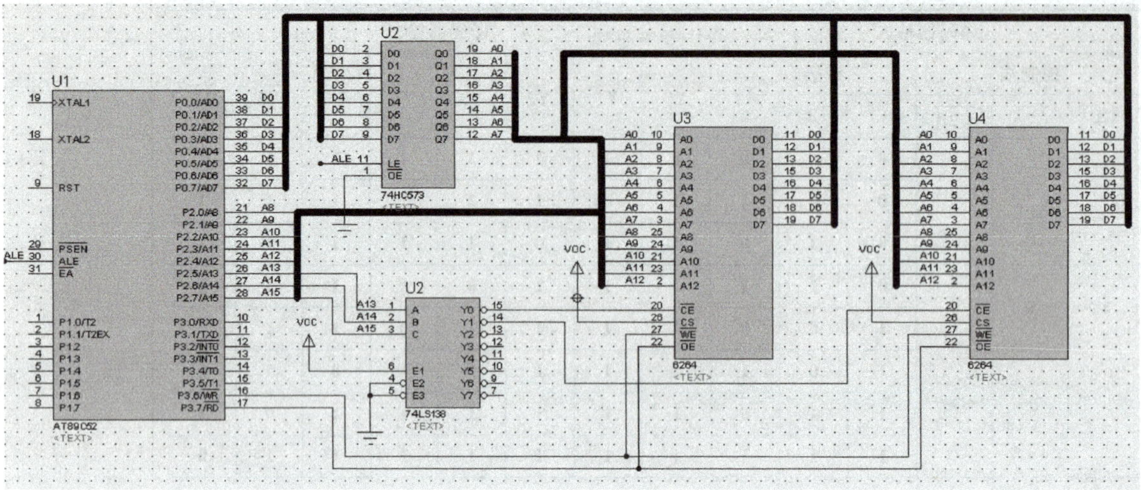

图 9-14 采用译码法扩展 6264

【例 9-1】

将图 9-14 中两片扩展数据存储器内存首单元的数据交换保存。

解：先读取第一个单元(0000H)的数据并暂存，再读取第二个单元(2000H)的数据并存入第一个单元，最后将暂存的数据存入第二个单元，完成数据交换。该问题分为指定和不指定存储器单元地址两种情况。

不指定地址时由编译软件分配地址，程序如下：

汇编程序	C 语言程序
ORG 0000H	#include <reg52. h>
MOV DPTR,#0000H ;单元一的地址	#define uchar unsigned char
MOVX A,@DPTR ;取单元一数据	uchar pdata ramdata1 _ at _ 0x0000;
PUSH ACC ;暂存堆栈中	uchar xdata ramdata2 _ at _ 0x2000;
MOV DPTR,#2000H ;单元二地址	uchar temp;
MOVX A,@DPTR ;取单元二数据	void main(void)
MOV DPTR,#0000H	{
MOVX @DPTR,A ;存入单元一	P2=(unsigned)(&ramdata1)>>8;
POP ACC ;取出暂存数据	temp=ramdata1; //暂存
MOV DPTR,#2000H	ramdata1=ramdata2; //交换
MOVX @DPTR,A ;存入单元二	ramdata2=temp;
SJMP $;死循环	while(1);
END	}

C 语言中定义变量的内存属性为 pdata 时，C 编译器产生的指令为 MOVX A,@ Ri 或 MOVX @ Ri,A,8 位地址由 Ri 寄存器指定。

指定地址时，程序如下：

汇编程序	C 语言程序
ORG 0000H	#include <absacc. h>
MOV R0,#80H ;第 1 单元	unsigned char xdata ramdata1 _ at _ 0x80;
MOVX A,@ R0 ;读取	unsigned char xdata ramdata2 _ at _ 0x3000;
MOV B,A ;暂存	unsigned char newdata;
MOV DPTR,#3000H ;第 2 单元	void main(void)
MOVX A,@ DPTR ;读取	{
MOVX @ R0,A ;交换	newdata = ramdata1;
MOV A,B	ramdata1 = ramdata2;
MOVX @ DPTR,A	ramdata2 = newdata;
SJMP $	while(1);
END	}

第一单元地址为扩展数据存储器的 0x80，第二单元地址为 0x3000，汇编程序用 B 作为暂存，读取和保存通过 A 完成。采用 R0 或 R1 间接寻址方式访问片外存储器，范围是某页的0～0xFF，P2 选择具体的页面。通过 DPTR 方式访问，范围是 0～0xFFFF。

C 语言程序用变量 newdata 作为暂存，有两种读写方法：

(1) 用 XBYTE 宏定义的方法操作，需要 ABSACC. H 头文件。

(2) 用_ at _关键字的方法操作。

汇编程序中最后一条指令 SJMP $ 是无条件转移指令，转移的目标地址是该指令本身，因此该指令构成了无限循环。进行程序设计时，若已完成所有操作，必须加上类似指令，以防 CPU 执行随机代码(非程序代码，程序存储器中未写入程序代码的部分，其状态为全 FFH 或其他随机值)，得到不正确的结果。C 语言末尾的“while(1);”作用类似。以后的例子就不再说明了。

目标测评 3

T9-3 在图 9-10 中，单片机使用了哪些引脚作为地址线？分别连接到数据存储器的什么地址线？

T9-4 在图 9-10 中，数据存储器的片选线 $\overline{CE}$ 有无其他连接方法？

T9-5 在图 9-12 中，如果用单片机的地址线 A15 连接数据存储器 U3 的片选线 $\overline{CE}$，那么 U3 的地址空间是什么？

T9-6 在图 9-14 中，如果用译码器的 Y5 连接数据存储器 U3 的片选线 $\overline{CE}$，那么 U3 的地址空间是什么？

T9-7 在例 9-1 中，如果要将扩展地址为 0x2000 单元的内容取反后，保存到片内 0x20 单元，如何编写程序？

9.5 程序存储器的扩展

由于半导体技术的发展，单片机片内的程序存储器通常已经够用，扩展的情况比较少见了。即使扩展，只选择一片存储器芯片也可满足要求，一般选择 Flash ROM 扩展程序存储器。由于 Flash ROM 其使用方便、价格适宜、存储量大，已经得到广泛的应用，也常用于 AT89S52 单片机的程序存储器扩展，其常用芯片 AT29C010 的引脚及封装如图 9-15 所示，容量为 128 K×8 bit，扩展电路如图 9-16 所示。

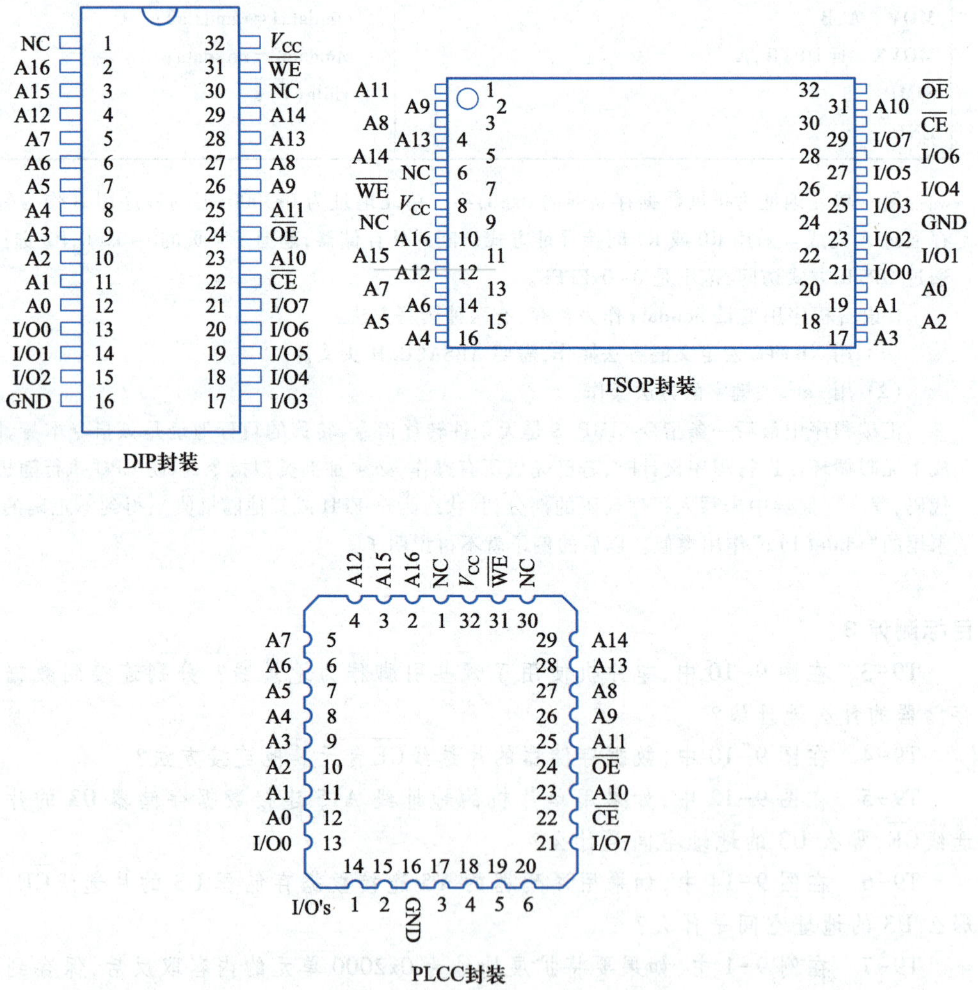

图 9-15 AT29C010 引脚及封装图

同前面的数据存储器芯片 62C256 比较，AT29C010 的引脚和电路连接都非常相似，只是增加了地址信号 A16 和 A15，这是因为 AT29C010 的容量更大。连接电

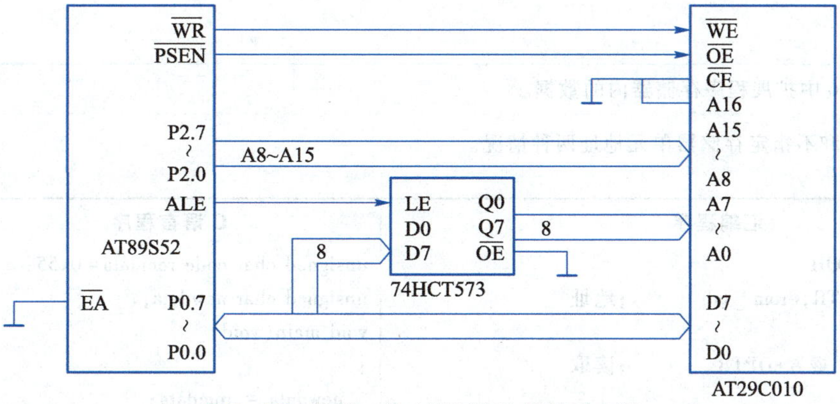

图 9-16　使用一片 AT29C010 的扩展电路

路时，单片机的$\overline{PSEN}$信号控制 AT29C010 的输出允许信号$\overline{OE}$，AT29C010 中比单片机多出的地址信号 A16 连接到地。单片机访问 AT29C010 的地址空间为 0000~0FFFFH。

扩展的 Flash ROM 一般用于存放指令代码，不需要编写程序对其访问，而是由单片机自动读取运行指令。如果应用时在扩展 Flash ROM 中保存了表格、参数等数据，可编写程序读取相应的内容，读取方法与读取单片机内部程序存储器方法相同。图 9-17 是单片机和 AT29C010 的接口时序图。

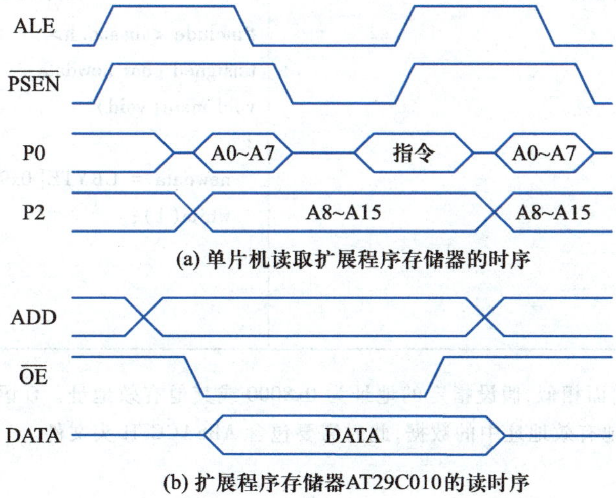

图 9-17　单片机和 AT29C010 的接口时序图

【例 9-2】

编程读取图 9-16 中扩展程序存储器内的数据。

解：该问题分为指定和不指定存储器单元地址两种情况。

不指定地址时：

<table>
<tr><th>汇编程序</th><th>C 语言程序</th></tr>
<tr><td><pre>
        ORG   0000H
        MOV   DPTR,#rom_tab   ;地址
        CLR   A
        MOVC   A,@A+DPTR   ;读取
        SJMP $
        ...
rom_tab:
        DB   55H
        END
</pre></td><td><pre>
unsigned char code romdata=0x55;
unsigned char newdata;
void main(void)
{
  newdata = romdata;
  while(1);
}
</pre></td></tr>
</table>

上面的例子都是假设片内程序存储器空间已被占用，因此编译软件在扩展程序存储器的某一地址单元保存定义的字节变量 romdata，并赋值（汇编程序的单元在 rom_tab 处）。程序运行时，汇编程序将其读取到 A。C 语言将其值赋给另一变量 newdata，完成读取操作。

指定地址时：

<table>
<tr><th>汇编程序</th><th>C 语言程序</th></tr>
<tr><td><pre>
ORG   0000H
MOV   DPTR,#8000H
CLR   A
MOVC   A,@A+DPTR
SJMP $

ORG   8000H
DB   55H
END
</pre></td><td><pre>
#include <absacc.h>
unsigned char newdata;
void main(void)
{
  newdata = CBYTE[0x9000];
  while(1);
}
</pre></td></tr>
</table>

指定地址时例子的功能同前面相似，假设指定的地址为 0x8000 或其他有效地址。C 语言可用 CBYTE 宏定义的方法读取 0x9000 或其他有效地址中的数据，此时需要包含 ABSACC.H 头文件。

目标测评 4

T9-8 程序存储器 AT29C010 的容量是多少？图 9-16 中单片机能访问 AT29C010 的地址空间是多少？

T9-9 读取单片机的片内和片外程序存储器是否有区别？读取程序存储器和扩展数据存储器有什么区别？

9.6 I/O 接口的使用与扩展

I/O 接口用于单片机和外部设备的连接。通常情况下，单片机不是直接与外设相连，而是通过 I/O 接口连接，这是因为单片机和外设在工作速度和信号电平等方面存在差异。AT89S52 单片机有 4 个 I/O 接口，通常能满足使用要求，但在使用三总线方法扩展的系统中，数据总线、地址总线和控制总线可能占用 3 个接口，这样就只有一个 P1 口可作为通用 I/O 接口了，如果不满足需要，可扩展 I/O 接口。一般采用总线的方法选择通用或专用芯片进行扩展，也可采用非总线方式进行扩展。

9.6.1 数据的传送方式

单片机和外设工作速度的差异使其在交换数据或通信时有不同的数据传送方式，以达到高效、方便的数据交换。数据的传送方式主要有无条件方式、查询方式、中断方式和直接存储器存取 DMA 方式。

1. 无条件传送方式

外设总是处于“准备好”的状态，CPU 可在任何时刻进行数据传送，不需要状态信息，没有条件限制。采用这种方式，外设的工作速度必须足够快，与 CPU 的数据传送速度相当，否则就不符合总是“准备好”的条件。另一种情况，外设的工作速度虽然不高，但实际进行数据传送的间隔长，CPU 要进行下一次数据传送时，外设已经“准备好”。

2. 查询传送方式

查询传送方式需要判断状态信息，属于条件传送。无论输入还是输出，CPU 都要查询外设的状态是否准备好。软件编写需要增加“查询外设状态”的程序，有时查询程序可用延迟程序代替，延迟的时间应比外设准备好所需要的时间长。

3. 中断传送方式

中断传送方式由外设主动向 CPU 提出数据传送请求，而不是等待 CPU 查询状态信息，CPU 根据外设请求进行数据传送操作。它的特点是消除了 CPU 在查询时的等待时间，极大地提高了工作效率。

4. 直接存储器存取方式

直接存储器存取方式（DMA：direct memory access）是外设直接和存储器进行数据传送，而不是 CPU 同存储器或外设传送数据，多用于外设和存储器之间传送大量的数据或者外设的工作速度很快的情况。由于外设和存储器的数据交换不需要 CPU 控制，而是在 DMA 控制器的控制下进行，因此 DMA 方式的传送速度快，效率高，但它要求 CPU 具有 DMA 功能，而 MCS-51 系列单片机不支持 DMA 方式。

9.6.2 用 74LS××系列 TTL 芯片扩展简单的 I/O 接口

当扩展的 I/O 接口数量少时，采用 74LSxx 系列电路的方法简单可行，可缩小系统体积，降低成本。在选择芯片时需要注意，由于采用三总线的方法进行扩展，数据总线是公用的，不能被独占，因此选择的 TTL 电路在输入时必须具备三态的功能，在输出时具备锁存的功能。

1. 输入接口的扩展

常用的典型芯片为 74LS244 和 74LS245，74LS244 的数据传送是单向的，74LS245 是双向的，并且便于电路板的布线设计。图 9-18 是 74LS245 的引脚图，其中：

1 脚 DIR：控制数据传送的方向，低电平时数据从 B 端口到 A 端口，高电平时数据从 A 端口到 B 端口。

19 脚 $\overline{OE}$：输出控制信号，低电平有效，$\overline{OE}$无效时输出呈高阻状态。

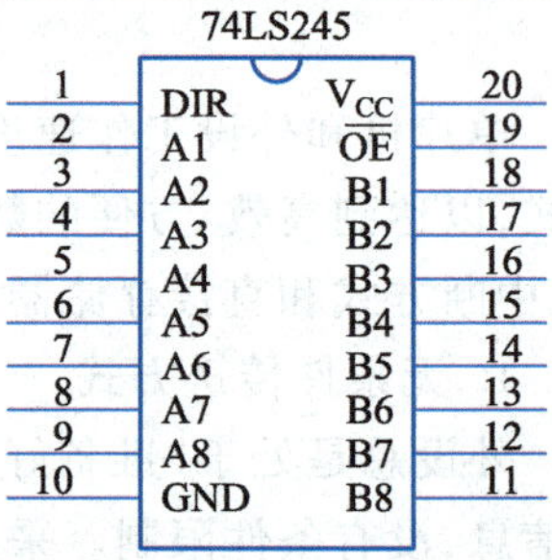

图 9-18 74LS245 的引脚图

图 9-19 是用 74LS245 芯片扩展输入端口的电路示例图。该示例用了两片 74LS245，共扩展了 16 个输入端。为了在操作中区分两片 74LS245，电路还用了一个 3-8 译码器 74LS138，前面已经介绍了它的功能和使用方法。图中的 74LS245 要实现输入功能，则方向控制 DIR 需接高电平，数据从 A 端口传送到 B 端口，输出端 B1～B8 与单片机 P0 口相连，向单片机传送通过扩展输入端输入的数据。每片 74LS245 的输出控制端$\overline{G}$（即$\overline{OE}$）连接到 3-8 译码器的一个输出端。按图 9-19 所示的接法，74LS245-1 在地址最低 3 位为低电平（C、B、A 均为低），其余地址线可为任意值，例如，低 8 位地址为 0F8H 时工作，将 8 个输入端 A1～A8 输入的数据送到 P0 口，从而读入单片机。74LS245-2 则在地址最低 3 位为 **001**（C、B、A 为 001），例如低 8 位地址为 0F9H 时工作，而使数据得以读入。

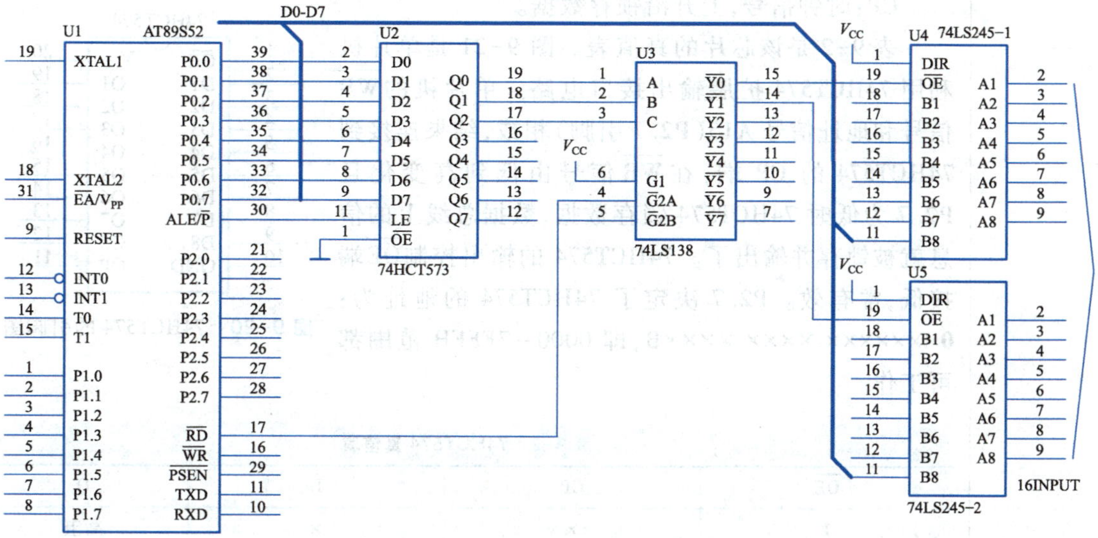

图 9-19 用 74LS245 扩展输入端口的电路

【例 9-3】

从图 9-19 中的 74LS245-2 输入数据。

解：前面已经分析，地址最低 3 位要求为 **001**，即可访问 74LS245-2，设地址为 0x0001。汇编语言可用 R0 或 R1 操作（由于电路中 P2 口悬空，可看成 8 位地址），也可用 DPTR 操作，看成 16 位地址。汇编程序的作用是把 74LS245-2 的状态读取到累加器 A，C 程序则读取到变量 newdata。

<table>
<tr><th>汇编程序</th><th>C 语言程序</th></tr>
<tr><td><pre>ORG   0000H
MOV   R1,#01H   ;8 位地址
MOVX A,@R1   ;输入
MOV   DPTR,#0001H
MOVX A,@DPTR
SJMP $
END</pre></td><td><pre>#include <absacc.h>
unsigned char newdata;
void main(void)
{
   newdata = XBYTE[0x0001];
   while(1);
}</pre></td></tr>
</table>

2. 输出接口的扩展

前面已经指出输出电路需要具有锁存功能，输出接口的扩展实际上是扩展锁存器，可选择 74LS373、74LS377、74HCT573 和 74HCT574 等芯片。74HCT574 是一个带输出控制端的 8D 锁存器，图 9-20 是其引脚图，其中：

D0～D7：8 位数据输入端。

O0～O7：8 位数据输出端。

$\overline{OE}$：输出使能控制端，低有效。

CP:时钟信号,上升沿锁存数据。

表 9-2 是该芯片的真值表。图 9-21 是单片机利用 74HCT574 扩展输出接口电路。单片机的 $\overline{WR}$ 信号和地址信号 A15(P2.7 引脚)相或,结果连接到 74HCT574 的 CP 端,在 $\overline{WR}$ 信号由低到高变化且 P2.7 为低时 74HCT574 锁存数据,数据总线上的信息就被锁存并输出了。74HCT574 的输出控制 $\overline{OE}$ 端接低,常有效。P2.7 决定了 74HCT574 的地址为:0××××××× ×××× ××××B,即 0000~7FFFH 范围都可工作。

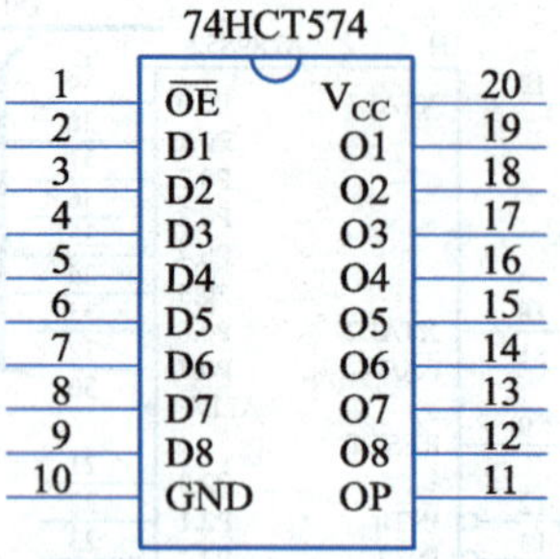

图 9-20 74HCT574 的引脚图

表 9-2 74HCT574 真值表

$\overline{OE}$	CP	D	Q
1	×	×	高阻
0	↑	1	1
0	↑	0	0
0	0	×	保持

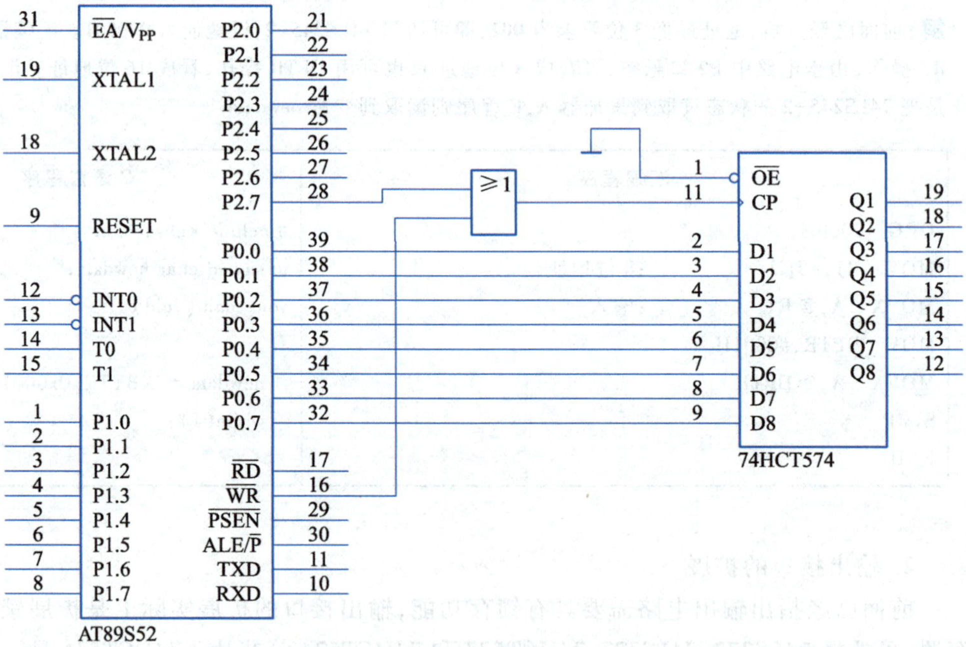

图 9-21 单片机利用 74HCT574 扩展输出接口电路

【例 9-4】

从图 9-21 中的 74HCT574 输出数据。

解：扩展输出的编程同送数据到扩展数据存储器的方法是一样的。前面已经指出，74HCT574 的地址为 0000~7FFFH 中的任意一个，设地址为 7000H。汇编语言和 C 语言的程序都是把数据 55H 通过 74HCT574 输出，C 语言程序可把变量的内容（55H）输出到 74HCT574，也可直接输出数据 55H。

汇编程序	C 语言程序
ORG　0000H	#include <absacc. h>
MOV　DPTR,#7000H　　;地址	unsigned char newdata=0x55;
MOV　A,#55H　　;数据	void main(void){
MOVX　@DPTR,A　　;输出	XBYTE[0x7000] = newdata;
SJMP　$	XBYTE[0x7000] = 0x55;
END	while(1);
	}

3. 输入/输出接口同时扩展

很多应用场合需要同时扩展输入和输出接口，可把前面介绍的方法综合在一起。图 9-22 是常用的连接电路。图中仍然采用 74HCT574 作为输出芯片，74HCT245 作为输入芯片，其 DIR 为低电平，将 B 端数据输入到 A 端。

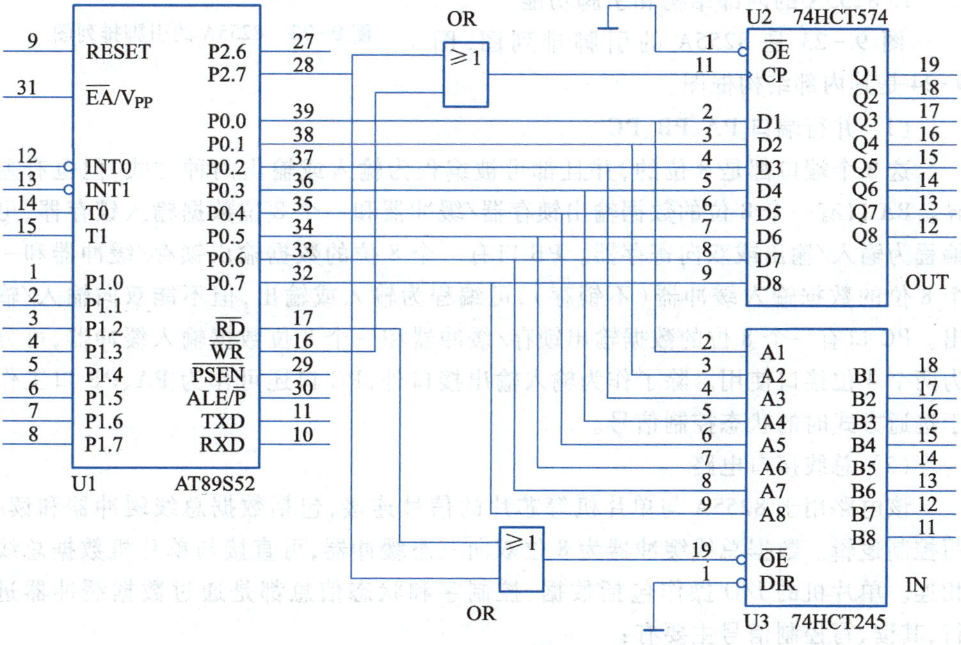

图 9-22　采用 74××系列逻辑电路扩展输入和输出接口

可以看出，电路中输入、输出的地址都是相同的，要求 P2.7(A15)为低，其余地址线 A14-A0 没用，可为任意值。具体编址和编写程序的方法可参考前面介绍的例 9-3 和例 9-4。

9.6.3 用可编程接口芯片扩展 I/O 接口

前面介绍的方法适用于扩展接口数量不多的场合，如果接口数量比较多，可考虑用专门的 I/O 芯片扩展。为了扩展 8080 等 CPU 的资源，Intel 公司推出了专用的可编程器件，实现并行 I/O 接口、串行 I/O 接口、定时器等各种功能的扩展。这些芯片同 MCS-51单片机的连接是非常容易的，因此单片机扩展 I/O 接口时，也可选用此类器件。

8255A 就是 Intel 公司生产的通用可编程并行 I/O 接口芯片，共有 3 个并行接口，分别是 PA、PB、PC 口，其中 PC 口又分为高 4 位口和低 4 位口两个部分。它们都可以通过软件编程来设置其工作方式，因此使用方便、灵活。

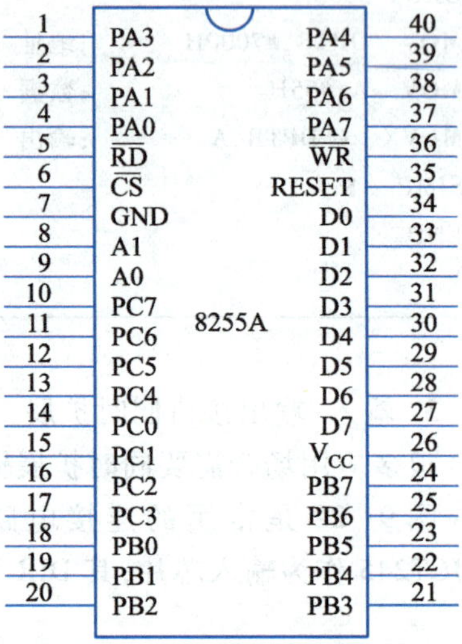

图 9-23 8255A 的引脚排列图

1. 8255A 的内部结构和引脚功能

图 9-23 是 8255A 的引脚排列图，图 9-24 是其内部结构框图。

(1) 并行端口 PA、PB、PC

这 3 个端口都是 8 位的，并且都可被编程为输入或输出两种方式，但也有差异。PA 口有一个 8 位的数据输出锁存器/缓冲器和一个 8 位数据输入锁存器，可编程为输入/输出或双向寄存器。PB 口有一个 8 位的数据输出锁存/缓冲器和一个 8 位的数据输入缓冲器(不锁存)，可编程为输入或输出，但不能双向输入/输出。PC 口有一个 8 位的数据输出锁存/缓冲器和一个 8 位数据输入缓冲器，可分为两个 4 位接口使用。除了作为输入输出接口外，PC 口还可作为 PA、PB 口工作于选通方式时的状态控制信号。

(2) 总线接口电路

该电路用于 8255A 与单片机等芯片的信号连接，包括数据总线缓冲器和读/写控制逻辑。数据总线缓冲器为 8 位双向三态缓冲器，可直接与单片机数据总线相连。单片机的 I/O 操作包括数据、控制字和状态信息都是通过数据缓冲器进行，其读、写控制信号主要有：

$\overline{CS}$：片选信号，低电平有效。

$\overline{RD}$：读信号，低电平有效，允许单片机从 8255A 读取数据或状态信息。

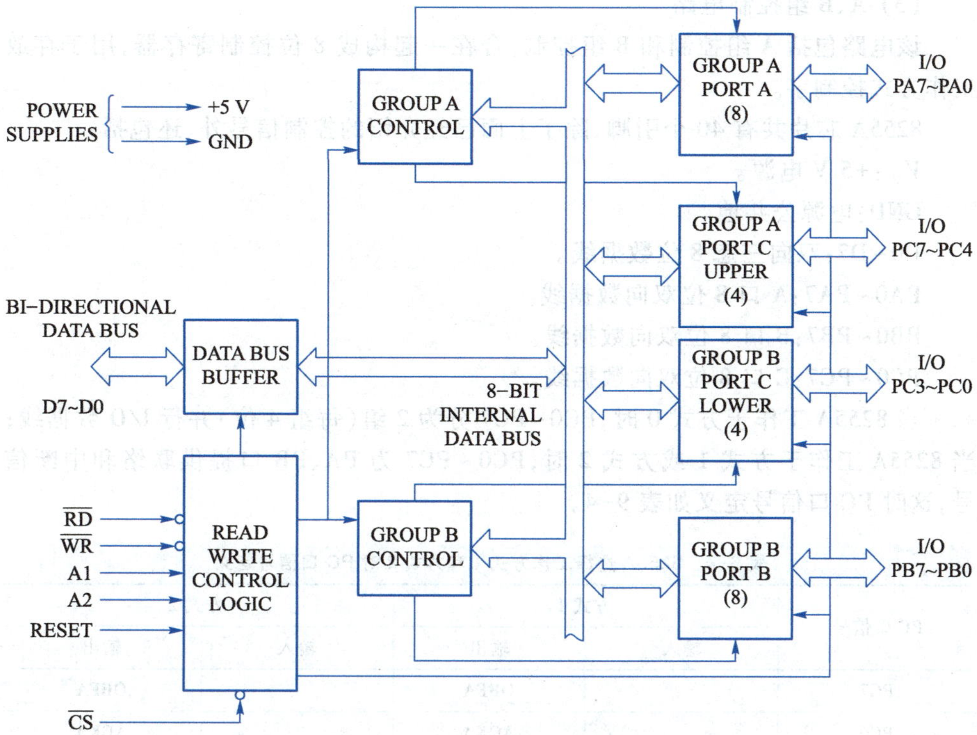

图 9-24 8255A 的内部结构框图

$\overline{WR}$:写信号,低电平有效,允许单片机将控制字或数据写入 8255A。

RESET:复位信号,高电平时 8255A 被复位。

A1、A0:端口选择信号。8255A 的 PA、PB、PC 和一个控制寄存器共有 4 个端口,根据 A1、A0 输入的地址信号进行寻址。

读写控制逻辑用于实现单片机对 8255A 的硬件管理,包括芯片选择、端口寻址和设置各端口与单片机之间的数据传送方向等,如表 9-3 所示。

表 9-3 8255A 各端口组合功能表

$\overline{CS}$	$\overline{RD}$	$\overline{WR}$	A1	A0	通道选择与操作功能
0	0	1	0	0	PA 口→数据总线
0	0	1	0	1	PB 口→数据总线
0	0	1	1	0	PC 口→数据总线
0	1	0	0	0	数据总线→PA 口
0	1	0	0	1	数据总线→PB 口
0	1	0	1	0	数据总线→PC 口
0	1	0	1	1	数据总线→控制寄存器
1	×	×	×	×	数据总线呈高阻态
0	0	1	1	1	非法条件
0	1	1	×	×	数据总线呈高阻态

(3) A、B 组控制电路

该电路包括 A 组控制和 B 组控制，合在一起构成 8 位控制寄存器，用于存放工作方式控制字。

8255A 芯片共有 40 个引脚，除了上面已经介绍的控制信号外，还包括：

V_{CC}：+5 V 电源。

GND：电源公共地。

D0～D7：双向三态 8 位数据线。

PA0～PA7：A 口 8 位双向数据线。

PB0～PB7：B 口 8 位双向数据线。

PC0～PC7：C 口 8 位双向数据线。

当 8255A 工作于方式 0 时，PC0～PC7 分为 2 组（每组 4 位）并行 I/O 数据线；当 8255A 工作于方式 1 或方式 2 时，PC0～PC7 为 PA、PB 口提供联络和中断信号，这时 PC 口信号定义如表 9-4。

表 9-4　8255A 选择工作方式 1 和方式 2 时 PC 口信号定义

PC 口信号	方式 1		方式 2	
	输入	输出	输入	输出
PC7		OBFA		OBFA
PC6		ACKA		ACKA
PC5	IBFA		IBFA	
PC4	STBA		STBA	
PC3	INTRA	INTRA	INTRA	INTRA
PC2	STBB	ACKB		
PC1	IBFB	OBFB		
PC0	INTRB	INTRB		

2. 8255A 的工作方式和数据 I/O 操作

(1) 8255A 的工作方式

8255A 共有 3 种工作方式，即方式 0、方式 1 和方式 2。

工作方式 0 是基本输入/输出方式。芯片处于方式 0 时，PA、PB 和 PC 口的 2 个 4 位接口中的任何一个口都可以被编程设定位输入或输出方式，但不能既作输入又作输出。在作输入时，输入数据不被锁存，而作输出时，数据被锁存。工作方式 0 不需要任何选通信号或联络信号，适用于数据的无条件传送或者查询外部信号状态。

工作方式 1 是选通输入/输出，工作于方式 1 时，PA 和 PB 口分别用于数据的输入/输出，PC 口可设置某些位作为 PA 和 PB 口的联络信号，如状态信息和中断请求信号。在该方式下，PA 和 PB 口的数据输入和输出都具有锁存功能。如 PA 和 PB 口都工作于方式 1，则 PC 口中有 6 位固定作为 PA 和 PB 口的状态和控制信号，PC 口剩下的 2 位可编程为输入或者输出。如 PA 和 PB 口有一个工作于方式 1，另一个工作于方式 0,则 PC 口中有 3 位固定作为 PA 或 PB 口的状态和控制信号,PC 口剩下的 5 位可编程为输入或者输出。工作方式 1 适用于查询中断方式的数据输入/输出。

工作方式 2 是双向数据传送方式,只有 PA 口才能选择该方式。此时,PA 口既能输入数据又能输出数据,PC 口的 PC3 ~ PC7 用作 PA 口的输入/输出同步控制信号,PC 口剩下 3 位可编程为输入或者输出。PB 口可编程为工作方式 0 或方式 1。工作方式 2 适用于查询或中断方式的双向数据传送。

(2) 带选通信号的数据输入操作

数据的输入操作需要相应的联络信号,从表 9-4 中可看出 PC 口有下面的联络信号:

STB:选通脉冲输入,低电平有效。外设送来的 STB 下降沿将端口数据线上的输入数据状态存入端口锁存器。

IBF:输出缓冲器满信号输出,高电平有效。高电平时表示外设已将数据装入端口锁存器,但单片机尚未读取。单片机读取后,IBF 无效,表示端口锁存器为空。

INTR:中断请求信号,高电平有效。在 IBF 为高电平且 STB 信号由低变高时,中断请求信号有效,向单片机发出中断请求。

INTE:8255A 内部的中断允许触发器只有在 INTE 为高电平时才允许中断请求,INTEA 和 INTEB 分别由 PC4 和 PC2 的置位/复位控制。

当外设准备好输入数据后发出 STB = **0** 信号,输入的数据进入 8255A 的端口缓冲器,并使 IBF=**1**。如果单片机采用查询方式,便可查询 IBF 的状态,以决定是否可以输入数据。如果采用中断方式,当 STB 信号由低变高并且 INTE 为高时,INTR 有效,向单片机发出中断请求信号(必须加反相器将此信号变为低有效)。单片机响应中断后,在中断服务程序中读取数据,并使 INTR 信号变为无效,同时使 IBF 信号变低,通知外设再次输入数据。

(3) 带响应信号的数据输出操作

数据的输出操作也需要相应的联络信号,从表 9-4 中可看出 8255A 的 PC 口有下面的联络信号:

ACK:外设响应输入信号,低电平有效。外设取走并处理完 8255A 的数据后向单片机发出此响应信号。

OBF:输出缓冲器满输出信号,低电平有效。当单片机把输出数据送入 8255A 锁存器后,该信号有效,用来启动外设开始接收数据,接收完成后外设发回来应答信号使 OBF 变为高电平。

INTR:中断请求输出信号,高电平有效。

INTE:端口内部的中断允许触发器。只有在 INTE 为高电平时才允许端口中断请求,INTEA和 INTEB 分别由 PC6 和 PC2 的置位/复位控制。

当外设接收并处理完一组数据后发出 ACK 信号使 OBF 变高,表示输出缓冲器已空(即数据已取走)。如果采用查询方式,则单片机可查询 OBF 的状态,如果采用中断方式,则在 ACK 信号变高并且 INTE 信号有效时,使 INTR 有效并向单片机发出中断请求信号。单片机在中断服务程序中将新的数据写到 8255A 的输出缓冲器,并使 OBF 有效,表示数据已发送。该信号启动外设工作,取走并处理 8255A 中的输入数据,再发出 ACK 信号。

3. 8255A 的控制字

8255A 有两种控制字,即控制 PA、PB 和 PC 口工作方式的方式控制字和专门控制 PC 口各位置位/复位的控制字。两种控制字都是写到控制寄存器中,利用控制字的最高位状态来区分。

(1) 方式控制字

图 9-25 是 8255A 的工作方式控制字的格式,特征是最高位为 **1**,方式控制字用于确定各端口的工作方式和数据传送的方向。

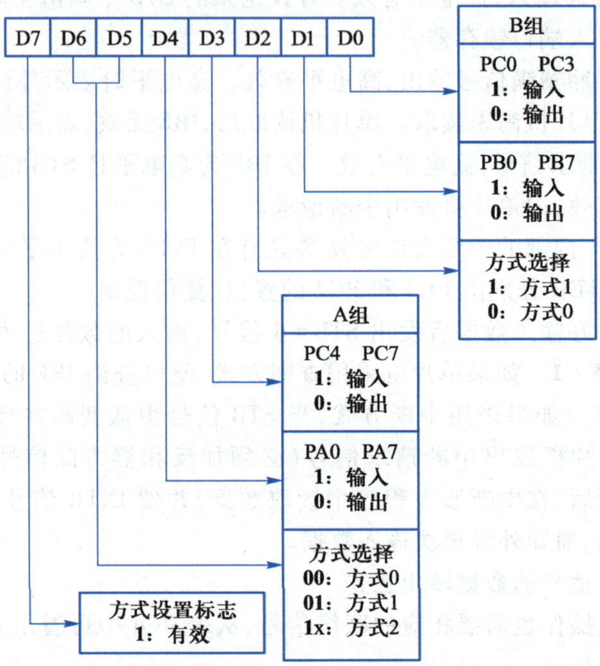

图 9-25 8255A 的工作方式控制字的格式

在设置方式控制字时,应注意各端口的正确操作,其中 PA 口有 3 种工作方式,PB 口只有 2 种工作方式。在方式 1 和方式 2 时,PC 口的定义(输入或者输出)不影响作为联络线使用的 PC 口各位的功能。例如,8255A 工作在方式 0,PA 口作为输出,PB 口和全部 PC 口作为输入,则控制字为:**1000 1011B**,即 8BH。

(2) PC 口位控制字

在某些情况下,PC 口被用来定义控制信号和状态信号,此时可利用 PC 口所具有的位操作功能和 PC 口位置位/复位控制字,对 PC 口的每一位进行置位或者复位操作。图 9-26 是 PC 口位控制字的格式和功能,特征是最高位为 **0**。

4. 8255A 与单片机的连接

图 9-27 是 8255A 与单片机的连接电路图,由图可以看出,8255A 的总线与单片机总线直接相连,$\overline{WR}$和$\overline{RD}$分别连接单片机的$\overline{WR}$和$\overline{RD}$。

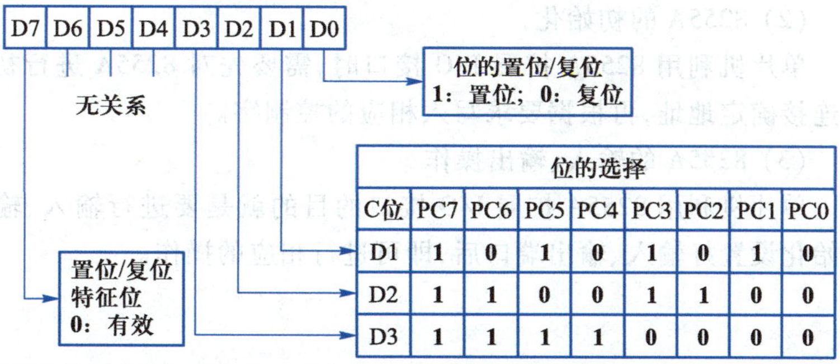

C位	PC7	PC6	PC5	PC4	PC3	PC2	PC1	PC0
D1	1	0	1	0	1	0	1	0
D2	1	1	0	0	1	1	0	0
D3	1	1	1	1	0	0	0	0

图 9-26　8255A 的位控制字的格式和功能

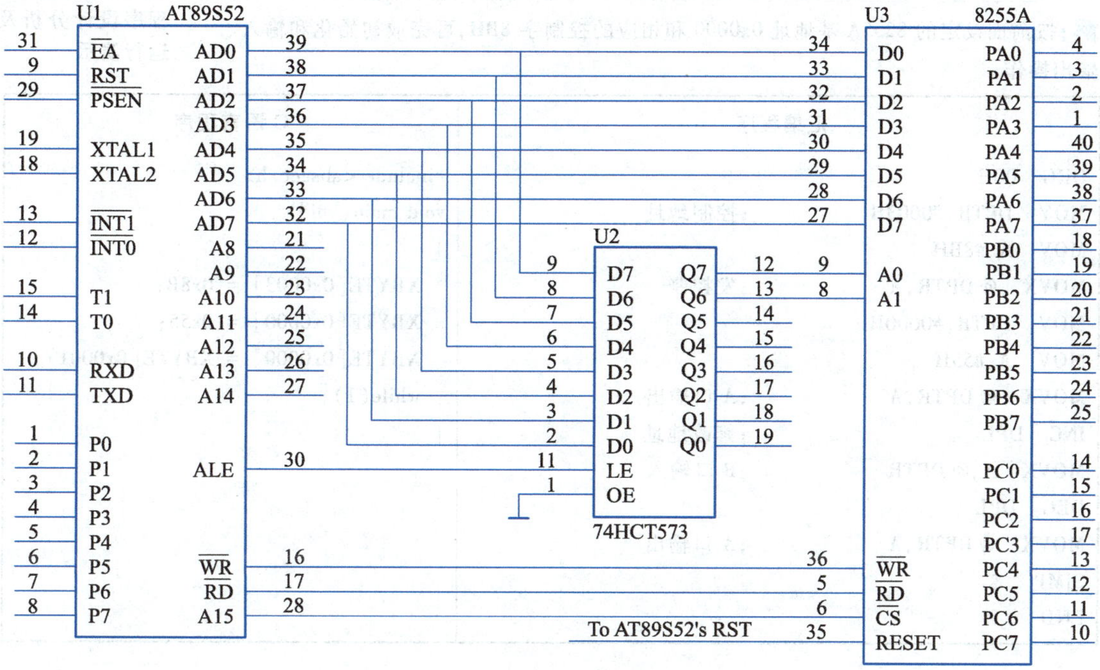

图 9-27　8255A 与单片机的连接电路

（1）8255A 各端口地址的确定

8255A 的 PA、PB、PC 口和控制字寄存器的地址既同地址信号 A1、A0 有关，还同 8255A 的片选地址有关。只有在 8255A 片选有效时才能操作各端口，因此可确定电路图中各端口地址如表 9-5 所示。

表 9-5　8255A 各端口地址说明

端口	P2	P0	端口地址
PA	0×××××××	××××××00	0000H
PB	0×××××××	××××××01	0001H
PC	0×××××××	××××××10	0002H
控制字寄存器	0×××××××	××××××11	0003H

(2) 8255A 的初始化

单片机利用 8255A 扩展 I/O 接口时,需要先对 8255A 进行初始化,即根据电路连接确定地址,再根据要求写入相应的控制字。

(3) 8255A 的输入、输出操作

单片机利用 8255A 扩展 I/O 接口的目的就是要进行输入、输出操作,在完成初始化设置好输入、输出端口后,即可进行相应的操作。

【例 9-5】

对图 9-27 中的 8255A 进行初始化,使其工作在方式 0,PA 口输出,PB 和 PC 口输入。工作时,A 口先输出 55H,再把 B 口的状态从 A 口输出。

视频 9-1:例9-5程序设计分析及运行演示

解:按前面设定的 8255A 基地址 0x0000 和相应的控制字 8BH,可完成初始化和输入、输出操作。

汇编程序	C 语言程序
ORG 00H	#include <absacc.h>
MOV DPTR,#0003H ;控制地址	void main(void)
MOV A,#8BH	{
MOVX @DPTR,A ;发控制	XBYTE[0x0003] = 0x8B;
MOV DPTR,#0000H	XBYTE[0x0000] = 0x55;
MOV A,#55H	XBYTE[0x0000] = XBYTE[0x0001];
MOVX @DPTR,A ;A 口输出	while(1);
INC DPL ;修改地址	}
MOVX A,@DPTR ;B 口输入	
DEC DPL	
MOVX @DPTR,A ;A 口输出	
SJMP $	
END	

9.6.4 非总线方式扩展 I/O 接口

该方法不采用三总线方式,也称为端口直接扩展方法,所用的端口不局限于 P0 和 P2 口(P0 口具有驱动能力强的特点,比较常用),因此使用比较灵活,而扩展的功能也不限于 I/O 接口(如例 9-7)。图 9-28 是单片机 P0 口利用两片 74HC573 扩展为 2 个 8 位输出端口的例子,扩展的输出端口操作 8 位的数码管,扩展时还使用了 P1.2 和 P1.3 两个引脚。

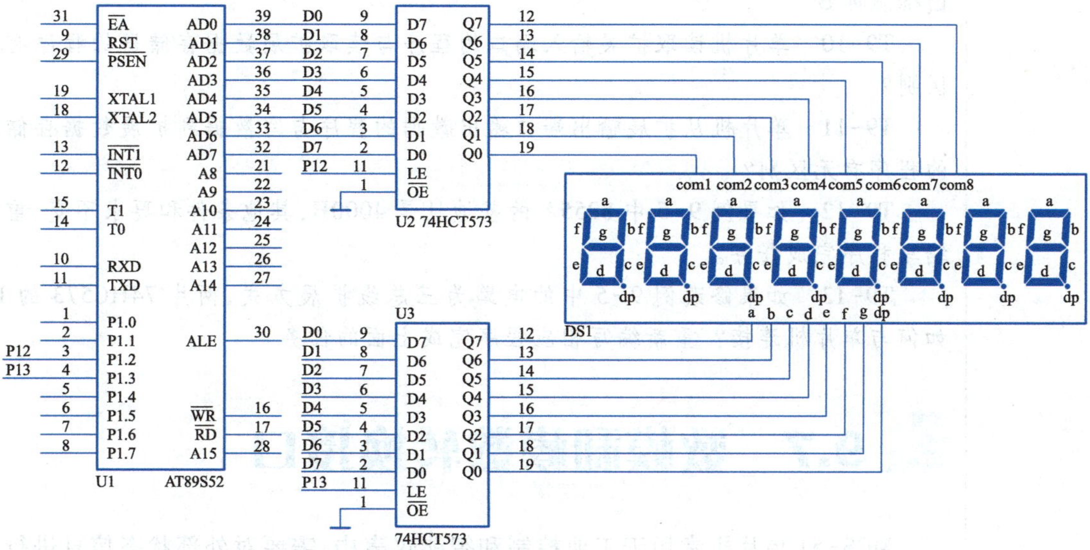

图 9-28 非总线方式扩展示意图

【例 9-6】

在图 9-28 中数码管的最左一位显示数字 6,其余位不显示。

解: 本例仅说明端口直接扩展的操作方法,为简化起见,用数码管静态显示的方法完成要求。图中的数码管是共阳型的,数字 6 对应的显示码是 82H,只显示左边一位的对应位码是 **1000 0000**B,即 80H。

汇编程序	C 语言程序
ORG 0000H	#include <reg52. h>
MOV P0,#80H ;送位码	sbit dlock = P1^2;
SETB P1. 2 ;锁存	sbit slock = P1^3;
CLR P1. 2	void main(void)
MOV P0,#82H ;送段码	{
SETB P1. 3	P0 = 0x80;
CLR P1. 3	dlock = 1;
SJMP $	dlock = 0;
END	P0 = 0x82;
	slock = 1;
	slock = 0;
	while(1);
	}

从例子看出,采用非总线扩展方式时,单片机操作的方法和三总线方式不同,不需要读写信号,采用的汇编指令或 C 语言语句也不同。连接硬件电路时,端口选择比较灵活,但程序指令或语句较多,运行时间稍长。

目标测评 5

T9-10 单片机读取扩展输入端口的程序与读取扩展数据存储器的程序有无区别？

T9-11 单片机从扩展输出端口输出数据的程序与写数据到扩展数据存储器的程序有无区别？

T9-12 如果例 9-5 中 8255A 的基地址是 4000H，其他条件和要求不变，重新编写程序完成任务。

T9-13 如果修改例 9-5 中的电路为三总线扩展方式，两片 74HC573 的 LE 如何与单片机连接？重新编写相应程序完成上面的任务。

9.7 数模和模数转换接口

MCS-51 单片机常用于工业控制和智能仪表中，需要对外部状态信息进行测量，经过内部处理后控制外部的操作。外部的状态信息通常是模拟量，如温度、速度、电压等，需要转换为数字信号提供给单片机进行处理，处理的结果又需要转换为模拟量实现对外部状态的控制。因此，在单片机的应用系统中通常需要模数转换（ADC）和数模转换（DAC）的功能，不具有此功能的单片机，就需要进行 A/D 和 D/A 的扩展。ADC 和 DAC 器件进出的模拟电压与数字量之间存在以下的数学关系。

$$\frac{D_x}{2^n-1}=\pm\frac{V_x}{V_{REF}}$$

其中，n 为 ADC 或 DAC 器件的位数，V_{REF} 为器件参考电压，V_X 为模拟电压变化量，D_X 为数字信号变化量。

9.7.1 数模转换接口

单片机将数字信号送到数模转换器，由数模转换器转换为模拟信号，从而控制外部对象。选用 DAC 器件主要需考虑精度（与 D/A 的位数有关）、转换时间、与单片机的连接方式、输出形式（电压输出型或电流输出型）和供电方式等因素。目前 DAC 的转换时间一般在几十纳秒到几微秒之间，转换精度按位数分为 8B，10B，12B 等。如果希望减少硬件的连线数量，可选用串行接口的 D/A 器件，但编程要稍微复杂一些。

1. 数模转换原理

D/A 转换的基本原理是把数字量的每一位代码按权的大小转换成模拟量，然后根据叠加的原理将各个代码对应的模拟量输出叠加，常用的 D/A 转换方法有两种：权电阻网络和 T 形电阻网络。

权电阻网络 D/A 转换电路实质上是一个反相加法放大器，如图 9-29 所示，是 4 位二进制 D/A 转换的示意图，电路由权电阻、位切换开关、反馈电阻和运算放大器组成。

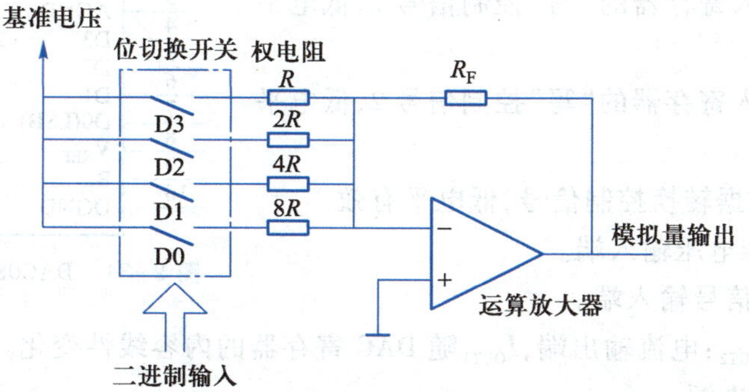

图 9-29　权电阻网络 D/A 转换原理图

权电阻的阻值按 8∶4∶2∶1 的比例配置，根据运放的"虚地"原理，当开关合上时，流经各权电阻的电流分别是 $V_R/8R$、$V_R/4R$、$V_R/2R$ 和 $V_R/8R$。其中 V_R 为基准电压，开关的状态决定是否有相应的电流，则输出电压为

$$v_O=-(D3/R+D2/2R+D1/4R+D0/8R)\times V_R\times R_F$$

式中 D3～D0 是输入二进制的相应位，其取值分别为 **0** 或者 **1**。当 D3～D0 在 **0000～1111** 的范围内变化时，输出电压也随之变化，这样数字量就转化为电压(模拟量)了。为简化说明起见，这里只用了 4 位开关，输出电压变化的间隔比较大，实际应用时，为了提高输出电压变化的分辨率，通常选择 8 位或者更多的开关。

T 形电阻网络 D/A 转换原理图如图 9-30 所示，这是 8 位转换的情况，工作原理与权电阻网络相似，就不详细介绍了。

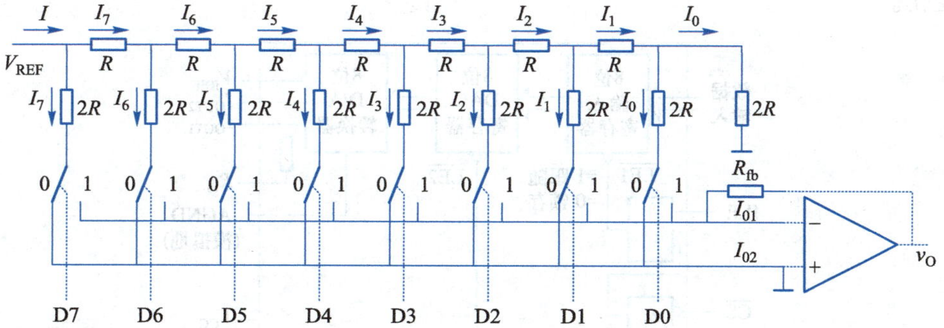

图 9-30　T 形电阻网络 D/A 转换原理图

2. DAC0832 数模转换芯片

实现 D/A 转换功能的芯片比较多，常见的有 DAC0832 等芯片。DAC0832 是 8 位的 T 形电阻网络 D/A 转换器，其分辨率为 8 位，转换时间为 1 μs，满量程误差为±1 LSB，参考电压为(+10～-10)V，供电电源为(+5～+15)V，逻辑电平输入与 TTL 兼容。DAC0832 的引脚如图 9-31 所示。

D0～D7：8 位数字量输入端，D7 为最高位。

ILE：数据锁存允许信号，高电平有效。

$\overline{\mathrm{CS}}$：输入寄存器选择信号，低电平有效。

$\overline{\mathrm{WR1}}$：输入寄存器的“写”控制信号 1，低电平有效。

$\overline{\mathrm{WR2}}$：输入寄存器的“写”控制信号 2，低电平有效。

$\overline{\mathrm{XFER}}$：数据转换控制信号，低电平有效。

V_{REF}：基准电压输入端。

R_{fb}：反馈信号输入端。

I_{OUT1} 和 I_{OUT2}：电流输出端，I_{OUT1} 随 DAC 寄存器的内容线性变化。

V_{CC}：工作电源。

DGND：数字地。

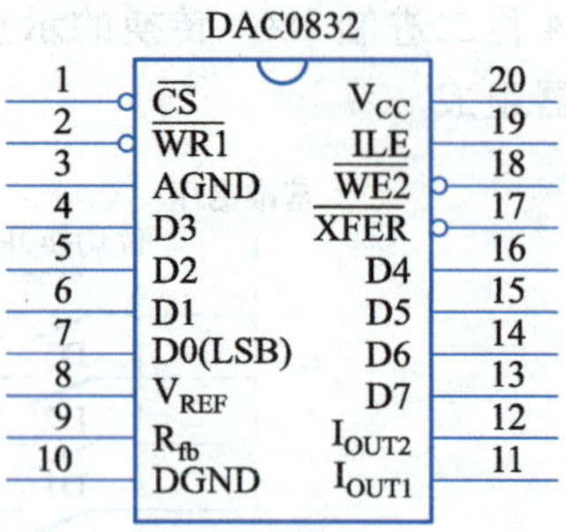

图 9-31　DAC0832 的引脚图

AGND：模拟信号地。D/A 转换芯片输入的是数字量，输出为模拟量，模拟信号容易受干扰，所以采用高精度的 V_{REF} 和独立的模拟地，以达到最好的效果。当然，数字地和模拟地最终还是连接在一起的。

图 9-32 是 DAC0832 内部结构图，在 DAC0832 中有两个锁存器和一个 D/A 转换器。第一个锁存器是输入寄存器，第二个锁存器是 DAC 寄存器。当 ILE 为高电平且片选 $\overline{\mathrm{CS}}$ 和“写”信号 $\overline{\mathrm{WR1}}$ 为低电平时，输入寄存器控制信号 LE1 为 1，此时，输入寄存器的输出随输入而变化。此后，如 $\overline{\mathrm{WR1}}$、$\overline{\mathrm{CS}}$ 或 ILE 无效，则输入寄存器的输出端不再随输入数据变化，数据被锁存。对第二个锁存器而言，转换控制信号 $\overline{\mathrm{XFER}}$ 和写信号 $\overline{\mathrm{WR2}}$ 同时为低电平时，锁存控制信号 LE2 为高有效，8 位的 DAC 寄存器的输出随输入而变化。此后，如 $\overline{\mathrm{WR2}}$ 或 $\overline{\mathrm{XFER}}$ 无效，则寄存器输出不再随输入变化。

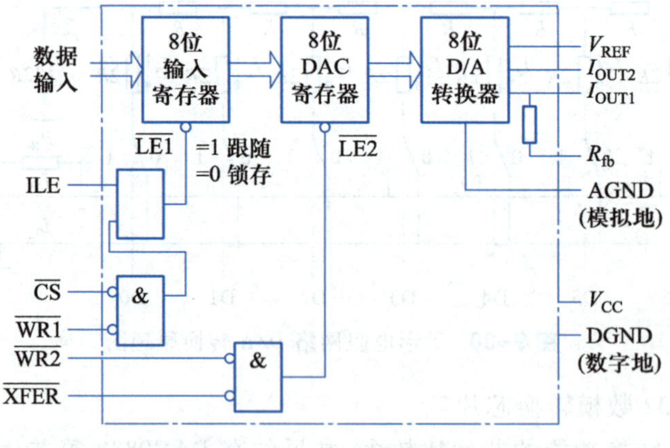

图 9-32　DAC0832 内部结构图

DAC0832 是电流型输出，应用时通常外接运算放大器，转换为电压输出。

3. DAC0832 应用电路

DAC0832 有 3 种不同的工作方式。

(1) 直通方式

直通方式的电路连接比较简单,不需要控制信号,只有数据信号,因此可采用非总线的端口直接扩展方式同单片机连接,如图 9-33 所示。当 ILE 接高电平,$\overline{CS}$、$\overline{WR1}$、$\overline{WR2}$和$\overline{XFER}$都接数字地时,即为直通方式,8 位输入数字量一旦送到 D7~D0 端,就立即传送到 8 位 D/A 转换器,并被转换成模拟量。例如,在实现波形发生器的应用时可采用该方式,把要产生相应波形的数据保存在 ROM 中,连续取出送到 DAC,转换成电压信号。

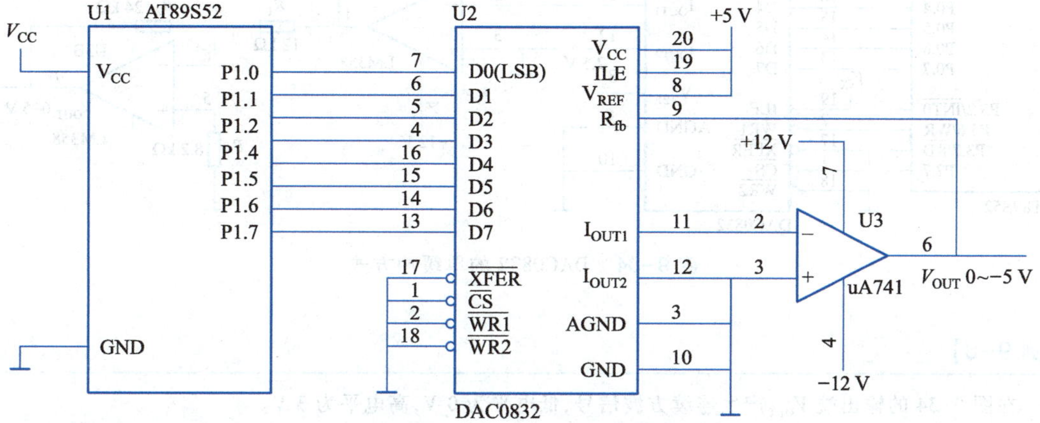

图 9-33 DAC0832 的直通方式

【例 9-7】

在图 9-33 的输出端 V_{OUT}产生 1.25 V 的电压输出。

解:因为

$$V_{OUT}=-(D/255)\times V_{REF}$$

而 $V_{REF}=5$ V,且$\overline{XFER}$、$\overline{CS}$和$\overline{WR}$信号连接为常有效,因此使 D=64 即可输出要求的电压。

汇编程序	C 语言程序

ORG 00H
MOV P1,#64
SJMP $
END
	#include <reg51.h>
	void main(void)
	{
	P1 = 64;
	while(1);
	}

(2) 单缓冲方式

只要把两个寄存器中的任何一个接成直通方式,而使用另一个锁存数据,即为单缓冲方式,也可将两级寄存器的控制信号短接,输入数据在控制信号作用下直接送到控制寄存器。由于使用了控制信号,因此采用三总线方式与单片机连接比较方便，如图 9-34 所示。图中，$\overline{XFER}$和$\overline{WR2}$接地，常有效，$\overline{WR1}$连接到单片机的$\overline{WR}$信号，ILE 接高电平，$\overline{CS}$连接到单片机的地址信号 P2.7，这样当单片机执行对 DAC 的“写”操作时，输入寄存器被选中，而 DAC 寄存器常有效，则数据写入 DAC 寄存器，并进行 D/A 转换，输出模拟结果。

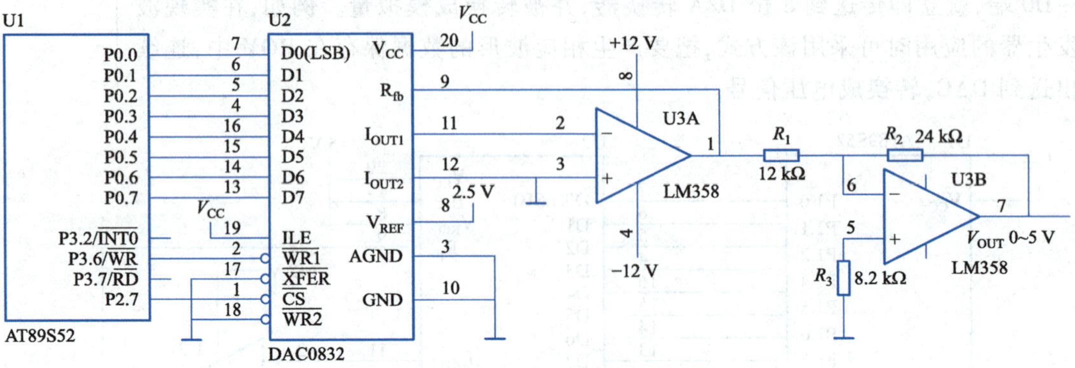

图 9-34　DAC0832 的单缓冲方式

【例 9-8】

在图 9-34 的输出端 V_{OUT}产生连续方波信号，低电平为 0 V，高电平为 3 V。

解： 产生连续方波只需要输出一个低电平电压，持续一段时间，再输出高电平电压，持续一段时间，如此循环即可。由于 V_{REF} = 2.5 V，而反相比例放大器的反馈电阻 R_2 电阻值是 R_1 的两倍，可知

视频 9-2：例 9-8 程序设计分析及运行演示

$$V_{OUT}=(D/255)\times V_{REF}\times 2=(D/255)\times 5\ \text{V}$$

当 D=154 便可输出要求的高电平电压 3 V；D=0 可输出 0 V。对 DAC0832 的“写”操作要求片选$\overline{CS}$有效，即 P2.7 为低电平，“写”地址可选择为 7000H。程序结构为循环结构，高电平和低电平持续的时间可根据振荡电路时钟和要求的方波信号周期决定。

汇编程序	C 语言程序
`ORG 0000H`	`#include <absacc.h>`
`MOV DPTR,#7000H`	`#define dac 0x7000`
`LOOP: MOV A,#154`	`void dac_delay(){ ; }`
`MOVX @DPTR,A ;送高电平`	`void main(void)`
`NOP ;延时`	`{`
`NOP`	`while(1){`
`CLR A`	`XBYTE[dac] = 154;`
`MOVX @DPTR,A ;送低电平`	`dac_delay();`
`NOP`	`XBYTE[dac] = 0;`
`NOP`	`dac_delay();`
`SJMP LOOP ;循环`	`}`
`END`	`}`

(3) 双缓冲方式

如果需要先锁存转换数据，然后在某时刻启动 D/A 转换，便可采用双缓冲方式。方法是先选中$\overline{\text{CS}}$端口，写入转换数据，之后再选中$\overline{\text{XFER}}$端口，则输入寄存器的内容被送到 DAC 寄存器并完成 D/A 转换。另外，有多个 D/A 转换输出，需要同时启动 D/A 转换时，也可采用双缓冲方式，同时得到转换结果。

4. TLC5615 数模转换芯片

TLC5615 是带串行接口的数模转换器，同单片机的连接简单，占用引脚数量少，便于印制电路板的布线和减小板卡的面积。该芯片输入为 10 位数据，输出为电压型，引脚排列如图 9-35 所示，输出范围是 2 倍的输入基准电压。

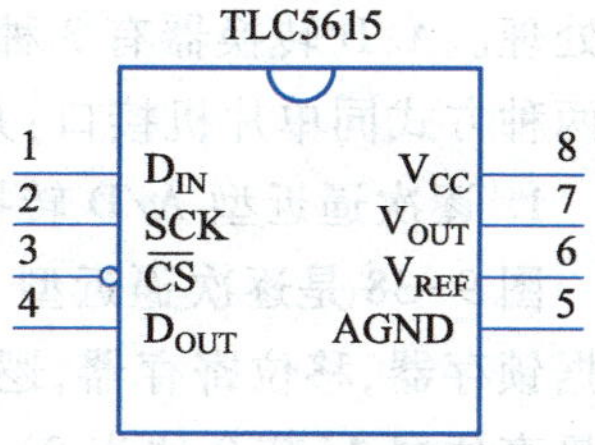

图 9-35 TLC5615 的引脚排列图

同 TLC5615 连接的单片机引脚比较灵活，图 9-36是利用单片机 P1 口部分引脚连接的例子，图中 $V_{REF}=2.5$ V，因此

$$V_{OUT}=(D/1\ 023)\times 2V_{REF}=(D/1\ 023)\times 5\text{ V}$$

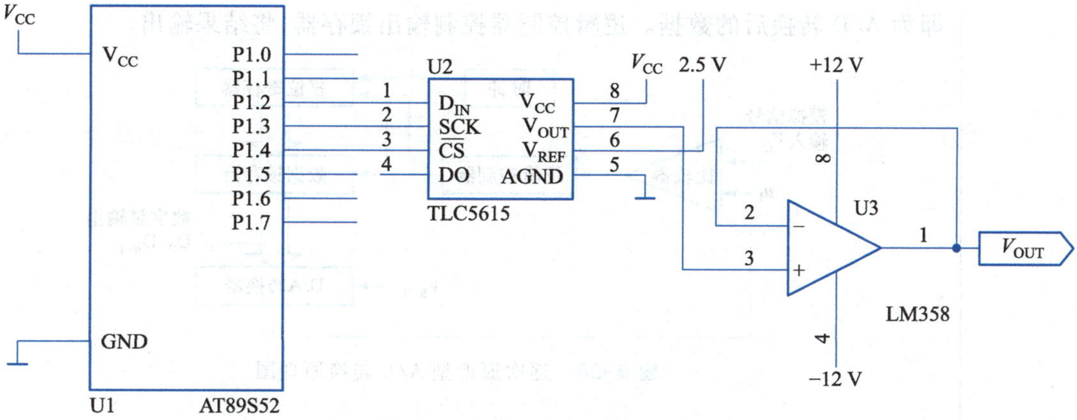

图 9-36 单片机 P1 口扩展 D/A 功能

D 是输入到 TLC5615 的 10 位二进制数据，得到输出 V_{OUT} 为 0~5 V。

单片机与 TLC5615 的数据传送按照 SPI 规范进行，时序如图 9-37 所示。由于 AT89S52 单片机不支持 SPI 传送的功能，编程时需要进行软件模拟，具体方法

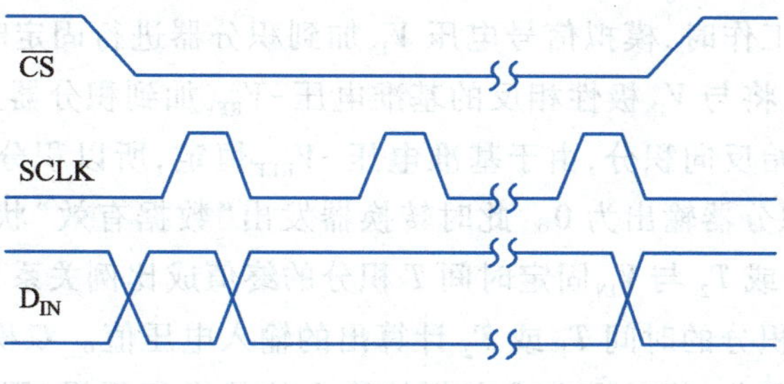

图 9-37 单片机传送串行数据到 TLC5615 的时序

可参考 SPI 的说明。

9.7.2 模数转换接口

在单片机系统中，模数转换 ADC 用于将外部模拟信息转换为数字量供单片机处理。A/D 转换器有 3 种类型被广泛应用：逐次逼近型、双积分型和 V/F 转换，有两种方式同单片机接口：并行和串行。

1. 逐次逼近型 A/D 转换器

图 9-38 是逐次逼近型 A/D 转换原理图，包括 D/A 转换器，电压比较器，输出数据锁存器，移位寄存器，逻辑控制器等部分。工作时，转换器首先将输出锁存器的最高位置 **1**（其余位为 **0**），该数据经过 D/A 转换器后，转换为模拟信号输出即电压 u_I，u_I 和输入电压 V_{IN} 进行比较，若 U_I 小于 V_{IN} 则输出锁存器的最高位保持为 **1**，反之则将锁存器的最高位设置为 **0**，确定并保持最高位状态。第二步把次高位置 **1**，依上法确定其状态。从高位到低位逐次 N 位比较（N 为 A/D 位数），使 u_I 逼近输入信号 V_{IN}，直到确定输出锁存器的最后一位。这时 D/A 转换器的输入数据即为 A/D 转换后的数据。逻辑控制器控制输出锁存器，将结果输出。

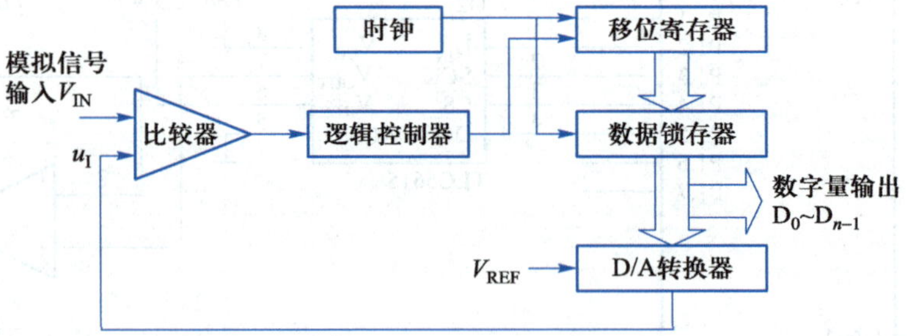

图 9-38 逐次逼近型 A/D 转换原理图

逐次逼近型 A/D 转换器的特点是转换速度比较快，价格适中，精度较高，因此在单片机系统中被广泛应用，如 ADC0804 等。

2. 双积分 A/D 转换器

双积分 A/D 转换器的工作原理如图 9-39 所示，它由电子开关、积分器、比较器、逻辑控制器和计数器等部件构成。所谓的双积分就是进行一次 A/D 转换需要进行两次积分。工作时，模拟信号电压 V_{IN} 加到积分器进行固定时间 T 的积分，接着切换电子开关，将与 V_{IN} 极性相反的基准电压 $-V_{REF}$ 加到积分器上，积分电路从刚才积分的终值开始反向积分，由于基准电压 $-V_{REF}$ 恒定，所以积分输出将以恒定的速度下降，直到积分器输出为 0。此时转换器发出“数据有效”状态，将数据输出。反向积分时间 T_1 或 T_2 与 V_{IN} 固定时间 T 积分的终值成比例关系，A/D 结果数据就是通过测量反向积分的时间 T_1 或 T_2 计算出的输入电压值。双积分转换过程是对输入信号的不断积分，能对噪声或变化的输入信号进行平滑，因此双积分型 A/D

转换器具有精度高，抗干扰性强，价格便宜等特点，只是转换速度较慢（每秒 10 次左右），是一种中速 A/D，常用于测量仪器等场合，其典型的器件有 MC14433（3 位半）和 ICL7135（4 位半）等。

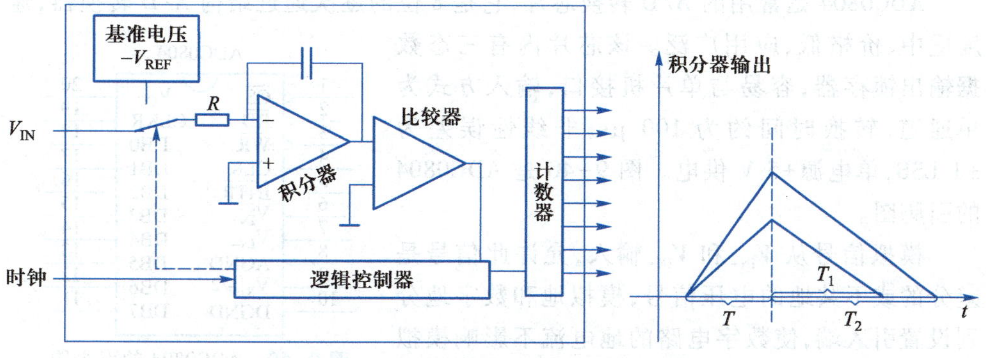

图 9-39 双积分 A/D 转换器的工作原理

3. 电压频率（V/F）型 A/D 转换器

V/F 转换的方法是把模拟电压转换为频率信号，可以理解为一个压控振荡器。使用 V/F 型 A/D 转换器具有良好的精度、线性和积分输入特性，常能提供其他类型转换器无法提供的性能。采用 V/F 转换器更容易与计算机接口。

（1）接口简单、占用计算机资源少。一路模拟信号只需要占用一个输入 I/O 接口。

（2）频率输入信号灵活。输入到单片机 I/O 接口线的信号可作为中断源或计数源等。

（3）抗干扰性能好。频率测量本身是一个计数过程，V/F 转换过程是对输入信号的不断积分，因而能对噪声或变化的输入信号进行平滑。另外，V/F 转换与计算机的接口很容易采用光电隔离。

（4）便于远距离传输。例如，把频率信号调制在射频信号上，进行无线传播，可实现遥控，也可调制成光脉冲，用光纤传送，不受电磁干扰。

由于 V/F 转换器具有上述优点，因此得到较好的应用，LM331 是其常用的器件，但 V/F 型 A/D 转换器也有严重的缺点，即转换速度慢，数据定标处理麻烦。

4. A/D 转换器的主要性能指标

转换时间和转换分辨率是 A/D 转换器的两个主要性能指标。转换时间是 A/D转换器完成一次转换所需的时间，反映器件工作的速度，一般逐次逼近型A/D器件的转换时间是微秒级的，而双积分型 A/D 的转换时间是几百毫秒，V/F 转换时间根据精度要求决定，个别情况下达到秒级。分辨率是指器件的最小量化单位，分辨率越高，转换时对输入量微小变化的反映越灵敏，这和器件的位数有关，位数越多则分辨率越高。如 4 位半分辨率的满刻度为 19 999，其分辨率为

$$1/19\ 999\times100\%=0.005\%$$

A/D 的其他指标还包括工作温度范围、精度、输入量程等，在实际应用中可根

据要求，结合上面的性能指标及价格选择相应的A/D器件。

5. 单片机扩展A/D接口

(1) ADC0804简介及应用

ADC0804是常用的A/D转换芯片，它是8位的逐次逼近结构A/D转换器，速度适中、价格低、应用广泛。该芯片内有三态数据输出锁存器，容易与单片机接口，输入方式为单通道，转换时间约为100 μs，非线性误差为±1 LSB，单电源+5 V供电。图9-40是ADC0804的引脚图。

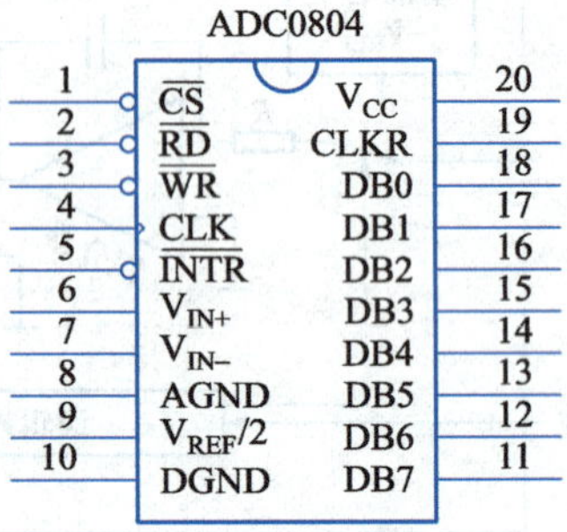

图9-40 ADC0804的引脚图

模拟信号从V_{IN+}和V_{IN-}输入，允许此信号是差分的或不共地的电压信号，模拟地和数字地分别设置引入端，使数字电路的地电流不影响模拟信号回路，以防止寄生耦合造成的干扰。参考电压$V_{REF}/2$可以由外部电路供给，从$V_{REF}/2$端送入，它决定输入到芯片的电压(V_{IN})范围。当V_{CC}电源准确、稳定时，也可作参考基准。此时，由ADC0804片内设置的分压电路可自行提供$V_{REF}/2$参考电压(当$V_{CC}=5$ V时为2.5 V)，$V_{REF}/2$端不必外接电源，悬空即可。

ADC0804片内有时钟电路，只要在外部CLKR和CLK两端外接一对电阻电容即可产生A/D转换所需要的时钟，其振荡频率为$f_{CLK}\approx 1/1.1RC$，其典型应用参数为$R=10$ kΩ，$C=150$ pF，$f_{CLK}\approx 640$ kHz，每秒钟可转换1万次(8位逐次比较需要$8\times8=64$个时钟周期)。若采用外部时钟，则外部f_{CLK}可从CLK端送入，此时不接R和C。

$\overline{CS}$是片选端，$\overline{WR}$是控制芯片启动的输入端，$\overline{INTR}$是转换结束指示信号(输出)，输出电平由高到低表示本次转换已经完成，可作为中断或查询信号。如果$\overline{CS}$和$\overline{WR}$端与$\overline{INTR}$端相连，则ADC0804就处于自动循环转换状态。

$\overline{RD}$为转换结果读出控制端，当它与$\overline{CS}$同时为低电平时，输出数据锁存器DB0~DB7各端口上出现8位并行二进制数码，表示A/D结果。

ADC0804由于具有三态输出锁存器，可直接驱动数据总线，故ADC0804与AT89S52单片机的连接电路十分简单，如图9-41所示，这里仍然采用三总线方式扩展连接。当$\overline{CS}$与$\overline{WR}$同时有效时启动A/D转换，转换结束时产生$\overline{INTR}$信号，可供单片机查询或申请中断。在$\overline{CS}$和$\overline{RD}$共同控制下可以读取转换结果数据。在A/D转换过程中，如果再次启动转换器，则终止正在进行的转换，进入新的转换，在新的转换过程中，数据寄存器中仍保持上一次完成的转换结果。

ADC0804提供两个信号输入端V_{IN+}和V_{IN-}，如果输入电压V_{IN}的变化范围从0 V到V_{max}，则芯片的V_{IN-}端接地，输入电压加到V_{IN+}端。对于差分输入，输入电压可以从非零开始，即V_{min}到V_{max}，此时V_{IN-}端应接至等于V_{min}的恒定电压上，而输入电压V_{IN}仍加到V_{IN+}端上。ADC0804转换器的零点无需调整，而输入电压的范围可以通过调整$V_{REF}/2$端处的电压加以改变，即$V_{REF}/2$端电压应为输入电压的1/2。

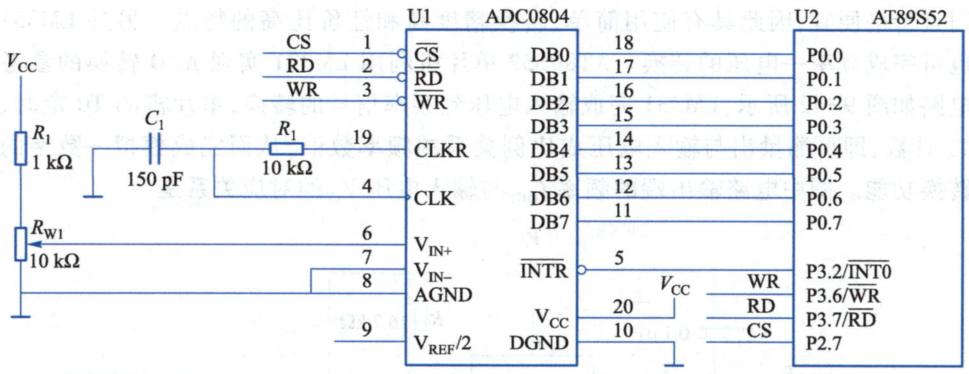

图 9-41 单片机与 ADC0804 的连接电路

例如，输入电压范围是 0～2 V，则在 $V_{REF}/2$ 端应加 1 V，但当输入电压为 0～+5 V 时，$V_{REF}/2$ 端无需外加任何电压，而由内部电源分压得到。

【例 9-9】

编程读取图 9-41 的输入电压值。

解： 读取 A/D 转换结果的方法是：先启动 A/D 转换（$\overline{CS}$和$\overline{WR}$有效），再等待转换完成（$\overline{INTR}$低有效）后读取结果（$\overline{CS}$和$\overline{RD}$有效）。由于图中片选信号$\overline{CS}$同 P2.7 连接，因此要求操作时 P2.7 为低电平，地址可取为 7FFFH。汇编程序把结果读到 A，C 程序读到变量 adata，但读取的结果并不是电压值 V_{IN}，而是电压对应的数值 D。由于 $V_{REF}/2$ 引脚悬空，因此可知对应关系是 $V_{IN}=(D/255)\times 5$ V

视频 9-3：例 9-9 程序设计分析及运行演示

汇编程序	C 语言程序

ORG 0000H
MOV DPTR,#7FFFH
MOVX @DPTR,A ;启动
WAIT:JB P3.2,WAIT ;等待
MOVX A,@DPTR ;读取
SJMP $
END
	#include <reg51.h>
	#include <absacc.h>
	#define adc 0x7fff
	unsigned char adata;
	sbit adint=P3^2;
	void main(void){
	adint = 1;
	XBYTE[adc] = 0xff;
	while(adint);
	adata = XBYTE[adc];
	while(1);
	}

（2）LM331 简介

LM331 是电压—频率转换器，通过测量频率值得到与电压对应的数字量，从而实现模拟—数字的转换功能。由于 LM331 线性度高、温度漂移低、动态范围大而且价格便宜，因此具有使用简单、转换精度高和性价比高的特点。另外 LM331 也可完成频率—电压的转换。AT89S52 单片机利用 LM331 实现 A/D 转换的参考电路如图 9-42 所示，LM331 完成输入电压到频率信号的转换，单片机的 T0 定时、T1 计数，即可测量出与输入电压成比例关系的频率数值，从而完成模拟—数字的转换功能。图中电路输出端的频率 f_{OUT} 与输入电压 V_{IN} 的对应关系是

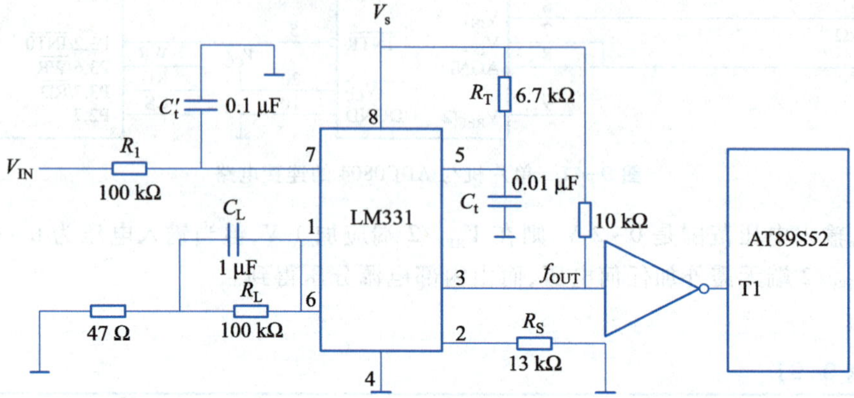

图 9-42 利用 LM331 实现 A/D 转换参考电路

$$f_{OUT}=(V_{IN}/2.09\ \text{V})(R_S/R_L)(1/(R_TC_t))$$

频率的单位是 Hz，电压的单位是 V，代入选择的电阻值和电容值，可得

$$f_{OUT}\approx 915V_{IN}$$

为了便于计算，一般选择元件参数（如 R_S）使得频率与电压成整数倍关系。

（3）TLC1549 简介

TLC1549 是带串行接口的 10 位逐次逼近式 A/D 转换器，具有分辨率高、易于印制板布线、节省板卡面积和转换速度快等特点，得到了比较广泛的应用。图 9-43 是单片机利用 TLC1549 实现 A/D 转换的电路示意图，单片机的引脚可灵活选择，图中用到了 P1.4～P1.6。TLC1549 允许的模拟输入 V_{IN} 电压范围由两个基准电压 REF+和 REF-决定，图 9-43 中为 $0\sim V_{REF}$，即 0 ～2.5 V，实际的输入电压由两个分压电阻的阻值决定，由图可知其值小于 2.5 V。输出结果 D 与输入电压 V_{IN} 的关系是

$$V_{IN}=(D/1\ 024)\times V_{REF}=(D/1\ 024)\times 2.5\ \text{V}$$

其他类型的 A/D 转换芯片以及同单片机的接口方法就不一一介绍了，可根据芯片的说明自行扩展。

至此，单片机系统的扩展知识已经介绍完毕。从文中的举例可以看出，程序存储器的读写操作方法和数据存储器的方法是不同的，这是因为它们有不同的控制信号，而其他功能芯片的操作方法与数据存储器的方法是相同的，它们共同占用数据存储器的地址空间。在采用三总线的方法扩展功能芯片时，有关的控制信号根据读写指令自动产生，不需要对相应的 I/O 接口进行置位或清 **0** 操作，而用接口直接扩展的方法进行扩展时，必须对相应的 I/O 接口进行置位或清 **0** 操作。

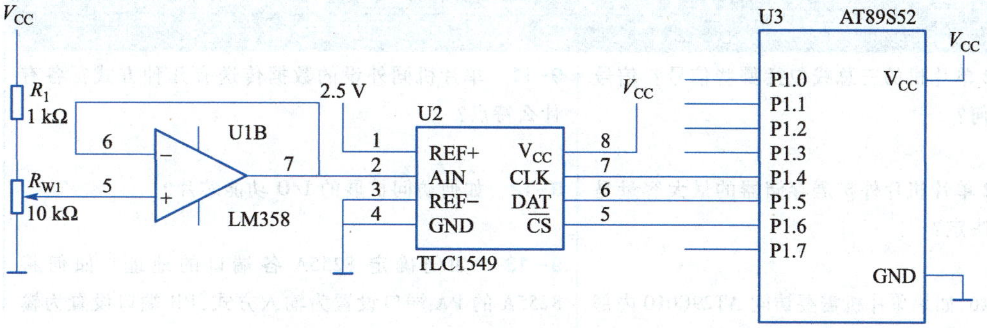

图 9-43 利用 TLC1549 实现 A/D 转换电路

前面对常用的各功能芯片扩展方法分别做了介绍，实际应用时可根据需要综合扩展某些芯片，即将有关的芯片一起连接到单片机，但要注意地址分配，使芯片的选择信号$\overline{CS}$分别有效，这样就不会引起数据总线冲突。在实际扩展时，除了掌握上面介绍的基本原理外，还需要考虑驱动能力和芯片的响应速度，即芯片间的时序配合问题，限于篇幅，这里就不详细说明了。

目标测评 6

T9-14 如何在输出端产生变化的电压输出，从而得到要求的电压波形？

T9-15 如果不用 DAC 转换芯片，AT89S52 单片机能否输出方波信号？与本书所讲例题有何区别？

T9-16 说明操作 ADC0804 的步骤。

本章小结

本章重点介绍了扩展单片机系统功能的三总线原理以及具体功能芯片的实用电路，如程序存储器、数据存储器、I/O 接口、A/D 转换和 D/A 转换芯片，还包括编写程序操作外围器件的方法和例子。本章还介绍了非总线扩展法，即端口直接扩展法，学习时要注意同三总线扩展法的区别。本章的内容比较多，需要分类归纳，比如两种扩展的方法的比较，重点是学习三总线扩展方法；再比如不同的外围器件，重点是区分程序存储器和数据存储器，它们有共同的地址以及不同的控制信号和不同的汇编指令。其他器件占用数据存储器的地址和操作方法与扩展数据存储器的方法相同。使用 8255A 时，要先对其初始化，使用 A/D 转换器件时，要记住操作步骤，注意等待其转换完成。本章的总体要求是掌握硬件的连接和软件编程方法。

习题

9-1 AT89S52 单片机的三总线包括哪些信号？信号传送的方向如何？

9-2 AT89S52 单片机片外扩展存储器的最大容量是多少？由什么决定？

9-3 如图 9-16，如果单片机需要访问 AT29C010 内部超过 64 KB 的存储单元，如何修改电路？单片机能否正常工作？

9-4 用总线方式扩展单片机系统时，P0 口发送低 8 位地址信号，并进行数据信号操作，单片机提供什么信号来区分地址和数据信号？

9-5 单片机操作扩展程序存储器和数据存储器的编程方法是否相同？为什么？

9-6 在读、写扩展数据存储器时，应使$\overline{RD}$和$\overline{WR}$信号为低有效，是否需要用清除置低（CLR）的操作方式将相应位设置为低电平？

9-7 如何对扩展的数据存储器某确定地址单元进行读写操作？

9-8 若 4 KB 存储器的首地址为 1000H，则末地址为多少？

9-9 从 800H～BFFH 的存储器容量为多少？

9-10 在图 9-14 中，如果两片存储器的片选信号分别连接到译码芯片的 Y6 和 Y7 引脚，那它们的编址是多少？

9-11 单片机同外设的数据传送有几种方式？各有什么特点？

9-12 如何访问扩展的 I/O 功能芯片？

9-13 如何确定 8255A 各端口的地址？如何将 8255A 的 PA 端口设置为输入方式，PB 端口设置为输出方式？

9-14 说明 D/A 转换的方法和常用芯片。

9-15 DAC0832 有几种工作方式？分别适用于什么场合？

9-16 如图 9-34 所示，编写程序使图中输出端产生 0～4 V 的三角波。

习题详解：[题 9-16]解答

9-17 常用的 A/D 转换方法有哪些？各有什么特点？

9-18 说明常用的 A/D 转换芯片。

9-19 A/D 转换器 ADC0804 启动后，什么时候可以读取转换结果？

9-20 参考图 9-41，编写程序完成如下任务：如果测量的电压小于 3 V，则继续循环测量，否则停止测量，结束任务。

习题详解：[题 9-20]解答

第十章　8086 CPU 原理与 PC 体系结构

本章目标

通过对本章的学习，读者可以具备下述能力：

1. 熟练掌握 8086 的 CPU 结构和分段式存储器管理方式，拓展现代微处理器中关于指令流水线概念和工作原理方面的知识。

2. 了解 x86 IA-32 结构微处理器段页式存储器管理方式。理解现代微处理器中 Cache 虚拟存储器的管理方式。

3. 熟练掌握 8086 构成的 PC 系统中关于中断、DMA、定时器扩展的基础知识，拓展 x86 IA-32 结构微处理器中断与异常管理方式的改进。

4. 掌握现代 PC 总线的基本概念，了解 PCI 总线和 USB 总线的基本概念和工作原理。

引言

1981 年，IBM 公司推出了一款基于 Intel 8088 处理器的 personal computer（PC），这是一件具有划时代意义的大事件。在 IBM-PC 之前，计算机是盘踞于科学殿堂、远离普通大众的神秘之物，随着 IBM-PC 的出现，计算机开始走向办公室、家庭、个人，成为普通的消费品。近 40 年来，PC 的发展经历了 8088/8086、80286、80386、80486、Pentium、Pentium Pro、Pentium Ⅱ、Pentium Ⅲ、Pentium Ⅳ、Pentium D、Core 双核/四核/六核等时代，数据字长从早期的 16 位到现在的 64 位，生产工艺从 3 微米到现在的数十纳米，主频从 5 MHz 到今天的 3 GHz 以上，体系结构从简单到复杂，操作系统从早期的 DOS 到今天的 Windows 10，PC 取得了长足的进步。

本章首先以 8086 处理器为例，描述了 CPU 的结构、寄存器的组成和段式存储器的管理体制，简单介绍了 PC 机存储器的体系结构、Cache 工作原理、虚拟存储器体制、常用外存储器等，接着描述了 8086 的中断与 DMA 扩展原理等，最后在简要叙述 PC 体系结构中总线的基本概念的基础上，描述了现代 PC 总线中常用的 PCI 总线和 USB 总线的特点。

10.1 8086 的 CPU

10.1.1 CPU 的结构

电子教案 10-1:8086CPU 原理与 PC 体系结构

8086 的 CPU 是 Intel 公司早期的 16 位结构的微处理器,包括 16 位宽的算术逻辑单元(ALU)、16 位内部寄存器组、16 位数据总线、20 位地址总线,提供1 MB 存储单元的寻址能力。

8086 的 CPU 按照功能结构分成总线接口单元 BIU(bus interface unit)和执行单元 EU(execution unit)两个部分,如图 10-1 所示。BIU 负责 8086CPU 与存储器及 I/O 接口之间的信息传送(取指、读写操作数等),EU 负责指令的执行:BIU 从内存中取出指令送到指令队列等待执行,EU 执行指令时,所需的操作数也由 BIU 总线接口部分从指定的内存单元或外设端口取来传送给 EU 进行操作,反过来,EU 的操作结果也通过 BIU 传送到指定的内存单元或外设端口中去。

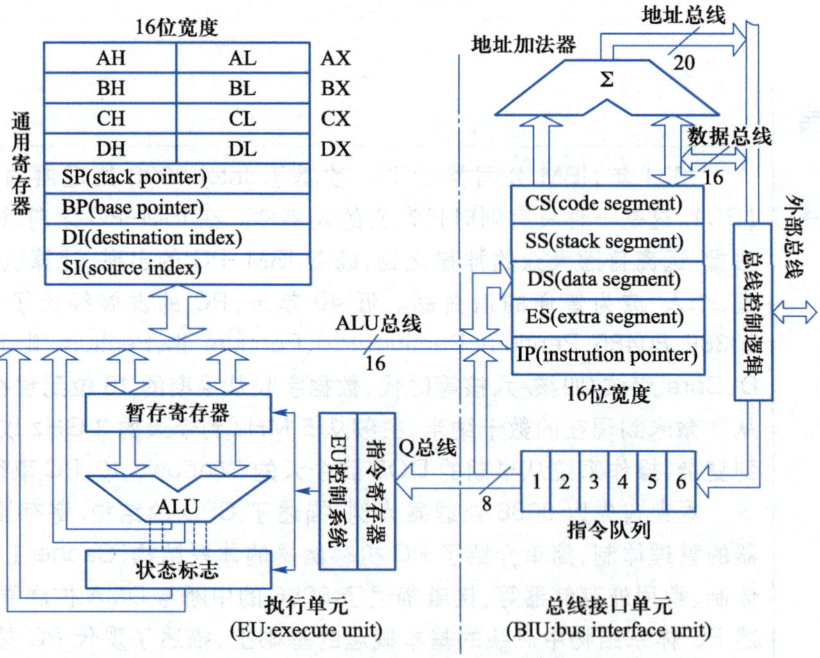

图 10-1 8086CPU 结构图

BIU 由 4 个部分组成:4 个段寄存器,指令指针寄存器 IP,20 位的地址加法器及 6 个字节的指令队列。地址加法器的作用是产生 20 位地址。8086 的指令队列为 6 个字节,在执行指令的同时,从内存中取出下面一条或几条指令,取来的指令依次放在指令队列中，按顺序放，并按顺序到 EU 中去执行。

EU 部件包括 4 个数据寄存器，2 个指针寄存器，2 个变址寄存器，1 个状态标志寄存器和一个算术逻辑单元。EU 每执行一条指令就造成指令队列部分空出，BIU 马上从内存中取出下面一条或几条指令，以填满指令队列。

8086CPU 功能结构的划分方法为指令流水线技术的应用提供了物理基础。假设指令取指、译码执行、取操作数等动作的时间是相等的，早期的微处理器取指令与指令译码执行在时间上是依次进行的，如图 10-2 所示，CPU 执行完一条指令后，必须等待下一条指令的取指。

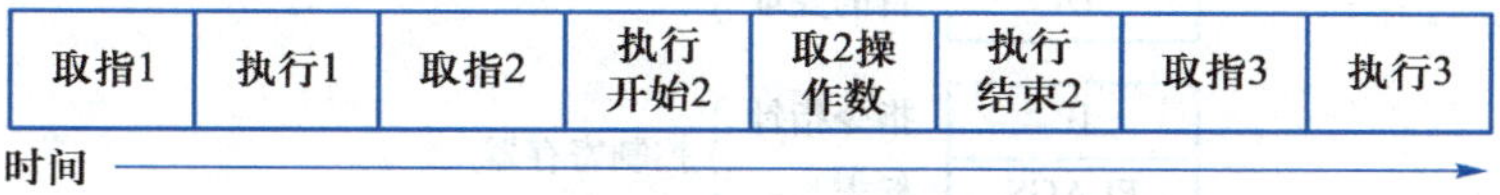

图 10-2 早期的微处理器指令执行过程

如图 10-3 所示，8086 中 BIU 负责取指，EU 负责执行指令。由于这是两个不同的部件，因此取指与执行两个动作可以并行运行，单位时间内运行指令数目增加了，提高了 CPU 的运行效率。可以看出同样的时间长度内，非流水线结构的处理器仅执行了 3 条指令，而采用了流水线技术的 8086 执行了 5 条指令，这就是现代计算机指令流水线技术的雏形。图 10-3 所示是一种理想情况，实际执行时，在许多情况下上述过程将被打断。例如，如果指令 3 是程序转移指令，将控制程序转移到指令 100，那么指令队列中预取的指令 4、5、6、7 将被清空，取指部件将重新开始取指令 100，这就是流水线冲突，它将使流水线失效。由于程序结构（分支、循环、中断等）的原因，流水线冲突是不可避免的，现代 PC 中采用分支预测技术可以尽量避免流水线冲突。

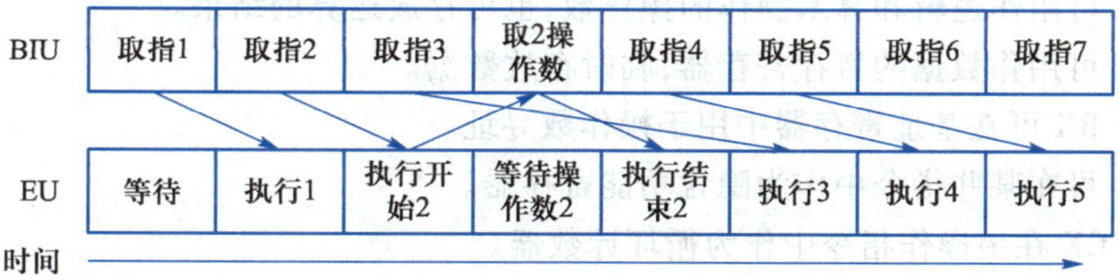

图 10-3 8086 指令的执行过程

思考 1：如果“指令 2”执行的最后结果要通过 BIU 回写到存储单元（回写时间为 1 个时间单位），那么图 10-3 将有何变化？

10.1.2 寄存器的结构

8086CPU 内部有 14 个 16 位寄存器，分为通用寄存器、控制寄存器和段寄存器 3 类，它们用于累加器、CPU 状态存储、数据暂存、指令寻址和操作数寻址等功能，如图 10-4 所示。

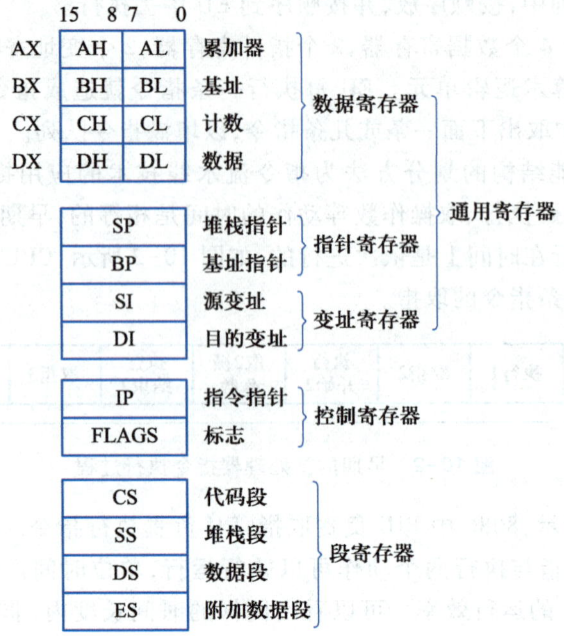

图 10-4 8086CPU 内部寄存器的结构

1. 通用寄存器

(1) 4 个 16 位数据寄存器(AX、BX、CX、DX)的作用

① AX 可作为累加器使用,是算术运算的主要寄存器。AX 还用在字乘和字除法中。此外,所有的 I/O 指令都是以 AX 为中心与外部设备进行信息传送。

② 可拆分成 8 个 8 位寄存器 AH、AL、BH、BL、CH、CL、DH、DL。

③ 可用作逻辑和算术操作的操作数,也可存放运算的结果。

④ 可用作数据的暂存寄存器,临时存放数据。

⑤ BX 可在基址寄存器中用于操作数寻址。

⑥ 可在某些指令中作为隐含功能寄存器。

a. CX 在串操作指令中作为循环计数器。

b. 在字乘法和字除法运算中,将 DX 和 AX 组合成一个双字节长数,DX 用来存放高 16 位数。

c. 在间接的 I/O 指令中,DX 用来指定 I/O 接口地址。

(2) 指针寄存器(SP、BP)

① SP(堆栈指针)用于在堆栈操作时存放 16 位栈顶单元的偏移量。

② BP(基址指针)指向堆栈段内的某一存储单元(该单元的 16 位偏移量)。

③ BP 还可用作数据寄存器,存放参与运算的操作数和运算结果。

(3) 变址寄存器(SI、DI)

① 在多数指令中,可随意选择 SI 和 DI 作为源或目的变址寄存器。

② 在串操作指令中,SI 固定作为源变址指针,DI 作为目的变址指针。

③ SI 和 DI 还可用作数据寄存器，存放参与运算的操作数和运算结果。

2. 控制寄存器

(1) IP(instruction pointer)指令指针寄存器

这是一个 16 位寄存器，用来存放代码段中的偏移地址。在 8086 中，IP 确定下一条指令的地址，根据这一地址，控制器从指定的存储器中取出将要执行的指令并自动修改 IP 指向下一条要执行的指令。

(2) 标志寄存器 FLAGS

FLAGS 包含一组状态标志(CF、PF、AF、ZF、SF、OF)和一组控制标志(TF、IF、DF)，如表 10-1所示。

表 10-1 8086 的标志寄存器

15	14	13	12	11	10	9	8	7	6	5	4	3	2	1	0
				OF	DF	IF	TF	SF	ZF		AF		PF		CF
				溢出标志	方向标志	中断标志	单步标志	符号标志	零标志		辅助进位标志		奇偶标志		进位标志

① 控制标志

a. IF 为可屏蔽的外中断源的屏蔽位，**1** 为中断开放，**0** 为中断关闭。

b. DF 为串操作指令执行后，变址寄存器变化方向的控制位，**1** 为减量修改，**0** 为增量修改。

c. TF 为单步调试中断标志，**1** 为进入单步调试状态。

② 状态标志：反映了程序运行时 CPU 运算器的某些状态

a. CF 为算术运算的最高位进位或借位。

b. AF 为第 3 位序 D3 向第 4 位序 D4 的进位或借位。

c. OF 为带符号补码运算的溢出指示，**1** 为溢出，**0** 为未溢出。

d. ZF 为运算结果 0 标志，**1** 为运算结果为 0，**0** 为运算结果非 0。

e. SF 为运算结果的符号位，**1** 为负，**0** 为正。

f. PF 为运算结果低 8 位 **1** 的个数的奇偶性，**1** 为偶数，**0** 为奇数。

3. 段寄存器

8086 中一共有 4 个 16 位段地址寄存器。

(1) CS(code segment register)：代码段寄存器

CS 存放代码段的段地址。BIU 在取指操作时，CS 确定指令所在段的基地址，IP 确定指令所在的存储单元在段内的偏移地址。

(2) DS(data segment register)：数据段寄存器

DS 存放数据段的段地址。BIU 在访问操作数时，DS 确定操作数所在段的基地址，BX、SI、DI 或固定偏移量(OFFSET)确定操作数所在的存储单元在段内的偏移地址。

(3) SS(stack segment register):16 位堆栈段寄存器

SS 存放堆栈段的段地址,栈顶单元在段内的偏移地址由 SP 提供。

(4) ES(extra segment register):16 位附加段寄存器

ES 存放附加数据段的段地址。在执行串操作指令时,目的操作数所在段的基地址一般存放在 ES 段中。

8086 对存储器采用分段管理的体制,引入段寄存器是为了在访问存储单元时确定被访问单元所在段的基地址。

10.1.3 分段式存储器管理

1. 段的定义

8086 有 20 条地址总线,可寻址 $2^{20}=1$ MB 的地址空间(地址 00000H ~ 0FFFFFH),访问存储单元时,必须提供单元的 20 位物理地址。但 8086CPU 内部的运算能力是 16 位的,如何用 16 位的寄存器形成操作数 20 位的物理地址呢?

8086 把整个 1 MB 地址空间在逻辑上被划分成不同的 64 KB 的段,如图 10-5 所示。

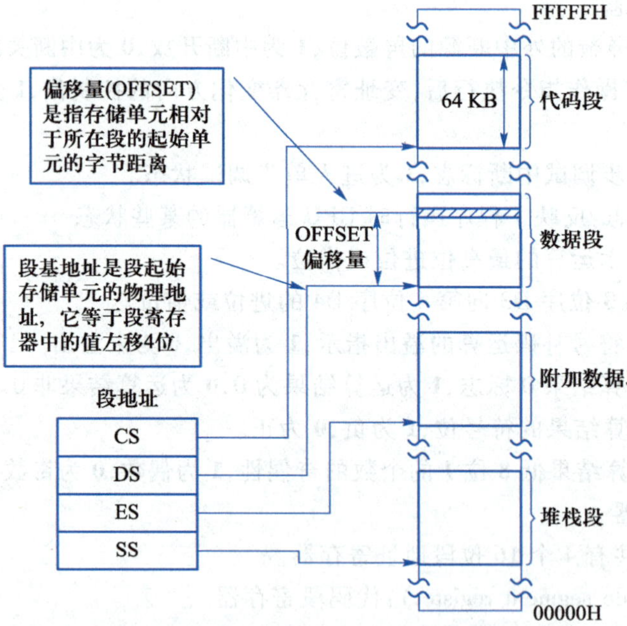

图 10-5 8086 的分段式存储器管理

这些逻辑上的段具有如下特点。

(1) 逻辑段的最大长度为 64 K 字节。

(2) 每个段有不同的属性,分别对应着 4 个不同段寄存器(CS:代码段,SS:堆栈段，DS：数据段，ES：附加数据段），段寄存器包含着段的起始单元的物理地址——段基地址的高 16 位，即段地址。

（3）如果要寻址一个存储器单元，对应的段寄存器中的基地址与 16 位偏移量构成存储单元的逻辑地址“段地址：偏移量”。

（4）在不改变段寄存器值的情况下，寻址的最大范围为 64 K，如果寻址的范围超过 64 K，则必须更改段寄存器内容（段地址）。

（5）8086 的数据总线 16 位宽，通用寄存器和段寄存器也是 16 位。因此，各种操作数寻址方式运算所得的段内偏移量是 16 位的。

（6）逻辑段可以相隔、相邻和重叠。

注意：逻辑段的起始单元的物理地址必须能够被 16 整除。

2. 存储单元的逻辑地址与物理地址

在分段管理体制下，程序中使用逻辑地址来表示存储单元的地址，它由段地址（段寄存器内容）和段内偏移值（有效地址 EA）组成，段地址与段内偏移值都为 16 位的二进制数，标准写法为：“段地址：偏移量”。

但是，CPU 访问存储单元器时实际使用的是物理地址，BIU 利用地址加法器对逻辑地址进行移位加法运算，形成访问存储单元所需的 20 位物理地址，如图 10-6 所示。

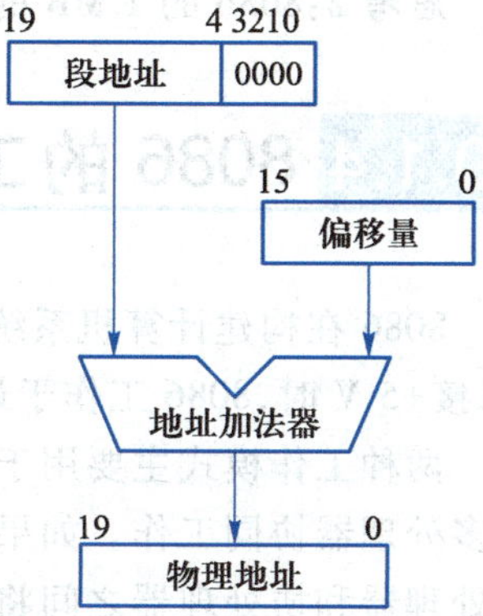

图 10-6 物理地址的形成

在 8086 中，两种地址的关系为

$$\text{物理地址} = \text{段地址} \times 16 + \text{偏移量}$$

或

$$\text{物理地址} = \text{段地址} \ll 4 + \text{偏移量}$$

【例 10-1】

逻辑地址“1200H：008FH”“1111H：1234H”对应的存储单元的物理地址是多少？

解：1200H：008FH 代表物理单元 1208FH

1111H：1234H 代表物理单元 12344H

如下逻辑地址单元为同一物理单元：

1000H：2345H

1234H：0005H

1200H：0345H

其物理地址为：12345H。

3. 段寄存器的自动选择

一个任务在不改变段寄存器值的情况下可操作 4 个不同属性的 64 K 段，即

CS:代码段,SS:堆栈段,DS:数据段,ES:附加数据段

每当需要产生一个 20 位物理地址的时候,一个段寄存器会被自动选择,其内容自动左移 4 位,加上 16 位偏移量,形成 20 位物理地址。

(1) 取指令时自动选择代码段寄存器 CS,加上指令指针寄存器 IP 中的 16 位偏移量,形成欲取指令的单元地址。

(2) 涉及堆栈操作时,自动选择堆栈段寄存器 SS,加上堆栈指针寄存器 SP 中的 16 位偏移量,形成栈顶单元的物理地址。

(3) 涉及一个存储器操作数时,会自动选择数据段寄存器 DS 或附加数据段寄存器 ES,加上 16 位偏移量,形成所要操作的存储单元的物理地址,16 位偏移量的来源取决于操作数的寻址方式。

思考 2:8086 的 1 MB 的物理存储器最大可以形成多少个逻辑段?

10.1.4 8086 的工作模式

8086 在构建计算机系统时,有最小模式和最大模式两种工作组态。引脚 MN/$\overline{\text{MX}}$接+5 V 时,8086 工作于最小组态;引脚 MN/$\overline{\text{MX}}$接地时,8086 工作于最大组态。

两种工作模式主要用于选择构成不同规模的计算机系统,即是单一处理器还是多处理器协同工作。如果一个计算机系统除了主处理器外还有其他协处理器,主处理器和协处理器之间将竞争对于总线的控制权,因此,总线的仲裁和控制电路将变得复杂。

在最小组态下,系统中只能有 8086 一个 CPU,而所有的总线控制信号都由 8086 直接产生,系统中的总线控制电路被减到最少。在最大组态下,系统中可以有两个以上的微处理器,其中有一个是主处理器 8086,其他的处理器称为协处理器,它们协助主处理器工作,系统中所有总线控制信号由 8288 总线控制器产生。在两种工作组态下,多数引脚功能相同,但部分引脚的功能却有较大差别。

目标测评 1

T10-1 8086CPU 的 EU 与 BIU 是如何协调工作的?

T10-2 指令流水线的工作原理是什么?它对微处理器的性能有何影响?

T10-3 在 IA-32 架构的 x86 微处理器中,超标量流水线是如何工作的?流水线冲突是怎么回事?如何有效减少流水线冲突?(课外拓展知识)

T10-4 8086 如何用 16 位的寄存器组去管理 1 MB 的存储器空间?访问存储单元的 20 位物理地址是如何形成的?

T10-5 8086 的段寄存器在存储器空间访问过程中起什么作用?处理器在访问过程中如何选择段寄存器?

T10-6 用 8086 构建 PC 系统时,最大组态和最小组态的本质区别是什么?

10.2 现代 PC 机的存储器体系结构

10.2.1 8086 的存储器系统

8086 是字长为 16 位的 CPU,系统设计时存储器访问的基本单元是字节,20 位地址总线提供 1 M 字节的访问能力。8086 对存储器单元的访问即可以按字节访问也可按字访问。访问一个 8 位的字节单元需要一个总线周期,这是容易理解的,问题是对于 16 位字单元的访问是用 2 个 8 位的总线周期完成,还是用 1 个 16 位的总线周期完成。显然,用 1 个 16 位的总线周期完成访问是我们期望的,它能够带来更快速的存储器访问。

为了兼容 8 位和 16 位的存储器访问,8086CPU 对存储器体系结构和访问控制信号进行了优化设计。如图 10-7 所示,8086 把 1 M 字节的存储器分为 2 个 512 KB 部分,即奇存储体和偶存储体。数据总线的低 8 位(D7~D0)与偶存储体的 8 位数据线连接,高 8 位(D15~D8)与奇存储体的 8 位数据线连接,地址总线的高 19 位(A19~A1)连接至奇偶存储体的地址线(A18~A0),$\overline{BHE}$连接至奇存储体的片选使能端,地址总线 A0 连接至偶存储体的片选使能端,通过$\overline{BHE}$和地址总线 A0 分别对字节或字操作加以选择,如表 10-2 所示。

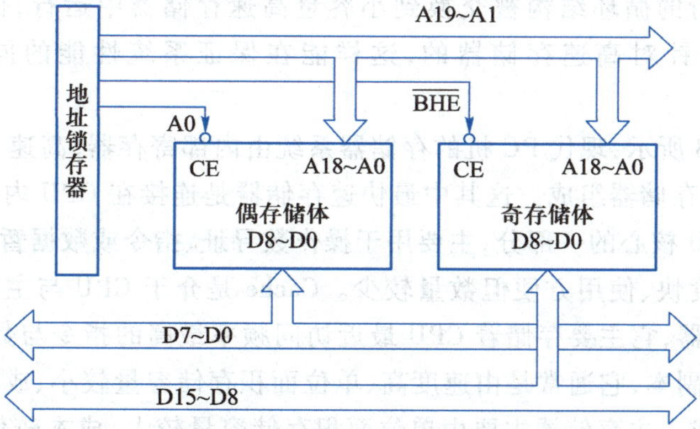

图 10-7 8086 的奇偶存储体

由表 10-2 可以看出,字节操作能够保证在单一的总线周期完成,对基于偶地址边界上的字操作也能保证在单一的总线周期完成,但奇地址开始的字操作必须用 2 个总线周期完成,存储器访问效率降低,程序设计过程中应尽量避免这种情况的出现。

表 10-2 8086 的存储器总线周期

$\overline{BHE}$	A0	完成的操作	所用总线
0	0	从偶地址单元/端口,读/写一个字(单总线周期)	AD15~AD0
1	0	从偶地址单元/端口,读/写一个字节(单总线周期)	AD7~AD0
0	1	从奇地址单元/端口,读/写一个字节(单总线周期)	AD15~AD8
从奇地址单元/端口,读/写一个字时的操作(双总线周期)			
0	1	在第一个总线周期,将低 8 位数据送 AD15~AD8	AD15~AD8
1	0	在第二个总线周期,将高 8 位数据送 AD7~AD0	AD7~AD0

10.2.2 现代 PC 机的存储器系统

存储器是计算机信息的载体,是计算机的重要组成部分,其容量越大、速度越快,计算机系统的功能就越强。但容量大和速度快往往意味着计算机成本的提高,这可能阻碍计算机的推广普及。

熟悉程序设计的人都知道,循环体是计算机程序的主要结构,这意味着计算机程序在执行过程中,大多数的时间是处于一个个循环体中,访问代码或数据的范围是有限的。现代计算机在构建存储系统时,往往采用层次结构,用小容量的高速存储器搭配大容量的低速存储器,程序主题驻留于大容量低速存储器中,需要运行的循环结构被交换到小容量高速存储器中运行,保证大多数的存储器访问是针对高速存储器的,这样能在保证系统性能的同时降低系统造价。

如图 10-8 所示,现代 PC 机的存储器系统由内部寄存器、高速 Cache、主存储器(内存)和外存储器组成。这其中最快速存储器是连接在 CPU 内部总线上的寄存器,它是 CPU 核心的一部分,主要用于操作数寻址、指令或数据暂存和计算结果存储等,它速度快、使用方便但数量较少。Cache 是介于 CPU 与主存储器之间的高速缓冲存储器,它主要存储着 CPU 最近访问频率最高的指令与数据,是主存储器部分内容的副本,它通常是由速度高、单位面积存储容量较小、成本较高的同步静态 RAM 组成。主存储器主要由单位面积存储容量较大、成本较低的动态 RAM 组成,是存储指令与数据的存储主体。外存储器是由磁性介质、光反射介质或低速非易失性半导体等组成的外部存储设备,主要以稳健的形式存储程序或数据,也可以在系统支持下用部分存储体虚拟主存储器以扩大主存储器容量。此类存储设备容量大、速度较慢、成本低廉,多为永久性存储器,如磁带、硬盘、光盘、U 盘等。

在上述的存储系统结构中,高速 Cache 的地位非常特殊。程序在运行时,主体存储在主存储器中,但对 CPU 运行效率影响最大的却是 Cache。CPU 访问指令

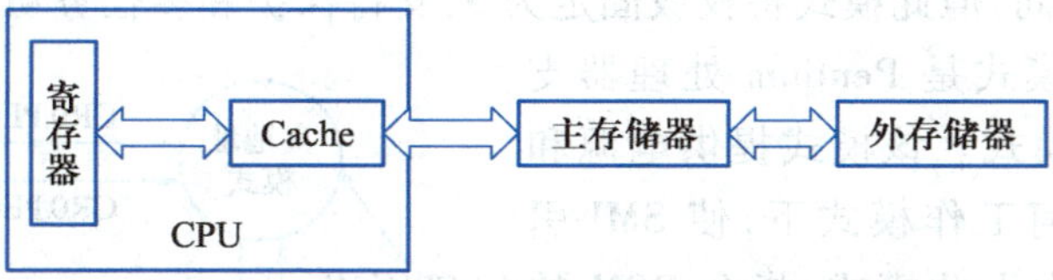

图 10-8 现代 PC 机的存储器系统

或数据时，首先访问 Cache，如果所访问的指令或数据在 Cache 中，称为“Cache 命中”。此时，CPU 能够快速地得到所存取的指令或数据。如果所访问的指令或数据不在 Cache 中，则 CPU 发出主存储器访问周期，从主存储器中访问指令或数据，同时以一定的策略更新 Cache 中的内容。

假设，CPU 在某段时间内访问 Cache 命中的次数为 M，未命中后访问主存储器的次数为 N，则 Cache 的命中率为

$$\frac{M}{M+N}\times 100\%$$

如上所述，CPU 在多数时间内运行于循环体中，访问的指令或数据集中于循环体内部，数量有限，一定容量的 Cache 可以保证在循环体访问一次后涉及的指令与数据均被交换至 Cache 中。这样，在以后的循环次数中，Cache 的命中率大大提高，CPU 执行效率将最大化。统计表明，32 KB 容量的 Cache 可以达到 85%以上的命中率，256 KB 容量的 Cache 可以达到 95%以上的命中率。通过对程序结构的优化，Cache 的命中率可以更高。

现代 Pentium 处理器中，高速 Cache 分为指令 Cache 和数据 Cache，保证取指和数据操作同时进行。Cache 也被按照与 CPU 的远近分为 L1 和 L2 两级，这进一步降低了系统造价，提高了系统性能。

10.2.3 IA-32 结构微处理器的工作模式

Intel 公司把自 80386 以后直至 32 位 Pentium 4 处理器统称为 IA-32 结构微处理器。最新的 IA-32 微处理器有 4 种工作模式：实地址模式、保护模式、虚拟 8086 模式、系统管理模式（SMM）。

实地址模式是 8086 兼容模式，系统复位后便直接进入此模式。此模式下，20 位地址总线有效，处理器管理 1 MB 存储空间，且分段管理，所有程序全在 0 特权极运行。

保护模式是 IA-32 结构微处理器的主要工作模式。此模式下，32 位地址线可以寻址 4 GB 的物理存储空间、可以利用处理器所有资源、提供存储保护和多任务支持。存储器采用逻辑地址空间、线性地址空间和物理地址空间 3 种方式来描述，4 级特权管理，存储系统可以使用分页技术实现虚拟存储空间。

虚拟 8086 模式是与 8086 兼容的工作模式。该模式用同样的段机制提供

1 MB 的存储空间，但此模式特权级固定为 3，支持保护和多任务切换。

系统管理模式是 Pentium 处理器支持的新的工作模式。该模式提供电源和系统管理。任何工作模式下，使 SMI 引脚为低将请求进入此模式，指令 RSM 的执行将返回请求前的状态。

如图 10-9 所示，可以根据系统需要在 4 种工作模式之间方便地完成模式切换。Windows、UNIX 等现代操作系统主要工作在保护模式下。

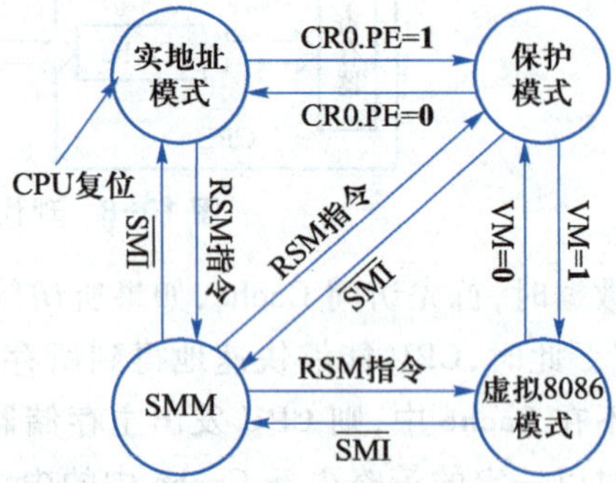

图 10-9　IA-32 处理器的工作模式

10.2.4 保护模式下的虚拟存储器管理

一般情况下，用户程序中的指令和数据存放位置的寻址是通过逻辑地址进行的，它不同于 CPU 能够直接访问的存储单元的物理地址。在用户程序运行前，它仅是逻辑上的而不是物理上的存储空间。但用户程序要在 CPU 中运行，则要把程序中的指令和数据放置于相应的物理存储单元中，CPU 才能够访问与执行，这就需要完成指令和数据的逻辑地址到存储单元物理地址的转换。

在 PC 机发展的早期，程序的逻辑地址与存储单元的物理地址是对应的，操作系统在加载用户进程进行运行时，如果用户进程请求的逻辑地址空间大于操作系统能够提供的物理地址空间，用户进程将无法运行。但在现代多任务操作系统中，采用“虚拟存储器”管理技术为用户进程的运行提供远多于实际物理存储器的虚拟逻辑存储空间。

IA-32 处理器工作于保护模式时，对存储器提供了“段页式”的管理体制，为“虚拟存储器”的形成提供了硬件支持机制。

1. 存储器的段页式管理

在保护模式下，IA-32 微处理器像 8086 一样，对存储器采用了分段管理机制，一个存储单元的访问地址是由段基地址和段内偏移量两部分组成。保护模式下，16 位段寄存器中存放的是段选择符，它指向相应的 8 字节段描述符（64 位），在段描述符中包含有段基地址（32 位）、段界限（大小，32 位）和段的访问权限属性等。

在保护模式下，寻址一个物理存储单元需要如下概念：

（1）逻辑地址

逻辑地址由“段选择符:偏移量”组成，是程序中存储单元的访问地址。

（2）线性地址

通过“逻辑地址”的“段选择符”访问相应的“段描述符”得到 32 位的“段基地

址”,与“逻辑地址”的32位“段内偏移量”相加,形成32位的“线性地址”

32位线性地址 = 32位段基地址 + 32位段内偏移量

(3) 物理地址

物理地址是存储单元的32位实际地址。在未启用分页机制时,“线性地址”就是存储单元的“物理地址”,但在启用分页机制时,“线性地址”将通过分页机制映射成“物理地址”。

保护模式下的存储单元寻址是以段为基础的,如图10-10所示。程序给出存储单元访问的逻辑地址由硬件机制完成逻辑地址到线性地址的转换,如果未启用分页机制,此线性地址即是送往地址总线的32位物理地址。

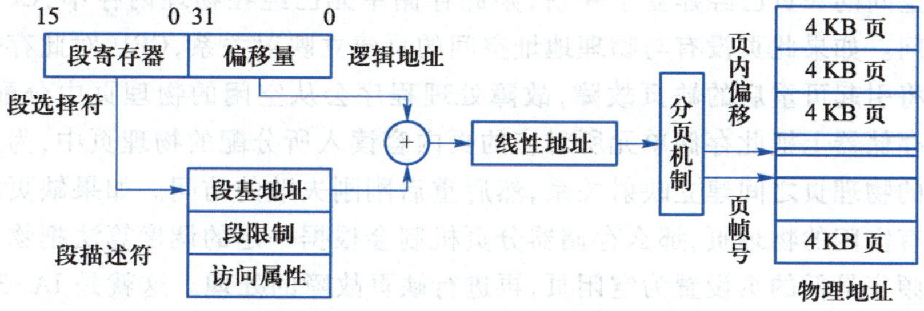

图10-10 保护模式下的存储单元寻址

IA-32结构的微处理器支持“分页映射”机制,这是虚拟存储器管理的物理基础。在分页机制下,4 GB的线性地址空间和最大4 GB物理地址空间都被划分为4 KB大小的存储器块——页(或页帧),页起始单元的地址对齐于4 KB边界上(页起始单元地址的低12位全为0),线性空间中的页与物理空间的页之间可以任意映射,一个物理页可以映射到不同的线性空间中的页上。

在启用了分页机制的计算机系统中,线性地址空间大小是4 GB,但物理空间往往小于4 GB。通过地址映射机制,可以把有限的物理空间映射到4 GB的全线性空间中,构建成有效的虚拟存储器管理系统。

在Pentium 4处理器和IA-64架构的处理器中,由于地址总线数目的扩展,线性地址空间和物理地址空间都变大,分页机制支持更大容量的分页,但线性空间中的页与物理空间的页之间映射方式并未变化。

2. 虚拟存储器管理

在虚拟存储器的管理中,操作系统把一个进程访问的存储器地址空间称为“虚拟地址(逻辑地址)空间”,而把处理器直接访问的实际存储器空间称为“实地址(物理地址)空间”,即使进程所使用的虚拟地址空间远大于实际的物理内存空间,进程仍然能够正常运行。进程的虚拟地址空间的大小仅受硬件寻址机制的限制,而实地址空间则受实际配备的物理存储器数量的限制,容量往往有限。

用户进程运行时,其全部程序指令与数据所组成的虚拟地址空间并不需要全部放于物理内存中,其中的部分放置于用外存储器(主要是硬盘)虚拟的存储空间中,但所访问的虚拟地址上的指令或数据必须在实地址空间中才能完成访问。如果所访问的虚拟地址上的指令或数据不在实地址空间中,则必须有相应的硬件机制的支持,把所要访问的虚拟地址上的指令或数据交换到实地址空间中,才能完成进程的存储器访问。也就是说,进程能够运行的关键是建立虚拟地址与实地址之间的映射关系,通过动态地址映射机制把需要访问的虚拟空间中的指令和数据交换到实地址空间中去。

IA-32 架构的微处理器中,段页式存储器管理机制提供了虚拟存储器的管理体制。进程使用的虚拟逻辑地址访问一个存储单元,分段机制把此单元的逻辑地址转换成 32 位的线性地址,它隶属于线性地址空间的某 4 KB 页。如果此页与物理地址空间的一页已经建立了映射,则此存储单元已经在物理内存中,CPU 可以直接访问。如果此页没有与物理地址空间的页建立映射关系,CPU 对此存储单元的访问将引起可重启的缺页故障,故障处理程序会从空闲的物理页中分配一页,并从外存储器上把此存储单元所对应的页内容读入所分配的物理页中,为此页与所分配的物理页之间建立映射关系,然后重启刚刚失败的访问。如果缺页故障发生时没有空闲的物理页,那么存储器分页机制会根据一定的调度算法把物理空间中访问频率最低的页设置为空闲页,再进行缺页故障的处理。这就是 IA-32 处理器支持的"请页式虚拟存储器管理",其流程图如图 10-11 所示。

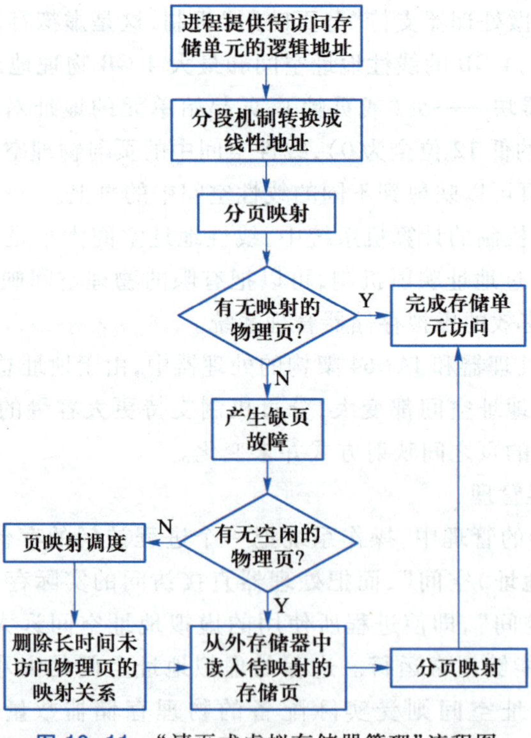

图 10-11 "请页式虚拟存储器管理"流程图

思考 3:虚拟存储器是真实存在的物理存储器吗?

10.2.5 外存储器

外存储器是计算机系统的辅助存储器，是内存的延伸，主要用来以文件的形式长期存放计算机工作所需要程序、文档和数据等。另外，在虚拟存储器管理系统中，部分外存储器（主要是硬盘）被用来模拟成虚拟逻辑存储空间。当 CPU 需要执行某部分程序和数据时，由外存调入内存以供 CPU 访问。

外存储器主要有磁盘设备或磁带设备等，它属于输入/输出混合设备。磁带设备主要用于大数量和低成本的数据存储中，主要应用于早期的大型计算机系统，现在很少使用。而磁盘是微型计算机（PC）使用的主要外存储设备，主要有硬盘、软盘、光盘和 U 盘等形式。现代 PC 机至少安装一个硬盘存储器。由于类似于 U 盘的快速可移动存储介质的出现，软盘和光盘基本被淘汰出计算机系统。

1. 硬盘

如图 10-12 所示，硬盘存储器是由驱动电机和磁性盘片组成的。多个盘片固定在一个机械转轴上，每个盘片的上下两面各有一个读/写磁头，硬盘的磁头不与盘片表面接触，它悬浮在由盘片高速转动产生的气流形成气垫面上，对盘片进行数据读写。盘片由一个个记录信息的磁道组成，每个磁道分成若干个扇区，所有盘片具有相同编号的磁道形成柱面。硬盘的容量取决于硬盘的磁头数、柱面数及每个磁道扇区数。每一扇区的容量为 512 B，硬盘容量为

图 10-12 硬盘存储器

$$硬盘容量=512\times磁头数\times柱面数\times每道扇区数$$

不同型号的硬盘，其容量、磁头数、柱面数及每道扇区数均不同，主机必须知道这些参数才能正确控制硬盘的工作。因此安装新磁盘后，需要对主机进行硬盘类型的设置。现代 PC 机的 BIOS 中，一般带有可以自行检测硬盘相关参数的软件。

硬盘在使用前要经过低级格式化、分区和高级格式化 3 个过程。

硬盘的低级格式化即硬盘的初始化，其主要目的是对一个新硬盘划分磁道和扇区，并在每个扇区的地址域上记录地址信息。初始化工作一般由硬盘生产厂家在硬盘出厂前完成，当硬盘受到破坏或更改系统时，需进行硬盘的初始化。初始化工作是由专门的程序来完成的，如 ROM-BIOS 中的硬盘初始化程序等。

初始化后的硬盘被划分成若干个相对独立的逻辑存储区，每一个逻辑存储区称为一个硬盘分区。分区的主要目的是建立操作系统使用的硬盘区域，并将主引导程序和分区信息表写到硬盘的第一个扇区上。只有分区后的硬盘才能被系统识别使用，它有自己的硬盘标识符，系统通过标识符访问硬盘。

硬盘建立分区后，使用前必须对每一个分区进行高级格式化，建立相应的文

件格式系统。硬盘格式化的主要作用有两点：一是装入操作系统，使硬盘兼有系统启动盘的作用；二是对指定的硬盘分区进行初始化，建立文件分配表以便系统按指定的格式存储文件。

现代 PC 中，硬盘按照几何尺寸可分为 1.8 英寸、2.5 英寸、3.5 英寸和 5.25 英寸硬盘；按转速可分为 4 500 转/分、5 400 转/分、7 200 转/分和 10 000 转/分等；硬件数据接口有SCSI、IDE、SATA 和光纤通道等形式。

硬盘接口是硬盘与主机系统间的连接部件，是硬盘缓存和主机内存之间数据传输通道。不同的硬盘接口决定着硬盘与计算机之间的连接速度。在整个系统中，硬盘接口的优劣直接影响着程序运行快慢和系统性能好坏。从整体的角度上，硬盘接口分为 IDE、SATA、SCSI 和光纤通道 4 种。IDE 接口硬盘多用于家用 PC 中，部分应用于服务器。SCSI 接口的硬盘则主要应用于服务器和工作站市场，而光纤通道只在高端服务器上，价格昂贵。SATA 是新开发的硬盘接口，具有数据传输速率高和传输可靠性好等优点，已得到广泛应用。不同的接口类型有不同的技术规范，具备不同的传输速度。

IDE 的英文全称为“integrated drive electronics”，即“电子集成驱动器”，代表着硬盘的一种类型，它实质上是 ATA (advanced technology attachment)/PATA (parallel ATA)硬盘接口的一种通称，它通过并行数据线传输硬盘数据。ATA 接口最致命的弱点莫过于并行线路的信号干扰问题。随着接口工作频率的提升，数据线路中电气性质的任何差异都可能令各线路的时钟信号不匹配，从而导致数据到达时间不一致，甚至造成数据传输错误。ATA-33/ATA-66 用 40 pin 可以安全传输硬盘数据，达到 33 MB/s 或 66 MB/s 数据传输率，但 ATA-100 以后的接口标准，将总线时钟频率升至 25 MHz，信号干扰现象又开始变得严重起来，不得不在旧有的 40 pin 排线的基础上增加了 40 根屏蔽地线才能保证数据传输的安全性，以达到 100 MB/s 的数据传输率。在继续改造线路不太现实的情况下，Seagate 和 Intel 所倡导的串行 ATA(serial ATA，以下简称 SATA)接口几乎成为 IDE 设备物理接口的唯一可行化解决方案。

SATA 接口的硬盘又叫串口硬盘，是目前 PC 机的主流配置，也是未来 PC 机硬盘的趋势。2001 年，由 Intel、APT、Dell、IBM、希捷、迈拓这几大厂商组成的 Serial ATA 委员会正式确立了 Serial ATA 1.0 规范，规范规定的标准传输率可以达到 150 MB/s(1.5 Gbps)。2002 年，虽然串行 ATA 的相关设备还未正式上市，但 Serial ATA 委员会已抢先确立了 Serial ATA 2.0 规范，数据传输率达到了 300 MB/s (3 Gbps)。Serial ATA 采用串行连接方式，串行 ATA 总线使用嵌入式时钟信号，具备了更强的纠错能力，与以往相比其最大的区别在于能对传输指令(不仅仅是数据)进行检查，如果发现错误会自动矫正，这在很大程度上提高了数据传输的可靠性。串行接口还具有结构简单、支持热插拔的优点。最新的 Serial ATA 3.0 规范将实现 600 MB/s(6 Gbps)的最高数据传输率。

SCSI 的英文全称为“small computer system interface”(小型计算机系统接口)。是同 IDE(ATA)完全不同的接口。IDE 接口是普通 PC 的标准接口，而 SCSI 并不是专门为硬盘设计的接口，而是一种广泛应用于小型机上的高速数据传输技术。SCSI 接口具有应用范围广、多任务、带宽大、CPU 占用率低以及支持热插拔等优点，但较高的价格使得它很难如 IDE 硬盘般普及，因此 SCSI 硬盘主要应用于中、高端服务器和高档工作站中。

光纤通道的英文拼写是 fibre channel，和 SCIS 接口一样，光纤通道最初也不是为硬盘设计开发的接口技术，是专门为网络系统设计的，随着存储系统对速度的需求，光纤通道才逐渐应用到硬盘系统中。光纤通道硬盘是为提高多硬盘存储系统的速度和灵活性才开发的，它的出现大大提高了多硬盘系统的通信速度。光纤通道的主要特性有热插拔性、高速带宽、远程连接以及连接设备数量大等。光纤通道是为像服务器这样的多硬盘系统环境而设计，能满足高端工作站、服务器、海量存储子网络、外设间通过集线器、交换机和点对点连接进行双向、串行数据通信等系统对高数据传输率的要求。

2. 光盘

光盘是一种通过在塑料基片均匀分布非磁性记录介质形成记录层，再上覆铝质光反射层和保护层形成的非磁性存储体，它利用单色激光照射后在记录层上形成小凹坑记录二进制位元信息，每一凹坑为一位信息。在读出记录的二进制位元信息时，可根据凹坑和未烧蚀区对光反射能力的差异，利用激光读出信息。

光盘的主要特点是存储容量大和可靠性高，只要存储介质不发生问题，光盘上的信息就永远存在。

光盘存储器是利用光学方式进行读写信息的存储设备，主要由光盘、光盘驱动器和光盘控制器组成。光盘按用途可分为只读型光盘、一次性写入光盘和可重写型光盘 3 种。只读型光盘中由厂家预先写入数据，用户不能修改，这种光盘主要用于存储文献和不需要修改的信息。一次性写入光盘的特点是可以由用户写信息，但只能写一次，写后将永久存在盘上不可修改。可重写型光盘类似于磁盘，可以重复读写，它的材料与只读型光盘有很大的不同，是磁光材料。

光盘记录信息的格式与硬盘盘片类似，按照轨道和扇区记录信息。光盘按照物理格式又可分为 CD(compact disc)光盘和 DVD(digital video disc)光盘。CD 光盘的容量可达 650 MB，单面单层的 DVD 光盘容量可达 4.7 GB，而双面双层的 DVD 光盘容量可达 17 GB。微型计算机中常用的光盘如表 10-3 所示。

表 10-3 光盘存储器分类

	CD	DVD
只读光盘	CD-ROM	DVD-ROM
一次性写入光盘	CD-R	DVD±R
可重写光盘	CD-RW	DVD±RW、DVD-RAM

光盘存储的信息必须通过光盘驱动器才能读出。常见的光盘驱动器有 CD-ROM 和 DVD-ROM。CD-ROM 只能读取 CD 盘片，而 DVD-ROM 可以兼容 CD 和 DVD 光盘的读取。DVD-ROM采用 650 nm 波长的红光读写器，CD-ROM 则是采

用 780 nm 波长。光盘驱动器数据传输速率通常用倍速来表示，CD-ROM 单倍速传输速率为 150 KB/s，现代 CD-ROM 传输速度很容易达到 48X 倍速；DVD-ROM 单倍速传输速率为 1.3 MB/s，16X 传输速率是常见的 DVD-ROM 数据传输速率。光盘驱动器数据传输接口类型有 ATA/ATAPI、SATA、SCSI、USB 和 IEEE1394 等。

市场上，光盘存储器分为 HD-DVD 和蓝光 DVD 两个阵营。

蓝光（blu-ray）或称蓝光盘（blu-ray disc，缩写为 BD）利用波长较短（405 nm）的蓝色激光读取和写入数据，并因此而得名，而传统 DVD 需要激光头发出红色激光（波长为 650 nm）来读取或写入数据。通常来说波长越短的激光，能够在单位面积上记录或读取更多的信息。蓝光光盘的直径为 12 cm，与普通光盘（CD）及数码光盘（DVD）的尺寸一样。这种光盘利用 405 nm 蓝色激光在单面单层光盘上可以录制、播放长达 27 GB 的视频数据，比现有 DVD 的容量大 5 倍以上（现有 DVD 的容量一般为 4.7 GB），可录制 13 小时普通电视节目或 2 小时高清晰度电视节目。蓝光技术的主导者为索尼、松下和飞利浦，同时也得到先锋、日立、三星和 LG 等巨头的鼎力支持。

与蓝光相对的是 HD-DVD 阵营。东芝联合 NEC 开发 advanced optical disk，并且得到 DVD-Forum 的鼎力支持，改名为 HD-DVD。HD-DVD 也使用蓝色激光技术来实现更高的存储容量，但向下兼容 DVD 格式。HD-DVD 盘片初步定为只读型及可复写型 2 种。只读型单面单层的容量为 15 GB、单面双层的容量为 30 GB，单面单层可复写型的容量为 20 GB、单面双层的容量为 40 GB。HD-DVD 采用激光波长为405 nm 的蓝光。

3. U 盘

U 盘是 USB 盘的简称，是现在计算机系统中最常见的可移动外存储器。它的核心是“flash memory”，因此它是一种半导体存储体。U 盘最大的特点是小巧便于携带、存储容量大以及价格便宜。

U 盘使用 USB 接口，是一种 USB 设备。如果操作系统是 Windows 2000/XP/2003/Vista 或是苹果系统的话，将 U 盘直接插到机箱前面板或后面的 USB 接口上，系统就会自动识别。

U 盘是一种半导体存储体，读写速度快。这种存储技术在存储信息的过程中没有机械运动，这使得它的运行非常稳定，从而提高了它的抗震性能，使它成为所有存储设备里面最不怕震动的设备。由于它不存在类似软盘、硬盘、光盘等的高速旋转的盘片，所以它的体积往往可以做得很小。

目标测评 2

T10-7 以 8086 为 CPU 构建的 PC 系统是如何兼顾存储器的字和字节访问的？

T10-8 在 IA-32/IA-64 架构的 x86 计算机中，如何兼顾存储器的 64/32/16/8 位访问？（课外知识拓展）

T10-9 Cache 在微处理器中起何作用？它与主存储器有何关系？对处理器

性能有何影响？

T10-10 在现代PC系统中，Cache存储器越多越好吗？为什么？（课外知识拓展）

T10-11 在现代PC系统中，Cache存储器常常配置为2~3级，对这些你了解吗？（课外知识拓展）

T10-12 IA-32/IA-64架构的x86计算机工作于保护模式时，逻辑地址、线性地址和物理地址之间的关系是什么？

T10-13 为什么要用虚拟存储器？在现代PC系统中，虚拟存储器机制是如何工作的？

T10-14 IA-32/IA-64架构的x86计算机中，段页式存储器管理是如何工作的？

10.3 8086的系统扩展

10.3.1 8086的中断系统及其扩展

1. 8086的中断源

8086CPU的中断系统功能强大，最多可以处理256个中断源，这些中断源可以是软件中断或硬件中断，可能来自于系统内部的CPU指令或程序运行状态，也可能来自于系统外部的硬件触发事件。8086为了便于管理这256个中断源，对它们进行编号0~255，每个中断源的编号被称为中断源的中断类型号，它是8086对不同中断源进行识别的唯一标识。

8086的中断源可以分为外部中断和内部中断。

(1) 外部中断是8086外部的硬件系统在满足一定触发条件下产生的中断，如时钟、串行接口、打印机、键盘等，有时也称为硬件中断。外部中断又分为非屏蔽中断和可屏蔽中断2类。

① 非屏蔽中断（NMI中断）：由NMI引脚引入，它不受中断允许标志的影响，每个系统中仅允许有一个，都是用来处理紧急情况的，如掉电处理、I/O传输错误、奇偶校验错误等。这种中断一旦发生，CPU会立即响应。非屏蔽中断的中断类型号固定是2。

② 可屏蔽中断（INTR中断）：由INTR引脚引入，它受状态寄存器FLAGS中的中断允许标志IF的影响。也就是说，只有当IF=1时，可屏蔽中断才能进入，CPU才能对中断请求进行响应，反之则不允许进入，CPU可以通过设置IF=0关闭对此类中断请求的响应。可屏蔽中断可有多个，一般是通过优先级排队，从多个中断源中选出一个进行处理。

(2) 内部中断也叫软件中断,是根据系统内部的 CPU 指令或程序运行状态触发产生的,它与硬件电路无关,不能被屏蔽。

① CPU 运行错误引起的中断

除法错中断(0 号中断):除法指令执行时,如果除数为 0 或商超过结果寄存器的表示范围,将触发除法错中断。

溢出中断(4 号中断):如果指令运行导致溢出标志 OF=**1**,那么 INTO 指令的执行将引起溢出中断。

② 程序调试过程中,为了输出中间结果而设置的中断

单步中断(1 号中断):由陷阱标志 TF=**1** 引起的中断。每条指令运行后,CPU 都将检测 TF 标志,如果 TF=**1**,将触发单步中断,通过此中断将为调试程序提供一个观察寄存器和存储器等计算机资源内容变化的机会,为程序错误定位提供帮助。

断点中断(3 号中断):由 INT 3 指令引起的中断。调试程序时,为了观察某段程序执行后寄存器和存储器内容的变化,可以在此段程序尾部设置 INT3 指令。

③ 指令 INT *n* 引起的中断

指令 INT *n* 将引起中断类型号为 *n* 的中断,主要用于以中断的方式管理系统提供的功能子程序,其典型代表是 DOS 操作系统的 INT 21 系统功能调用。DOS 系统通过 INT 21 各种功能的调用可以实现对显示器、键盘、磁盘文件等的管理与操作。

8086 内部中断源的优先级是固定的,按如下次序进行排列:除法错中断→INT *n* →INTO →NMI→INTR→单步中断。

8086 外部扩展的 INTR 中断的优先级排队由扩展的中断控制器 8059A 芯片进行管理。

2. 8086 的中断向量表

在中断请求产生后,如果中断未屏蔽(软件中断和 NMI 越过此检查),8086 将对中断进行响应,暂停当前程序的执行,保护断点,转向中断服务程序运行。8086 如何进入为相应中断源服务的程序呢?

8086 在中断响应时,采用向量中断的形式进入相应的中断服务程序。在 8086 中,每个中断源的中断服务程序的入口地址称为该中断源的中断向量,它由入口地址的"CS:IP"组成,共 4 字节长。8086 把所有 256 个中断源的中断向量集中起来,按中断类型号顺序排列,形成一个中断向量表,放置在存储器物理地址 00000H~003FFH 之间的 1 024 个字节单元中,每个中断向量占用 4 个字节,其中前 2 个单元存放中断处理子程序的入口地址的偏移地址(IP),低位在前,高位在后;后 2 个单元存放中断处理子程序入口地址的段地址(CS),也是低位在前,高位在后,如图 10-13 所示。

其中,00H~04H 为专用中断,05H~3FH 为系统保留中断,用户一般是不能对它们定义的(这里面有一些为固定的用途,如 INT21H 即为 MS-DOS 的系统调用),40H~FFH 为用户定义的中断。

当一个中断源产生中断请求时，其中断类型号就是 CPU 在响应中断时查询中断向量表的索引，中断类型号与中断向量在向量表中位置的关系为

中断向量地址 = 中断类型号×4

CPU 根据中断类型号在中断向量表中查询中断源的中断向量，转向相应的中断服务程序。如类型号为 20H 的中断，则中断向量的存放位置为

20H×4 = 80H

设此中断服务子程序的入口地址为"4030：2010"，则在"0000：0080H ~ 0000：0083H"中就应顺序放入 10H、20H、30H、40H。当系统响应 20H 号中断时，会自动查找中断向量，找出对应的中断向量装入 CS、IP，即转入该中断服务子程序。

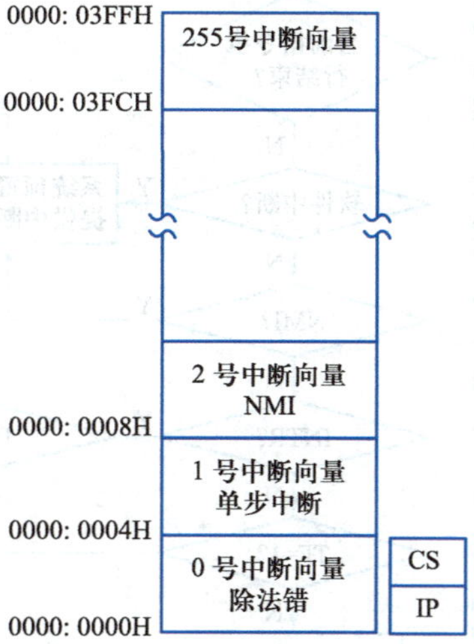

图 10-13 8086 的中断向量表

思考 4：中断向量与中断类型号之间有何关系？中断向量与中断服务程序有何关系？

3. 8086 的中断响应过程

8086/8088 对内部中断和外部中断响应的过程是不同的，内部中断的响应过程相对简单一些。两者最大的差异在于中断类型号的获取方式不一样。

当内部中断产生时，CPU 根据系统预设的中断类型号或中断指令提供的中断类型号查询中断向量表，找到中断服务程序的入口地址，转向中断服务程序。

对于外部中断，NMI 的响应过程与内部中断类似，其中断类型号由系统预设为 2。但INTR（可屏蔽外设中断）的响应过程较为复杂。CPU 在 INTR 线上采样到中断请求信号后，首先检查 IF 标志，如果 IF = **1**（中断开放），CPU 将在总线上发出两个连续的中断响应总线周期（在 INTA 引脚上连续发两个负脉冲），在第二个中断响应周期 T4 状态的前沿，CPU 采样数据总线，获取中断类型号。扩展的 8259A 中断控制器必须在第二个 INTA 脉冲到来时，向数据总线提供中断类型号。

一旦 CPU 获取了中断类型号，下面的响应过程不再区分内部或外部中断，其过程是一致的，如图 10-14 所示。

8086 的中断响应过程如下：

（1）将标志寄存器内容压入堆栈，以保护中断时的状态。

（2）将 IF 和 TF 标志清 **0**，防止在中断响应的同时又来新的中断，而将 TF 清 **0** 是为了防止 CPU 以单步方式执行中断处理子程序。

（3）保护断点：断点指的是在响应中断时，主程序当前指令下面的一条指令的地址。保护断点就是将当前的 IP 和 CS 的内容入栈，为了以后能正确地返回主程序。

（4）根据获取的中断类型号，在中断向量表中找出相应的中断向量，将其装

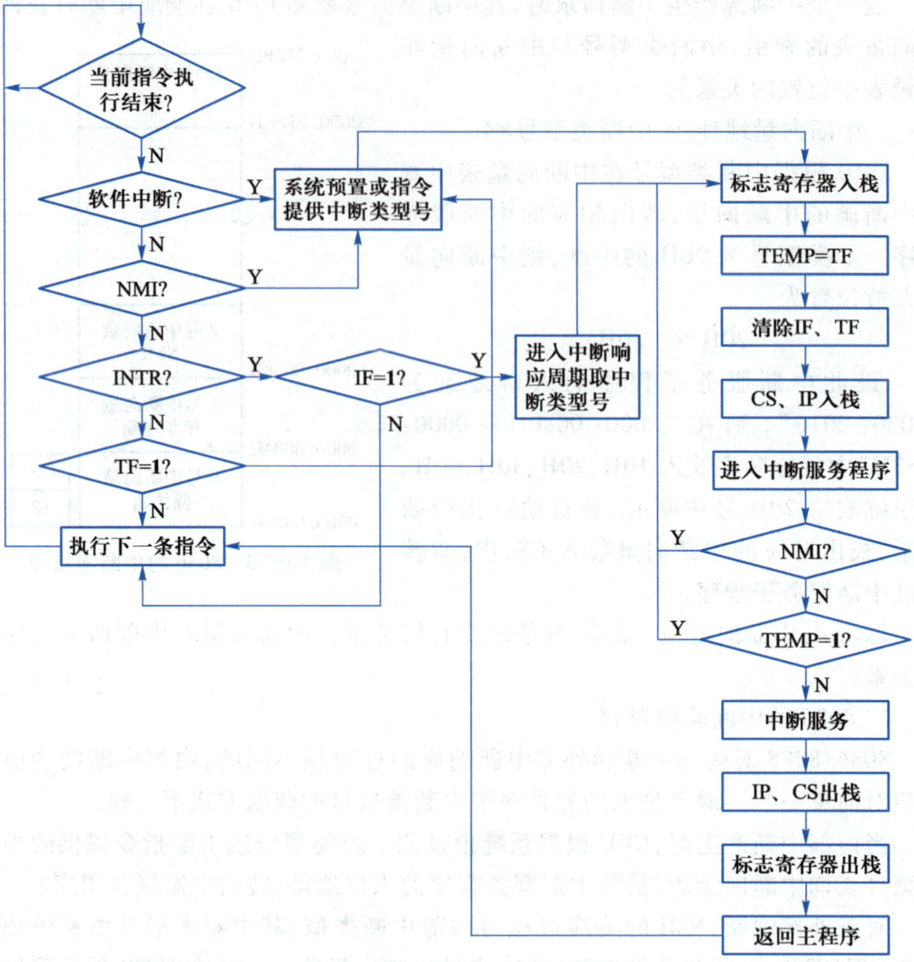

图 10-14 8086 的中断响应过程

入 IP 和 CS,转向中断服务程序进行中断服务。

(5) 在中断服务之前,通过指令完成“现场保护”,这包括 CPU 寄存器的进栈保护;中断服务完成后,要“恢复现场”,即把服务前推入堆栈的寄存器推出堆栈。

(6) 用 RETI 指令完成中断返回。

注意:CPU 在中断响应时自动关闭了 IF 标志,因此如要进行中断嵌套,必须在中断处理子程序中用开中断指令来重新设置 IF = 1 来开放中断系统。

思考 5:“断点保护”与“现场保护”有什么区别?

4. 8259A 的基本概况及其与 8086CPU 的连接

Intel 8259A 是 8086 微机系统中常用的可编程中断控制器件,它具有对多至 8 个可屏蔽外设中断源进行管理,并具有向 CPU 转达中断请求的能力,通过多片 8259A 级联可扩展至 64 级可屏蔽中断优先控制。8259A 可以与 8086 配合,在中断响应周期中,通过数据总线为 CPU 提供相应的中断类型码。在为 8086 构建的扩展中断控制系统中,如果 8086 响应了 8259A 的中断请求,将在总线上发出两个连续的中断响应总线周期，8259A 中断控制器必须在第二个 INTA 脉冲到来时向数据总线提供中断类型号（8 位 D7～D0，其中 D7～D3 由用户在对 8259A 进行初始化编程时设置，D2～D0 由 8259A 按照提出中断请求的中断源引脚编号自动插入）。8259A 具有多种工作方式，并可通过编程来加以选择。

8259A 通过编程可以控制中断请求信号引入的方式分别为边沿触发方式、电平触发方式和中断查询方式。

8259A 可以对 8 个中断请求进行优先级排队，将其中优先级最高的中断请求和 ISR（中断服务寄存器）中正在被服务的中断请求优先级进行比较，确定是否把中断请求送 CPU。如果中断源的优先级高于 ISR 中记录的正在被服务的中断请求的优先级，则当前中断源的中断请求将到达 CPU，它的优先级将被记入 ISR 中的对应位。当一个中断优先级正在被服务期间，它会禁止低级（或同级）中断请求的发生，而向更高级（或同级）的中断请求开放。8259A 通过编程可以设置 8 个中断请求的优先级分别为固定优先级方式、优先级自动循环方式和优先级特殊循环方式。

2 片以上的 8259A 级联时其中一个被称作主片，其余的被称作从片。从片 8259A 工作于全嵌套模式，其中断优先级按 IR0～IR7 顺序进行排队（0—7 级）。当 CPU 响应中断时，8259A 把中断请求中优先权最高的中断源在 ISR 中的相应位置位，并把其中断类型号送至数据总线。在此中断源的中断服务完成之前，同级或优先级低的中断源的中断请求被屏蔽，只有优先级更高的中断源的中断请求才是允许的，从而实现中断嵌套。

在 8259A 级连的系统中，来自一个从片的中断请求在主片上有相同的中断优先级。如果主片工作于全嵌套模式，当 CPU 正在对来自于一个从片的某个中断请求服务，来自于同一从片的优先级更高的中断源的请求将被主片当作同级中断而屏蔽，不能实现中断嵌套，这显然不符合从片上的中断优先级情况。特殊全嵌套模式通过对同级中断嵌套开放解决了此问题，当主片工作于此模式时，从片的优先级更高的中断源的请求将能够中断 CPU 正在进行的从片低优先级中断服务。

在 8086 构建的 PC 系统中，如 IBM PC/XT，用 1 片 8259A 芯片扩展了 8 个外部可屏蔽中断源，8 个可屏蔽中断通过 8259A 的优先级排队，优先级最高的中断请求将到达 CPU 的 INTR 引脚，引起 CPU 中断请求。

在 IBM PC/AT 后的 PC 中，8259A 被增加到 2 个以适应更多外部设备的需要，从片的 INT 引脚以级连的方式连接在主片的 IR2 上，这样可将外中断请求扩展到 15 个，如表 10-4 所示。

表 10-4　PC 的外部可屏蔽中断

主片 8259A	从片 8259A	中断源	中断类型号
IRQ0		日时钟/定时器	08H
IRQ1		键盘	09H
IRQ2		来自从片的 INT	0AH

续表

主片 8259A	从片 8259A	中断源	中断类型号
	IRQ8	实时时钟	70H
	IRQ9	重定向指向 IRQ2	71H
	IRQ10	保留	72H
	IRQ11	保留	73H
	IRQ12	保留	74H
	IRQ13	协处理器	75H
	IRQ14	硬盘控制器	76H
	IRQ15	保留	77H
IRQ3		COM2	0BH
IRQ4		COM1	0CH
IRQ5		LPT2	0DH
IRQ6		软盘控制器	0EH
IRQ7		LPT1	0FH

10.3.2 8086 的 DMA 扩展

1. DMA 传送方式的特点

微处理器经常要完成与外设之间的数据交换,其数据传输方式主要有无条件方式、查询方式、中断方式和 DMA 方式(直接存储器访问方式)4 种。其中,无条件方式、查询方式和中断方式属于程序传送方式,传送过程需要 CPU 参与,这会占用大量的 CPU 时间,降低了 CPU 的运行效率,影响了数据传输速度。而 DMA 方式仅需 CPU 初始化传送,传送过程不需要 CPU 干预,数据是在 DMA 控制器(DMAC)竞得总线控制权后,在 DMAC 的控制下完成传输。DMA 方式是速度较快的一种传输方式。

DMA 传送方式有如下特点:

(1) 不通过 CPU:由 DMA 控制器(DMAC)控制存储器与外设、外设与外设、存储器与存储器之间进行传送,不需要 CPU 中转。

(2) 接管总线控制权:在 DMA 传送过程中,CPU 将失去对总线的控制权(CPU 引脚对总线呈高阻状态),DMAC 将接管三总线,完成传送过程。

(3) DMAC 控制传送过程:DMAC 负责传送过程中源和目的地址的修改、传送计数的修改、传送过程结束条件的判断。

(4) DMAC 的初始化:尽管 CPU 不参与 DMA 过程,但 DMAC 的初始化由 CPU 进行,包括设置传送计数、起始地址、传送方向、DMA 通道号等。

DMA 传送方式的优点是不需要 CPU 的干预,提高了数据传送的速度和 CPU 的工作效率。DMA 传送方式的缺点是增加了系统硬件的复杂性,提高了成本,同时在 DMA 传送过程中,CPU 将失去对总线的控制权,影响 CPU 对存储器与外设的访问。DMA 传送方式主要应用在需要高速大批量的数据传送的系统中,如磁盘控制系统和高速数据采集系统等。

8086 可以方便地扩展 DMA 传输系统,常用的 DMA 控制芯片是 8237A DMA 控制器。8237A 可以工作在主控(主动)和从属(被动)两种工作状态下。当它没有获得总线控制权时,作为从属设备由 CPU 控制,进行传输前的初始化设置工作(包括基地址寄存器、基计数器、方式寄存器、命令控制寄存器、屏蔽寄存器等)。8237A 一旦获得总线控制权,由从属状态变为主控状态,控制 DMA 进行数据传送。数据传送完毕,将总线控制权交还给 CPU,又由主控状态变为从属状态。

思考 6:DMA 传输过程中,CPU 能访问外部设备吗?为什么?

2. DMA 传送过程

8237A 初始化传送参数(主要是源地址或目的地址、传送字节计数和 DMA 工作模式等)以后,DREQ 上的请求信号将引发 DMA 传送过程,它由 4 个阶段组成:请求阶段、响应阶段、数据传送阶段和传送结束阶段。

8237A 在传送前必须进行传送的初始化编程(传输的初始化),主要包括:

① 设置源或目的初始地址。

② 设置传送字节计数长度。

③ 设置 8237A 的工作模式。

④ 设置 8237A 的操作类型。

⑤ 开放 DMA 通道。

8237A 的传送过程主要包括以下 4 个阶段:

(1) 请求阶段

外设向 DMAC 发出 DMA 请求信号 DREQ,DMAC 向 CPU 发出总线请求信号 HRQ 申请占用总线。

(2) 响应阶段

CPU 在每个总线周期结束时检测 HRQ 信号,当 HRQ 有效和总线锁定信号 LOCK 无效时,CPU 将响应 DMAC 的 HRQ 请求,进入保持状态,CPU 放弃总线控制权。同时,CPU 发出总线回答信号 HLDA 通知 DMAC 总线控制权已出让,DMAC 与总线接通,成为新的总线主控者。

(3) 数据传送阶段

DMAC 占用总线以后,向申请 DMA 传送的外设发出 DMACK 信号,使外设成为选择的 DMA 传送设备。同时,DMAC 行使总线控制权,向存储器发地址信号和读写控制信号,向外设发送读写控制信号,按初始化设定的方向传送数据。

(4) 传送结束阶段

DMA 传送完毕后(字节计数器从 0~0FFFFH),DMAC 向外设发出过程结束($\overline{EOP}$)信号。外设收到此信号后,撤销 DMA 请求信号 DREQ,进而引起 DMAC 撤销总线请求信号 HRQ,CPU 的总线保持回答信号 HLDA 将变无效。同时,DMAC 释放总线控制权,CPU 接管总线控制权。

3. 8237A 的传送方式

8237A 的 4 种工作模式:单字节传送模式、数据块传送模式、请求传送模式和级联模式。

(1) 单字节传送模式

在这种模式下,DMA 传送每次仅传送一个字节。传送之后,当前字节计数寄存器减 1,当前地址寄存器按照初始设置加 1 或减 1,DMAC 释放总线,将总线控制权交还给 CPU。若传送后当前字节计数寄存器从 0 减到 FFFFH(过零),TC(Terminal Count)产生,则系统终止 DMA 传送或重新初始化。此时,8237A送出外部$\overline{\text{EOP}}$有效信号,向外设指示传送过程的结束。

单字节传送模式的特点是一次传送一个字节,效率较低,但可保证在两次 DMA 传送之间 CPU 有机会重新获得总线控制权,至少执行一个 CPU 总线周期。

(2) 数据块传送模式

在这种模式下,8237A 由 DREQ 启动后就连续传送数据,直到字节计数器过零,或者由外部输入有效的$\overline{\text{EOP}}$信号终止 DMA 传送。

数据块传送模式的特点是一次请求传送一个数据块,效率高,但整个 DMA 传送期间 CPU 长时间无法控制总线,此期间如果有其他 DMA 请求或中断请求也不能响应。

(3) 请求传送模式

这种模式与数据块传送模式一样,8237A 可以连续传送数据,每传送一个字节就要检测一次 DREQ 信号是否有效,若有效,则继续传送下一个字节;若无效,则停止数据传送,结束 DMA 过程,释放总线。但 DMA 的传送现场全部保持(当前地址寄存器和当前字节计数器的值),待请求信号 DREQ 再次有效时,8237A 接着原来的计数值和地址继续进行数据传送,直到当前字节计数器减到 0 或由外设产生$\overline{\text{EOP}}$信号时,终止 DMA 传送,释放总线控制权。

该模式的特点是 DMA 操作可由外设利用 DREQ 信号控制数据传送的过程。

(4) 级联模式

每片 8237A 提供 4 个 DMA 通道,当要使用的 DMA 通道数超过 4 个时,就需要将两片或多片 8237A 级联起来。

在级联模式下,后级 DMAC 的 HRQ 接前级 DMAC 的 DREQ,后级 DMAC 的 HLDA 接前级 DMAC 的 DACK,前级芯片只起 CPU 与后级 DMAC 中间层作用,传递后级 DMAC 的 HRQ/HLDA信号,其优先级管理仍然有效,传送控制信号和地址信号均由后级 DMAC 自己产生。

思考 7:单字节传送模式、数据块传送模式和请求传送模式的最大区别是什么?

10.3.3 基于 8253/8254 的 PC 定时器扩展

1. 8253/8254 定时器/计数器

8253/8254 是一款可编程定时器/计数器芯片,常用于在计算机系统中进行外部定时器扩展。根据定时需求，可选择的芯片种类有：8253-5（5 MHz），8254-2（10 MHz），8253（2 MHz）和 8254（8 MHz）等。

8253/8254 可编程定时器/计数器有如下特点：

① 具有 3 个独立的 16 位计数器。

② 每个计数器可以按 16 位二进制或 4 位 BCD 码计数。

③ 每个计数器有 6 种工作方式，可编程设置和改变。

④ 输入输出引脚与 TTL 电平兼容。

8253/8254 的 3 个计数通道（计数器）是相互独立的，每个计数通道对外有 3 个硬件引脚，分别是计数时钟 CLK、计数输出 OUT 和计数门控信号 GATE，GATE 信号用于禁止、允许或开始计数过程。每个计数通道内部有 3 个内部寄存器，分别是计数初值寄存器（16 位），其初值是和减 1 计数器的初值在初始化时同时装载，计数过程中保持不变，自动重载操作中为减 1 计数器提供计数初值重载，以便重复计数；减 1 计数器（16 位），在每个计数时钟脉冲作减 1 计数操作，连续计数方式下减至 0 后，自动装载计数初值寄存器的初值，以便重复计数；当前计数值锁存器（16 位），在锁存命令控制下，锁存减 1 计数器的内容，以供读出和查询。

8253/8254 是可编程定时器/计数器芯片，每个计数通道有 6 种计数工作方式，每种计数工作方式输出波形不同，启动计数器的触发方式不同，计数过程中，GATE 信号对计数操作的控制也不同，如表 10-5 所示（n 为计数初值，WR 是相连微处理器的写控制信号）。

表 10-5 8253/8254 定时器/计数器工作方式

工作方式	GATE 信号作用				计数触发方式	OUT 输出状态
	低电平	下降沿	上升沿	高电平		
0	禁止计数	暂停计数	继续计数	允许计数	$\overline{WR}$上升沿	计数过程中低电平，计数至 0 高电平
1	不影响	不影响	开始计数或重新开始计数	不影响	GATE 上升沿	宽度为 n 个 CLK 周期的低电平
2	禁止计数	停止计数	重新开始计数	允许计数	$\overline{WR}$上升沿	周期为 n 个 CLK 周期，宽度为 1 个 CLK 的负脉冲
3	禁止计数	停止计数	重新开始计数	允许计数	$\overline{WR}$上升沿	周期为 n 个 CLK 周期的方波
4	禁止计数	停止计数	重新开始计数	允许计数	$\overline{WR}$上升沿	计数至 0，输出宽度为 1 个 CLK 周期的负脉冲
5	不影响	不影响	开始计数或重新开始计数	不影响	GATE 上升沿	计数至 0，输出宽度为 1 个 CLK 周期的负脉冲

8253/8254 的 6 种工作方式中，最常用的是方式 2（分频器）、方式 3（方波发生器），在这 2 种工作方式下，计数通道处于自动初值重载计数模式，对输入的计数脉冲进行周期性分频，产生周期性的脉冲或方波。

2. PC 的定时器扩展

8086 内部没有定时器系统，基于 8086 的 PC 计算机必须扩展外部的定时器系统，以便系统产生精度精确的硬件定时操作。

在早期的 PC、PC/XT、PC/AT 计算机及其后续产品中，主板上在 CPU 周围一般用 8253 扩展一个系统定时器，为主板的部分电路提供硬件的时基信号。

计数器 0 作为日时钟的时间基准。程序设置计数器 0 为工作方式 3，输入时钟频率为 1.193 181 6 MHz 的脉冲信号，计数初值为 0，输出方波的周期约为 55 ms (54.925 493 ms)，该信号送到中断控制器 8259A 的 IR0 端，因此，每隔 55 ms 产生一次中断请求。在中断服务程序中对时间基准信号进行计数，修改用来表示时间的相应内存单元(计满 1 秒，秒加 1；计满 60 秒，分加 1，秒清 0；依次类推)以产生 PC 的日时钟。

计数器 1 作动态 RAM 的刷新定时。

计数器 2 也设置成方式 3，输出的方波送到扬声器。用程序设定计数器 2 输出波形的频率和延续时间就能控制扬声器的音调和发音长短。

目标测评 3

T10-15　中断类型号是什么？8086 处理器如何管理系统的不同类型的中断源？

T10-16　在 IA-32/IA-64 架构的 x86 计算机系统中，中断描述符表 IDT 有何作用？中断门和异常门的区别是什么？(课外知识拓展)

T10-17　在 8086 系统中，硬件外设中断的响应和软件中断的响应有何区别？

T10-18　8259A 在 8086 构建的 PC 系统中有什么作用？

T10-19　8259A 是如何管理自己的中断源的？请简要叙述 8259A 处理一个外设中断的过程。

T10-20　在外设的 4 种数据传输方式中，DMA 方式有何特点？

T10-21　在 8086 为 CPU 的 PC 系统中，8237A 是如何工作的？在 DMA 传输过程中，8237A 处于什么状态？如何启动 DMA 传输？

T10-22　8237A 能以哪几种方式完成 DMA 数据传输？

10.4 现代总线与接口

10.4.1 总线的基本概念

总线是微处理器与存储器或外设部件之间的电气连接线，是各种信号线的集合，是计算机各部件之间传输数据、地址和控制信息的公共通道。采用总线结构便于计算机系统中部件和设备的扩展,统一的总线标准更易于实现不同设备之间的互联。

1. 总线的分类

计算机系统内有多种总线,根据不同的分类标准,可以对总线进行基本的分类。

(1) 按总线功能分类

总线按照功能及其传送信息的不同,可以分为:

① 数据总线 DB(data bus)

用于在计算机各部件之间传输数据,采用双向三态逻辑。总线宽度(位数)表示了总线数据传输的能力,是计算机处理信息的基本宽度,代表着计算机的数据处理能力。例如,8086 的内部数据总线 16 位宽,ISA 总线数据宽度也是 16 位,而 PCI 总线的基本宽度是 32 位,并可扩展到 64 位。

② 地址总线 AB(address bus)

这是计算机用于传送地址信息的总线,采用单向三态逻辑。一个计算机系统其地址总线的数目决定了系统的寻址能力。8086 的可提供 20 位的地址总线,可寻址 1 MB 的存储器空间,PCI 总线地址线宽度是 32 位或 64 位。

③ 控制总线 CB(control bus)

这是计算机中用于传送控制和状态信号的总线,就单根控制总线来说其传输方向可能是单向或双向的,可能是三态的,也可能是非三态的。控制总线最能体现总线特点,决定总线控制功能的强弱和适应性。不同总线标准之间最大的差别就体现在控制总线的差异上。

(2) 按照总线层次分类

如图 10-15 所示,根据总线在计算机系统中所处的位置,可以分为:

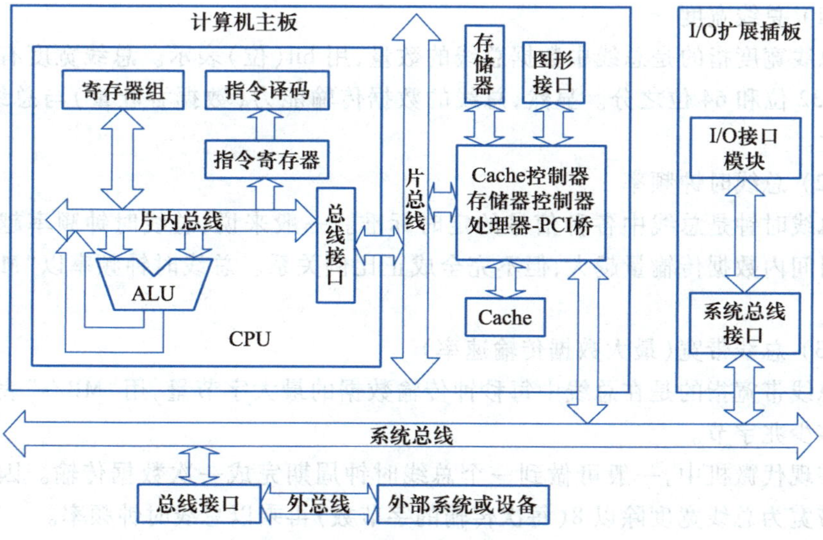

图 10-15 按层次划分的总线

① 片内总线

片内总线也叫 CPU 总线，它是 CPU 内部寄存器组、ALU、执行部件和总线接口之间的信息传输通道。这是系统内速度最快但最复杂的总线，不同的 CPU 会有不同的内部总线，普通用户并不关心此类总线。

② 片总线

在微型计算机发展的早期，片总线是 CPU 与存储器芯片、I/O 芯片之间的连接总线。随着计算机技术的发展，微型计算机的体系结构发生了一定变化，片总线成为处理器前端总线，是 CPU 外部的一级局部总线，是 CPU 与主存储器及其高速片外 Cache 和高速图形设备之间的信息传输通道，也是速度较快的一种局部总线。

③ 系统总线

这是微型计算机内部各功能模块（扩展插板）之间的连接总线，它通过桥接模块与局部片总线连接，其传输速度往往低于局部片总线。用户开发的各种插板主要通过系统总线连接至计算机系统。系统总线的典型代表是 ISA 总线，它曾经直接通过桥接模块与局部片总线连接。在现代微型计算机中，它通过 PCI-ISA 桥连接至 PCI 总线，通过 PCI 总线与片总线连接。PCI 总线被认为是一种局部总线。但在现代微型计算机中，它成为一种新的系统总线，用户开发的新模块主要是基于 PCI 总线的。

④ 外总线

外总线也叫通信总线，是连接微型计算机系统和其他计算机系统或外部设备的总线。外总线的种类很多，总线标准也很多。新的串行总线 USB 和 IEEE1394 是外总线的典型代表。

2. 总线的性能指标

不同层次的总线其性能是不同的，衡量总线性能的技术指标如下：

(1) 总线宽度

总线宽度指的是总线中数据总线的数量，用 bit（位）表示。总线宽度有 8 位、16 位、32 位和 64 位之分。显然，总线的数据传输能力（数据吞吐量）与总线宽度成正比。

(2) 总线时钟频率

总线时钟是总线中各种信号的定时标准。一般来说，总线时钟频率越高，其单位时间内数据传输量越大，但不完全成正比例关系。总线时钟频率以“MHz”为单位。

(3) 总线带宽（最大数据传输速率）

总线带宽指的是在总线中每秒钟传输数据的最大字节量，用“MB/s”表示，即每秒多少兆字节。

在现代微机中，一般可做到一个总线时钟周期完成一次数据传输。因此，总线的带宽为总线宽度除以 8（每次传输的字节数）再乘以总线时钟频率。

例如，PCI 总线的宽度为 32 位，总线时钟频率为 33 MHz，则最大数据传输速率为32÷8×33 MB/s = 132 MB/s。但有些总线采用了一些新技术(如在时钟脉冲的上升沿和下降沿都选通等),使最大数据传输速率比上面的计算结果高。

总线是用来传输数据的,所采取的各项提高性能的措施,最终都要反映在传输速率上,所以在诸多指标中总线带宽是最重要的。

(4) 总线寻址能力

总线寻址能力决定于地址总线的数目。

(5) 总线负载能力

负载能力是总线带负载的能力。负载能力强表明可多接一些总线板卡。当然,不同的板卡对总线的负载是不一样的,所接板卡负载的总和不应超过总线的最大负载能力。

3. 总线的操作过程

总线上的数据传输是在总线主控模块的控制下进行的。连接在总线上的功能模块分为主控模块和从属模块。主控模块有控制总线传输活动的能力,而从属模块无总线控制能力,它只能接收和执行来自主控模块的命令信号,完成相应的传输活动。例如,CPU 与 DMA 控制器是主控模块,而存储器和 I/O 接口是从属模块。

任何时刻,总线上只能有一个主控模块占用总线。如果总线上有多个主控模块,那么,总线上必须由总线仲裁机制。如果同时有多个主控模块想占用总线,由总线仲裁机制依据一定准则裁决占用总线的主控设备。

总线上的一次数据传输周期可以分为 4 个阶段:

(1) 申请阶段

由需要使用总线的主控设备向总线仲裁机构提出使用总线的请求,经总线仲裁机构仲裁确定,把下一个传送周期的总线使用权分配给哪一个请求源。如果系统仅有一个主控模块,就无需此阶段。

(2) 寻址阶段

取得总线控制权的主控设备在总线上给出要访问的从属设备的地址及命令信号以启动从属设备,准备进行数据传输。

(3) 传输阶段

主模块和从属设备进行数据交换,数据由源模块发出,经数据总线传送到目的模块。

(4) 结束阶段

主控设备、从属设备的有关信息均从系统总线上撤除,让出总线。

4. 总线的数据传输方式

总线上主模块和从属模块之间可以有如下几种方式完成数据传输:

(1) 同步式传输

主设备与从设备进行一次传送所需要的时间是固定的。每次传送一旦开始,每一个步骤都必须按严格的起止时间规定,在系统时钟的控制下完成相应的动作。显然,在这种传输方式下,主设备与从设备的速度必须匹配。大多数微处理器都在正常时序中采用了这种传输方式。

此种传输方式的优点是传输速度快，缺点是如果主设备与从设备速度不匹配，传输活动将无法完成。

8086 的基本存储器总线周期（未加 T_W 状态）就是此种传输方式。

（2）异步式传输

主设备与从设备用请求（REQ）和响应（ACK）信号线来协调传输过程，用此对交互握手信号来保证传输的正确性，而不像同步方式依赖于公共时钟信号保证传输的正确性。

在读操作时，主设备把地址放至地址总线上，然后发出 REQ 信号。从设备收到 REQ 信号后，对地址进行译码，被选中的从设备把数据放至数据总线上，然后使 ACK 信号有效。主设备检测到 ACK 信号有效后，从总线上读入数据，置 REQ 无效，进而导致地址信号无效和 ACK 无效，完成一次读操作。

在写操作时，主设备把地址放至地址总线上，把数据放至数据总线上，然后发出 REQ 信号。从设备收到 REQ 信号后，对地址进行译码，被选中的从设备从总线上读入数据，然后使 ACK 信号有效。主设备检测到 ACK 信号有效后，置 REQ 无效，进而导致地址信号无效和 ACK 无效，完成一次写操作。

利用握手信号，主设备可以根据从设备的响应速度，自动调整传输的响应时间，从而可以接口任何类型、任何速度的外围设备。

异步方式的缺点是一个传输周期由请求、响应、请求撤销、响应撤销的过程，传输时间较长，传输速度慢。

（3）半同步式传输

半同步传输是综合同步和异步传输的优点而设计出来的混合式传输方式。

半同步传输仍然用系统时钟来同步传输操作的每一步（判断信号的状态和信号的产生或撤销），但其传输周期不固定，主控设备可以在正常的传输周期中插入若干时钟周期，来协调对慢速从设备的访问。

在传输系统中增加一条 Ready 信号线，主设备用一个状态时钟检测 Ready 信号线，如果 Ready 信号无效，表示从设备未准备好，主设备自动地在传输周期中插入一个时钟周期的等待。在延长的时钟周期中继续检测 Ready 信号，重复等待时钟的插入，直至 Ready 信号有效才正常结束当前传输周期。

8086 插入了 T_W 状态的存储器总线周期是一个半同步式传输的实例。

（4）分离式传输

分离式传输将一个读传输周期分解为 2 个子周期，在第一个子周期中主设备通过总线发送地址和命令信号，从设备接收完成后，立即和总线断开，供其他总线模块使用。待选中的从设备准备好数据后，由从设备申请总线，获准后将数据发向原要求数据的设备，由该设备接收。2 个子周期均按同步方式工作，传输速度高，总线利用率也高。

10.4.2 PCI 总线

1. 早期的 PC 总线及 PCI 总线的出现

如何在 CPU 与外部扩展设备之间建立标准的、高速的数据传输总线通道是长期困扰 PC 设计者的难题。

IBM 在其 PC/XT 上使用的一种系统扩展总线——PC 总线，也叫“XT 总线”，它不是 CPU 引脚的简单延伸，而是准 16 位处理器 8088 经过 8282 锁存器、8286 缓冲器、8288 总线控制器、8259A 中断控制器、8237ADMA 控制器等的扩展后，重新排列和组合而成，是早期 PC 中的 I/O 扩展通道。PC 总线对外只提供 8 位数据宽度。

1984 年，当 IBM 推出以 80286 为处理器的 AT 机时，由于 286 对外数据总线宽度增加到 16 位，地址总线增加到 24 位，因此 IBM 推出了适合 AT 机的 AT 扩展总线。AT 扩展总线数据总线宽度 16 位，地址总线宽度 24 位，在提升总线性能同时，最大限度地保证了与 PC 总线的兼容性。1987 年，IEEE 联合 Intel 等公司以 AT 总线为蓝本，推出了 ISA（Industry Standard Architecture）总线标准。ISA 总线提供 16 位数据总线，24 位地址总线，可寻址 16 MB 存储器空间，在 8 MHz 时钟下，ISA 可以提供最大 16 MB/s 的数据传输速率。

基于 80386 的计算机系统出现后，计算机系统可以提供 32 位的数据总线宽度和 32 位的地址总线宽度，ISA 总线不再能够满足系统扩展的需求。在这种背景下，出现了 MCA 和 EISA 等 32 位总线，进而导致以 PCI 总线为首的高速局部总线的诞生。

（1）MCA 总线

IBM 为 32 位 PS/2 计算机设计了总线结构——MCA（micro channel architecture，微通道结构）总线。MCA 总线技术较先进，总线位宽为 32 位，总线带宽达到 40 MB/s。但是，由于 MCA 总线与 ISA 总线不兼容，不支持 ISA 外设，影响了在 PC 兼容机上的使用。同时，因为 IBM 公司未向其他兼容机厂商开放 MCA 的技术标准，在技术上保密，MCA 总线价格也较高，这使得 MCA 总线未得到推广。

（2）EISA 总线

为打破 IBM 的垄断，1988 年 9 月，Compaq、Epson、HP、NEC 等 9 家公司联合起来，在 ISA 总线标准的基础上，推出了一种兼容性更优越的总线标准——EISA（Extended Industrial Standard Architecture，扩展工业标准体系结构）总线。

EISA 总线使总线位宽扩展到 32 位，最高数据传输率达 33 MB/s，并与 ISA 总线保持完全兼容。但由于其结构较复杂，成本高，也未得到广泛的推广。

随着 Windows 操作系统的出现和以高速图像图形卡、硬盘为代表的高速外设的发展，CPU 和外设之间进行大量高速的数据传送需求在不停地增大，以 ISA 为代表的 PC 总线无法满足这种高速数据传输的要求，这直接导致了以 PCI 为代表的局部高速总线的出现。

局部总线原指微处理器及周围芯片（特别是存储器芯片）连接的总线，是计算机总线中离 CPU 最近的总线，因此总线传输速度较高。后来，随着微处理器的发展，不同层次总线分工更加精细，微处理器外一级总线（处理器前端总线）主要用于与存储器和高速图像设备接口，一级总线通过高速总线桥与高速二级局部总线连接，为用户提供类似于系统总线易于访问高速局部总线，来满足不断增长的高速外设的传输需求，其中的典型代表是 VESA 总线和 PCI 总线。

1991 年下半年，Intel 公司首先提出了 PCI 的概念，并联合 100 多家公司成立了 PCI 组织，其英文全称为 Peripheral Component Interconnect Special Interest Group（外围部件互连专业组），简称 PCISIG。PCI 是一种先进的局部总线，已成为局部总线的新标准。

Intel 公司于 1992 年 6 月发布了第一个 PCI 总线规范 1.0 版，继而于 1993 年 4 月发布了 2.0 版、1995 年 6 月发布了 2.1 版、1998 年 12 月发布了 2.2 版。PCI 克服了 ISA 和 VESA 总线的不足，成为微型计算机总线的主流。为了进一步提高计算机的性能，PCI-Express 总线出现并得到了广泛应用。

2. PCI 总线的结构与特点

PCI 的含义是外围部件互连。PCI 总线是独立于 CPU 的系统总线，采用了独特的中间缓冲器设计，它可以通过总线桥实现与不同总线之间的互联访问，可将显示卡、声卡、网卡、硬盘控制器等高速的外围设备直接挂在 CPU 处理器总线上，为高速外设和 CPU 之间提供了一个高速的数据传输通道，使得 CPU 的性能得到了充分的发挥。

现代计算机的总线是分工更加精细的多层次结构，如图 10-16 所示。PCI 总线通过HOST-PCI桥可以与处理器总线相连，实现与微处理器之间的高速数据传输，为高速外部扩展设备提供离 CPU 更近的高速数据传输通道。通过 PCI-ISA、

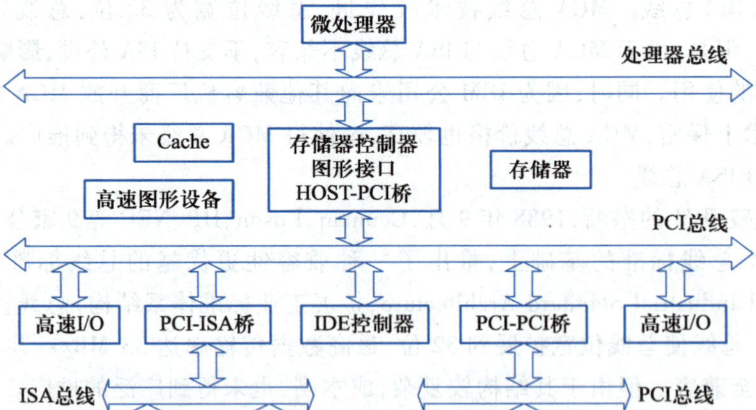

图 10-16 现代计算机的总线结构

PCI-EISA 总线桥接器可以实现与低速传统的扩展设备的通信,保证了系统的兼容性。通过 PCI-PCI 桥接器,可以实现多 PCI 总线的并存,为系统提供更强的扩展能力。

PCI 总线有如下特点:

(1) 高性能

传输速率高:PCI 的数据总线宽度为 32 位,可扩充到 64 位。它以 33 MHz 的时钟频率工作,因此,若采用 32 位数据总线,数据传输速率可达 132 MB/s,而采用 64 位宽度数据总线,则最高传输速率可达 264 MB/s。

支持突发传输:普通总线数据传输方式中,一个总线周期通常由地址输出阶段和数据操作阶段组成。而 PCI 支持的突发数据传输周期中,在一个地址相位后可跟若干个数据相位。这意味着从某一个地址开始后,可以连续对数据进行操作,而每次的操作数地址是自动加 1 的。PCI 总线传输减少了无谓的地址操作,加快了传输速度。

数据完整:PCI 总线提供了数据和地址的奇偶校验功能,保证了数据的完整性和准确性。

(2) 独立于 CPU

传统的系统总线实际上是中央处理器信号的延伸或再驱动,而 PCI 总线以一种独特的中间缓冲器方式,独立于处理器,并将中央处理器子系统与外设分开。用户可随意增添外设而不必担心会导致系统性能下降。

(3) 多总线共存

PCI 总线可以通过总线桥接器让多种总线在一个系统中并存,容纳不同速度的扩展外设一起工作。

(4) 支持多主控器

在同一 PCI 总线上可以有多个总线主控器(主设备),PCI 总线采用中央集中式总线仲裁,各主控器通过 PCI 总线专门设置的总线占用请求信号和总线占用允许信号竞争总线的控制权。

(5) 支持即插即用

所谓即插即用(plug and play)是指在新的接口卡插入 PCI 总线插槽时,系统能自动识别并装入相应的设备驱动程序,因而立即可以使用。

(6) 低成本和高可靠性

PCI 总线插槽短而精致,PCI 芯片均为超大规模集成电路,体积小而可靠性高。PCI 总线采用地址/数据引脚复用技术,减少了引脚需求,这使得 PCI 板卡的小型化成为可能,从而降低成本和提高可靠性。

10.4.3 USB 总线

在 PC 发展的早期,外设与计算机连接主要通过串行接口、并行接口或专用的扩展接口,这些接口需要占用计算机有限的硬件资源(I/O 地址、中断、DMA 通道等),这种连接是点对点的连接,一个接口往往仅支持一个设备,因此每添加一个新的设备,就需要添加一个 ISA 或 PCI 卡来支持,同时系统需要重新启动才能驱动新的设备,连接越多,配置越复杂,兼容与共享问题就越大。

为了使外设与计算机系统的连接变得简单易行,1994 年,Intel 提出了 USB 通用串行总线(universal serial bus)的构想。Intel 希望建立一种串行的、简单的、易于连接的外部总线方案,在这种总线上,设备可以方便地接入与断开,多个设备能够并存且易于扩展。这一设想很快获得 Compaq、Microsoft、IBM、DEC、NEC 等公司的支持。1995 年,USB 实现者论坛(USB Implementer' s Forum)成立,着手 USB 标准的制定。

最早的 USB 标准版本是 USB0.7,1995 年颁布的 USB1.0 规定了 Low-speed (1.5 Mbit/s)和 Full speed(12 Mbit/s)两种传输速度。此时,由于操作系统支持和硬件兼容性问题,USB 并未广泛流行起来。直到 1998 年 9 月,USB 1.1 标准出现较好解决了硬件兼容性问题和支持 USB 的 Windows 98 操作系统出炉,USB 接口才逐渐开始流行起来。如今 USB 总线已经发展到 USB3.0(理论速度 5.0 GB/s)阶段。

1. USB 总线的特点

USB 通过一种 4 芯电缆传送信号和电源。USB 1.0 提供了低速 1.5 MB/s、全速 12 MB/s 两种速率,USB 2.0 在 USB 1.0 的基础上增加了另一种数据传输速率,即高速 480 MB/s。如图 10-17所示,USB 电缆中包括 V_{BUS}和 GND 这 2 条电源/地线,用来向设备提供电源,V_{BUS}的电压为+5 V。电缆中还有两条互相缠绕的数据线。

图 10-17 USB 总线的组成

USB 减轻了各个设备(鼠标、调制解调器、键盘和打印机等)对目前 PC 中所有标准接口的需求,因而降低了硬件的复杂性和对接口的占用。整个 USB 系统只有一个接口,使用一个中断,节省了系统资源。

USB 支持热插拔(hot plug),也就是说在不关闭 PC 的情况下,可以安全地插上和断开 USB 设备,动态地加载驱动程序。

USB 支持即插即用(plug and play,PNP)。当插入 USB 设备的时候,计算机系统检测该外设,并且自动加载相关驱动程序,对该设备进行配置,使其正常工作。

USB 在设备供电方面提供了灵活性。USB 接口不仅可以通过电缆为连接到 USB 集线器(hub)或主机(host)的设备供电,而且可以通过电池或者其他的电力设备为其供电或使用两种供电方式的组合,并且支持节约能源的挂机和唤醒模式。

USB 具有很强的连接能力,最多可以以链接形式连接 127 个外设到同一系统，这对一般的计算机系统已经足够了。

USB 具有很高的容错性能。因为在协议中规定了出错处理和差错恢复的机制，所以可以对有缺陷的设备进行认定，并对错误的数据进行恢复或报告。

总之，作为计算机外设接口技术的重要变革，USB 在传统的计算机组织结构的基础上，引入网络的拓扑结构思想，使其具有终端用户的易用性、广泛的应用性、带宽的动态分配、优越的容错性能、较高的性能价格比等特点，方便了外设的添加，适应了现代计算机的多媒体功能拓展，已逐步成为计算机的主流接口。

2. USB 总线的拓扑结构及其组成

USB 系统由如下硬件组成：

(1) USB 主控制器/根集线器

主控制器负责将并行数据转换成串行数据，并将数据传给根集线器。根集线器控制 USB 接口的电源、激活和禁止接口、识别与接口相连的设备、设置和报告与每个接口相连的状态事件。

(2) USB 集线器(USB Hub)

完成 USB 设备的添加(扩展)、删除和电源管理等。

(3) USB 功能设备(外设)

外设包含一定数量独立的寄存器端口(端点)。外设有一个唯一的地址，通过这个地址和端点号，主机软件可以和每个端点通信。数据的传送是在主机软件和 USB 设备的端点之间进行的。

端点(EndPoint)：功能设备中的寄存器端口，与特定数据缓冲区联系，是 USB 数据传输的终点或起点，每个设备可以有多个端点，其中端点 0 约定用于设置，完成控制类型信息的传输。

管道(Pipe)：传送发生在主机软件和端点之间，逻辑上称之为管道，端点 0 对应的管道为默认管道。

USB 设备描述符：描述设备属性和特点的特殊数据结构，提供 USB 设备的地址、可进行的传输类型、数据包大小和带宽请求等。

USB 系统采用级联星形拓扑结构，如图 10-18 所示。在任何 USB 系统中，只能有一个主机。USB 和主机系统的接口称为主机控制器(host controller)，它是由硬件和软件结合实现的。集线器用来提供附加连接点。与主控制器相连的集线器称为根集线器(root hub)，一个 USB 系统中只能有一个根集线器。

3. USB 数据传输类型

为了满足不同的通信要求，USB 提供了 4 种传输方式：控制(control)传输方式、等时(isochronous)传输方式、中断(interrupt)传输方式以及批(bulk)传输方式。每种传输方式应用到具有相同名字的终端时都具有不同的性质。

(1) 控制传输方式

控制传输方式是双向传输，数据量通常较小。控制传输类型支持外设与主机之间的控制、状态、配置等信息的传输，为外设与主机之间提供一条控制通道。每种外设都支持控制传输类型，这样主机与外设之间就可以传输配置和命令/状态

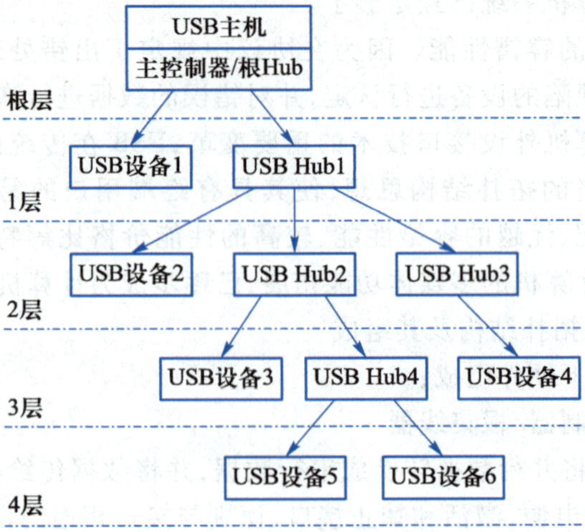

图 10-18 USB 设备的拓扑结构

信息。

(2) 等时传输方式

等时传输方式提供了确定的带宽和间隔时间(latency),它用于时间严格并具有较强容错性的流数据传输,或者用于要求恒定的数据传输速率和即时应用中。例如,在执行即时通话的网络电话应用中,使用等时传输方式是很好的选择。等时数据要求确定的带宽值和确定的最大传输次数。对于等时传输来说,即时数据传递比精度和数据的完整性更重要一些。

(3) 中断传输方式

中断传输方式主要用于定时查询设备是否有中断申请。这种传输方式的典型应用是在少量的、分散的、不可预测数据的传输方面,键盘、操纵杆和鼠标等就属于这一类型。这些设备与主机间的数据传输量小、无周期性,但对响应时间敏感,要求马上响应。中断传输方式是单向的,并且对于主机来说只有输入方式。

(4) 批传输方式

批传输方式主要应用于大量传输数据又没有带宽和间隔时间要求的情况下。打印机和扫描仪就属于这种类型,在满足带宽的情况下才进行该类型的数据传输。

USB 采用分块带宽分配方案,若外设超过当前或潜在的带宽分配要求,则主机将拒绝与外设进行数据传输。等时和中断传输类型的终端保留带宽,并保证数据按一定的速率传输,集中和控制终端按可用的最佳带宽来传输数据。但是,10%的带宽为批传输和控制传输保留,数据块传输仅在带宽满足要求的情况下才会出现。

10.4.4 Thunderbolt 雷电总线

雷电总线是英特尔公司发布的一种技术,该技术由英特尔在 2009 年设计完成并定名为“Light Peak”(研发代号),2011年苹果公司发布了支持雷电接口的笔记本电脑 Mac Book Pro,Intel 正式将雷电总线定名为 Thunder bolt。Thunderbolt 用于连接 PC 和其他设备,研发初衷是为了替代并统一电脑上数量繁多性能不一的扩展接口,比如 SCSI、SATA、USB、Fire Wire 和 PCI Express 等,该技术融合了 PCI Express 数据传输技术和 Display Port 视频显示技术,Thunderbolt 1 可提供双向 10 GB/s 带宽,同时还能传输视频信号,Thunderbolt 2 将带宽提高到双向 20 GB/s,而 Thunderbolt 3 可提供双向 40 GB/s 带宽。

Thunderbolt 3 的接口形式为 USB Type-C,不分正反面插入,可提供电源。雷电总线的优异性能为其未来的推广应用打下了坚实的基础,并且 Intel 已经宣布将雷电总线控制器集成到 CPU 中,这无疑会降低电脑产品的成本,有利于推动 Thunderbolt 的普及应用。

目标测评 4

T10-23　衡量总线性能的技术指标有哪些?

T10-24　总线是如何进行数据传输的?

T10-25　在多主总线中,总线仲裁是如何实现的?(课外知识拓展)

T10-26　PC 总线是如何发展的?每个发展阶段有何特点?(课外知识拓展)

T10-27　PCI 总线是串行总线还是并行总线?USB 总线是串行总线还是并行总线?

T10-28　USB 总线拓扑结构是如何组成的?CPU 访问 USB 外设需要经过哪些驱动程序?

本章小结

本章主要讲述了 4 个主要内容:

1. 8086CPU 的结构、存储器的组织与访问机制

8086CPU 由 BIU 和 EU 两部分组成,BIU 负责 CPU 对外部存储器和 I/O 设备的访问,EU 负责指令的译码执行,这种机制构成了简单的指令流水线,提高了 CPU 的运行效率。8086 通过分段管理机制实现对外部 1 MB 存储器空间的访问,存储单元的逻辑地址通过地址加法器形成 20 位的物理地址。

2. 现代 PC 中虚拟存储器的管理体制

IA-32 结构的微处理器利用“段页式”存储器管理机制,实现了虚拟存储器空间的访问和管理,为用户进程提供远大于实际物理存储空间的逻辑地址空间。

3. 以 8086CPU 为核心构建的 PC 计算机系统常见外围 I/O 电路

8259A 中断控制器可以扩展 8 个外部中断源,提供中断源的屏蔽/开放、优先级排队等基本的中断逻辑管理功能。在基于 8086CPU 的 PC 中,两级 8059A 级联为 PC 系统扩展出 15 个外部中断源,极大地扩展了 PC 的外设连接能力。8237A

DMA 控制器为 PC 增加了外部设备的 DMA 访问能力，8237A 在从属（被动）两种工作状态下完成 DMA 传输的初始化工作，在主控（主动）工作状态下完成多种传输模式的 DMA 数据传输/校验工作。8253/8254 定时器为早期的 PC 扩展出日时钟管理系统/扬声器控制系统，是 PC 时代常见的计算机外围 I/O 扩展芯片之一。

4. 总线的基本概念和现代 PC 常见的 PCI 总线和 USB 总线的特点

总线根据其功能可分为数据总线、地址总线和控制总线；根据其与 CPU 的位置关系可分为片内总线、片总线、系统总线、外总线。PCI 总线是现代 PC 最常见的并行局部总线，通过对突发传输方式的支持，在 33 MHz 时钟下，可以达到 132 MB/s 的传输速率。USB 总线是一种串行外部总线，它支持设备的热插拔和即插即用，设备与集线器之间星形拓扑结构连接。

习题

10-1 8086CPU 由哪几部分组成？各有什么功能？

10-2 在 8086 访问一个存储单元时，存储单元的访问地址是如何形成的？

10-3 逻辑地址“8AF0H:0005H”对应的物理地址是多少？它与逻辑地址“8A00H:0F05H”是同一单元吗？与逻辑地址“8A00H:0F005H”是同一单元吗？

习题详解：[题 10-3]解答

10-4 在 8086 中，访问偶地址的一个 16 位字与访问奇地址的一个 16 位字哪一个访问速度更快一些？为什么？

10-5 8086 构成的 PC 中，CPU 如何得到各中断源的中断类型号？中断类型号有什么意义？

10-6 8086 的中断向量表是如何构成的？

10-7 DMA 传输有什么特点？

10-8 PCI 总线有何特点？

10-9 USB 总线支持哪几种数据传输方式？

参考文献

[1] Muhammad Ali Mazidi. 深入理解 8051 单片机系统[M].北京:机械工业出版社,2016.

[2] 赵全利,忽晓伟.单片机原理及应用技术[M]. 北京:机械工业出版社,2017.

[3] 周坚 . 单片机应用与接口技术[M]. 北京:机械工业出版社,2010.

[4] 丁元杰 . 单片微机原理及应用[M].3 版 . 北京:机械工业出版社,2011.

[5] 郑郁正 . 单片机原理及应用[M]. 成都:四川大学出版社,2003.

[6] 徐惠民,安德宁,丁玉珍等 . 单片微型计算机原理、接口及应用[M].3 版 . 北京:北京邮电大学出版社,2007.

[7] 周明德 . 微型计算机系统原理及应用[M].6 版.北京:清华大学出版社,2018.

[8] 杨全胜,胡友彬等 . 现代微机原理与接口技术[M].3 版 . 北京:电子工业出版社,2013.

[9] 王敏 . 单片机原理及接口技术[M]. 北京:清华大学出版社,2013.

[10] 李英伟,王成儒等 . USB2.0 原理与工程开发[M].2 版 . 北京:国防工业出版社,2007.

[11] 袁东 .51 单片机应用开发实战手册[M]. 北京:电子工业出版社,2011.

[12] 林立,张俊亮 . 单片机原理及应用——基于 Proteus 和 Keil C[M].4 版 . 北京:电子工业出版社,2018.

[13] AT89S52 技术手册[Z]. ATMEL 公司,2005.

[14] Jeffrey S. Young. Forbes greatest technology stories: inspiring tales of the entrepreneurs and inventors who revolutionized modern business[M]. NewYork:John Wiley&Sons,Inc,1998.

[15] IA-32 Intel Architecture Software Developer's Manual[Z]. Intel Co., 2006.

[16] Intel 64 and IA-32 Intel Architecture Software Developer's Manual[Z]. Intel Co., 2006.